KB057079

4차 산업에 대비한

대학수학

College Mathematics

이 양 · 남상복 · 윤상조 지음

북스힐

Bini-tiger & Hwai-pony

Yeoni-honey

머리말

2016년 다보스 세계경제포럼에서 '4차 산업혁명의 이해'가 주제로 채택된 이후 21세기 글로벌 경제시장의 경쟁에서 중요한 역할을 하는 "4차 산업혁명"-딥러닝 (머신러닝, 인공지능), 빅데이터, 사물인터넷(IoT) 분야 -에 관한 단어가 세계적으로 화두가 되고 있다. 수학적 지식과 사고 방법은 오랜 인류 역사를 통하여 과학 문명을 발전시키는 데에 기본적이고 핵심적인 역할을 담당하였으며, 과학을 기술하는 공통 언어로 세상에 존재하는 다양한 현상을 간명하게 기호화하여 이해할 수 있는 방법을 제공해 왔다. 그러나 수학은 근원적인 논리를 제공하는 원천 기술로 타 분야 기술과의 융합을 통해서만 구체적인 성과가 나타나므로 수학의 공헌은 표면적으로 잘 드러나지 않지만 수학은 자연 및 사회 현상의 체계적인 탐구와 과학 기술의 혁신적 개발에 없어서는 안 되는 핵심적인 도구이며, "4차 산업혁명" 사회를 맞이하여 그 중요성이 더욱 커지고 있습니다.

수학을 어떻게 공부를 해야 하는가?

먼저 수학적인 기본 개념에 대한 올바른 이해를 통한 다양한 응용문제를 해결하려는 노력을 꾸준하게 수행하는 것 또는 친구들과의 협업을 통한 수학 문제에 대한 자신의 의견을 피력하고 토론을 하면서 문제를 해결하는 것도 방법이라고 생각된다. 그러나 다양한 수학 문제를 스스로 해결하는데 있어서 많은 어려움이 있는 것도 사실이기에 무엇보다도 먼저 수학문제에 관심을 갖고 문제를 해결하고자 하는 의지가 선행되지 않으면 아무리 좋은 방법을 소개한다고 한들 소용이 없다고 생각된다.

이 교재는 어려워만 했던 수학이라는 교과에 자신감을 가질 수 있도록 중고등학교에서 배운 수학적인 내용에 관심을 가지고 접근할 수 있도록 기본 개념에 바탕을 둔 쉬운 예제와 예제 풀이를 제시하였으며 이러한 기본적인 예제를 응용한 다양한 문제를 제공하고 있으며, 고교 과정에서 다루지 않았던 내용을 일부 추가하는 등 "4차 산업혁명" 시대에 맞는 대학의 기초 대학 수학 내용으로 구성하였다.

이 교재는 학생들이 어려워만 했던 수학이라는 교과에 조금 더 자신감을 갖게 되고, "4차 산업혁명"의 근간이 되는 수학적인 내용이 바탕이 되어 학과의 전공 공부를 하는데 도움이 된다면 이 책을 집필하기 위한 고생에 위안이 되리라고 생각한다. 책을 쓰면서 다른 어떤 교양 교과보다도 수학이라는 교과를 쉽게 이해할 수 있도록 집필한다는 것이 얼마나 어려우면서도 중요한 일인지를 절감하였다. 아직 미진한 부분이 많을 것으로 생각되지만 바로 보완하고 수정할 것을 약속하며 부족하지만 이 책을 펴내기로 한다.

끝으로 이 책의 출판을 허락해주신 북스힐 조승식 사장님과 북스힐 가족 여러분에게 감사한다.

2022년 3월

저자 일동

차 례

CHAPTER

01

수의 집합과 명제

1. 자연수의 집합
2. 정수의 집합
3. 유리수의 집합
4. 무리수의 집합
5. 실수
6. 복소수
7. 명제

우리가 실생활에서, 그리고 학문에서 다루는 수의 종류는 약간 다릅니다. 일반적으로 실생활에서 다루는 수는 실수이고 학문적(수학, 과학)으로 다루는 수는 실수를 넘어선 허수까지 다루게 됩니다. 실수와 허수, 그리고 실수 안에 있는 여러 가지 수의 체계는 이미 중고등학교 과정을 마치신 분이라면 수학 시간에 학습했던 내용으로, 다시 한번 정리한다는 차원에서 하나씩 언급해 보도록 하겠습니다.

사칙연산에 관하여 '닫혀 있다'는 개념

a, b를 수의 집합 A의 임의의 원소라고 할 때, (즉 $a, b \in A$)
$a+b \in A$, $a-b \in A$, $a \times b \in A$, $a \div b \in A$ (단, $b \neq 0$)이면 A는 덧셈, 뺄셈, 곱셈, 나눗셈에 관해 각각 '닫혀 있다'고 한다.

'닫혀 있지 않다'는 것은 위와 같은 연산의 결과가 그 집합에 속하지 않는 예를 하나만 들면 되는데, 이를 반례(counter example)라 한다.

예제 1 집합 $S=\{1,2,3,4,5\}$에 대하여 사칙연산에 닫혀 있는지 확인하시오.

해답 집합 S는 사칙연산에 닫혀 있지 않다.

풀이

'+'에 대한 항등원의 개념

a를 어떤 수의 집합 A의 임의의 원소라고 할 때,
a의 '+'에 대한 항등원
정의 : a에 어떤 수를 더해도 a가 되는 수를 말한다.

〈참고〉 '+'에 대한 항등원을 e라고 할 때, a의 '+'에 대한 항등원
정의 : $a+e=a=e+a$인 조건을 만족하는 e가 A의 원소일 때를 말한다.

〈참고〉 '+'에 대한 항등원은 "0"이다.

'+'에 대한 역원의 개념

a를 어떤 수의 집합 A의 임의의 원소라고 할 때,
a 의 '+'에 대한 역원의 정의
정의 : a에 어떤 수를 더했을 때, 항등원이 되는 수를 말한다.

〈참고〉 '+'에 대한 역원을 x라고 할 때, a의 '+'에 대한 역원
정의 : a의 '+'에 대한 항등원($=e$)이 존재하며,
$a+x=e=x+a$인 조건을 만족하는 x가 A의 원소일 때를 말한다.

예제 2 다음의 집합에서 '+'에 대한 항등원과 역원이 있으면 구하시오.

(1) $A=\{1,2,3\}$ (2) $B=\{1,0,-1\}$

해답 (1) 항등원과 역원이 없다.
(2) 항등원: '0', '1'의 역원: '-1', '0'의 역원: '0', '-1'의 역원: '1'

풀이

'×'에 대한 항등원의 개념

a를 어떤 수의 집합 A의 임의의 원소라고 할 때,
a의 '×'에 대한 항등원
정의 : a에 어떤 수를 곱해도 a가 되는 수를 말한다.

〈참고〉 a의 '×'에 대한 항등원을 △라고 할 때, a의 '×'에 대한 항등원
정의 : $a\times\triangle=a=\triangle\times a$인 조건을 만족하는 △가 A의 원소일 때를 말한다.

〈참고〉 '×'에 대한 항등원은 "1"이다.

×'에 대한 역원의 개념

a를 어떤 수의 집합 A의 임의의 원소라고 할 때,
a의 '×'에 대한 역원의 정의
정의 : a에 어떤 수를 곱했을 때, 항등원이 되는 수를 말한다.

〈참고〉 a의 '×'에 대한 역원을 y라고 할 때, a의 '×'에 대한 역원
정의 : a의 '×'에 대한 항등원($=\triangle$)이 존재하며,
$a \times y = \triangle = y \times a$ 인 조건을 만족하는 y가 A의 원소일 때를 말한다.

예제 3 다음의 집합에서 '×'에 대한 항등원과 역원이 있으면 구하시오.

(1) $A=\{1,2,3\}$ (2) $B=\{1,0,-1\}$

해답 (1) 항등원: '1', '1'의 역원: '1', '2'와 '3'의 역원은 없다.
(2) 항등원: '1', '1'의 역원: '-1', '-1'의 역원: '-1', '0'의 역원: 없음.

풀이

1 자연수(natural number)의 집합

인류가 가장 먼저 발견한 수의 체계가 바로 자연수이며, 기호로 N이라 쓰고 일반적으로 수를 셀 때 사용하는 기본적인 수 체계이며 양의 많고 적음과 순서를 표현할 수 있는 가장 기본적인 단위의 수 체계이다. 또한, 대수학적인 구조로 볼 때, 자연수에 '0'을 포함하는 경우와 '0'을 제외하는 경우를 모두 생각할 수 있다.

즉 자연수의 집합을 $N=\{0,1,2,3,\cdots\}$이라 하고, $N^{+}=\{1,2,3,\cdots\}$(양의 정수)로 나타내기도 한다.

자연수의 정밀성(또는 최소의 공리, Well-ordering principal)

공집합이 아닌 자연수의 부분집합에 대하여, 그 부분집합에는 최소의 원소가 존재한다.

예를 들어 집합 $A=\{3,5,7\}$는 공집합이 아니며, 자연수의 부분집합이다.
집합 $A=\{3,5,7\}$에 있는 최소 원소는 "3"이다.

전체적으로 순서가 정해져 있는 집합(totally ordered set)

임의의 자연수 $a, b, c \in N$에 대하여
(1) $a \le b$ 또는 $b \le a$이면, $a=b$이다.
(2) $a \le b$ 또는 $b \le c$이면, $a \le c$이다.
(3) $a, b \in N$에 대하여, $a \le b$ 또는 $b \le a$이다.

〈참고〉 자연수는 전체적으로 순서가 정해져 있는 집합(totally ordered set)이다.

예제 4 두 자연수 a, b가 다음과 같을 때, 연산의 결과가 자연수이면 ○, 자연수가 아니면 ×로 나타내시오.

〈참고〉 자연수는 덧셈과 곱셈에 닫혀있다.

자연수의 사칙연산	$a+b$	$a-b$	$b-a$	$a\times b$	$a\div b$
$a=3$, $b=2$					

해답 자연수의 집합은 $+$과 $\times$에 닫혀있다.

풀이

소수와 합성수

정확히 2개의 약수를 가진 수를 소수라고 합니다.
합성수는 2개 이상의 약수를 가지고 있습니다.

〈참고〉 소수는 1과 자기 자신 이외에는 다른 약수를 갖지 않습니다.
〈참고〉 2 이상의 모든 자연수는 소수 또는 합성수로 이루어져 있다.

예제 5 자연수 11~30까지의 수를 소수와 합성수로 분류하시오.

해답 소수 : 11, 13, 17, 19, 23, 29

합성수 : 12, 14, 15, 16, 18, 20, 21, 22, 24, 25, 26, 27, 28, 30

풀이

2 정수(integer)의 집합

자연수(또는 양의 정수)에서 수의 개념이 확장된 수의 체계로 자연수에 '0'과 음의 정수가 포함된 개념으로 기호로 Z라 쓰며, 음의 정수와 '0'의 도입으로 인해 인류는 방정식의 해를 구할 수 있는 범위가 확장되어 수학과 과학 분야의 비약적 발전을 가져오게 됩니다.

즉 정수의 집합은 $Z = \{\cdots, -2, -1, 0, 1, 2 \cdots\}$ 이며, 자연수를 포함한다.

정수의 성질

임의의 정수 a, b, c에 대하여

(1) $a+b=b+a$ (덧셈의 교환법칙)

(2) $a+0=a=0+a$ (덧셈에 관한 항등원 '0')

(3) $a+(-a)=0=(-a)+a$ (덧셈에 관한 역원 $-a$)

(4) $(a+b)+c=a+(b+c)$ (덧셈의 결합법칙)

(5) $a \cdot b=b \cdot a$ (곱셈의 교환법칙)

(6) $a \cdot 1=a=1 \cdot a$ (곱셈에 관한 항등원 1)

(7) $(a \cdot b) \cdot c=a \cdot (b \cdot c)$ (곱셈의 결합법칙)

(8) $(a+b) \cdot c=a \cdot c+b \cdot c$ (배분법칙)

〈참고〉 정수는 덧셈과 뺄셈, 그리고 곱셈에 닫혀있다.

〈참고〉 정수는 최소의 공리(Well-ordering principal)를 만족하지 않는다.

〈참고〉 정수는 전체적으로 순서가 정해져 있는 집합(totally ordered set)이다.

예제 6 두 정수 a, b가 다음과 같을 때, 연산의 결과가 정수이면 ○, 정수가 아니면 × 로 나타내시오.

정수의 사칙연산	$a+b$	$a-b$	$b-a$	$a\times b$	$a\div b$
$a=3,\ b=-2$					

해답 정수의 집합은 $+$, $-$, $\times$에 닫혀 있다.

풀이

예제 7 정수의 부분집합 $A=\{x\,|\,x=2n+1,\ n\text{은 정수}\}$에 대하여 사칙연산 중 어느 연산에 닫혀 있는지 구하시오.

해답 집합 $A=\{x\,|\,x=2n+1,\ n\text{은 정수}\}$는 "×"에만 닫혀 있다.

풀이

배수의 법칙

2의 배수는 일의 자리 수가 '0, 2, 4, 6, 8'인수
3의 배수는 각 자리 숫자의 합이 3의 배수가 되는 수
4의 배수는 맨 뒤의 두 자리가 '00'또는 4의 배수 인수
5의 배수는 일의 자리 수가 '0'과 '5'인수
6의 배수는 3의 배수이고 일의 자리 수가 '0, 2, 4, 6, 8'인수
7의 배수는 ?
8의 배수는 끝의 세 자리가 8의 배수 인수
9의 배수는 각 자리의 수의 합이 9의 배수인 수

〈**참고**〉 소수와 합성수의 차이 비교

예제 8 5914는 2에서 9까지 어떤 수의 배수인지 찾으시오.

해답 5914는 2의 배수이다.

풀이

배수의 법칙 표현 방법

2의 배수 : $2Z = \{x \mid x = 2n,\ n\text{은 정수}\} = \{\cdots, -4, -2, 0, 2, 4, \cdots\}$

3의 배수 : $3Z = \{x \mid x = 3n,\ n\text{은 정수}\} = \{\cdots, -6, -3, 0, 3, 6, \cdots\}$

4의 배수 : $4Z = \{x \mid x = 4n,\ n\text{은 정수}\} = \{\cdots, -8, -4, 0, 4, 8, \cdots\} = 2^2 Z$

5의 배수 : $5Z = \{x \mid x = 5n,\ n\text{은 정수}\} = \{\cdots, -10, -5, 0, 5, 10, \cdots\}$

6의 배수 : $6Z = \{x \mid x = 6n,\ n\text{은 정수}\} = \{\cdots, -12, -6, 0, 6, 12, \cdots\} = 2Z \cap 3Z$

7의 배수 : $7Z = \{x \mid x = 7n,\ n\text{은 정수}\} = \{\cdots, -14, -7, 0, 7, 14, \cdots\}$

* $ABCDE$가 7의 배수 : $ABCD - 2E$가 7의 배수

8의 배수 : $8Z = \{x \mid x = 8n,\ n\text{은 정수}\} = \{\cdots, -16, -8, 0, 8, 16, \cdots\} = 2^3 Z$

9의 배수 : $9Z = \{x \mid x = 9n,\ n\text{은 정수}\} = \{\cdots, -18, -9, 0, 9, 18, \cdots\} = 3^2 Z$

〈**참고**〉 "0"은 모든 수의 배수
〈**참고**〉 정수의 집합에서의 분할

첫째, 2의 배수 : 정수를 2로 나누었을 때, 나머지가 "0"인 수의 집합

$$Z = \{\cdots, -3, -2, -1, 0, 1, 2, 3, \cdots\}$$

$$2Z = \{x \mid x = 2n,\ n\text{은 정수}\} = \{\cdots, -4, -2, 0, 2, 4, \cdots\}$$

$$2Z + 1 = \{x \mid x = 2n + 1,\ n\text{은 정수}\} = \{\cdots, -3, -1, 1, 3, 5, \cdots\}$$

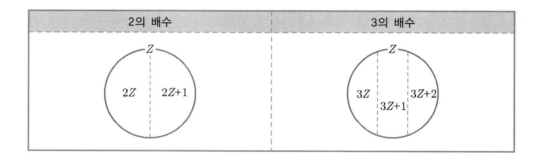

둘째, 3의 배수

$$Z=\{\cdots,-3,-2,-1,0,1,2,3,\cdots\}$$

$$3Z=\{x\mid x=3n,\ n\text{은 정수}\}=\{\cdots,-6,-3,0,3,6,\cdots\}$$

$$3Z+1=\{x\mid x=3n+1,\ n\text{은 정수}\}=\{\cdots,-5,-2,1,4,7,\cdots\}$$

$$3Z+2=\{x\mid x=3n+2,\ n\text{은 정수}\}=\{\cdots,-4,-1,2,5,8,\cdots\}$$

배수의 법칙에서 많이 쓰는 정리

(1) x가 n의 배수이면 x^2은 n의 배수이다.
(2) x^2이 n의 배수이면 x가 n의 배수이다.

예제 9 x가 2의 배수이면, x^2이 2의 배수임을 증명하시오.

증명 x가 2의 배수이므로 $[x\in 2Z=\{2n\mid n\in Z\}]$, $x=2n$, $n\in Z$(정수)라 하면 $x^2=(2n)^2=4n^2=2(2n^2)\in 2Z$이므로 x^2은 2의 배수이다.

예제 10 x^2이 2의 배수이면, x가 2의 배수임을 증명하시오.

증명 주어진 명제에 대한 직접증명이 어려운 관계로 간접증명인 귀류법을 이용하여 주어진 명제의 대우를 이용하여 증명한다.
먼저 주어진 명제의 대우를 생각하면 다음과 같다.

"x가 2의 배수가 아니면 x^2은 2의 배수가 아니다."

x가 2의 배수가 아니면 $x\not\in 2Z=\{2n\mid n\in Z\}$이므로

$x \in 2Z+1=\{2n+1 \mid n \in Z\}$이다.
따라서 $x=2n+1,\ n \in Z$(정수)라 하면,
$x^2=(2n+1)^2=4n^2+4n+1=2(2n^2+1)+1 \in 2Z+1$이다.
그러므로 x^2은 2의 배수가 아니다.

배수의 판정

11의 배수 : $11Z=\{x \mid x=11n,\ n\text{은 정수}\}=\{\cdots,-22,-11,0,11,22,\cdots\}$

* $ABCDE$가 11의 배수 : $(A+C+E)-(B+D)$ 11의 배수

12의 배수 :
$12Z=\{x \mid x=12n,\ n\text{은 정수}\}=\{\cdots,-24,-12,0,12,24,\cdots\}=3Z\cap 4Z$

13의 배수 : $13Z=\{x \mid x=13n,\ n\text{은 정수}\}=\{\cdots,-26,-13,0,13,26,\cdots\}$

* $ABCDE$가 13의 배수 : $ABCD+4E$가 13의 배수

14의 배수 :
$14Z=\{x \mid x=14n,\ n\text{은 정수}\}=\{\cdots,-28,-14,0,14,28,\cdots\}=2Z\cap 7Z$

15의 배수 :
$15Z=\{x \mid x=15n,\ n\text{은 정수}\}=\{\cdots,-30,-15,0,15,30,\cdots\}=3Z\cap 5Z$

16의 배수 : $16Z=\{x \mid x=16n,\ n\text{은 정수}\}=\{\cdots,-32,-16,0,16,32,\cdots\}=2^4Z$

17의 배수 : $17Z=\{x \mid x=17n,\ n\text{은 정수}\}=\{\cdots,-34,-17,0,17,34,\cdots\}$

* $ABCDE$가 17의 배수 : $ABCD-5E$가 17의 배수

18의 배수 :
$18Z=\{x \mid x=18n,\ n\text{은 정수}\}=\{\cdots,-36,-18,0,18,36,\cdots\}=2Z\cap 9Z$

19의 배수 : $19Z=\{x \mid x=19n,\ n\text{은 정수}\}=\{\cdots,-38,-19,0,19,38,\cdots\}$

* $ABCDE$가 19의 배수 : $ABCD+2E$가 19의 배수

예제 11 5914는 11에서 19까지 어떤 수의 배수인지 찾으시오.

해답 5914는 11에서 19까지 어떤 수의 배수도 아니다.

풀이

예제 12 다음 수는 ( )안의 배수인지 여부를 판정하시오.

(1) 43812 (21의 배수) (2) 7176 (23의 배수)

해답 (1) 43812는 21의 배수가 아니다.

(2) 7176은 23의 배수이다.

풀이

3 유리수(rational number)의 집합

유리수는 a, b가 정수이고, $b \neq 0$일 때, $\frac{a}{b}$꼴로 쓸 수 있는 수를 모아놓은 집합을 의미하며, 유리수의 집합을 간단하게 나타내면 다음과 같다.

$$Q = \left\{ \frac{a}{b} \mid a, b \in Z, b \neq 0 \right\}$$

유리수를 표현하는 방법은 유리수가 두 정수의 몫으로 표현되기에 몫의 표현인 *quotient*의 Q로 쓰며, 정수를 포함하는 집합이다.

소수의 종류

(1) 유한소수 : 소수점 아래에 0이 아닌 숫자가 유한개인 소수
(2) 무한소수 : 소수점 아래에 0이 아닌 숫자가 무한히 계속되는 소수
① 순환소수 : 소수점 이하에 동일한 숫자 열이 반복되는 소수
② 비 순환소수 : 소수점 이하에 동일한 숫자 열이 반복되지 않는 소수

〈참고〉 유한소수는 유리수다.
〈참고〉 순환소수는 유리수다.

무한등비급수

무한등비급수는 첫째항이 a, 공비가 r인 무한등비수열 $a, ar, ar^2, \cdots, ar^{n-1}, \cdots$의 각 항을 기호 "+"로 연결한 식을 말하며 다음과 같이 표현한다.

$$\sum_{n=1}^{\infty} ar^{n-1} = a + ar + ar^2 + \cdots + ar^{n-1} + \cdots$$

이때, $|r| < 1$이면 무한등비급수는 수렴하고 그 합은 $\dfrac{a}{1-r}$ 이다.

예제 13 다음 순환소수가 유리수임을 두 가지 방법으로 증명하시오.

(1) $0.777\cdots$　　　　(2) $0.292929\cdots$

증명 (1) 첫 번째 방법

$x = 0.777 \cdots$ ①라고 하고, 양변에 10을 곱하면

$10x = 7.777 \cdots$ ②

② − ① : $9x = 7$이므로 $x = \dfrac{7}{9}$

두 번째 방법

$0.777\cdots = 0.7 + 0.07 + 0.007 + \cdots$은 첫째항이 0.7, 공비가 $0.1 = \dfrac{1}{10}$인 무한등비급수이므로, 수렴한다. 따라서

$$0.777\cdots = 0.7 + 0.07 + 0.007 + \cdots = \frac{0.7}{1 - \frac{1}{10}} = \frac{0.7}{0.9} = \frac{7}{9}$$

그러므로 순환소수 $0.777\cdots$은 유리수이다.

(2) 첫 번째 방법

$x = 0.292929 \cdots$ ①라 하고, 양변에 100을 곱하면

$100x = 29.292929 \cdots$ ②

② − ① : $99x = 29$이므로 $x = \dfrac{29}{99}$

두 번째 방법

$0.292929\cdots = 0.29 + 0.0029 + 0.000029 + \cdots$은 첫째항이 $a = 0.29$, 공비가

$r=0.01=\dfrac{1}{100}$인 무한등비급수이고, $-1<r<1$이므로, 무한등비급수는 수렴한다. 따라서

$$\begin{aligned}0.292929\cdots &= 0.29+0.0029+0.000029+\cdots \\ &= \frac{a}{1-r}=\frac{0.29}{1-\dfrac{1}{100}}=\frac{0.29}{0.99}=\frac{29}{99}\end{aligned}$$

그러므로 순환소수 $0.292929\cdots=\dfrac{29}{99}$는 유리수이다.

예제 14 두 유리수 $p,\ q$가 다음과 같을 때, 사칙연산의 결과가 유리수이면 ○, 유리수가 아니면 ×로 나타내시오. (단, $a_1\neq 0, b_1\neq 0$)

유리수의 사칙연산	$p+q$	$p-q$	$p\times q$	$p\div q$
$p=\dfrac{1}{2},\ q=\dfrac{1}{3}$				

〈**참고**〉 유리수는 사칙연산에 닫혀 있다.

해답 유리수의 집합은 사칙연산에 닫혀 있다.

풀이

유리수의 조밀성

유리수와 유리수 사이에는 수없이 많은 유리수가 존재한다.

예제 15 두 유리수 $\dfrac{1}{2}, \dfrac{1}{3}$ 사이에 있는 유리수 2,500개를 구하시오.

해답 풀이참조

풀이

4 무리수(irrational number)의 집합

무리수란 실수 중 유리수가 아닌 수로 소수로 나타내면 순환하지 않는 무한소수를 의미하며, 무리수의 집합을 표현하는 기호는 없으며 $\sqrt{2}, \sqrt{3}, \cdots$, π, e 등은 무리수이다.

원주율

원주(원둘레)의 길이를 원의 지름으로 나눈 값.(= 3.1415926535…… 무한소수)

〈기호〉 π(rad) : 존스(William Jones)

오일러의 수(Euler's number) e

$e = \lim_{n \to \infty}(1+\frac{1}{n})^n \fallingdotseq 2.78 \cdots < 3$: 네이피어(John Napier)

x의 제곱근

제곱하여 x가 되는 실수

〈참고〉 양의 제곱근을 $\sqrt{x}$ 라고 표기하고 "제곱근 x"라고 읽는다.

예제 16 다음 수의 제곱근을 구하시오.

(1) 49　　(2) 4　　(3) 5

해답 (1) ± 7　　(2) 4 ± 2　　(3) $5 \pm \sqrt{5}$

풀이

예제 17 두 무리수 p, q가 다음과 같을 때, 사칙연산의 결과가 무리수이면 ○, 무리수가 아니면 ×로 나타내시오.

무리수의 사칙연산	$p+q$	$p-q$	$p\times q$	$p\div q$
$p,\ q$				

〈**참고**〉 무리수는 사칙연산에 닫혀있지 않다.

해답 풀이참조

풀이

5 실수(real number)

무리수는 유리수가 아닌 순환하지 않는 무한소수를 말하며, 피타고라스학파의 히파수스에 의하여 정사각형의 대각선의 길이가 유리수가 아니라는 사실이 발견되었으나 19세기 말에 칸토어, 데데킨트 등에 의하여 무리수의 존재성에 대하여 연구가 활발하게 진행되었다. 유리수와 무리수의 합집합을 실수라 하며, 실수의 집합을 R이라 쓰며, 양의 실수와 음의 실수는 다음과 같이 표현하며, 도식화하면 다음과 같다.

실수= 유리수 ∪ 무리수

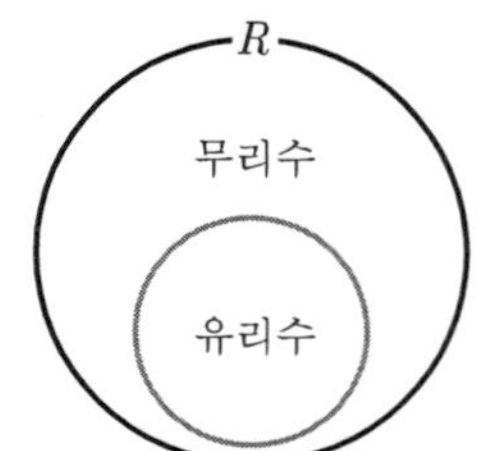

$R = R^{-} \cup \{0\} \cup R^{+}$

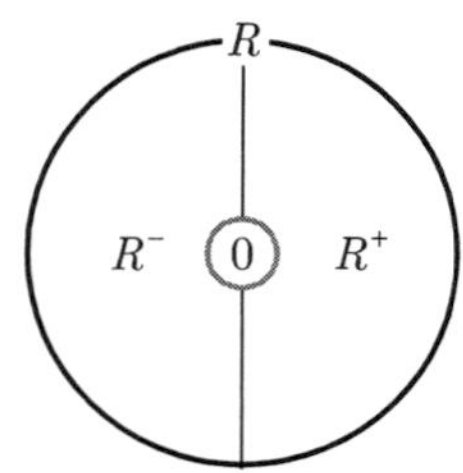

양의 실수 $R^{+} = \{x > 0 \mid x \in R\}$

음의 실수 $R^{-} = \{x < 0 \mid x \in R\}$

실수의 성질

임의의 실수 a, b, c에 대하여

(1) $a+b=b+a$, $a \cdot b=b \cdot a$	(덧셈과 곱셈의 교환법칙)
(2) $a+0=a=0+a$	(덧셈에 관한 항등원 '0')
(3) $a+(-a)=0=(-a)+a$	(덧셈에 관한 역원 $-a$)
(4) $(a+b)+c=a+(b+c)$	(덧셈의 결합법칙)
(5) $a \cdot 1=a=1 \cdot a$	(곱셈에 관한 항등원 1)
(6) $a \cdot \frac{1}{a}=1=\frac{1}{a} \cdot a$ (단, $a \neq 0$)	(곱셈에 관한 역원 $\frac{1}{a}$)
(7) $(a \cdot b) \cdot c=a \cdot (b \cdot c)$	(곱셈의 결합법칙)
(8) $(a+b) \cdot c=a \cdot c+b \cdot c$	(배분법칙)

그러므로 실수의 특성에 대하여 중요한 몇 가지만 알아보도록 하자.

첫째, 실수와 수직선은 1-1 대응 관계를 이루고 있다. (실수의 완비성)

실수는 유리수와 무리수로 구성되어 있으며, 유리수와 유리수 사이에는 수없이 많은 유리수가 존재하며 무리수와 무리수 사이에도 수없이 많은 무리수가 존재하기에 수직선은 실수에 대응하는 점들로 가득 메워진다.

둘째, 구간(interval)을 정의할 수 있다.

(1) 폐구간(closed interval)

$$[a, b]=\{x \in R \mid a \leq x \leq b\}$$

(2) 개구간(open interval)

$$(a, b)=\{x \in R \mid a < x < b\}$$

(3) 반개구간(half-open interval) 또는 반폐구간(half-closed interval)

$$(a, b]=\{x \in R \mid a < x \leq b\}, \quad [a, b)=\{x \in R \mid a \leq x < b\}$$

셋째, 임의의 실수 $x \in R$에 대하여, $x^2 \geq 0$ 이다.

넷째, 임의의 실수 $x \in R$에 대하여,

$$|x| = \begin{cases} x, & x \geq 0 \\ -x, & x < 0 \end{cases}$$

예제 18 임의의 실수 a, b에 대하여 다음이 성립함을 증명하시오.

(1) $|-a| = |a|$ (2) $-|a| \leq a \leq |a|$

(3) $|ab| = |a||b|$

증명 (1) 첫째, $a \geq 0$일 때, 좌변 $|-a| = -(-a) = a$ $(\because -a \leq 0)$

우변 $|a| = a$ 따라서 좌변$=$ 우변

둘째, $a < 0$일 때, 좌변 $|-a| = -a$ $(\because -a \geq 0)$

우변 $|a| = -a$ 따라서 좌변=우변

그러므로 $|-a| = |a|$ 이다.

(2) 첫째, $a > 0$일 때, $|a| = a$이므로

$-|a| = -a < a = |a|$, 즉 $-|a| < a = |a|$

둘째, $a < 0$일 때, $|a| = -a$이므로

$-|a| = a < -a = |a|$, 즉 $-|a| = a < |a|$

그러므로 $-|a| \leq a \leq |a|$ 이다.

(3) 첫째, $ab > 0$일 때, $|ab| = ab$이며.

$a > 0$, $b > 0$인 경우, $|a| = a$ $|b| = b$이므로

$|ab| = ab$, $|a||b| = ab$, 좌변$=$ 우변

$a < 0$, $b < 0$인 경우, $|a| = -a$ $|b| = -b$이므로

$|ab| = ab$, $|a||b| = ab$, 좌변$=$ 우변

둘째, $ab < 0$일 때, $|ab| = -ab$이며.

$a > 0$, $b < 0$인 경우, $|a| = a$ $|b| = -b$이므로

$|ab| = -ab$, $|a||b| = -ab$, 좌변$=$ 우변

$a < 0$, $b > 0$인 경우, $|a| = -a$, $|b| = b$이므로

$|ab| = -ab$, $|a||b| = -ab$, 좌변$=$ 우변

그러므로 $|ab| = |a||b|$ 이다.

지금까지 배운 자연수, 정수, 유리수, 무리수, 실수의 집합에서 사칙연산에 대한 닫힘 성질을 정리하면 다음과 같다.

구 분	덧셈	뺄셈	곱셈	나눗셈
자연수(N)	○	×	○	×
정수(Z)	○	○	○	×
유리수(Q)	○	○	○	○
무리수	×	×	×	×
실수(R)	○	○	○	○

(단, 분모의 경우에는 '0'으로 나누는 것을 제외하였음)

6 복소수(complex number)

복소수의 정의

복소수는 a, b가 실수일 때, $a+bi$ 꼴로 쓸 수 있는 수를 모아놓은 집합을 의미하며, 복소수를 표현하는 방법은 C로 쓴다.

$$C=\{x+yi \mid x,y\in R, i=\sqrt{-1}\}=\{z \mid z=x+yi, x,y\in R, i=\sqrt{-1}\}$$

먼저 허수단위 $i=\sqrt{-1}$은 실수가 아니기에 크기를 비교할 수 없으며, 양수와 음수의 개념도 사용하지 않고, 단지 $i^2=-1$을 의미한다.

예제 19 다음 표를 완성하시오.

i	i^2	i^3	i^4	i^5	i^6	i^7	i^8

해답 풀이참조

풀이

또한, 임의의 복소수 $z = x + yi$에 대하여, 켤레복소수 또는 공액복소수를 $\bar{z}$로 나타내며, $\bar{z} = x - yi$로 쓴다.

복소수의 성질

임의의 복소수 z_1, z_2, z_3에 대하여

(1) $z_1 + z_2 = z_2 + z_1$, $z_1 z_2 = z_2 z_1$	(덧셈과 곱셈의 교환법칙)
(2) $z_1 + 0 = z_1 = 0 + z_1$	(덧셈에 관한 항등원 '0')
(3) $z_1 + (-z_1) = 0 = (-z_1) + z_1$	(덧셈에 관한 역원 $-z_1$)
(4) $(z_1 + z_2) + z_3 = z_1 + (z_2 + z_3)$	(덧셈의 결합법칙)
(5) $z_1 1 = z_1 = 1 z_1$	(곱셈에 관한 항등원 1)
(6) $z_1 \dfrac{1}{z_1} = 1 = \dfrac{1}{z_1} z_1$ (단, $z_1 \neq 0$)	(곱셈에 관한 역원 $\dfrac{1}{z_1}$)
(7) $(z_1 z_2) z_3 = z_1 (z_2 z_3)$	(곱셈의 결합법칙)
(8) $(z_1 + z_2) z_3 = z_1 z_3 + z_2 z_3$	(배분법칙)

예제 20 두 복소수 $z_1 = 2 + i$, $z_2 = 1 + 2i$에 대하여 다음을 구하시오.

(1) $z_1 + z_2$ (2) $z_1 - z_2$ (3) $z_1 z_2$

(4) $\overline{z_1 + z_2}$ (5) $\overline{z_1 - z_2}$ (6) $\overline{z_1 z_2}$

(7) z_1^2 (8) z_2^2

해답 (1) $3 + 3i$ (2) $1 - i$ (3) $5i$

(4) $3 - 3i$ (5) $1 + i$ (6) $-5i$

(7) $3 + 4i$ (8) $-3 + 4i$

풀이

7 명제(PROPOSITION)

7.1 명제와 조건

명제(PROPOSITION)의 정의

참과 거짓을 분명하게 구분할 수 있는 문장이나 식.

예제 21 다음 문장 중 명제인 것을 찾고, 참과 거짓을 판명하시오.

(1) 베토벤은 천재이다. (2) 소크라테스는 사람이다.

(3) 7은 소수이다. (4) x는 6의 약수이다.

해답 (1) 거짓 (2) 참 (3) 참 (4) 거짓

조건과 진리집합

변수를 포함하는 문장이나 식이 변수의 값에 따라 참, 거짓이 정해질 때, 이 문장이나 식을 조건이라고 하며, 전체집합 U의 원소 중에서 어떤 조건을 참이 되게 하는 모든 원소의 집합을 그 조건의 진리집합이라고 한다.

〈참고〉 전체집합 U는 특별한 조건이 없는 한 실수의 집합으로 간주한다.
예로 "x는 6의 약수 이다"는 x의 값이 정해지면 명제가 된다.
$x=2$이면 참인 명제가 되고, $x=4$가 되면 거짓 명제가 된다.

예제 22 전체집합 $U=\{1,2,3,4,5,6,7\}$일 때, 다음 조건의 진리집합을 구하시오.

(1) a는 소수이다. (2) b는 짝수이다.

(3) c는 9의 약수이다. (4) $3d<10$

해답 (1) $\{2,3,5,7\}$ (2) $\{2,4,6\}$

(3) $\{1,3\}$ (4) $\{1,2,3\}$

풀이

부정

명제 또는 조건 p에 대하여 'p가 아니다.'를 p의 부정이라 한다.

〈기호〉 $\sim p$ (not p)

예제 23 전체집합 $U=\{1,2,3,4,5,6,7\}$일 때, 다음 조건의 부정을 말하고, 부정에 해당하는 진리집합을 구하시오.

(1) a는 소수이다.
(2) b는 짝수이다.
(3) c는 9의 약수이다.
(4) $3d<10$

해답 (1) $\{1,4,6\}$
(2) $\{1,3,5,7\}$
(3) $\{2,4,5,6,7\}$
(4) $\{4,5,6,7\}$

풀이

명제 : "p이면 q 이다"의 참과 거짓

기호 : $p \quad \rightarrow \quad q$

p(가정) $\quad q$(결론)

p의 진리집합 P, q의 진리집합 Q일 때,

참 : $P \subset Q$

〈참고〉 참이 아닌 경우, 거짓 명제로 판정하며 반례를 들어줘야 함

예제 24 다음 조건명제의 참과 거짓을 판명하시오. (단, x,y는 자연수)

(1) x,y가 짝수이면 $x+y$는 짝수이다.
(2) x^2이 3의 배수이면 x가 3의 배수이다.
(3) x가 3의 배수이면 x^2이 3의 배수이다.
(4) x,y가 모두 소수이면 $x+y$는 소수이다.
(5) $x+y$가 소수이면 x,y는 모두 소수이다.

해답 (1) 참 (2) 참 (3) 참 (4) 거짓 (5) 거짓

풀이

“모든(∀) 또는 어떤(∃)”에 대한 참과 거짓

전체집합을 U, 조건 p의 진리집합을 P라고 할 때,

(1) ‘모든 x에 대하여 p이다.’는 $P=U$이면 참이고, 그렇지 않으면 거짓
(2) ‘어떤 x에 대하여 p이다.’는 $P\neq\varnothing$이면 참이고, 그렇지 않으면 거짓

예제 25 다음 조건명제의 참과 거짓을 판명하고, 거짓명제의 경우 반례를 구하시오.

(1) 모든 실수 x에 대하여, $x^2\geq 0$ 이다.
(2) 어떤 실수 x에 대하여, $x^2\leq 0$ 이다.
(3) x, y가 홀수이면 $x+y$는 홀수이다.

해답 (1) 참 (2) 참 (3) 거짓

풀이

7.2 명제 사이의 관계

명제의 역과 대우

역 : “p이면 q이다”에서 가정과 결론을 바꾸어 놓은 “q이면 p이다”를 말한다.
대우 : “p이면 q이다”에서 가정과 결론을 부정하여 바꾸어 놓은 “$\sim q$이면 $\sim p$이다”를 말한다.

〈**참고**〉 주어진 명제가 참이면, 대우 명제도 참이다.

예제 26 다음 명제의 대우를 구하고, 참과 거짓을 판명하시오.

(1) x, y가 홀수이면 $x+y$는 홀수이다.
(2) x, y가 소수이면 $x+y$는 소수이다.
(3) x가 3의 배수이면 x^2이 9의 배수이다.
(4) x^2이 9의 배수이면 x가 3의 배수이다.

해답 (1) 거짓 (2) 거짓 (3) 참 (4) 참

풀이

"$p \to q$"가 참임을 증명하는 방법 : 직접증명법과 간접증명법

(1) 직접증명법

(2) 간접증명법 : 대우법과 귀류법

- 대우법 : 주어진 명제가 참인 것과 대우 명제가 참인 것이 필요충분조건임을 이용하여 대우명제가 참임을 증명
- 귀류법 : 가능한 결론이 두 개 밖에 없을 경우에 사용이 가능하며, 길이 두 개 밖에 없는 경우에 한 길로 갔다가 그 길이 가고자 하는 길이 아니면 다른 길로 갈 수 밖에 없다는 증명 방법

예제 27 다음 명제의 참과 거짓을 판명하고, 참인 명제는 증명하시오.

(1) $x=3$이면, $x^3+x^2+x=39$이다.

(2) m이 정수일 때 m이 2의 배수이면, m^2이 2의 배수이다.

(3) m이 정수일 때 m^2이 2의 배수이면, m이 2의 배수이다.

해답 (1) 참　　(2) 참　　(3) 참

풀이

예제 28 다음을 증명하시오.

(1) $\sqrt{2}$가 무리수임을 증명하시오.

〈참고, 서로 소: 1 이외에 공약수를 갖지 않는 둘 이상의 자연수〉

(2) $\sqrt{2}$가 무리수일 때, $\dfrac{\sqrt{2}}{3}$가 무리수임을 증명하시오.

(3) $\sqrt{2}$가 무리수일 때, $3\sqrt{2}$가 무리수임을 증명하시오.

(4) $\sqrt{2}$가 무리수일 때, $\sqrt{2}+1$가 무리수임을 증명하시오.

증명 (1) $\sqrt{2}$를 무리수가 아니라고 가정하면,

$\sqrt{2}$는 유리수가 되며, 유리수의 정의에 의하여

$\sqrt{2}=\dfrac{q}{p}$ (단, $p, q \in Z$, $p \neq 0$, p, q는 서로 소)라 하면,

$\sqrt{2}p=q$이며, 양변을 제곱하면 $2p^2=q^2$이므로 q^2은 2의 배수이다.

따라서 [예제 7] (3)에 의하여, q는 2의 배수이다. … ①

q가 2의 배수이므로 $q=2k$ (단, $k \in Z$)라 하면, $2p^2=q^2=(2k)^2=4k^2$이고

$p^2 = 2k^2$이므로 p^2은 2의 배수이다.

또한, [예제 7] (3)에 의하여, p는 2의 배수이다. ⋯ ②

따라서 ①과 ②에 의하여 p와 q는 2의 배수가 되어, p, q가 서로 소라는 조건에 모순된다.

그러므로 $\sqrt{2}$를 무리수가 아니라고 가정하면, 모순이므로 $\sqrt{2}$는 무리수이다.

(2) $\dfrac{\sqrt{2}}{3}$를 무리수가 아니라고 가정하면,

$\dfrac{\sqrt{2}}{3}$는 유리수가 되므로 $\dfrac{\sqrt{2}}{3} = p$ (단, p는 유리수) 라 하면 $\sqrt{2} = 3p$가 된다.

그런데 좌변$=\sqrt{2}$이고 가정에서 무리수라고 하였는데

우변$=3p$는 유리수가 되므로 무리수$=$ 유리수가 되어 모순이다.

그러므로 $\dfrac{\sqrt{2}}{3}$를 무리수가 아니라고 가정하면 모순이므로, $\dfrac{\sqrt{2}}{3}$는 무리수이다.

(3) (2)의 증명 방법과 유사함

(4) (2)의 증명 방법과 유사함

CHAPTER 01 연습문제

1-1. 정수의 부분집합 B, C에 대하여 사칙연산 중 어느 연산에 닫혀있는지 구하시오.

(1) $B=\{x\,|\,x=3n+1,\ n\text{은 정수}\}$

(2) $C=\{x\,|\,x=3n+2,\ n\text{은 정수}\}$

1-2. 집합 $A=\{-1,0,1\}$는 사칙연산 중 어느 연산에 닫혀있는지 구하시오.

1-3. 두 실수 a, b에 대하여 연산 $*$를 $a*b=\dfrac{a+b}{2a+b}$로 정의하고, $a*b=\dfrac{3}{2}$일 때, $b*a$의 값을 구하시오. (단, $a\neq 0$)

1-4. 임의의 실수 a, b에 대하여 주어진 연산을 다음과 같이 정의할 때, 다음 각 연산에 대한 3의 역원을 구하시오.

(1) $a\star b=(a+2)(b+2)-2$　　(2) $a\triangle b=2ab+2(a+b)+1$

1-5. 등식 $|a|+a=0$를 만족하는 실수 a에 대하여 $\sqrt{a^2}+3a-|3a|$를 간단히 하시오.

1-6. 임의의 실수 a, b에 대하여 다음을 증명하시오.

(1) $ab\leq|a||b|$　　(2) $|a+b|\leq|a|+|b|$

(3) $|a-b|\leq|a|+|b|$

1-7. x가 정수일 때, x가 3의 배수일 필요충분조건은 x^2이 3의 배수임을 증명하시오.

1-8. 다음 수가 무리수임을 증명하시오.

(1) $\sqrt{3}$　　(2) $\sqrt{5}$

CHAPTER

02

식과 방정식

1. 단항식과 다항식의 계산
2. 방정식

1 단항식과 다항식의 계산

이 절에서는 중·고교과정에서 배우고 익혔던 식의 종류와 의미, 그리고 계산 방법을 간단하게 소개하고자 합니다.

1.1 단항식과 다항식

항이란 수 또는 문자의 곱으로 이루어진 식을 말하며, 단항식이란 수와 몇 개의 곱으로 이루어진 식을 말한다.

예제 1 다음 단항식을 간단히 하시오.

(1) $2a^3b \times 3ab$ (2) $3a^3b \times 4a^3b^4$

(3) $(2a^3)^2 \times 3a \times 5a^2$ (4) $(2a^3b)^2 \times (3ab^2)^3$

(5) $3a^3b \div 2a^2b$ (6) $6a^3b \div \frac{1}{2}ab$

(7) $3a^3b \div 4a^3b^4$ (8) $(2a^3b)^2 \div (3ab^2)^3$

해답 (1) $6a^4b^2$ (2) $12a^6b^5$ (3) $60a^9$

(4) $108a^9b^8$ (5) $\frac{3}{2}a$ (6) $12a^2$

(7) $\frac{3}{4}b^{-3}$ (8) $\frac{4}{27}a^3b^{-4}$

풀이

다항식이란 두 개 이상의 단항식의 합으로 이루어진 식을 말하며, 문자를 갖지 않고 숫자로 이루어진 항을 상수항이라 한다.

〈예제〉 주어진 식 $3x+2y-xy+6$은
단항식은 $3x$, $2y$, $-xy$, 6이며,
주어진 식은 이러한 단항식을 합으로 표현했으므로 다항식이 되며,
문자를 갖지 않고 숫자로 이루어진 항 6을 상수항이라 한다.

다항식의 연산 기본 법칙

다항식 A, B, C에 대하여

(1) $A+B=B+A,\ AB=BA$ (덧셈과 곱셈에 대한 교환법칙)

(2) $A+(B+C)=(A+B)+C,\ A(BC)=(AB)C$ (덧셈과 곱셈에 대한 결합법칙)

(3) $A(B+C)=AB+AC$ (분배법칙)

두 개 이상의 단항식에서 문자의 차수가 같은 항을 동류항이라 하며, 다항식을 계산하는 방법은 먼저 동류항을 정리한 후, 내림차순으로 계산하는 것이 편리하다.

예제 2 $A=x^3-2x^2+3x-1$, $B=2x-1$일 때, 다음을 구하시오.

(1) $A+B$ (2) $A-B$

해답 (1) x^3-2x^2+5x-2 (2) x^3-2x^2+x

풀이

1.2 곱셈공식

두 개 이상의 다항식을 전개하는데 필요한 중요한 곱셈공식은 다음과 같다.

곱셈공식

① $m(a+b+c)=$

② $(a+b)(c+d)=$

$(ax+b)(cx+d)=$

③ $(a+b)^2=$

$(a-b)^2=$

$(x+a)^2=$

$(a+b+c)^2=$

④ $(a+b)(a-b)=$

⑤ $(a+b)^3=$

$(a-b)^3=$

⑥ $(a+b)(a^2-ab+b^2)=$

$(a-b)(a^2+ab+b^2)=$

⑦ $(a+b+c)(a^2+b^2+c^2-ab-bc-ca)=$

⑧ $(a^2+ab+b^2)(a^2-ab+b^2)=$

곱셈공식을 사용하여 식을 전개할 경우
첫째, 어느 공식을 이용하는 것인지
둘째, 단순하게 문자가 아닌 형태를 확인하여야 한다.

예제 3 다음 식을 전개하시오.

(1) $(3a-2b)^2$ (2) $(x-4y)(x+4y)$

(3) $(a-b+c)^2$ (4) $(a+b-c)(a-b+c)$

(5) $(x+1)(x+2)(x+3)(x+4)$

해답 (1) $9a^2-12ab+4b^2$ (2) x^2-16y^2

(3) $a^2+b^2+c^2-2(ab-ac+bc)$ (4) $a^2-b^2+2bc-c^2$

(5) $x^4+10x^3+35x^2+50x+24$

풀이

순열과 조합을 이용한 곱셈공식 전개

$${}_nP_r=\frac{n!}{(n-r)!},\quad {}_nC_r=\frac{{}_nP_r}{r!}=\frac{n!}{r!(n-r)!}$$

$$(a+b)^n={}_nC_0a^nb^0+{}_nC_1a^{n-1}b^1+\cdots\cdots+{}_nC_{n-1}ab^{n-1}+{}_nC_na^0b^n$$

〈참고〉 ${}_nC_0={}_nC_n=1,\ {}_nC_1={}_nC_{n-1}=n$

[예] $(a+b)^4={}_4C_0a^4b^0+{}_4C_1a^3b+{}_4C_2a^2b^2+{}_4C_3ab^3+{}_4C_4a^0b^4$

$=a^4+4a^3b+6a^2b^2+4ab^3+b^4$

곱셈공식의 변형

① $a^2+b^2=(a+b)^2-2ab=(a-b)^2+2ab$

② $x^2+\dfrac{1}{x^2}=(x+\dfrac{1}{x})^2-2=(x-\dfrac{1}{x})^2+2$

③ $a^2+b^2+c^2=(a+b+c)^2-2(ab+bc+ca)$

④ $a^3+b^3=(a+b)(a^2-ab+b^2)$

$a^3-b^3=(a-b)(a^2+ab+b^2)$

예제 4 다음 물음에 답하시오.

(1) $x+y=4$, $xy=3$일 때, x^2+y^2의 값을 구하시오.

(2) $x+y+z=5$, $xy+yz+zx=7$일 때, $x^2+y^2+z^2$의 값을 구하시오.

(3) $x+\dfrac{1}{x}=4$일 때, $x-\dfrac{1}{x}$의 값을 구하시오. (단, $x-\dfrac{1}{x}>0$)

해답 (1) 10 (2) 11 (3) $2\sqrt{3}$

풀이

예제 5 $x+y=3$, $x^3+y^3=18$일 때, 다음 식의 값을 구하시오.

(1) xy (2) x^2+y^2

(3) $x-y$ (4) $(x^2+2)(y^2+2)$

(5) x^5+y^5

해답 (1) 1 (2) 7 (3) $\pm\sqrt{5}$ (4) 19 (5) 123

풀이

1.3 인수분해

인수분해란 하나의 다항식을 두 개 또는 그 이상의 다항식들의 곱으로 간단하게 나타내는 것을 말하며, 인수분해가 되었을 때, 곱을 이루고 있는 각 다항식들을 다항식의 인수라 부른다.

다항식을 인수 분해하는 방법

첫째, 공통인수로 묶는다.
둘째, 차수가 높은 것부터 낮은 순으로 정리한다. (내림차순 정리)
셋째, 공통인 항이 있는 경우에는 치환을 이용한다.
넷째, 제곱의 차의 형태로 변형한다. A^2-B^2

예제 6 다음 식을 인수 분해하시오.

(1) $ab+ac$ (2) $ax+by-ay-bx$

(3) $2x^3-3x^2+6x-9$ (4) $a^3b-ab^2+a^2c-bc$

해답 (1) $a(b+c)$ (2) $(a-b)(x-y)$

(3) $(x^2+3)(2x-3)$ (4) $(ab+c)(a^2-b)$

풀이

2차 식의 인수분해 방법 : 공식 이용

① $x^2+(a+b)x+ab=(x+a)(x+b)$
② $acx^2+(ad+bc)x+bd=(ax+b)(cx+d)$
③ 같은 모양을 치환
④ A^2-B^2 또는 근의 공식을 이용

예제 7 다음 식을 인수 분해하시오.

(1) x^2+3x+2 (2) x^2-2x-3

(3) $2x^2-x-6$ (4) $4x^2-2x-6$

(5) $(x-2016)^2-3(x-2016)-4$

(6) $(x+2)^2-2x-4$ (7) $9a^2-b^2$

해답 풀이참조

풀이

3차 이상의 인수분해 : 공식 이용

① $a^3+3a^2b+3ab^2+b^3=(a+b)^3$, $a^3-3a^2b+3ab^2-b^3=(a-b)^3$

② $a^3+b^3+c^3-3abc=(a+b+c)(a^2+b^2+c^2-ab-bc-ca)$

③ $a^4+a^2b^2+b^4=(a^2+ab+b^2)(a^2-ab+b^2)$

예제 8 다음 식을 인수 분해하시오.

(1) $a^3-8b^3+6ab+1$

(2) $(x-1)^3+(2x-1)^3+(2-3x)^3$

(3) x^4+2x^2+9

해답 (1) $(a-2b+1)(a^2+4b^2+1+2ab+2b-a)$

(2) $3(x-1)(2x-1)(2-3x)$

(3) $(x^2+2x+3)(x^2-2x+3)$

풀이

인수정리

고차다항식 $f(x)$가 $(x-a)$로 나누어떨어진다. $\Leftrightarrow$ $f(x)=(x-a)Q(x)$이다.

그러므로 $f(a)=0$이 되는 $x=a$ 값은 $a=\pm\dfrac{\text{상수항의 약수}}{\text{최고차항의 약수}}$ 중에 있다.

예제 9 다음 식을 인수분해하시오.

(1) x^3+2x^2-5x-6 (2) $2x^3-x^2-13x-6$

해답 (1) $(x+1)(x-2)(x+3)$ (2) $(x+2)(x-3)(2x+1)$

풀이

1.4 유리식

유리식이란 임의의 두 다항식을 A, B (단, $B \neq 0$)라 할 때, $\frac{A}{B}$의 형태로 표현할 수 있는 식을 말하는 것으로 유리수의 정의와 기본성질, 그리고 사칙연산은 같은 방법으로 계산할 수 있다는 것을 알 수 있다. 이 절에서는 기본적인 계산을 제외하고 적분에서 사용하게 될 부분분수식에 대하여 설명과 간단한 유리식의 계산방법에 대하여 소개하도록 하겠습니다.

유리식의 기본성질

유리식 $\frac{A}{B}$ (단, $B \neq 0$)에 대하여 C가 0이 아닌 다항식일 때,

① $\frac{A}{B}=\frac{A\times C}{B\times C}$ ② $\frac{A}{B}=\frac{A\div C}{B\div C}$

유리식의 사칙연산

유리식 $\frac{A}{B}$ (단, $B \neq 0$)에 대하여 C, D가 0이 아닌 다항식일 때,

① $\frac{A}{C}+\frac{B}{C}=\frac{A+B}{C}$ ② $\frac{A}{C}+\frac{B}{C}=\frac{A-B}{C}$

③ $\frac{A}{B}\times\frac{C}{D}=\frac{AC}{BD}$ ④ $\frac{A}{B}\div\frac{C}{D}=\frac{AD}{BC}$

부분분수 계산 방법($B-A$ 가 상수인 경우)

$$\frac{1}{AB}=\frac{1}{B-A}\left(\frac{1}{A}-\frac{1}{B}\right) \text{ (단, } B-A>0)$$

〈**참고**〉 분모가 인수분해가 되어 있지 않은 경우, 인수분해 후 계산

예제 10 다음 유리식을 부분분수식으로 나타내시오.

(1) $\frac{1}{(x+1)x}$ (2) $\frac{1}{x(x-1)}$

(3) $\dfrac{1}{(x+1)(x+2)}$

(4) $\dfrac{1}{(x-2)(x+2)}$

(5) $\dfrac{1}{x^2-x-2}$

(6) $\dfrac{1}{x^2-3x-4}$

(7) $\dfrac{1}{4x^2-1}$

(8) $\dfrac{1}{9x^2-4}$

해답 풀이참조

풀이

예제 11 $x^2+x+1=0$일 때, 다음 식의 값을 구하시오.

(1) $x+\dfrac{1}{x}$

(2) $x^2+\dfrac{1}{x^2}$

(3) $x-\dfrac{1}{x}$

(4) $x^3+\dfrac{1}{x^3}$

(5) $x^3-\dfrac{1}{x^3}$

(6) $x^8+\dfrac{1}{x^{14}}$

해답 (1) -1 (2) -1 (3) $\pm\sqrt{3}i$

(4) 2 (5) 0 (6) -1

풀이

가비의 리를 활용한 계산 방법

$$\frac{a}{b}=\frac{c}{d}=\frac{e}{f}\text{일 때, }\frac{a}{b}=\frac{c}{d}=\frac{e}{f}=\frac{a+c+e}{b+d+f}$$

예제 12 다음 물음에 답하시오.

(1) $\dfrac{a+b}{3}=\dfrac{b+c}{4}=\dfrac{c+a}{5}$일 때, $\dfrac{a-b+c}{a+b+c}$의 값을 구하시오.

(2) $\dfrac{2b+c}{3a}=\dfrac{c+3a}{2b}=\dfrac{3a+2b}{c}=k$일 때, k의 값을 구하시오.

(3) $\dfrac{d}{a+b+c}=\dfrac{a}{b+c+d}=\dfrac{b}{c+d+a}=\dfrac{c}{d+a+b}=k$일 때, k의 값을 구하시오.

해답 (1) $\dfrac{2}{3}$ (2) -1 (3) -1 또는 $\dfrac{1}{2}$

풀이

1.5 무리식

무리식이란 $\sqrt{x}$ 와 같이 근호 안에 미지수 x 또는 x에 관한 다항식을 포함하는 식을 말하며, 무리수의 정의와 기본성질, 그리고 사칙연산은 같은 방법으로 계산할 수 있다는 것을 알 수 있다. 이 절에서는 기본적인 계산을 제외하고 무리식의 존재조건과 간단한 계산, 그리고 이중근호 계산방법에 대하여 소개하도록 하겠습니다.

무리식의 존재조건

$\sqrt{f(x)}$ 가 존재하기 위하여 $f(x) \geq 0$이어야 하며, 무리식도 $\sqrt{f(x)} \geq 0$이어야 한다.
단, 무리식 $\sqrt{f(x)}$ 이 분모에 위치할 경우, $\sqrt{f(x)} \neq 0$이어야 한다.

예제 13 다음 무리식의 값이 실수가 되기 위한 x의 범위를 구하시오.

(1) $\sqrt{x-1}$ (2) $\sqrt{2x+1}$

(3) $\dfrac{\sqrt{x+1}}{\sqrt{x-1}}$ (4) $\dfrac{\sqrt{2x-1}}{\sqrt{x+1}}$

해답 (1) $x \geq 1$ (2) $x \geq -\dfrac{1}{2}$

(3) $x > 1$ (4) $x \geq \dfrac{1}{2}$

풀이

예제 14 다음 식을 간단히 하시오.

(1) $\dfrac{1}{1-\dfrac{1}{\sqrt{2}-\dfrac{1}{\sqrt{2}-1}}}$ (2) $\dfrac{15}{\sqrt{3}+\dfrac{1}{\sqrt{3}+\dfrac{1}{\sqrt{3}}}}$

해답 (1) $\dfrac{1}{2}$ (2) $4\sqrt{3}$

풀이

이중근호 계산방법

$a>b>0$일 때, $\sqrt{a+b\pm2\sqrt{ab}}=\sqrt{(\sqrt{a}\pm\sqrt{b})^2}=\sqrt{a}\pm\sqrt{b}$

예제 15 다음 식을 간단히 하시오.

(1) $\sqrt{7+2\sqrt{12}}$ (2) $\sqrt{12-6\sqrt{3}}$

(3) $\sqrt{11-6\sqrt{2}}$ (4) $\sqrt{3-\sqrt{8}}$

(5) $\sqrt{2-\sqrt{3}}$

해답 (1) $2+\sqrt{3}$ (2) $3-\sqrt{3}$ (3) $3-\sqrt{2}$

(4) $\sqrt{2}-1$ (5) $\dfrac{\sqrt{3}-1}{\sqrt{2}}$

풀이

2 방정식

이 절에서는 방정식의 의미를 이해하고, 방정식의 해를 구하는 방법과 근과 계수와의 관계에 대하여 학습하며, 고차방정식과 연립방정식에 대한 기초자료를 제공하고자 한다.

2.1 여러 가지 방정식

먼저 항등식의 개념에 대하여 소개한 후, 일차·이차 방정식을 기본으로 삼차 및 상반방정식의 해를 구하는 방법에 대하여 소개하기로 하겠다.

항등식

주어진 등식에 포함된 문자에 어떠한 수를 대입하여도 등식이 성립하는 식을 말하며, x에 대한 항등식이 되도록 또는 x가 어떠한 값을 갖더라도 등식이 성립한다는 의미로 해석할 수 있다.

예제 16 다음 등식이 x에 대한 항등식이 되도록 a, b, c의 값을 구하시오.

(1) $3x+b=ax-1$

(2) $ax^2-3x+2=5x^2-3x+b$

(3) $ax^2+bx+3=(x-1)(x+c)$

(4) $2x^2-4x+5=a(x-2)^2+b(x-2)+c$

해답 (1) $a=3,\ b=1$ (2) $a=5,\ b=2$

(3) $a=1,\ b=-4,\ c=-3$ (4) $a=2,\ b=6,\ c=9$

풀이

방정식

항등식과 달리 특정한 값에 대해서만 성립하는 등식을 말하며, 방정식을 만족하는 값을 그 방정식의 해 또는 근이라 하며, 방정식의 해를 구하라는 것은 주어진 조건을 만족하는 미지수의 값을 구하라는 것을 의미한다.

우리는 보통 미지수로 문자 x를 시용하고 있기에 x에 대한 방정식이라 하며, x의 값을 구하는 것을 해를 구하는 것으로 사용한다. 미지수가 한 종류이고 미지수의 최고 차수가 1인 방정식을 일차방정식(또는 일원일차방정식)이라 한다. 또한 미지수가 한 종류이고 미지수의 최고 차수가 2인 방정식을 이차방정식(또는 일원이차방정식)이라 한다.

1차 방정식의 풀이(x값을 구하는 방법)

① $a \neq 0$이면, $x = \frac{b}{a}$

(예 : $2x = 1$이면, $a = 2 \neq 0$이므로 $x = \frac{1}{2}$(해 또는 근))

② $a = 0$ 일 때, $0x = b$의 형태가 되며

㈀ $b = 0$이면, $0x = 0$이기에 x는 모든 실수(부정)

㈁ $b \neq 0$이면, $0x = b$이기에 x는 없다(불능)

예제 17 다음 일차방정식의 해를 구하시오.

(1) $ax - 1 = 0$ (2) $ax = a^2$

(3) $(a-b)x = a^2 - b^2$

해답 풀이참조

풀이

2차 방정식의 풀이(x값을 구하는 방법)

기본 형태 : $ax^2 + bx + c = 0$ (2차식이므로 $a \neq 0$)

예제 18 다음 식이 2차방정식이 되기 위한 조건을 구하시오.

(1) $ax^2 + 3x + 1 = 0$ (2) $(a^2 - a)x^2 - x - 1 = 0$

해답 풀이참조

풀이

2차 방정식의 풀이(x값을 구하는 방법)

기본 형태 : $ax^2+bx+c=0$ (2차식이므로 $a\neq 0$)

① 인수분해의 이용 : ax^2+bx+c이 $(px-q)(rx-s)$로 인수분해되면,

즉 $ax^2+bx+c=(px-q)(rx-s)=0$의 해는 $x=\frac{q}{p}$, $\frac{s}{r}$이다.

② 근의 공식을 이용

$ax^2+bx+c=0$의 해는 $x=\frac{-b\pm\sqrt{b^2-4ac}}{2a}$이다.

여기에서 $D=b^2-4ac$를 판별식이라 하며,

(ㄱ) $D>0$: 서로다른 두 실근

(ㄴ) $D=0$: 중근

(ㄷ) $D<0$: 서로 다른 두 허근을 갖는다고 한다.

예제 19 다음 2차방정식의 해를 구하시오.

(1) $x^2-x-2=0$ (2) $x^2-3x-10=0$

(3) $2x^2-x-6=0$ (4) $3x^2-2x-8=0$

(5) $x^2-x-3=0$ (6) $x^2+4x-2=0$

(7) $3x^2-x-6=0$ (8) $2x^2-2x-5=0$

해답 (1) 2 또는 -1 (2) 5 또는 -2

(3) $-\frac{3}{2}$ 또는 2 (4) $-\frac{4}{3}$ 또는 2

(5) $\frac{1\pm\sqrt{13}}{2}$ (6) $-2\pm\sqrt{6}$

(7) $\frac{1\pm\sqrt{73}}{6}$ (8) $\frac{1\pm\sqrt{10}}{2}$

풀이

3차 이상의 고차방정식의 풀이(x값을 구하는 방법)

① 인수정리를 이용하여 인수분해에 의하여 해를 구한다.

② 복이차방정식 : $ax^4+bx^2+c=0$의 형태는 $x^2=t$로 치환하거나 $A^2-B^2=0$의 형태로 변형하여 해를 구한다.

③ 4차의 상반방정식 : $ax^4+bx^3+cx^2+bx+a=0$의 상반방정식은 x^2으로 나눈 후 $x+\dfrac{1}{x}=t$로 치환한 후, t에 대한 이차방정식으로 변형하여 해를 구한다.

예제 20 다음 방정식의 해를 구하시오.

(1) $x^3+2x^2-5x-6=0$　　(2) $x^3+3x^2-5x+1=0$

(3) $x^4+3x^2+4=0$　　(4) $x^4-3x^3+4x^2-3x+1=0$

해답 풀이참조

풀이

연립방정식

두 개 이상의 미지수를 포함하고 있는 방정식들이 쌍을 이루어 방정식을 구성하는 것을 연립방정식이라 하며, 이러한 연립방정식의 풀이는 연립방정식의 형태에 따라 다양한 방법으로 구할 수 있다.

예제 21 다음 연립방정식의 해를 구하시오.

(1) $\begin{cases} x+y=5 \\ x-y=1 \end{cases}$　　(2) $\begin{cases} 2x+y=5 \\ x-y=-2 \end{cases}$

(3) $\begin{cases} x+y+z=6 \\ 2x+y-z=1 \\ x+2y-z=2 \end{cases}$　　(4) $\begin{cases} 2x+y+z=8 \\ x+2y+z=6 \\ x+y+2z=2 \end{cases}$

해답 풀이참조

풀이

2.2 근과 계수와의 관계

이차방정식 또는 삼차방정식에서 근들의 합과 곱을 그 계수를 이용하여 간단하게 나타내는 것을 이차 또는 삼차방정식의 근과 계수와 관계라고 한다.

2차방정식의 근과 계수와의 관계

$ax^2+bx+c=0$의 두 근을 α, β라 할 때,

① $a\alpha^2+b\alpha+c=0$, $a\beta^2+b\beta+c=0$

② $ax^2+bx+c=a(x-\alpha)(x-\beta)$

③ $ax^2+bx+c=0$의 두 근의 합 $\alpha+\beta=-\frac{b}{a}$, 두 근의 곱 $\alpha\beta=\frac{c}{a}$이다.

예제 22 방정식 $x^2-3x+1=0$ 의 두 근을 α, β라 할 때, 다음 값을 구하시오.

(1) $\alpha^2-3\alpha$

(2) $\beta^2-3\beta+5$

(3) $\alpha^2+\beta^2$

(4) $(\alpha-\beta)^2$

(5) $\frac{1}{\alpha}+\frac{1}{\beta}$

(6) $\frac{1}{\alpha}\times\frac{1}{\beta}$

(7) $\frac{1}{\alpha^2}+\frac{1}{\beta^2}$

(8) $(\frac{1}{\alpha}+\frac{1}{\beta})^2$

(9) $(\frac{1}{\alpha}-\frac{1}{\beta})^2$

(10) $\alpha+\frac{1}{\alpha}$

(11) $\alpha^2+\frac{1}{\alpha^2}$

(12) $\alpha^3+\frac{1}{\alpha^3}$

(13) $\alpha^3+2\alpha^2+\alpha+\frac{1}{\alpha}+\frac{2}{\alpha^2}+\frac{1}{\alpha^3}$

해답 (1) -1 (2) 4 (3) 7 (4) 5
(5) 3 (6) 1 (7) 7 (8) 9
(9) 5 (10) 3 (11) 7 (12) 18
(13) 35

풀이

3차방정식의 근과 계수와의 관계

$ax^3+bx^2+cx+d=0$의 세 근을 α, β, γ라 할 때,

① $a\alpha^3+b\alpha^2+c\alpha+d=0$, $a\beta^3+b\beta^2+c\beta+d=0$, $a\gamma^3+b\gamma^2+c\gamma+d=0$

② $ax^3+bx^2+cx+d=a(x-\alpha)(x-\beta)(x-\gamma)$

③ $ax^3+bx^2+cx+d=0$ 에서 $\alpha+\beta+\gamma=-\frac{b}{a}$, $\alpha\beta+\beta\gamma+\gamma\alpha=\frac{c}{a}$, $\alpha\beta\gamma=-\frac{d}{a}$

예제 23 방정식 $x^3-2x^2-3x+1=0$의 두 근을 α, β, γ라 할 때, 다음 값을 구하시오.

(1) $\alpha^3-2\alpha^2-3\alpha$
(2) $\gamma^3-2\gamma^2-3\gamma+7$
(3) $\alpha+\beta+\gamma$
(4) $\alpha\beta+\beta\gamma+\gamma\alpha$
(5) $\alpha\beta\gamma$
(6) $\alpha^2+\beta^2+\gamma^2$
(7) $\alpha^3+\beta^3+\gamma^3$
(8) $(1-\alpha)(1-\beta)(1-\gamma)$
(9) $\frac{1}{\alpha}+\frac{1}{\beta}+\frac{1}{\gamma}$
(10) $\frac{1}{\alpha^2}+\frac{1}{\beta^2}+\frac{1}{\gamma^2}$

해답 (1) -1 (2) 6 (3) 2 (4) -3
(5) -1 (6) 10 (7) 23 (8) 3
(9) 3 (10) 14

풀이

예제 24 $x^3-1=0$의 한 허근을 ω라 할 때, 다음 식의 값을 구하시오.

(1) ω^3
(2) $\omega^2+\omega+1$
(3) $\omega^{14}+\omega^{13}$
(4) $\omega^{2n}+\omega^n$
(5) $\frac{\omega^2}{1+\omega}+\frac{\omega}{\omega^2+1}$
(6) $\omega^{2016}+\frac{1}{\omega^{2016}}$

해답 풀이참조

풀이

CHAPTER 02 연습문제

2-1. 다음 식을 전개하시오.

(1) $(a+b)^4$ (2) $(a+b)^5$

2-2. $x+y+z=p$, $xy+yz+zx=q$, $xyz=r$일 때, 다음 식을 p, q, r로 나타내시오.

(1) $x^2+y^2+z^2$ (2) $x^3+y^3+z^3$

(3) $x^2y^2+y^2z^2+z^2x^2$ (4) $x^4+y^4+z^4$

2-3. 다음 식을 인수 분해하시오.

(1) $a^2-ac+ab-bc$ (2) x^2-2x-5

(3) $2x^2-x-4$ (4) $2x^2+(5y+1)x+(2y^2-y-1)$

(5) $6x^2+5xy+y^2-x+y-2$ (6) $x^2+y^2-z^2+2xy$

(7) x^4-6x^2+1 (8) $(x^2+4x+3)(x^2+12x+35)+15$

(9) x^3+3x^2-5x+1 (10) $2x^4+5x^3-5x-2$

2-4. 다음 식을 간단히 하시오.

(1) $\sqrt{3-\sqrt{8}}$ (2) $\sqrt{2-\sqrt{3}}$

2-5. 다음 방정식의 해를 구하시오. (단, x는 실수)

(1) $2x^3-x^2-13x-6=0$ (2) $2x^4+5x^3-5x-2=0$

(3) $x^4-13x^2+4=0$ (4) $x^4-5x^3+8x^2-5x+1=0$

2-6. 다음 연립방정식의 해를 구하시오.

(1) $\begin{cases} x-y=2 \\ x^2+y^2=34 \end{cases}$ (2) $\begin{cases} 2y^2-5x+3y=9 \\ 3y^2+2x-5y=4 \end{cases}$

2-7. $x^2+bx+c=0$의 두 근을 α, β라 할 때, 다음 두 수를 두 근으로 하는 이차방정식을 구하시오.

(1) $-\alpha$, $-\beta$ (2) $\dfrac{1}{\alpha}$, $\dfrac{1}{\beta}$ (3) $2\alpha-1$, $2\beta-1$

CHAPTER

03

함수

1 함수(functions)의 정의와 성질

데카르트(Descartes, R. 1596-1650)는 함수의 개념을 명확히 곡선의 방정식으로 나타내는 획기적인 표현법을 마련하면서 좌표 $(x,\ y)$라는 개념을 도입하여 직선에 의한 양수와 음수를 표현함으로써 대수적 방정식을 그래프로 나타내어 직관적으로 파악하는 것이 가능하게 하여 기하학과 대수학이라는 이질적인 것을 하나로 통합하는 계기가 되도록 학문적인 뒷받침을 해준 학자이다.

1.1 함수의 정의

함수의 정의

공집합이 아닌 실수의 부분집합 X, Y에 대하여 X에 있는 모든 원소 하나하나에 대하여 Y에 있는 원소에 하나씩 대응될 때, 이 대응 관계를 (실변수) 함수라 한다.

〈기호〉 $f : X \to Y,\ y = f(x)$

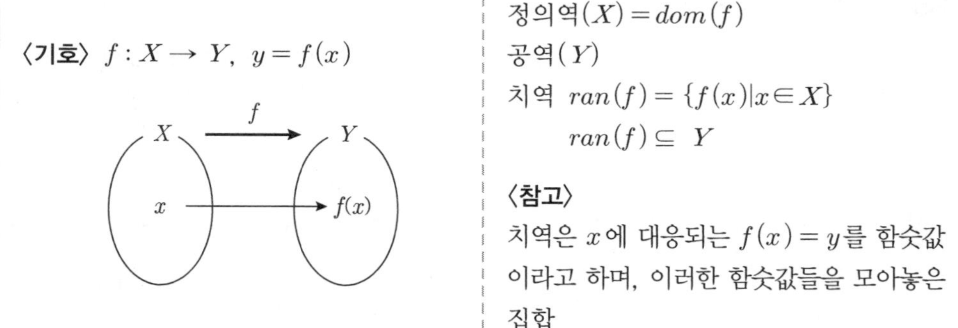

정의역$(X) = dom(f)$

공역(Y)

치역 $ran(f) = \{f(x) | x \in X\}$

$ran(f) \subseteq Y$

〈참고〉

치역은 x에 대응되는 $f(x) = y$를 함숫값이라고 하며, 이러한 함숫값들을 모아놓은 집합

함수 $f : X \to Y$에서 x의 원소 x에 Y의 원소 y가 대응하면, 즉 $y = f(x)$에서 x를 독립변수(independent variable), y를 종속변수(dependent variable)라 한다.

예를 들면, $X = \{1,2,3,4\}$, $Y = \{a, b\}$ (단, $a,b \in R$)라 하면, $\varnothing \neq X, Y \subseteq R$이므로 X에서 Y로 대응되는 대응관계를 생각할 수 있다.

예제 1 함수가 아닌 예

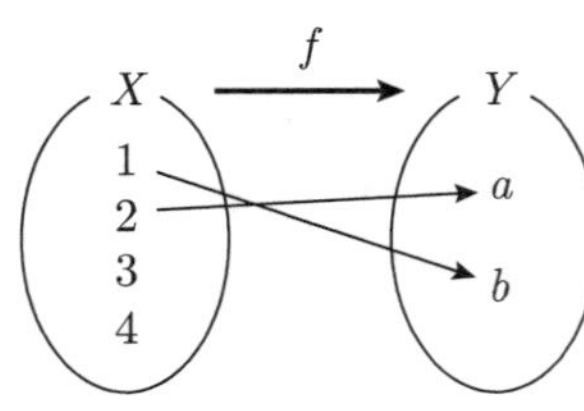

정의역 $X=\{1, 2, 3, 4\}$에 있는 원소 중
$x=1$은 공역 Y의 원소 중 b로 대응 되므로 $f(1)=b$이고,
$x=2$는 공역 Y의 원소 중 a로 대응 되므로 $f(2)=a$이다.
그러나 $X=\{1, 2, 3, 4\}$에 있는 원소 중 3, 4는 대응되는 $Y=\{a, b\}$의 원소가 없으므로 X에서 Y로 대응되는 대응관계를 생각할 수 없기에 함수가 아니다.

예제 2 함수가 아닌 예

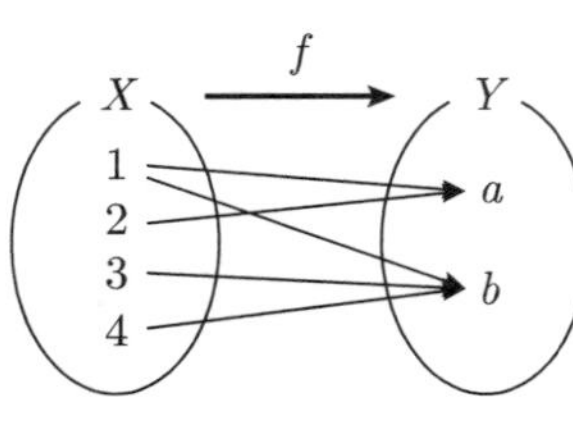

정의역 $X=\{1, 2, 3, 4\}$에 있는 원소 중
$f(1)=a$, $f(1)=b$, $f(2)=a$, $f(3)=b$, $f(4)=b$로 공역 $Y=\{a, b\}$의 원소로 대응을 하고 있지만, $x=1$은 Y에 있는 원소 a와 b로 대응되는 관계로 하나씩 대응하여야 한다는 정의에 위배되므로 X에서 Y로 대응되는 대응관계를 생각할 수 없기에 함수가 아니다

Tip : 함수가 되려면

정의역에 있는 모든 원소는 반드시 공역에 있는 원소에 반드시 대응을 해야 하며 정의역에 있는 하나의 원소는 공역에 있는 원소에 하나씩 대응을 해야 함.

예제 3 두 집합 $X=\{2,3,4\}$, $Y=\{8,9,10\}$에 대하여 다음 조건에 맞는 대응관계를 나타내고, 함수가 되는 것을 찾고 정의역 $dom(f)$와 치역 $ran(f)$을 구하시오.

(1) X의 각 원소에 그 수의 배수인 Y의 원소를 대응시킨다.
(2) X의 각 원소에 그 수보다 7이 큰 수를 Y의 원소를 대응시킨다.
(3) X의 각 원소에 그 수보다 6이 큰 수를 Y의 원소를 대응시킨다.
(4) X의 각 원소 중 짝수인 원소는 Y의 짝수인 원소에 대응시키고, X의 각 원소 중 홀수인 원소는 Y의 홀수인 원소에 대응시킨다.

해답 (1) 함수가 아니다.
(2) 함수가 아니다.
(3) $dom(f)=\{2,3,4\}$, $ran(f)=\{8,9,10\}$
(4) 함수가 아니다.

풀이

예제 4 $X = \{1, 2, 3, 4\}$, $Y = \{a, b\}$일 때, 주어진 각각의 경우에 대하여 함수인 것을 찾고, 정의역과 치역, 공역을 각각 구하시오.

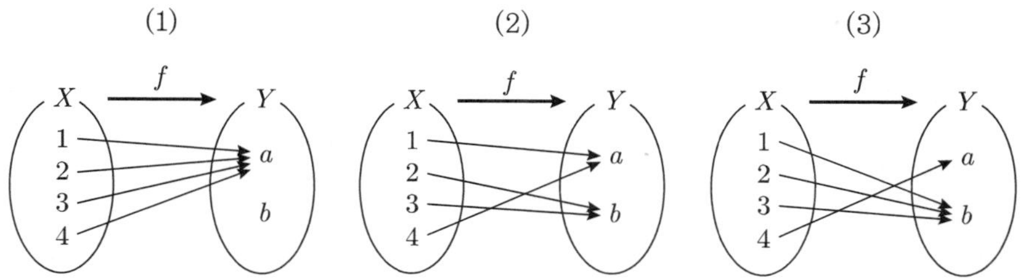

해답 풀이참조

풀이

$y = f(x)$의 그래프

집합 X에서 집합 Y로의 함수 $y = f(x)$에 대하여 좌표평면 위의 점의 집합 또는 방정식 $y = f(x)$를 만족하는 해의 순서쌍 (x, y) 또는 $(x, f(x))$를 좌표평면 위에 나타내는 점의 집합 G 를 말한다.

$$G = \{(x, y) \mid y = f(x),\ x \in X\}$$

〈참고〉 어떤 함수 $y = f(x)$의 정의역과 공역은 함수값 $f(x)$가 정의될 수 있는 실수의 집합에서 각하므로 통상적으로 함수라 함은 실수의 집합을 정의역과 공역으로 갖는 실변수함수를 의미한다. 또한, 정의역을 다음과 같이 집합 $\{x \mid a \leq x \leq b\} = [a, b]$이 실수의 부분집합인 경우에는 다음과 같이 표현한다.

$$y = f(x) \quad (\text{단, } a \leq x \leq b)$$

〈참고〉 함수의 그래프 그려주는 사이트 주소 : https://www.desmos.com/calculator/

예제 5 다음 함수의 정의역, 공역, 치역을 구하시오.

(1) $y = x - 1$

(2) $y = x^2$

(3) $y = x - 1$ (단, $-3 \leq x \leq 1$)

(4) $y = x^2$ (단, $[-2, 2]$)

해답 풀이참조

풀이

예제 6 실수의 집합을 R이라 할 때, R에서 R로의 대응이 다음과 같을 때, 함수인 것을 구하고, 정의역 $dom(f)$과 치역 $ran(f)$, 공역을 구하시오.

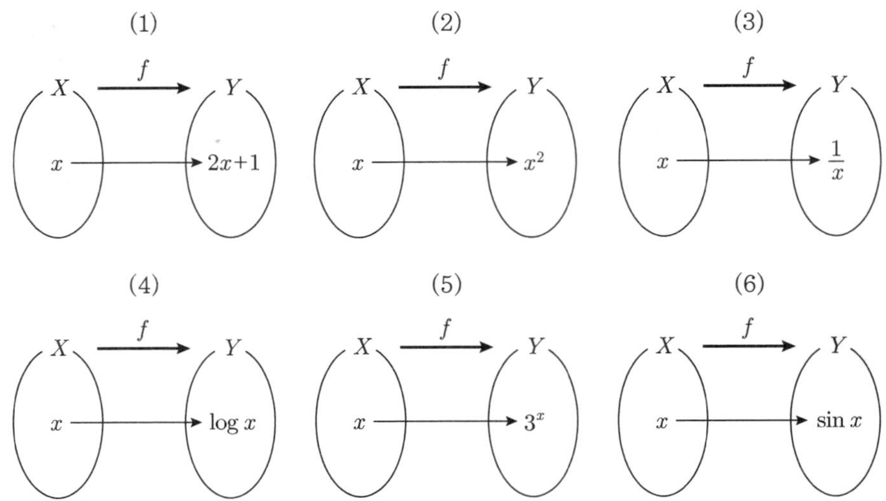

해답 풀이참조

풀이

1.2 함수의 기본연산

함수의 사칙연산

두 실변수함수 f, g에 대하여 함수의 사칙연산은 다음과 같이 정의한다.

$$(f \pm g)(x) = f(x) \pm g(x)$$

$$(f \times g)(x) = f(x) \times g(x)$$

$$(\frac{f}{g})(x) = \frac{f(x)}{g(x)}$$

〈참고〉 함수의 연산은 사칙연산과 식의 전개와 같은 방식으로 연산하면 된다.

예제 7 $f(x)=2x-1$, $g(x)=-x+1$이라 할 때, 다음 함수들의 연산을 구하시오.

(1) $(f+g)(x)$　　(2) $(f-g)(x)$

(3) $(f\times g)(x)$　　(4) $\left(\frac{f}{g}\right)(x)$

해답 (1) x　(2) $3x-2$　(3) $-2x^2+3x-1$　(4) $\frac{2x-1}{-x+1}$

풀이

함수의 상등

두 함수 $f:X\to Y$, $g:A\to B$에 대하여,

① $X=A$이고

② 모든 $x\in X$에 대하여, $f(x)=g(x)$일 때, f와 g는 같다 또는 상등이라고 한다.

예제 8 두 실변수함수 f, g에 대하여, $f(x)=3x+b$, $g(x)=ax-3$이고, 두 실변수함수 f, g가 상등일 때, a, b의 값을 구하시오.

해답 $a=3$, $b=-3$

풀이

예제 9 정의역이 $X=\{1,-2\}$인 두 함수 $f(x)=4$, $g(x)=ax^2+bx$가 같은 함수가 되도록 실수 a,b 값을 구하시오.

해답 $a=2$, $b=2$

풀이

합성함수

두 함수 $f: X \to Y$, $g: Y \to Z$가 있을 때, 임의의 $x \in X$에 대하여, $y = f(x)(y \in Y)$ 이고 $z = g(y)(z \in Z)$인 X에서 Z로의 함수를 f와 g의 합성함수라 한다.

〈기호〉 $g \circ f$

〈의미〉 $g \circ f: X \to Z$, $\quad z = (g \circ f)(x) = g(f(x))$

〈참고〉 합성함수 $g \circ f$의 성립요건 : 함수 f의 치역 $\subseteq$ 함수 g의 정의 역

예제 10 두 실변수함수 $f(x) = x^2 + 1$, $g(x) = \sqrt{x-2}$ 가 있을 때, 다음 합성함수가 성립하는지를 판정하시오.

(1) $g \circ f(x)$ (2) $f(g(x))$

해답 풀이참조

풀이

예제 11 세 실변수함수가 다음과 같을 때, 합성함수가 성립하는지를 판정하고, 합성함수가 성립하면 합성함수를 구하시오.

$$f(x) = 3x + 1,\ g(x) = x^2 - 2,\ h(x) = \sqrt{x+1}$$

(1) $g \circ f(x)$ (2) $f(g(x))$

(3) $g \circ h(x)$ (4) $h(g(x))$

(5) $f \circ h(x)$ (6) $h(f(x))$

함수	정의역	치역
$f(x) = 3x + 1$	R	R
$g(x) = x^2 - 2$	R	$[-2, \infty)$
$h(x) = \sqrt{x+1}$	$[-1, \infty)$	$[0, \infty)$

해답 풀이참조

풀이

예제 12 다음 물음에 답하시오.

(1) $f(x)=x+2$, $g(x)=2x-1$에 대하여 $(h \circ g \circ f)(x)=g(x)$를 만족시키는 일차함수 $h(x)$를 구하시오.

(2) $f(x)=\dfrac{x+1}{x-1}$일 때, $f(f(x))=\dfrac{1}{x}$을 만족시키는 x의 값을 구하시오.

(3) $f(\dfrac{x+1}{2})=3x-2$일 때, $f(\dfrac{5x+3}{4})$을 구하시오.

해답 (1) $h(x)=x-4$ (2) $x=\dfrac{1\pm\sqrt{7}i}{2}$ (3) $\dfrac{15x-1}{2}$

풀이

2 일대일 대응(또는 전단사 함수)

주어진 어떤 함수가 1-1 대응이라고 하는 것은 1-1 함수이면서 공역과 치역이 같은 함수를 말하는 것으로 역함수와 밀접하게 연관되어 있다고 할 수 있다.

2.1 1-1 함수(injective function, 단사함수)

1-1 함수(단사함수)의 정의 : 함수 $f: X \to Y$ 가 일대일 함수

정의역 X에 들어 있는 원소 x_1, x_2에 대하여

(1) $x_1 \neq x_2$이면, $f(x_1) \neq f(x_2)$인 조건을 만족하는 함수 또는

(2) $f(x_1)=f(x_2)$이면, $x_1=x_2$인 조건을 만족하는 함수

예제 13 다음 보기와 같이 정의역(X)과 공역(Y)가 실수의 부분집합일 때, 주어진 각각의 경우에 대하여 일대일함수인 것을 찾으시오.

(1)

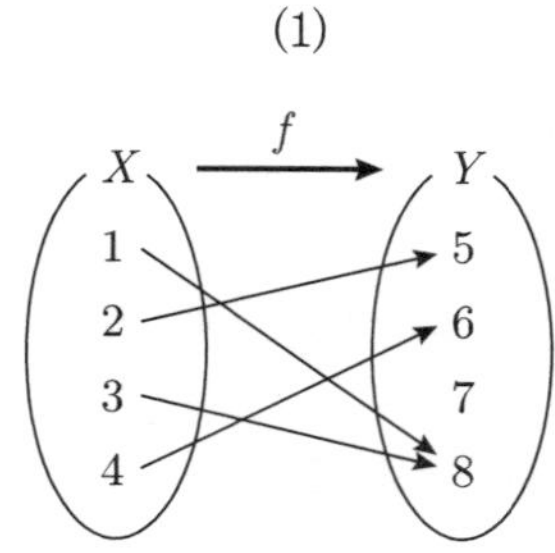

(2)

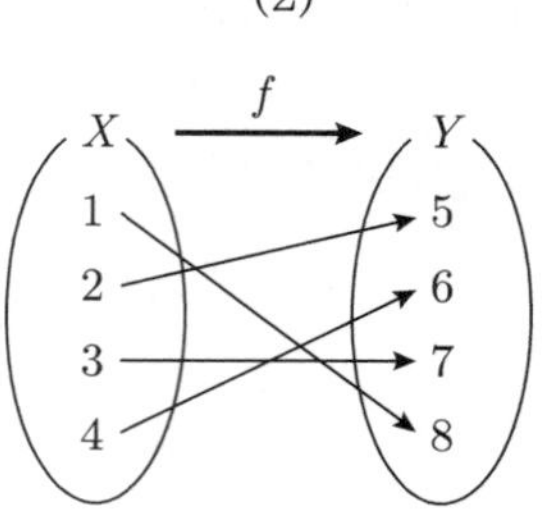

해답 풀이참조

풀이

1-1 함수인지 아닌지를 쉽게 판정할 수 있는 방법은 주어진 함수의 그래프를 이용하여 쉽게 판별할 수 있다.

수평선판정법(horizontal test)

함수의 그래프를 그렸을 때, 수평선을 그어 만나는 점이 1개이면 1-1 함수가 되지만, 2개 이상의 점이 만나면 1-1 함수가 되지 않는다는 것이다.

예제 14 수평선판정법을 이용하여 주어진 함수들이 1-1 함수인지 아닌지를 판정하시오.

(1) $y = 2x + 1$ (2) $y = 3x^2$ (3) $y = x^3 - x$

해답 풀이참조

풀이

1-1 함수가 아닌 함수를 1-1함수로 만드는 방법

1-1 함수가 아닌 함수를 1-1 함수가 되게 하는 방법은 정의역을 축소하되, 정의역을 1-1 함수가 되는 최대의 범위로 축소하여 정의역을 설정하면 된다.

일반적으로 $f: R \to R,\ f(x) = x^2$으로 정의된 함수에 대하여 알아보도록 하자.

$y = x^2$ (일대일 함수 X)

$y = 0$일 때를 제외하고 두 점에서 만난다.

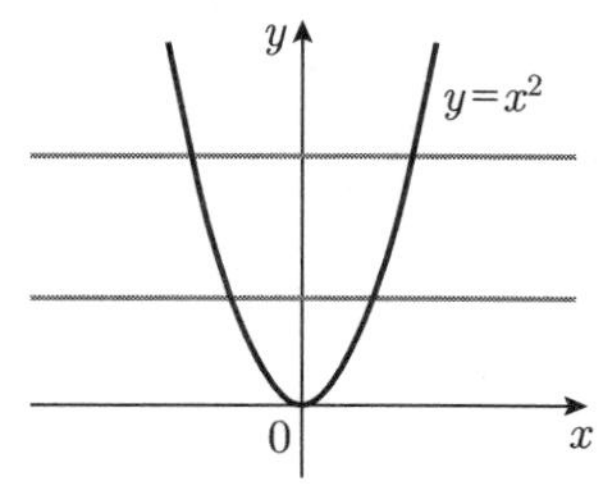

$f(x) = x^2$의 그래프를 그리면 그림과 같으며, 수평선 판정법에 의하여 1–1 함수가 되지 않는다는 것을 알 수 있다.

그러므로 $f(x) = x^2$의 그래프에 수평선을 그었을 때 한 점에서만 만나는 점이 생기도록 정의역인 실수 전체의 집합 (R)을 $R^+ \cup \{0\}$ 또는 $R^- \cup \{0\}$로 축소한다면 1–1 함수가 된다는 것을 알 수 있다.

$y = x^2$ (일대일 함수 X)

$y = 0$일 때를 제외하고 두 점에서 만난다.

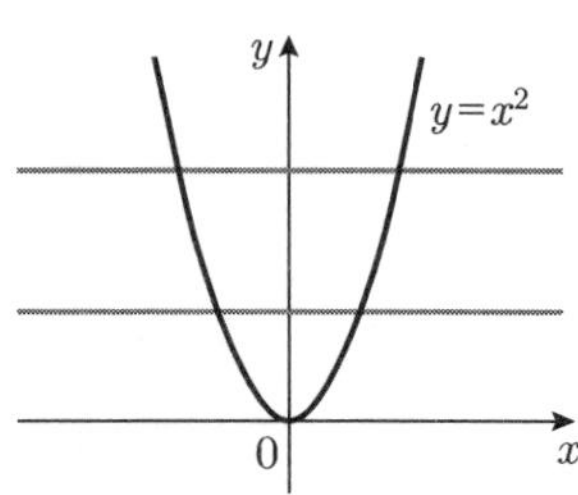

$f: R \to R,\ f(x) = x^2$

정의역 : 실수 전체의 집합 (R)

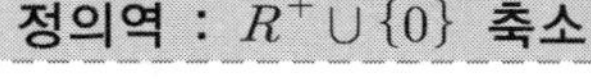
정의역 : $R^+ \cup \{0\}$ 축소

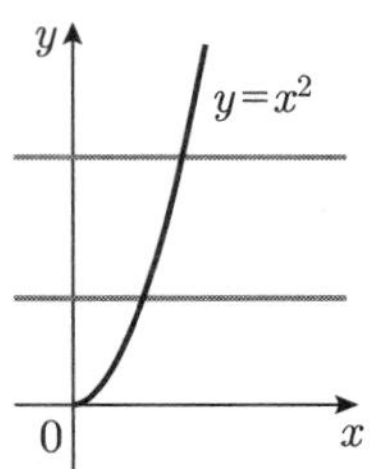

$f: R^+ \cup \{0\} \to R,\ f(x) = x^2$

정의역 : $R^- \cup \{0\}$ 축소

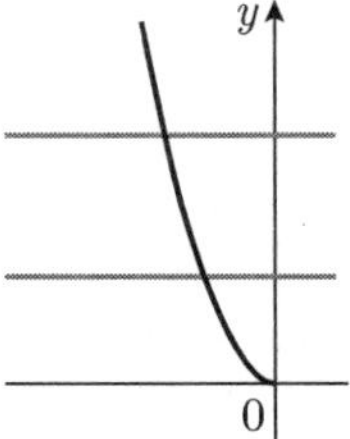

$f: R^- \cup \{0\} \to R,\ f(x) = x^2$

예제 15 주어진 함수들에 대하여 1-1 함수가 되기 위한 정의역을 각각 구하시오.

(1) $f: R \to R,\ f(x) = (x-1)^2$ (2) $f: R \to R,\ f(x) = 3^x$

(3) $f: R \to R,\ f(x) = \sin x$ (4) $f: R \to R,\ f(x) = \cos x$

해답 풀이참조

풀이

2.2 전사함수(surjective function)

> **전사함수의 정의**
>
> 함수 $f: X \to Y$ 가 전사함수라 함은 공역(Y)과 치역 $ran(f)$이 같을 때를 전사함수라고 한다. 즉 $Y = ran(f)$ 를 말한다.

〈**참고**〉 치역 $ran(f)$ 은 $f: X \to Y$에서 $x \in X$에 대응되는 함숫값들의 집합을 말한다.
즉 치역 $ran(f) = \{f(x) | x \in X\} = \{y | y = f(x),\ x \in X\}$
또한 일반적으로 치역 $ran(f) = \{f(x) | x \in X\} \subseteq$ 공역(Y) 이다.

예제 16 집합 $X = \{a, b, c, d\}$, $Y = \{1, 2, 3, 4\}$일 때,
다음에 주어진 각각의 경우에 대하여 전사함수인 것을 찾으시오.

(1)

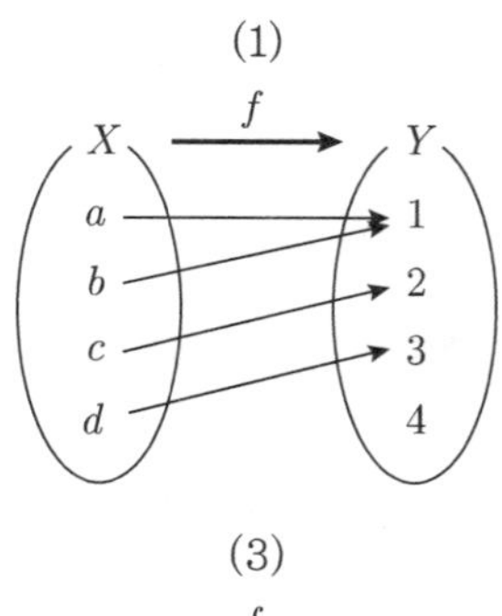

(2)

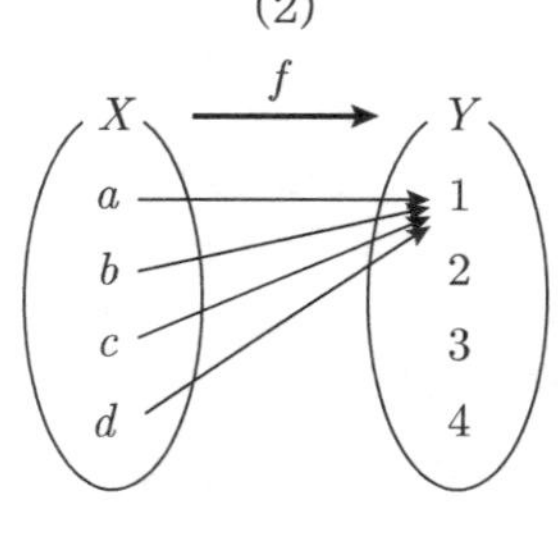

(3)

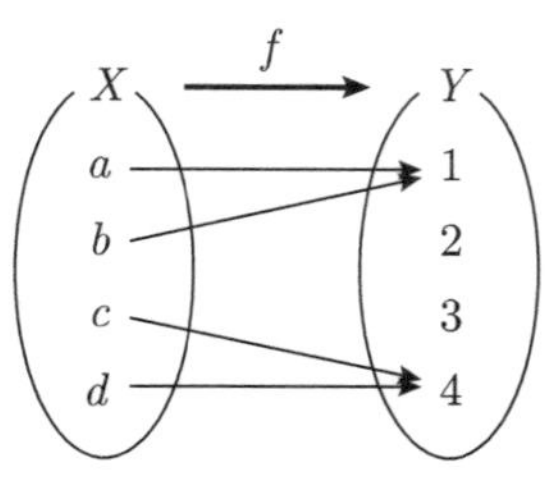

(4)

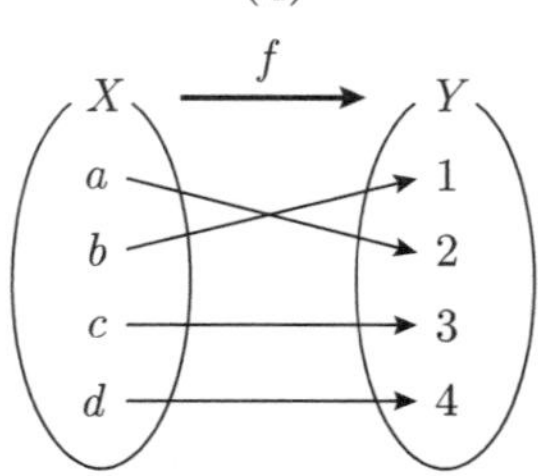

해답 풀이참조

풀이

일반적으로 실수를 R이라 할 때, 함수 $f: R \to R$, $f(x) = x^2$으로 정의 된 함수가 전사함수인지를 판정하는 방법은 먼저 치역을 구한 후 공역과 같은지를 비교하는 것이다.

$f(x) = x^2$으로 정의 된 함수의 치역은 다음과 같다.

$$
\begin{aligned}
\text{치역 } ran(f) &= \{f(x) | x \in R\}, \ R\text{은 실수} \\
&= \{x^2 | x \in R\} \geq 0, \quad [\because (\text{실수})^2 \geq 0] \\
&= R^+ \cup \{0\}
\end{aligned}
$$

그러므로 함수 $f: R \to R$, $f(x) = x^2$으로 정의 된 함수에서 공역은 실수 전체의 집합(R)이고, 치역 $ran(f) = R^+ \cup \{0\}$이므로 공역 $\neq$ 치역 $ran(f)$가 되어 전사함수가 아니다.

$f: X \to Y$ **일 때, 전사함수의 정의(AGAIN)**
첫째, 공역$(Y) = ran(f)$
둘째, 공역$(Y) \subset ran(f) = \{f(x) \| x \in X\}$
셋째, $\forall y \in Y, \ \exists x \in X \ such \ that \ y = f(x)$

〈Tip〉 전사함수로 만드는 방법 : 공역을 축소하여 치역과 같게 하면 됨

예제 17 다음 실변수함수의 그래프를 그리고 전사함수인지 판정하시오.

(1) $y = 2x + 1$ (2) $y = -x + 1$

(3) $y = x^2$ (4) $y = -x^2$

(5) $y = x^3$ (6) $y = -x^3$

해답 풀이참조

풀이

전사함수가 아닌 함수를 전사함수로 만드는 방법
공역을 축소하여 치역과 같게 만들어야 함.

위의 예에서 살펴본 바와 같이 함수 $f: R \to R$, $f(x) = x^2$으로 정의 된 함수는 전사함수가 아니라는 사실을 알 수 있다.

그러므로 $f: R \to R$, $f(x) = x^2$에서 공역이 실수 전체의 집합(R)이므로 공역의 범위를 축소하여 치역과 같은 $R^+ \cup \{0\}$로 정의한다면 전사함수가 된다는 것을 알 수 있다.

예제 18 주어진 함수들에 대하여 전사함수가 되기 위한 공역을 각각 구하시오.

(1) $f: R \to R$, $f(x) = (x-1)^2$

(2) $f: R \to R$, $f(x) = x^2 - 4x$

(3) $f: R \to R$, $f(x) = x^2 + 4x - 7$

해답 (1) $[0, \infty]$ (2) $[-4, \infty)$ (3) $[-11, \infty)$

풀이

2.3 1-1 대응(전단사함수, bijective function)

1-1 대응의 정의
공역과 치역이 같은 1-1 함수를 말하는 것

〈**참고**〉 1-1 대응(전단사함수) : 전사함수이면서 단사함수

예제 19 집합 $X = \{a, b, c, d\}$, $Y = \{1, 2, 3, 4\}$일 때, 다음에 주어진 각각의 경우에 대하여 1-1 대응인 것을 찾으시오.

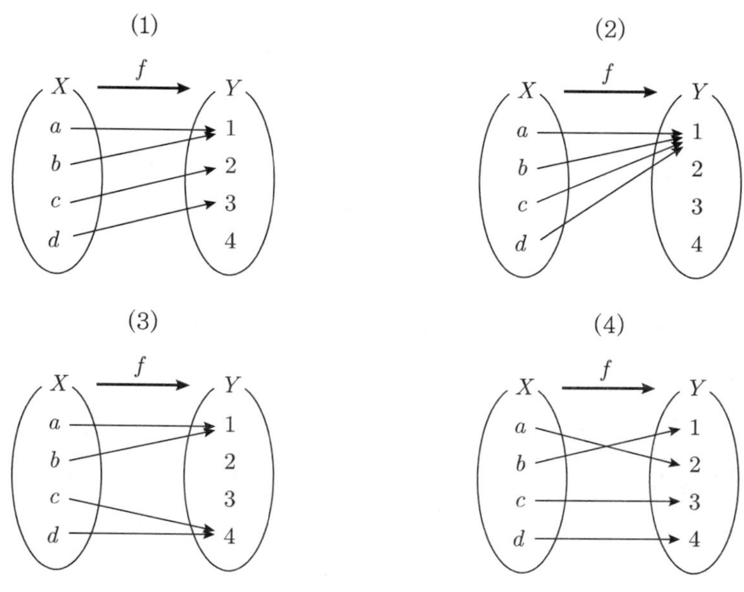

해답 풀이참조

풀이

일반적으로 실수를 R이라 할 때, 함수 $f: R \to R$, $f(x) = x^2$으로 정의 된 함수에 대하여 알아보도록 하자.

첫째, 1-1 함수가 되느냐?

위 예에서 주어진 함수가 1-1 함수가 아님을 확인하였으며, 1-1 함수로 만들기 위하여 정의역을 축소하여 1-1 함수가 되게 하였다. 즉 정의역을 $R^+ \cup \{0\}$ 또는 $R^- \cup \{0\}$로 축소하였다.

둘째, 전사함수가 되느냐? (공역= 치역)

위 예에서 주어진 함수가 전사함수가 아님을 확인하였으며, 전사함수로 만들기 위하여 공역을 축소하여 전사함수가 되게 하였다. 즉 공역을 $R^+ \cup \{0\}$로 축소하였다.

따라서 일반적으로 $f: R \to R$, $f(x) = x^2$으로 정의 된 함수는 1-1 대응이 되지 않는다. 그러므로 $f: R \to R$, $f(x) = x^2$는 정의역과 공역을 축소하여 1-1함수와 전사함수가 되게

함으로서 1-1 대응이 되게 만들 수 있다.

즉 $f: R \to R,\ f(x) = x^2$에서

정의역 $R \Rightarrow R^+ \cup \{0\}$ 또는 $R^- \cup \{0\}$로 축소

공역 $R \Rightarrow R^+ \cup \{0\}$로 축소하여

$f: R^+ \cup \{0\} \to R^+ \cup \{0\},\ f(x) = x^2$로 정의된 함수와

$f: R^- \cup \{0\} \to R^+ \cup \{0\},\ f(x) = x^2$로 정의된 함수는 1-1 대응된다는 것을 알 수 있다.

1-1 대응의 특징

$f: X \to Y$가 1-1 대응이면, $n(X) = n(Y)$이다.

〈**참고**〉 $n(X)$: 집합 X의 원소의 개수

예제 20 다음 실변수함수의 그래프를 그리고 전단사함수인지 판정하고, 정의역과 공역의 범위를 구하여 전단사함수가 되도록 구하시오.

(1) $y = 2x + 1$　(2) $y = x^2$　(3) $y = x^3$

(4) $y = \dfrac{1}{x}$ (단, $x \neq 0$)　(5) $y = \sin x$　(6) $y = \cos x$

(7) $y = \tan x$　(8) $y = e^x$　(9) $y = \log x$ (단, $x > 0$)

해답 풀이참조

풀이

대등(equipotent)의 정의

공집합이 아닌 실수의 부분집합 X, Y에 대하여
$f: X \to Y$인 1-1 대응이 존재할 때, 함수 f는 대등이라고 한다.

〈**기호**〉 $X \sim Y$ 또는 $X \approx Y$

2.4 무한집합과 유한집합

예제 21 다음 두 집합 X, Y가 대등인지 아닌지 여부를 확인하시오.

(1) $X=\{1,2,3,4\}$, $Y=\{2,4,6,8\}$
(2) $X=\{1,2,3,4\}$, $Y=\{6,8\}$
(3) $X=[0,1]$, $Y=[0,3]$

해답 (1) 대등　　(2) 대등이 아니다.　　(3) 대등

풀이

예제 22 다음 집합이 대등인지 확인하시오.

N(자연수의 집합), $E=\{2n \mid n\in N\}$, $O=\{2n-1 \mid n\in N\}$

(1) N과 E, E과 N　　(2) N과 O, O과 N

해답 풀이참조

풀이

무한집합과 유한집합

집합 A가 무한집합이라는 것은 집합 A의 적당한 진부분집합 B와 A가 대등일 때를 말하며, 무한이 아닌 집합을 유한집합이라고 한다.

〈참고〉 독일의 수학자 데데킨트(Dedekind)에 의한 정의

예제 23 자연수의 집합(N)은 무한집합임을 증명하시오.

증명 짝수의 집합 $E=\{2n \mid n\in N\}$, N(자연수의 집합)에 대하여
첫째, $E\subset N$

둘째, $f: E \to N \quad f(n) = \frac{1}{2}n$ 전단사함수 존재 $\therefore\ E \sim N$ (대등)
그러므로 자연수의 집합(N)은 무한집합이다.

예제 24 집합 $A = \{1, 2, 3\}$는 유한집합임을 증명하시오.(무한집합이 아님)

증명 집합 $A = \{1, 2, 3\}$을 무한집합이라고 가정하면
집합 A의 적당한 진부분집합 B에 대하여, 진부분집합 B와 집합 A가 대등이 되어야 한다. 그러나 집합 A의 진부분집합은 집합 A의 원소의 개수보다 항상 적기 때문에 1-1 대응이 되는 함수를 찾을 수 없기에 대등이 될 수 없다.
따라서 집합 $A = \{1, 2, 3\}$을 무한집합이 아니다.
그러므로 집합 $A = \{1, 2, 3\}$는 유한집합이다.

예제 25 개구간 $(-1,1) = \{x \in R | -1 < x < 1\}$는 무한집합임을 증명하시오.

증명 개구간 $(0,1)$을 생각해보면
첫째, 구간 $(0,1)$은 $(-1,1)$의 진부분집합이며,
둘째, $f: (-1,1) \to (0,1)$에 대하여 1-1 대응되는 함수를 적어도 2개는 존재하므로 주어진 개구간 $(-1,1)$은 무한집합이 된다는 것을 알 수 있다.

3 역함수(inverse function)

역함수의 정의

함수 $f: X \to Y$ 가 1-1 대응이면, 그 역 대응도 하나의 함수가 되는데 이 때 역 대응되는 함수를 역함수라 한다.

〈기호〉 $f^{-1}: Y \to X$

〈참고〉 주어진 함수 $f: X \to Y$에서는 정의역 X, 공역 Y이며, 역함수 $f^{-1}: Y \to X$에서는 정의역 Y, 공역 X이기에 정의역과 공역이 바뀌는 함수가 된다는 것을 의미한다.

역함수 구하는 방법	역함수 그래프
(1) 함수 $f: X \to Y$가 1-1 대응인지 확인 (2) 정의역과 공역 확인 (3) $y = x$에 대칭(x와 y를 바꾸어 쓰고)	$y=f(x)$, $y=f^{-1}(x)$, $y=x$, O, x, y

예를 들어 $f: R \to R$, $f(x) = 3x + 2$로 정의된 함수가 주어졌을 때,

(1) 주어진 함수는 1-1 대응

(2) 정의역 R(실수), 공역 R(실수)

(3) $y = x$에 대칭

주어진 함수가 $y = 3x + 2$이며, $y = x$에 대칭하면 $x = 3y + 2$가 되므로 y에 대하여 정리하면 된다.

즉 $y = 3x + 2 \Leftrightarrow x = 3y + 2$을 y에 대하여 정리

$\Rightarrow 3y = x - 2$

$\Rightarrow y = \frac{1}{3}x - \frac{2}{3}$ 이다.

따라서 $f(x) = 3x + 2$의 역함수는 $f^{-1}(x) = \frac{1}{3}x - \frac{2}{3}$이다.

예제 26 실변수 함수가 1-1 대응이 되도록 주어진 함수의 정의역과 치역을 구한후, 역함수를 구하시오.

(1) $y = 2x + 1$ (2) $y = -3x - 1$

(3) $y = x^2$ (4) $y = x^2 - 2x$

(5) $y = x^2 - 2x + 3$

해답 풀이참조

풀이

항등함수

$f: X \to X$에서 $x \in X$에 대하여 $f(x) = x$일 때, 함수 f를 항등함수라 한다.

〈기호〉 I

〈참고〉 $f \circ f^{-1} = f^{-1} \circ f = I$

예제 27 두 함수 $f(x) = 3x + 2$, $g(x) = \frac{1}{3}x - \frac{2}{3}$일 때, 다음 각 물음에 답하시오.

(1) $g \circ f(x)$ (2) $f \circ g(x)$

해답 (1) x (2) x

풀이

역함수의 성질

f, g의 역함수가 존재할 때,

(1) $f \circ f^{-1}(x) = x$

(2) $(f^{-1})^{-1} = f$

(3) $(g \circ f)^{-1} = f^{-1} \circ g^{-1}$

예제 28 삼차함수 $f(x) = x^3 + b$의 역함수 f^{-1}가 $f^{-1}(3) = 2$일 때, b의 값을 구하시오.

해답 $b = -5$

풀이

예제 29 $f(x) = x + 2$, $g(x) = 2x - 1$일 때, 다음 함수를 구하시오.

(1) $f^{-1}(x)$ (2) $g^{-1}(x)$

(3) $(f \circ g)^{-1}(x)$ (4) $(f^{-1} \circ g^{-1})(x)$

(5) $(g^{-1} \circ f^{-1})(x)$

해답 (1) $x-2$ (2) $\frac{1}{2}(x+1)$

(3) $\frac{1}{2}(x-1)$ (4) $\frac{1}{2}x-\frac{3}{2}$

(5) $\frac{1}{2}x-\frac{1}{2}$

풀이

예제 30 다음 함수를 주어진 범위에서 직선 $y=x$에 대칭 이동한 방정식을 구하시오.

(1) $y=x^2 \ (x \le 0)$ (2) $y=x^2-2x-1 \ (x \le 1)$

해답 (1) $y=-\sqrt{x}$ (2) $y=-\sqrt{x+1}+1$

풀이

4 매개변수와 극좌표

매개변수란 수학과 통계학에서 어떠한 시스템이나 함수의 특정한 성질을 나타내는 변수를 말하며, 매개변수는 다음과 같이 정의한다.

매개변수로 나타낸 함수

두 변수 x, y 사이의 관계가 변수 t를 매개로 하여

$\begin{cases} x=f(t) \\ y=g(t) \end{cases}$ 의 꼴로 주어진 함수를 매개변수로 나타낸 함수라 하고,

변수 t를 매개변수라고 한다.

예제 31 다음 매개변수 t에 대하여 x와 y의 사이의 관계식을 유도하시오.

(1) $x=t-1,\ y=t^2$ (2) $x=2t+1,\ y=\sqrt{t^2-1}$

(3) $x=\sqrt{2}\,t,\ y=\frac{1}{3}t^3-2t$ (4) $x=3\sin t,\ y=3\cos t$

해답 (1) $y=(x+1)^2$ (2) $(x-1)^2-4y^2=4$

(3) $y=\frac{1}{6\sqrt{2}}x^3-\sqrt{2}\,x$ (4) $x^2+y^2=9$

풀이

다음 극좌표에 대한 정의를 알아보고, 직교좌표와 극좌표와의 관계, 직교방정식과 극방정식의 관계, 그리고 마지막으로 극방정식으로 둘러싸인 부분의 넓이에 대하여 알아보고자 한다.

극좌표(polar coordinates)

평면 위의 한 고정점 O를 잡아 극점(Pole)이라 하고, O에서 반직선을 그어 시초선(initial ray)이라 한다. 이 때 극점 O를 원점으로 하고 반직선 OX를 택하면 평면 위의 한 점 P의 위치는 그림과 같이 OP의 길이는 $\angle XOP$의 크기에 의해 결정된다.
따라서 OP의 길이를 r, $\angle XOP=\theta$라고 하면, (r,θ)를 한 점 P의 극좌표라 하고, 정직선 OX를 극 좌표축, O를 극 또는 원점이라 한다.

평면상의 극좌표

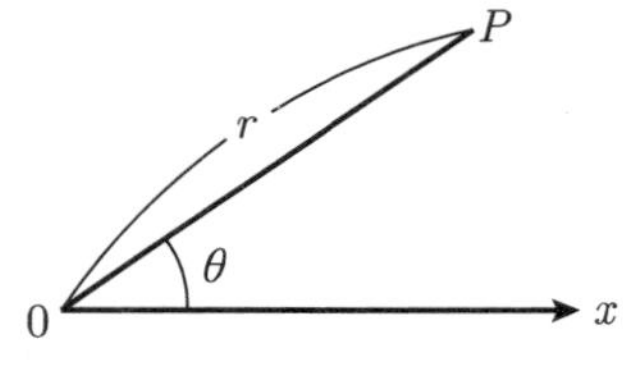

예를 들면, 지상에 있는 각각의 점들은 지구 자전축과 임의의 경선(그리니치 자오선)을 기준으로 측정한 각인 위도와 경도로 그 위치를 나타내는 것과 같이 극좌표란 한 고정점(원점)과 이 점을 지나는 축을 기준으로 평면 위에 점을 표시하는 체계를 말한다.

또한, $(2,\frac{\pi}{6})$인 점은 $(2, 2n\pi+\frac{\pi}{6})$ (단, n은 정수)으로 표현되듯 직교좌표와 달리 극좌표 (r,θ)는 하나의 값으로 정해지는 것이 아니라 표현할 수 있는 값이 무수히 많다는 사실이다.

직교좌표와 극좌표 사이의 관계

먼저 직교 좌표계의 원점 O와 x축의 양의 방향과 일치하도록 극좌표의 원점과 극좌표축을 각각 잡으면 다음과 같은 식을 얻는다.

① $r = \pm\sqrt{x^2+y^2} \Rightarrow r^2 = x^2+y^2$

② $\sin\theta = \dfrac{y}{r} = \dfrac{y}{\pm\sqrt{x^2+y^2}} \Rightarrow y = r\sin\theta$

③ $\cos\theta = \dfrac{x}{r} = \dfrac{x}{\pm\sqrt{x^2+y^2}} \Rightarrow x = r\cos\theta$

④ $\dfrac{y}{x} = \tan\theta \Rightarrow \theta = \tan^{-1}\left(\dfrac{y}{x}\right)$

직교좌표에서의 극좌표

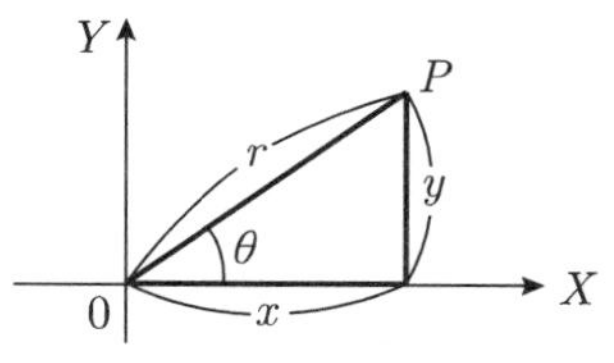

〈**참고**〉 직교좌표 $P(x,y)$를 극좌표 $P(r,\theta)$로 표현하는 것을 매개변수로 나타낸다고 함.

우리는 직교좌표를 극좌표로, 극좌표를 직교좌표로 변경할 수 있으며, 직교방정식을 극방정식으로 극방정식을 직교방정식으로 나타낼 수 있다.

예제 32 직교좌표가 다음과 같을 때, 제1사분 면의 극좌표를 구하시오.

(1) $(\sqrt{3}, 1)$　(2) $(1, 1)$　(3) $(-3, \sqrt{3})$

해답 (1) $(2, \dfrac{\pi}{6})$　(2) $(\sqrt{2}, \dfrac{\pi}{4})$　(3) $(2\sqrt{3}, \dfrac{5\pi}{6})$

풀이

예제 33 극좌표가 다음과 같을 때, 직교좌표를 구하시오.

(1) $(2, \dfrac{\pi}{3})$　(2) $(4, \dfrac{\pi}{6})$　(3) $(2, -\dfrac{\pi}{3})$

해답 (1) $(1, \sqrt{3})$　(2) $(2\sqrt{3}, 2)$　(3) $(1, -\sqrt{3})$

풀이

또한, 직교좌표 위의 한점 $P(x,y)$가 주어지면 함수의 표현을 $y=f(x)$의 형태로 하는 것과 마찬가지로 극좌표 위의 한점 $P(r,\theta)$가 주어지면 함수의 표현을 $r=f(\theta)$의 형태로 쓸 수 있으며, $r=f(\theta)$의 형태를 극방정식이라 한다.

예제 34 다음 직교방정식을 극방정식으로 나타내시오.

(1) $y=x$ (2) $x^2+y^2-4x=0$ (3) $x^2-y^2=4$

해답 (1) $\theta=\frac{\pi}{4}$ (2) $r=4\cos\theta$ (3) $r^2\cos(2\theta)=4$

풀이

예제 35 다음 극방정식을 직교방정식으로 나타내시오.

(1) $r=2$ (2) $r=\sec\theta$ (3) $r^2=\cos(2\theta)$

해답 (1) $x^2+y^2=4$ (2) $x=1$ (3) $(x^2+y^2)^3=x^2-y^2$

풀이

CHAPTER 03 연습문제

3-1. 두 집합 $X=[0,2]$, $Y=[-2,4]$에 대하여 함수 $f: X \to Y$를 $f(x)=x^2-1$로 정의할 때, 다음 물음에 답하시오.

(1) 함수 f의 정의역, 공역, 치역을 각각 구하시오.

(2) 단사, 전사, 전단사함수인지 판정하시오.

3-2. 두 함수 $f(x)=x+2$, $g(x)=x^2-1$일 때 다음을 구하시오.

(1) $(f+g)(x)$　　(2) $(f-g)(x)$

(3) $(f\times g)(x)$　　(4) $(\frac{f}{g})(x)$

3-3. 실수 전체의 집합에서 정의된 함수 f에 대하여 $f(\frac{x-1}{3})=2x+1$를 만족시킬 때, $f(\frac{3x+1}{2})$를 구하시오.

3-4. 함수 $f(x)=\frac{x}{1+x}$에 대하여 다음 물음에 답하시오.

(1) $f\circ f(\frac{1}{2})$의 값을 구하시오.

(2) $f^{20}(\frac{1}{10})$의 값을 구하시오. (단, $f^{n+1}=f\circ f^n$, n은 자연수)

3-5. 세 실변수함수가 다음과 같을 때, 합성함수가 성립하는지를 판정하고, 합성함수가 성립하면 합성함수를 구하시오.

$$f(x)=3x+1,\ g(x)=x^2-2,\quad h(x)=\sqrt{x+1}$$

(1) $g\circ f\circ h(x)$　　(2) $g(h(f(x)))$

(3) $f\circ g\circ h(x)$　　(4) $f(g(h(x)))$

3-6. 다음 함수는 단사, 전사, 전단사함수 중 어느것 인지 구하시오.

(1) $f: [-2,2]\to[-4,5]$, $f(x)=2x$

(2) $f: [-2, 2] \to [0, 4], \quad f(x) = x^2$

(3) $f: [0, \frac{\pi}{2}] \to [0, 1], \quad f(x) = \sin x$

(4) $f: [0, \frac{\pi}{2}] \to [-1, 1], \quad f(x) = \cos x$

3-7. 다음 함수를 주어진 범위에서 직선 $y = x$에 대칭 이동한 방정식을 구하시오.

(1) $y = -x^2 \quad (x \leq 0)$

(2) $y = 3(x+2)^2 + 1 \qquad (x \leq -2)$

(3) $y = 2(x-2)(x+1) \qquad (x \leq \frac{1}{2})$

CHAPTER

04

극한

1. 수열의 극한
2. 함수의 극한

1 수열의 극한

1.1 수열의 정의 및 종류

수열(sequence)의 정의

어떤 일정한 규칙에 따라 차례로 얻어지는 수들을 순서적으로 나열한 것.

또는

자연수의 집합 **N**(정의역)에서 실수의 집합 **R**(공역)으로 대응되는 함수 $f : \mathbf{N} \to \mathbf{R}$에 대하여 그 함수 값을 차례대로 나열한 것을 의미함.

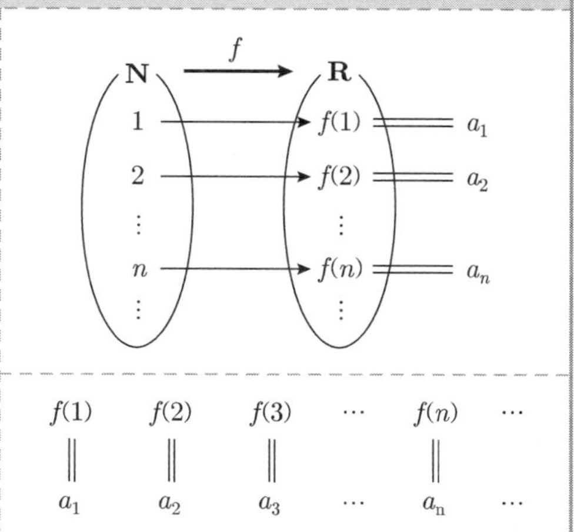

이 때 수열의 각 수를 항이라 하고, 처음부터 차례로 첫 번째 항(제1항), 두 번째 항(제2항), 세 번째 항(제3항), … , n번째 항(제n항), … 이라 하며, 제 n항을 일반항이라 하며, 일반적으로 수열은 일반항 a_n을 이용하여 $\{a_n\}$과 같이 간단하게 나타낼 수 있다.

예제 1 다음 함수로 정의된 수열의 첫째항 및 제5항을 구하시오.

(1) $f(n) = 2n + 1$ (2) $f(n) = 3 \cdot 2^{n-1}$

해답 (1) 첫째항 3, 제5항 11

(2) 첫째항 3, 제5항 48

풀이

등차수열

차이가 같은 수를 차례대로 나열한 것을 등차수열이라고 하며, 더해주는 일정한 수를 공차라 하고, d로 쓰며, 제n번 째항을 일반항이라고 하며, a_n으로 쓴다.
등차수열의 일반항을 구하는 방법은 다음과 같다.

첫째항 $a_1 = a$

둘째항 $a_2 = a_1 + d = a + d$

셋째항 $a_3 = a_2 + d = a + 2d$

$\vdots$

제n번째항 $a_n = a_{n-1} + d = a + (n-1)d$

예제 2 다음 수열의 일반항 a_n을 구하시오.

(1) $1, 4, 7, 10, \cdots$　　(2) $-1, 3, 7, 11, \cdots$

해답 (1) $3n-2$　　(2) $4n-5$

풀이

등차수열과 관련된 점화식

$2a_{n+1} = a_n + a_{n+2}$(등차중항) 또는 $a_{n+1} - a_n = k$(k : 상수)

예제 3 다음 점화식의 일반항 a_n을 구하시오.

(1) $2a_{n+1} = a_n + a_{n+2}$, 단, $a_1 = 2$, $a_2 = 5$

(2) $a_{n+1} - a_n = 3$, 단, $a_1 = 5$

해답 (1) $3n-1$　　(2) $3n+2$

풀이

등비수열

곱해주는 수를 차례대로 나열한 것을 등비수열이라고 하며, 곱해주는 일정한 수를 공비라 하고, r로 쓴다.

첫째항 $a_1 = a$

둘째항 $a_2 = a_1 r = ar$

셋째항 $a_3 = a_2 r = (ar)r = ar^2$

⋮

제n번째항 $a_n = a_{n-1} r = ar^{n-1}$

예제 4 다음 수열의 일반항 a_n을 구하시오.

(1) $1, 4, 16, 64, \cdots$

(2) $2, \frac{1}{2}, \frac{1}{8}, \frac{1}{32}, \cdots$

해답 (1) 4^{n-1} (2) $2 \times (\frac{1}{4})^{n-1}$

풀이

등비수열과 관련된 점화식

$a_{n+1}^2 = a_n a_{n+2}$ (등비중항) 또는 $a_{n+1} = ka_n$ $(k$: 상수$)$

예제 5 다음 점화식의 일반항 a_n을 구하시오.

(1) $a_{n+1}^2 = a_n a_{n+2}$, 단, $a_1 = 2$, $a_2 = 8$

(2) $a_{n+1} = (\frac{1}{3})a_n$, 단, $a_1 = 3$

해답 (1) $2 \cdot 4^{n-1}$ (2) $3(\frac{1}{3})^{n-1}$

풀이

조화수열

수열의 각 항의 역수가 등차수열을 이룰 때, 주어진 수열을 조화수열이라고 한다.

첫째항 $a_1 = \dfrac{1}{a}$

둘째항 $a_2 = \dfrac{1}{a_1 + d} = \dfrac{1}{a+d}$

셋째항 $a_3 = \dfrac{1}{a_2 + d} = \dfrac{1}{a+2d}$

⋮

제n번째항 $a_n = \dfrac{1}{a_{n-1} + d} = \dfrac{1}{a+(n-1)d}$

예제 6 다음에 주어진 수열의 일반항 a_n을 구하시오.

(1) $1,\ \dfrac{1}{3},\ \dfrac{1}{5},\ \dfrac{1}{7},\ \cdots$ (2) $1,\ \dfrac{1}{2},\ \dfrac{1}{3},\ \dfrac{1}{4},\ \cdots$

해답 (1) $\dfrac{1}{2n-1}$ (2) $\dfrac{1}{n}$

풀이

조화수열과 관련된 점화식

$\dfrac{2}{a_{n+1}} = \dfrac{1}{a_n} + \dfrac{1}{a_{n+2}}$ (조화중앙) 또는 $\dfrac{1}{a_{n+1}} - \dfrac{1}{a_n} = k$ (k : 상수)

예제 7 다음 점화식의 일반항 a_n을 구하시오.

(1) $a_{n+2}a_{n+1} - 2a_{n+2}a_n + a_{n+1}a_n = 0$, 단, $a_1 = 1$, $a_2 = \dfrac{1}{5}$

(2) $\dfrac{1}{a_{n+1}} - \dfrac{1}{a_n} = 3$, 단, $a_1 = 2$

해답 (1) $\dfrac{1}{4n-3}$ (2) $\dfrac{2}{6n-5}$

풀이

1.2 시그마($\sum$, Sigma)

시그마($\sum$)의 정의

시그마($\sum$)는 수열의 각 항을 "+"로 연결한 수학적인 기호

〈표현〉 $\sum_{\text{항의 시작}}^{\text{항의 끝 번호}}$ 단, 항의 시작은 특별한 경우를 제외하고 항상 양수이다.

〈예제〉 $\sum_{k=3}^{6} f(k)$ 의 의미는 $k=3$에서 시작하여 $k=6$까지의 합을 구하라는 문제이므로

$\sum_{k=3}^{6} f(k) = f(3)+f(4)+f(5)+f(6)$을 의미한다.

시그마($\sum$)의 성질

(1) $\sum_{k=1}^{n}(a_k \pm b_k) = \sum_{k=1}^{n} a_k \pm \sum_{k=1}^{n} b_k$ (분배법칙)

(2) $\sum_{k=1}^{n} ca_k = c\sum_{k=1}^{n} a_k$

(3) $\sum_{k=1}^{n} c = \sum_{k=1}^{n}(c+0a_k) = (c+0a_1)+(c+0a_2)+\cdots+(c+0a_n)$

(4) $\sum_{k=a}^{b} c = c(b-a+1)$

(5) $\sum_{k=1}^{n} a_k = \sum_{k=3}^{n+2} a_{k-2}$

예제 8 다음 값을 구하시오.

(1) $\sum_{k=1}^{7} 5$ (2) $\sum_{k=3}^{9} 5$ (3) $\sum_{k=4}^{10} k$

해답 (1) 35 (2) 35 (3) 39

풀이

예제 9 주어진 수열의 첫째항부터 n항까지 합을 시그마($\sum$)기호를 이용하여 간단하게 표현하시오.

(1) $1, 3, 5, 7, \cdots$ (2) $1 \cdot 2, 2 \cdot 3, 3 \cdot 4, \cdots$

해답 (1) $\sum_{k=1}^{n}(2k-1)$ (2) $\sum_{k=1}^{n} k \cdot (k+1)$

풀이

예제 10 시그마($\sum$)와 관련된 다음 공식을 증명하시오.

(1) $1+2+3+\cdots\cdots+n = \frac{n(n+1)}{2}$, 단, $(n+1)^2 - n^2 = 2n+1$ 이용

(2) $1^2+2^2+3^2+\cdots\cdots+n^2 = \frac{n(n+1)(2n+1)}{6}$

단, $(n+1)^3 - n^3 = 3n^2+3n+1$ 이용

증명 (1) 곱셈공식에서 $(n+1)^2 - n^2 = 2n+1$이므로

$n=1$을 대입하면 $2^2 - 1^2 = 2 \cdot 1 + 1$

$n=2$를 대입하면 $3^2 - 3^2 = 2 \cdot 2 + 1$

$\vdots$ $\vdots$

$n=n$을 대입하면 $(n+1)^2 - n^2 = 2 \cdot n + 1$

각 변을 모두 더하면, $(n+1)^2 - 1^2 = 2(1+2+\cdots+n)+n$이다.

따라서 $n^2+2n = 2(1+2+\cdots+n)+n$ 이므로 $2(1+2+\cdots+n) = n^2+n$ 이다.

그러므로 $1+2+\cdots+n = \frac{n^2+n}{2} = \frac{n(n+1)}{2}$이다.

(2) 곱셈공식에서 $(n+1)^3 - n^3 = 3n^2+3n+1$이므로

$n=1$을 대입하면 $2^3 - 1^3 = 3 \cdot 1^2 + 3 \cdot 1 + 1$

$n=2$를 대입하면 $3^3 - 2^3 = 3 \cdot 2^2 + 3 \cdot 2 + 1$

$\vdots$ $\vdots$

$n=n$을 대입하면 $(n+1)^3 - n^3 = 3 \cdot n^2 + 3 \cdot n + 1$

각 변을 모두 더하면,

$(n+1)^3 - 1^3 = 3(1^2+2^2+\cdots+n^2)+3(1+2+3+\cdots+n)+n$이다.
그런데 $(n+1)^3 - 1^3 = n^3+3n^2+3n$

$$3(1+2+\cdots+n) = \frac{3n(n+1)}{2} = \frac{3n^2+3n}{2}$$

이므로 정리하면 $n^3+3n^2+3n = 3(1^2+2^2+\cdots+n^2)+\frac{3n^2+5n}{2}$ 이다.
또한,

$$\begin{aligned} 3(1^2+2^2+\cdots+n^2) &= n^3+3n^2+3n-\frac{3n^2+5n}{2} \\ &= \frac{2n^3+6n^2+6n-3n^2-5n}{2} \\ &= \frac{2n^3+3n^2+n}{2} = \frac{n(2n^2+3n+1)}{2} \\ &= \frac{n(n+1)(2n+1)}{2} \end{aligned}$$

이다. 그러므로 $1^2+2^2+\cdots+n^2 = \frac{n(n+1)(2n+1)}{6}$

예제 11 다음 값을 구하시오.

(1) $\sum_{k=1}^{7}(k-4)$　　(2) $\sum_{k=1}^{5}(k^2-2k)$

(3) $\sum_{k=2}^{5}(2k^3-7)$　　(4) $\sum_{k=3}^{5}(5k^2-2k+3)$

해답 (1) 0　(2) 25　(3) 490　(4) 236

풀이

수학적 귀납법(Mathematical induction)

어떤 명제가 모든 자연수에 대해 성립한다는 것을 증명하기 위하여 사용되는 방법으로 무한개의 명제를 함께 증명하기 위해, 먼저 '첫 번째 명제가 참임을 증명'하고, 그 다음에는 '명제들 중에서 어떤 하나가 참이면 언제나 그 다음 명제도 참임을 증명'하는 방법을 말한다.

〈**참고**〉 모든 자연수 n에 대하여 어떤 명제 $p(n)$이 참임을 증명하는 방법은 다음과 같다.
첫째, $p(1)$이 참임을 증명
둘째, $p(k)$일 때 참이라고 가정하여 $p(k+1)$일 때 참임을 증명

예제 12 다음 식을 수학적 귀납법으로 증명하시오. (단, n은 자연수)

(1) $1+2+3+\cdots\cdots+n=\dfrac{n(n+1)}{2}$

(2) $1^2+2^2+3^2+\cdots\cdots+n^2=\dfrac{n(n+1)(2n+1)}{6}$

증명 (1) $n=1$을 대입하면 좌변$=1$

$$\text{우변}=\frac{1\cdot 2}{2}=1$$

따라서 좌변=우변이므로 주어진 식이 성립한다.
$n=k$일 때, 주어진 식이 성립한다고 가정하면
즉, 좌변 $=1+2+3+\cdots\cdots+k=\dfrac{k(k+1)}{2}=$우변이다.
$n=k+1$일 때,

$$\text{좌변}=1+2+3+\cdots\cdots+k+(k+1)=\frac{k(k+1)}{2}+(k+1)$$
$$=\frac{k(k+1)+2(k+1)}{2}=\frac{(k+1)(k+2)}{2}\text{가 되고}$$

$$\text{우변}=\frac{(k+1)(k+2)}{2}\text{이다.}$$

따라서 $n=k$일 때, 주어진 식이 성립한다고 가정하면
$n=k+1$일 때 좌변과 우변이 같다는 것을 알 수 있다.
그러므로 모든 자연수 n에 대하여 주어진 식이 성립한다는 것을 알 수 있다.

(2) $n=1$을 대입하면 좌변$=1^2=1$

$$\text{우변}=\frac{1\cdot 2\cdot 3}{6}=1$$

따라서 좌변=우변이므로 주어진 식이 성립한다.
$n=k$일 때, 주어진 식이 성립한다고 가정하면
즉, 좌변 $=1^2+2^2+3^2+\cdots\cdots+k^2=\dfrac{k(k+1)(2k+1)}{6}=$우변이다.
$n=k+1$일 때,

$$좌변 = 1^2+2^2+3^2+\cdots\cdots+k^2+(k+1)^2 = \frac{k(k+1)(2k+1)}{6}+(k+1)^2$$

$$= \frac{k(k+1)(2k+1)+6(k+1)^2}{6} = \frac{(k+1)\{k(2k+1)+6(k+1)\}}{6}$$

$$= \frac{(k+1)(2k^2+7k+6)}{6} = \frac{(k+1)(k+2)(2k+3)}{6}$$ 가 되고

$$우변 = \frac{(k+1)(k+2)(2k+3)}{6}$$ 이다.

따라서 $n=k$일 때, 주어진 식이 성립한다고 가정하면
$n=k+1$일 때 좌변과 우변이 같다는 것을 알 수 있다.
그러므로 모든 자연수 n에 대하여 주어진 식이 성립한다는 것을 알 수 있다.

계차수열

어떤 수열의 항과 그 바로 앞의 항의 차를 계차(difference)라 하며, 이 계차들로 이루어진 수열을 그 수열의 계차수열이라고 한다.

〈계차수열의 일반항〉

$\{a_n\}$: $a_1,\ a_2,\ a_3,\ a_4,\ \ldots,\ a_{n-1},\ a_n,\ \ldots$

$\{b_n\}$: $b_1,\ b_2,\ b_3,\ \ldots,\ b_{n-1},\ \ldots$

$$a_n = a_1 + \sum_{k=1}^{n-1} b_k$$

〈참고〉 계차수열이 등차수열인 경우와 등비수열인 경우로 나누어 생각

예제 13 다음 수열의 일반항 a_n을 구하시오.

(1) $1, 3, 7, 13, \cdots\cdots$ (2) $1, 3, 7, 15, \cdots\cdots$

해답 (1) n^2-n+1 (2) 2^n-1

풀이

계차수열과 관련된 점화식

(1) $a_{n+1} = a_n + f(n)$의 형태

(2) $a_{n+1} = pa_n + q$의 형태

(3) $la_{n+2} + ma_{n+1} + na_n = 0$의 형태 (단, $l+m+n=0$)

예제 14 다음 점화식의 일반항 a_n을 구하시오.

(1) $a_{n+1} = a_n + 2n + 1$, 단, $a_1 = 2$

(2) $a_{n+1} = 3a_n + 2$, 단, $a_1 = 1$

(3) $3a_{n+2} - 2a_{n+1} - a_n = 0$, 단, $a_1 = 1, a_2 = 5$

해답 (1) $n^2 + 1$ (2) $1 + 3^{n-1}$

(3) $13 - 12(-\frac{1}{3})^{n-1}$

풀이

1.3 무한수열의 극한

무한대(無限大, infinity)의 개념

어떠한 실수나 자연수보다 큰 수. 또는 무한히 커져 가는 상태 등을 나타내는 대수학용어

〈기호〉 ∞

〈참고〉 양(+) 또는 음(−)의 값을 가지는 변수 x에 대해 x의 역수가 0에 한없이 가까워질 때, x는 양 또는 음의 무한대로 발산한다고 한다.

〈기호〉 '$x \to +\infty$' 또는 '$x \to -\infty$'로 표시

예제 15 다음 수열의 극한값을 구하시오.

(1) $\lim_{n \to \infty} n$ (2) $\lim_{n \to \infty} (-n)$ (3) $\lim_{n \to \infty} n^2$

해답 (1) ∞ (2) $-\infty$ (3) ∞

풀이

무한대(∞)의 사칙연산에 대한 닫힘성

(1) $\infty+\infty=\infty$ (2) $\infty\cdot\infty=\infty$

(3) $\infty-\infty$ (4) $\infty\div\infty=\dfrac{\infty}{\infty}$

〈참고〉 "+"과 "×"에 닫혀있음.

무한수열의 수렴과 발산에 대한 기본 개념

무한수열 $a_1, a_2, a_3, \cdots\cdots, a_n, \cdots$ 을 기호 $\{a_n\}$이라고 나타내며, n이 한없이 커질 때, a_n이 일정한 값 α에 한없이 가까워지면 a_n은 α에 수렴한다고 한다.
이 때, α를 a_n 의 극한 또는 극한값이라 한다.

〈기호〉 (1) $n\to\infty$ 일 때, $a_n\to\alpha$

또는 (2) $\lim_{n\to\infty} a_n=\alpha$

〈참고〉 수렴하지 않는 경우, 발산한다고 한다.
위에서 언급한 수렴과 발산에 관한 내용을 정리하면 다음과 같다.

(1) 수렴 : $\lim_{n\to\infty} a_n=\alpha$ (α는 일정한 값)

(2) 발산 : $\begin{cases} \lim_{n\to\infty} a_n=\pm\infty \\ \text{진동} \end{cases}$

예제 16 다음 수열의 극한값을 구하시오.

(1) $\lim_{n\to\infty}(-1)^n$ (2) $\lim_{n\to\infty}\dfrac{1}{n}$

해답 (1) 진동 ⊂ 발산 (2) 0

풀이

극한의 성질

두 수열 $\{a_n\}$, $\{b_n\}$에 대하여,

$\lim_{n\to\infty} a_n = \alpha$, $\lim_{n\to\infty} b_n = \beta$일 때 다음과 같은 성질을 갖는다.

(1) $\lim_{n\to\infty} ka_n = k\lim_{n\to\infty} a_n = k\alpha$ (단, k는 상수)

(2) $\lim_{n\to\infty}(a_n \pm b_n) = \lim_{n\to\infty} a_n \pm \lim_{n\to\infty} b_n = \alpha \pm \beta$

(3) $\lim_{n\to\infty} a_n b_n = \lim_{n\to\infty} a_n \cdot \lim_{n\to\infty} b_n = \alpha\beta$

(4) $\lim_{n\to\infty} \frac{a_n}{b_n} = \frac{\lim_{n\to\infty} a_n}{\lim_{n\to\infty} b_n} = \frac{\alpha}{\beta}$ (단, $b_n \neq 0$, $\beta \neq 0$)

무한수열의 극한 형태 및 문제 해결 방법

첫째, $\frac{c}{\infty}$ 형태 : "0"으로 수렴한다.

둘째, $\frac{\infty}{\infty}$ 형태 : 분모의 최고차항으로 분모 분자를 나눈다.

또는 동차인 경우 최고차항의 계수만 비교하여 계산한다.

셋째, $\infty - \infty$ 형태 : $\frac{\infty}{\infty}$ 형태로 수정하여 계산하면 된다.

예제 17 다음 극한값을 구하시오.

(1) $\lim_{n\to\infty} \frac{5}{n+3}$

(2) $\lim_{n\to\infty} \frac{n}{n+1}$

(3) $\lim_{n\to\infty} \frac{2n-1}{n+3}$

(4) $\lim_{n\to\infty} \frac{n-1}{2n+3}$

(5) $\lim_{n\to\infty} \frac{5n-2}{3n+1}$

(6) $\lim_{n\to\infty} \frac{2n-1}{n^2+3}$

(7) $\lim_{n\to\infty} \frac{n^2-1}{2n^2+3}$

(8) $\lim_{n\to\infty} \frac{5n^2-2}{3n^2+5n-1}$

(9) $\lim_{n\to\infty} (n^2-n)$

(10) $\lim_{n\to\infty} (\sqrt{n^2+3n}-n)$

해답 (1) 0 (2) 1 (3) 2 (4) $\frac{1}{2}$

(5) $\frac{5}{3}$　　(6) 0　　(7) $\frac{1}{2}$　　(8) $\frac{5}{3}$

(9) ∞　　(10) $\frac{3}{2}$

풀이

예제 18 다음 무한수열의 극한값을 구하시오.

(1) $\frac{1}{2}, \frac{2}{3}, \frac{3}{4}, \frac{4}{5} \cdots$　　(2) $1, \frac{1}{3}, \frac{1}{5}, \frac{1}{7} \cdots$

(3) $1, \frac{1}{4}, \frac{1}{9}, \frac{1}{16}, \cdots$

해답 (1) 1　　(2) 0　　(3) 0

풀이

수열의 극한에서 수렴에 대한 정의

$$\lim_{n \to \infty} a_n = \alpha \quad (\text{수렴})$$

$$\Leftrightarrow \quad \forall p > 0, \exists K \in N \text{ such that } n \geq K \to |a_n - \alpha| < p$$

또는 임의의 모든 양수 p에 대하여 $n \geq K$이면, $|a_n - \alpha| < p$인 조건을 만족하는 자연수 K가 적어도 하나 존재할 때를 말한다.

예제 19 수렴하는 수열에 대하여 주어진 조건을 만족하는 최소의 자연수 K 값을 구하시오.

(1) $\lim_{n \to \infty} \frac{5}{n+3} = 0, \quad p = \frac{1}{200}$　　(2) $\lim_{n \to \infty} \frac{n}{n+1} = 1, \quad p = \frac{1}{300}$

(3) $\lim_{n \to \infty} \frac{2n-1}{n+3} = 2, \quad p = \frac{1}{500}$　　(4) $\lim_{n \to \infty} \frac{n-1}{2n+3} = \frac{1}{2}, \quad p = \frac{1}{200}$

(5) $\lim_{n \to \infty} \frac{5n-2}{3n+1} = \frac{5}{3}, \quad p = \frac{1}{200}$

해답 풀이참조

풀이

등비수열의 수렴과 발산			
등비수열 $\{r^n\}$의 수렴	$r=1$일 때,	$\lim_{n\to\infty} r^n = 1$	(수렴)
	$-1<r<1$일 때,	$\lim_{n\to\infty} r^n = 0$	(수렴)
등비수열 $\{r^n\}$의 발산	$r>1$일 때,	$\lim_{n\to\infty} r^n = \infty$	(발산)
	$r\le -1$일 때,	$\lim_{n\to\infty} r^n$	(진동)

예제 20 다음 극한을 조사하시오.

(1) $\lim_{n\to\infty} \frac{4^n}{5^n+3^n}$ (2) $\lim_{n\to\infty} \frac{5^n}{4^n+5^n}$

(3) $\lim_{n\to\infty} \left\{\left(-\frac{1}{2}\right)^n + \left(\frac{1}{3}\right)^n\right\}$ (4) $\lim_{n\to\infty} (3^n - 2^n)$

(5) $\lim_{n\to\infty} (2^n - 3^n)$

해답 (1) 0 (2) 1 (3) 0 (4) ∞ (5) $-\infty$

풀이

2 함수의 극한

2.1 함수의 극한에서 수렴과 발산

함수의 극한에서 수렴과 발산에 대한 기본 개념

함수의 극한에서 가장 기본적인 개념은 $x \to a$일 때, 함숫값 $f(x)$가 수렴하느냐? 발산하느냐? 하는 문제이다.

〈기호〉 (1) $x \to a$일 때, $f(x) \to ?$ 또는 (2) $\lim_{x \to a} f(x) = ?$

〈참고〉 방향성에 주의!

예제 21 다음 수열의 극한값을 구하시오.

(1) $\lim_{n \to \infty} \frac{n+1}{n}$ (2) $\lim_{n \to \infty} \frac{n-1}{n}$

해답 (1) 1^{+} (2) 1^{-}

풀이

함수의 극한 : $x \to a$의 의미

$x \to a$일 때, $f(x) \to ?$ $\Rightarrow$ $\begin{cases} x \to a^{+} & f(x) \to ? \\ x \to a^{-} & f(x) \to ? \end{cases}$

함수의 극한 : $x \to a$ $f(x) \to L$(수렴)

(1) $\lim_{x \to a^{+}} f(x) = \lim_{x \to a^{-}} f(x)$

(2) $\lim_{x \to a^{+}} f(x) = \lim_{x \to a^{-}} f(x) = L$

(3) $\lim_{x \to a} f(x) = L$

〈**참고**〉 일반적으로 다항함수의 극한값은 함숫값과 같다. [$\lim_{x \to a} f(x) = f(a)$]

$\lim_{x \to a^+} f(x) \neq \lim_{x \to a^-} f(x)$ 이면, $\lim_{x \to a} f(x)$ 은 존재하지 않음

예제 22 다음 함수의 극한값을 구하시오.

(1) $\lim_{x \to 1}(3x+1)$ (2) $\lim_{x \to 1}(x^2+1)$ (3) $\lim_{x \to 2} \dfrac{x-1}{3x+1}$

해답 (1) 4 (2) 2 (3) $\dfrac{1}{7}$

풀이

예제 23 다음 함수의 극한값을 구하시오.

(1) $\lim_{x \to 1^+} \dfrac{x-1}{|x-1|}$ (2) $\lim_{x \to 1^-} \dfrac{x-1}{|x-1|}$ (3) $\lim_{x \to 1} \dfrac{x-1}{|x-1|}$

해답 (1) 1 (2) -1 (3) 없음

풀이

함수의 극한 : 기본적인 형태 $y = \dfrac{1}{x}$

(1) $\lim_{x \to \infty} \dfrac{1}{x} = 0$

(2) $\lim_{x \to -\infty} \dfrac{1}{x} = 0$

(3) $\lim_{x \to 0^+} \dfrac{1}{x} = \infty$

(4) $\lim_{x \to 0^-} \dfrac{1}{x} = -\infty$

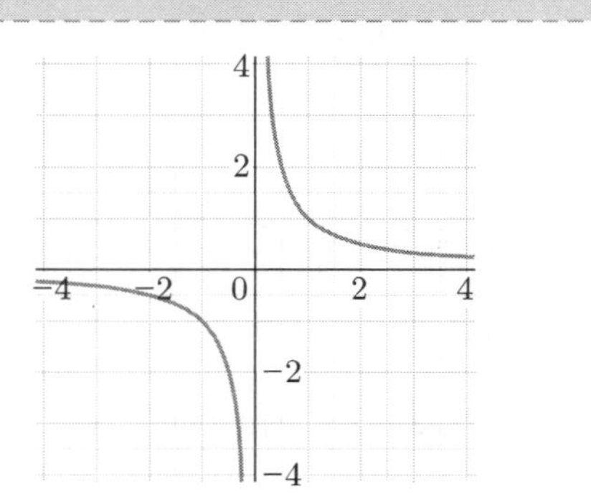

예제 24 다음 함수의 극한값을 구하시오. (단 방향성 표시)

(1) $\lim_{x\to 0}\frac{1}{x}$　　(2) $\lim_{x\to 0}\frac{1}{|x|}$　　(3) $\lim_{x\to 0}\frac{1}{x^2}$

(4) $\lim_{x\to\infty}\frac{1}{x}$　　(5) $\lim_{x\to\infty}\frac{1}{|x|}$　　(6) $\lim_{x\to\infty}\frac{1}{x^2}$

(7) $\lim_{x\to 0}-\frac{1}{x^2}$　　(8) $\lim_{x\to\infty}-\frac{1}{x^2}$　　(9) $\lim_{x\to\infty}-\frac{1}{|x|}$

해답 풀이참조

풀이

2.2 함수의 극한에 관한 성질

함수의 극한에 관한 성질

$\lim_{x\to a}f(x)=L$, $\lim_{x\to a}g(x)=M$ 이라 하면,

(1) $\lim_{x\to a}kf(x)=k\lim_{x\to a}f(x)=kL$

(2) $\lim_{x\to a}[f(x)\pm g(x)]=\lim_{x\to a}f(x)\pm\lim_{x\to a}g(x)=L\pm M$

(3) $\lim_{x\to a}[f(x)g(x)]=[\lim_{x\to a}f(x)][\lim_{x\to a}g(x)]=LM$

(4) $\lim_{x\to a}\frac{f(x)}{g(x)}=\frac{\lim_{x\to a}f(x)}{\lim_{x\to a}g(x)}=\frac{L}{M}$　단, $M\neq 0$

예제 25 다음 함수의 극한값을 구하시오.

(1) $\lim_{x\to 1}3x^2$　　(2) $\lim_{x\to 1}(x^2+\frac{1}{x^2})$

(3) $\lim_{x\to 1}x^2e^x$　　(4) $\lim_{x\to 2}\frac{x^2-1}{3x^2+1}$

해답 (1) 3 (2) 2 (3) e (4) $\frac{3}{13}$

풀이

함수의 극한 형태

첫째, $\frac{c}{\infty}$ 형태 : "0"으로 수렴한다.

둘째, $\frac{\infty}{\infty}$ 형태 : 분모의 최고차항으로 분모 분자를 나눈다.

또는 동차인 경우 최고차항의 계수만 비교하여 계산한다.

셋째, $\infty - \infty$ 형태 : $\frac{\infty}{\infty}$ 형태로 수정하여 계산하면 된다.

넷째, $\frac{0}{0}$ 형태

(1) 인수분해 후 약분하는 방법

(2) 근호가 있는 경우 유리화 후 공통인수로 약분하는 방법

예제 26 다음 함수의 극한값을 구하시오.

(1) $\lim_{x \to \infty} \frac{7}{x^2 + 2x}$ (2) $\lim_{x \to \infty} \frac{5x - 1}{x^2 + 2x}$ (3) $\lim_{x \to \infty} \frac{5x^2 - 1}{3x^2 - 2x}$

해답 (1) 0 (2) 0 (3) $\frac{5}{3}$

풀이

예제 27 다음 함수의 극한값을 구하시오.

(1) $\lim_{x \to 1} \frac{x - 1}{x^2 - 1}$ (2) $\lim_{x \to 2} \frac{x^3 - 8}{x^2 - 4}$

(3) $\lim_{x \to 2} \frac{x^2 - 9}{\sqrt{x - 2} - 1}$ (4) $\lim_{x \to 0} \frac{1 - \sqrt{1 - x}}{x}$

해답 (1) $\frac{1}{2}$ (2) 3 (3) 12 (4) $\frac{1}{2}$

풀이

〈참고〉 오일러의 상수 "e"의 정의 : $e=\lim_{x\to 0}(1+x)^{\frac{1}{x}}=\lim_{x\to\infty}(1+\frac{1}{x})^{x}$

〈참고〉 log의 성질 : $\ln_e e=\ln e=1$, $e^{\ln A}=A$, $\ln_b a=\frac{1}{\ln_a b}$

예제 28 다음 함수의 극한값을 구하시오.

(1) $\lim_{x\to 0}\frac{e^x-1}{x}$ (2) $\lim_{x\to 0}\frac{3^x-1}{x}$

해답 (1) 1 (2) $\ln 3$

풀이

2.3 함수의 극한에 관한 정의

절대 부등식 구하는 방법
$\lvert x\rvert<a \Leftrightarrow -a<x<a$

〈참고〉 $\lvert AB\rvert=\lvert A\rvert\lvert B\rvert$

예제 29 다음 부등식의 해를 구하시오.

(1) $\lvert x\rvert<2$ (2) $\lvert x\rvert<3$ (3) $\lvert x\rvert<\frac{1}{20}$

해답 풀이참조

풀이

예제 30 다음 두 집합 P, Q 사이의 포함관계를 나타내시오.

(1) $P=\{x \mid |x|<2\}$, $Q=\{x \mid |x|<3\}$

(2) $P=\left\{x \mid |x|<\frac{1}{20}\right\}$, $Q=\left\{x \mid |x|<\frac{1}{30}\right\}$

해답 (1) $P \subset Q$ (2) $P \supset Q$

풀이

명제 : "p 이면 q 이다"의 참과 거짓

기호 : $p \quad \rightarrow \quad q$

p(가정) q(결론)

p의 진리집합 P, q의 진리집합 Q일 때,

참 : $P \subset Q$

예제 31 다음 조건을 만족하는 양수 q의 최댓값을 구하시오.

(1) $|x|<q \rightarrow |x|<2$ (2) $|x|<q \rightarrow |x|<\frac{1}{20}$

해답 (1) 2 (2) $\frac{1}{20}$

풀이

예제 32 다음 조건을 만족하는 양수 p의 최솟값을 구하시오.

(1) $|x|<2 \rightarrow |x|<p$ (2) $|x|<\frac{1}{200} \rightarrow |x|<p$

해답 (1) 2 (2) $\frac{1}{200}$

풀이

함수의 극한에서 수렴에 대한 정의

$$\lim_{x \to a} f(x) = L \text{ (수렴)}$$

〈정의〉 $\forall p > 0,\ \exists q > 0 \ \textit{such that}\ 0 \neq |x-a| < q \ \rightarrow \ |f(x) - L| < p$

〈참고〉 모든 양수 p에 대하여, $0 \neq |x-a| < q$이면 $|f(x)-L| < p$인 조건을 만족하는 양수 q가 존재한다는 것을 의미한다.

예제 33 다음 1차 함수의 극한값이 수렴할 때, 주어진 p값에 대한 양수 q의 최댓값을 구하시오.

(1) $\lim_{x \to 2}(x+3) = 5,\ p = \frac{1}{100}$ (2) $\lim_{x \to 3}(2x-4) = 2,\ p = \frac{1}{100}$

해답 (1) $\frac{1}{100}$ (2) $\frac{1}{200}$

풀이

예제 34 다음 분수함수의 극한값이 수렴할 때, 주어진 p값에 대한 양수 q의 최댓값을 구하시오.

(1) $\lim_{x \to 2}\frac{1}{x} = \frac{1}{2},\ p = \frac{1}{200}$ (2) $\lim_{x \to 1}\frac{1}{x+1} = \frac{1}{2},\ p = \frac{1}{100}$

해답 (1) $\frac{3}{100}$ (2) $\frac{2}{25}$

풀이

2.4 함수의 극한에 대한 응용

분수함수의 그래프에서 점근선을 구하는데 이용

수직점근선과 수평점근선의 정의

(1) $x = a$를 수직 점근선 if $\lim_{x \to a} f(x) = \infty$ 또는 $\lim_{x \to a} f(x) = -\infty$

(2) $y = b$를 수평 점근선 if $\lim_{x \to \infty} f(x) = b$

예제 35 주어진 함수의 수직점근선과 수평점근선을 구하시오.

(1) $f(x) = \dfrac{x}{x-3}$ (2) $f(x) = \dfrac{x-2x^2}{(x-3)^2}$

해답 풀이참조

풀이

연속함수(continuous function)를 정의하는데 응용

함수 $y = f(x)$가 $x = a$에서 연속함수라는 정의는 다음 세 가지 조건을 동시에 만족할 때를 말한다.

(1) $x = a$에서 함숫값 $f(a)$가 존재

(2) $\lim\limits_{x \to a} f(x)$가 존재 $[\lim\limits_{x \to a^+} f(x) = \lim\limits_{x \to a^-} f(x)]$

(3) $\lim\limits_{x \to a} f(x) = f(a)$

〈**참고**〉 위의 세 가지 조건 중 하나 라도 만족하지 않는 함수를 불연속함수라고 한다.

예제 36 함수 $f(x) = \dfrac{x}{|x|}$의 $x = 0$에서의 연속성을 조사하시오,

해답 풀이참조

풀이

예제 37 함수 $f(x) = |x|$의 $x = 1$에서의 연속성을 조사하시오,

해답 풀이참조

풀이

연속함수(continuous function)와 관련된 정리

(1) 최대·최소의 정리
함수 $y=f(x)$가 구간 $[a,\ b]$에서 연속이면, 함수 $y=f(x)$는 이 구간에서 반드시 최솟값과 최댓값을 갖는다.

(2) 중간값의 정리
함수 $y=f(x)$가 구간 $[a,\ b]$에서 연속이고 $f(a)\neq f(b)$이면, $f(a)$와 $f(b)$사이에 있는 임의의 값 k에 대하여 $f(c)=k$가 되는실수 c가 반드시 a와 b 사이에 적어도 하나 존재한다.

(3) 볼차노의 정리(중간값의 따름 정리)
함수 $y=f(x)$가 구간 $[a,\ b]$에서 연속함수이고, $f(a)<0$, $f(b)>0$이면, $f(a)$와 $f(b)$사이에 있는 값 0에 대하여 $f(c)=0$가 되는 실수 c가 반드시 a와 b 사이에 적어도 하나 존재한다.

예제 38 다음 구간에서 함수 $f(x)=x^2-2x-3$의 최댓값과 최솟값을 구하시오.

(1) $[0,3]$　　(2) $(0,3)$

해답 (1) 최댓값 0, 최솟값 -4
(2) 최댓값 없음, 최솟값 -4

풀이

예제 39 다음 함수는 주어진 구간에서 볼차노의 정리를 만족하고 있다. 따라서 중간값의 따름 정리를 만족하는 c의 값을 구하시오.

(1) $f(x)=x^2-3x$, $[2,4]$　　(2) $f(x)=x^2-2x-1$, $[0,3]$

해답 (1) 3　　(2) $1+\sqrt{2}$

풀이

CHAPTER 04 연습문제

4-1. 양수 x, y, z이 차례대로 등비수열을 이룰 때, $\log x$, $\log y$, $\log z$은 어떤 수열인지 하시오.

4-2. 다음 식을 수학적 귀납법으로 증명하시오. (단, n은 자연수)

$$1^3+2^3+3^3+\cdots\cdots+n^3=\left\{\frac{n(n+1)}{2}\right\}^2$$

4-3. 수열 $1\cdot 2,\ 2\cdot 3,\ 3\cdot 4,\ \cdots\cdots,\ 10\cdot 11$의 합을 구하시오.

4-4. 다음 무한급수의 수렴・발산을 조사하고 수렴하면 그 합을 구하시오.

(1) $\displaystyle\sum_{n=1}^{\infty}\left(-\frac{1}{2}\right)^n$　　(2) $\displaystyle\sum_{n=1}^{\infty}3^n$

4-5. 두 수열 $\{a_n\}$, $\{b_n\}$에 대하여, $\lim\limits_{n\to\infty}a_n=\alpha$, $\lim\limits_{n\to\infty}b_n=\beta$일 때, 다음을 증명하시오.

(1) $\lim\limits_{n\to\infty}c=c$ (단, c는 임의의 실수)

(2) $\lim\limits_{n\to\infty}ka_n=k\lim\limits_{n\to\infty}a_n=k\alpha$ (단, k는 상수)

(3) $\lim\limits_{n\to\infty}(a_n\pm b_n)=\lim\limits_{n\to\infty}a_n\pm\lim\limits_{n\to\infty}b_n=\alpha\pm\beta$

4-6. 수렴하는 수열에 대하여 주어진 조건을 만족하는 최소의 자연수 K값을 구하시오.

(1) $\lim\limits_{n\to\infty}\dfrac{n-1}{2n+3}=\dfrac{1}{2}$, $p=\dfrac{1}{500}$

(2) $\lim\limits_{n\to\infty}\dfrac{5n-2}{3n+1}=\dfrac{5}{3}$, $p=\dfrac{1}{200}$

4-7. 다음 함수의 극한값을 구하시오. (단 방향성 표시)

(1) $\lim\limits_{x\to1}\dfrac{3}{(x-1)^2}$　　(2) $\lim\limits_{x\to1}\dfrac{-3}{(x-1)^2}$　　(3) $\lim\limits_{x\to1}\dfrac{1}{|x-1|}$

4-8. 1차 함수와 분수함수의 극한이 수렴할 때, 주어진 p값에 대한 양수 q의 최댓값을 구하시오.

(1) $\lim_{x \to -2}(5x+3) = -7$

(2) $\lim_{x \to 2}\frac{x+1}{2x+1} = \frac{3}{5}$, $p = \frac{1}{500}$

4-9. 다음 조건을 만족하는 양수 q의 최솟값을 구하시오.

(1) $0 \neq |x-1| < q \rightarrow |x^2-1| < \frac{1}{100}$

(2) $0 \neq |x-2| < q \rightarrow |2x^2-8| < \frac{1}{100}$

(3) $0 \neq |x+2| < q \rightarrow |5x^2-20| < \frac{1}{50}$

CHAPTER

05

미분(도함수, differential)과 응용

1. 도함수
2. 일반적인 다항함수의 도함수
3. 로그함수와 지수함수의 도함수
4. 삼각함수의 도함수
5. 음함수의 도함수
6. 역함수의 도함수

1 도함수

변화율은 두 변수의 변화 정도를 비율로 나타낸 것을 말하며, 평균변화율과 순간변화율이 있다. 평균변화율은 구간의 관점에서 논의하며, 순간변화율은 특정한 한 점의 관점에서 논의한다. 직선의 방정식과 1차 함수의 기울기는 변화율과 밀접하게 연관되어 있다.

직선의 방정식 : $ax+by+c=0$

1차 함수 : $y=ax+b$

a : 기울기,

b : y 절편

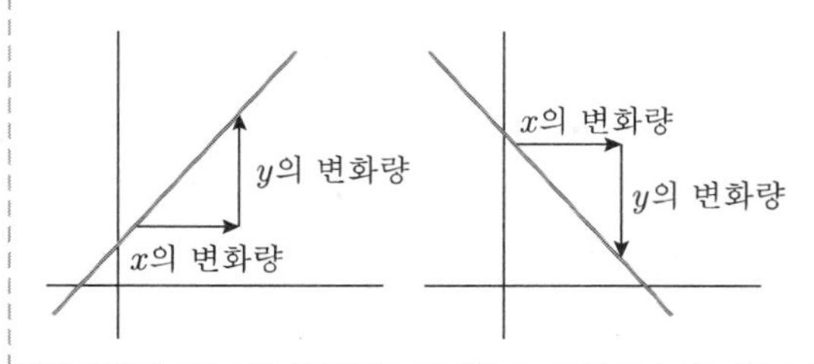

직선의 방정식 구하기

(1) 한 점과 기울기가 주어진 경우

한 점 (a,b), 기울기 m $\Rightarrow$ $y-b=m(x-a)$

(2) 두 점 (a,b), (c,d)이 주어진 경우,

① 기울기 m : $m=\dfrac{d-b}{c-a}$ ② $y-b=\dfrac{d-b}{c-a}(x-a)$

예제 1 다음 물음에 답하시오.

(1) 한 점 $(2,3)$을 지나고 기울기가 3인 직선의 방정식을 구하시오.

(2) 두 점 $(2,1)$과 $(0,3)$을 지나는 직선의 방정식을 구하시오.

해답 (1) $y=3x-5$ (2) $y=-x+3$

풀이

예제 2 다음 물음에 답하시오.

(1) 두 점 $(2, 1)$과 $(a, 2)$을 지나는 직선의 기울기가 2일 때, a의 값을 구하시오.

(2) 한 점 $(-2, 3)$을 지나고 기울기가 3인 직선의 방정식이 $y = 3x + c$일 때, c의 값을 구하시오.

해답 (1) $\frac{5}{2}$ (2) 9

풀이

함수 $y = f(x)$의 평균변화율

x의 증가량 : $\Delta x = b - a$

y의 증가량 : $\Delta y = f(b) - f(a)$에 대하여,

x의 증가량에 대한 y의 증가량에 대한 비

$$\frac{\Delta y}{\Delta x} = \frac{f(b) - f(a)}{b - a}$$

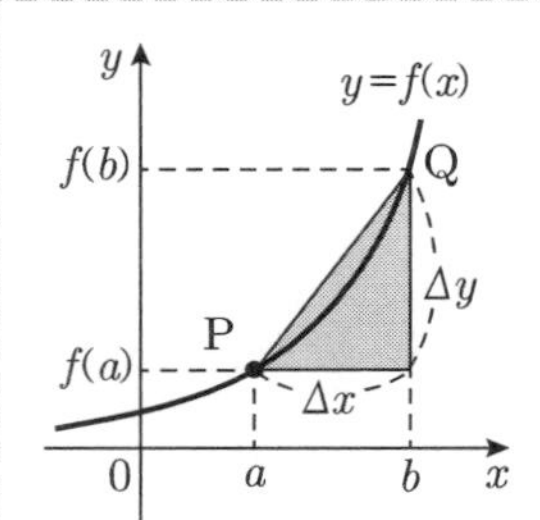

〈참고〉 평균변화율은 두 점 P, Q를 지나는 직선의 기울기를 의미

예제 3 함수 $y = x^2 + 2x$에 대하여 다음 구간에서의 평균변화율을 구하시오.

(1) $[0, 1]$ (2) $[1, 3]$

해답 (1) 3 (2) 6

풀이

예제 4 주어진 함수와 구간에 대한 평균변화율을 구하시오.

(1) $f(x) = \frac{2}{x-1}$ $[2, 3]$ (2) $f(x) = \frac{x-1}{x+1}$ $[2, 3]$

해답 (1) -1　　(2) $\dfrac{1}{6}$

풀이

예제 5 주어진 함수와 구간에 대한 평균변화율을 구하시오.

(1) $f(x)=e^{x}\quad[0,1]$　　(2) $f(x)=\ln x\quad[2,3]$

해답 (1) $e-1$　　(2) $\ln\dfrac{3}{2}$

풀이

함수 $y=f(x)$의 $x=a$에서의 미분계수 또는 변화율

함수 $y=f(x)$에 대하여 x의 값이 a에서 $a+\Delta x$만큼 변할 때, 평균변화율의 $\Delta x\to 0$일 때의 극한값

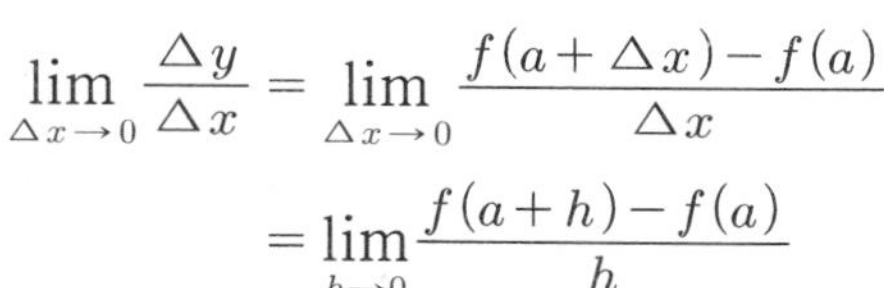

$$\lim_{\Delta x\to 0}\frac{\Delta y}{\Delta x}=\lim_{\Delta x\to 0}\frac{f(a+\Delta x)-f(a)}{\Delta x}=\lim_{h\to 0}\frac{f(a+h)-f(a)}{h}$$

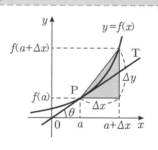

〈기호〉 $f'(a)$, $y'_{x=a}$, $\left(\dfrac{dy}{dx}\right)_{x=a}$

〈참고〉 $x=a$에서의 미분계수는 $x=a$에서의 접선의 기울기를 의미

예제 6 함수 $y=x^{2}+2x$에 대하여 다음 특정한 한 점에 대한 미분계수를 구하시오. 단, 미분계수의 정의 이용

(1) $x=1$　　(2) $x=-3$　　(3) $x=2$

해답 (1) 4　　(2) -4　　(3) 6

풀이

예제 7 주어진 함수에 대한 $x=2$의 미분계수를 구하시오.

(1) $y=3x^2+1$ (2) $y=\sqrt{x}$ (3) $y=\dfrac{1}{x}$

해답 (1) 12 (2) $\dfrac{1}{2\sqrt{2}}$ (3) $-\dfrac{1}{4}$

풀이

함수 $y=f(x)$의 도함수 또는 미분

함수 $y=f(x)$에 대하여 $x=x$에서의 미분계수.

$$\lim_{\Delta x\to 0}\frac{\Delta y}{\Delta x}=\lim_{\Delta x\to 0}\frac{f(x+\Delta x)-f(x)}{\Delta x}$$
$$=\lim_{h\to 0}\frac{f(x+h)-f(x)}{h}$$

〈기호〉 $f'(x)$, y', $\dfrac{dy}{dx}$

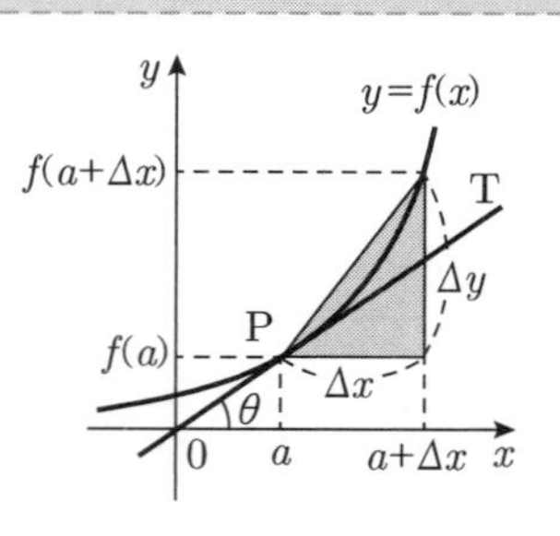

〈참고〉 $x=x$에서의 미분계수인 도함수는 임의의 점에 대한 접선의 기울기를 의미

예제 8 다음 함수들의 $x=1$에서의 접선의 방정식을 도함수의 정의를 이용하여 구하시오.

(1) $y=x^2+1$ (2) $y=x^3+x^2-x-1$

(3) $y=\sqrt{x}$ (4) $y=\dfrac{1}{2x+1}$

해답 (1) $y=2x$ (2) $y=4x-4$

(3) $y=\dfrac{1}{2}x+\dfrac{1}{2}$ (4) $y=-\dfrac{2}{9}x+\dfrac{5}{9}$

풀이

〈참고〉 오일러의 상수 및 관련 극한

(1) 오일러의 상수 "e"의 정의 : $e = \lim_{x \to 0}(1+x)^{\frac{1}{x}} = \lim_{x \to \infty}(1+\frac{1}{x})^x$

(2) $\lim_{x \to 0}\frac{e^x - 1}{x} = 1$ & $\lim_{x \to 0}\frac{3^x - 1}{x} = ln3$

예제 9 다음 함수들의 $x=1$에서의 미분계수를 구하시오. 단, 도함수의 정의 이용

(1) $y = e^x$ (2) $y = 3^x$ (3) $y = \ln x$

해답 (1) e (2) $3\ln 3$ (3) 1

풀이

예제 10 다음 함수들의 $x=1$에서의 접선의 방정식을 구하시오.

(1) $y = e^x$ (2) $y = 3^x$ (3) $y = \ln x$

해답 (1) $y = ex$ (2) $y = 3\ln 3x - 3(\ln 3 - 1)$

(3) $y = x - 1$

풀이

〈정리〉 함수 $y = f(x)$가 $x = a$에서 미분계수가 존재하면, $x = a$에서 연속함수이다.

〈참고〉 함수 $y = f(x)$가 $x = a$에서 미분계수가 존재한다는 것은 $x = a$ 에서 미분이 가능하다는 뜻이다.

예제 11 함수 $y = f(x)$가 $x = a$에서 미분계수가 존재하면, $x = a$에서 연속임을 증명하시오.

증명 $x \neq a$이면 $f(x) - f(a) = (x-a)\frac{f(x) - f(a)}{x - a}$ 이므로

$$\lim_{x \to a} f(x) - f(a) = \lim_{x \to a}(x-a)\frac{f(x)-f(a)}{x-a} = \lim_{x \to a}(x-a)\lim_{x \to a}\frac{f(x)-f(a)}{x-a}$$
$$= 0 \times f'(a) = 0$$

따라서 $\lim_{x \to a} f(x) - f(a) = 0$ 이므로 $\lim_{x \to a} f(x) = f(a)$ 이다.

그러므로 함수 $y = f(x)$는 $x = a$에서 연속함수이다.

그러나 위 정리의 역은 성립하지 않는다.

즉 함수 $y = f(x)$가 $x = a$에서 연속함수이지만 $x = a$에서 미분계수가 존재하지 않는다.

예를 들면, 함수 $f(x) = |x|$는 $x = 0$에서 연속함수이다.

그러나 $f'(0) = \lim_{h \to 0}\frac{f(0+h)-f(0)}{h} = \lim_{h \to 0}\frac{|h|}{h} = \begin{cases} 1 & h > 0 \\ -1 & h < 0 \end{cases}$이므로 $f'(0)$가 존재하지 않는다.

2 일반적인 다항함수의 도함수

함수 $y = f(x)$의 도함수 또는 미분

〈정의〉 $y' = \lim_{\Delta x \to 0}\frac{\Delta y}{\Delta x} = \lim_{\Delta x \to 0}\frac{f(x+\Delta x)-f(x)}{\Delta x} = \lim_{h \to 0}\frac{f(x+h)-f(x)}{h}$

〈기호〉 $y' = [f(x)]' = f'(x) = \frac{d}{dx}y = \frac{dy}{dx} = \frac{d}{dx}f(x) = \frac{df(x)}{dx}$

where, $\frac{d}{dx}$ (differential operator : 미분 작용소)[라이프니츠]

〈참고〉 $y = f(x)$이므로 y를 x에 대하여 미분

〈공식〉 $y = f(x) = x^n$, $y' = [f(x)]' = [x^n]' = n\,x^{n-1}$ 단, n은 실수

예제 12 다음을 증명하시오.

(1) $y=f(x)=x^2$일 때, $y'=[f(x)]'=2x$

(2) $y=f(x)=x^3$일 때, $y'=[f(x)]'=3x^2$

(3) $y=f(x)=x^n$일 때, $y'=[f(x)]'=nx^{n-1}$ 단, n은 자연수

증명 (1) $y'=\lim\limits_{h\to 0}\dfrac{f(x+h)-f(x)}{h}=\lim\limits_{h\to 0}\dfrac{(x+h)^2-x^2}{h}=\lim\limits_{h\to 0}\dfrac{x^2+2xh+h^2-x^2}{h}$

$=\lim\limits_{h\to 0}\dfrac{2xh+h^2}{h}=\lim\limits_{h\to 0}(2x+h)=2x$

another proof : 인수분해

$$\begin{aligned} f'(x)&=\lim_{h\to 0}\frac{f(x+h)-f(x)}{h}=\lim_{h\to 0}\frac{(x+h)^2-x^2}{h}\\ &=\lim_{h\to 0}\frac{[(x+h)-x][(x+h)+x]}{h}=\lim_{h\to 0}\frac{h(2x+h)}{h}\\ &=\lim_{h\to 0}(2x+h)=2x \end{aligned}$$

(2) $y'=\lim\limits_{h\to 0}\dfrac{f(x+h)-f(x)}{h}=\lim\limits_{h\to 0}\dfrac{(x+h)^3-x^3}{h}$

$=\lim\limits_{h\to 0}\dfrac{x^3+3x^2h+3xh^2+h^3-x^3}{h}=\lim\limits_{h\to 0}\dfrac{3x^2h+3xh^2+h^3}{h}$

$=\lim\limits_{h\to 0}(3x^2+3xh+h^2)=3x^2$

another proof : 인수분해

$$\begin{aligned} f'(x)&=\lim_{h\to 0}\frac{f(x+h)-f(x)}{h}=\lim_{h\to 0}\frac{(x+h)^3-x^3}{h}\\ &=\lim_{h\to 0}\frac{[(x+h)-x][(x+h)^2+(x+h)x+x^2]}{h}\\ &=\lim_{h\to 0}\frac{h[(x+h)^2+(x+h)x+x^2]}{h}\\ &=\lim_{h\to 0}[(x+h)^2+(x+h)x+x^2]=3x^2 \end{aligned}$$

(3) 이항전개에서

$(x+h)^n=x^n+nx^{n-1}h+\dfrac{n(n-1)}{2}x^{n-2}h^2+\cdots+nxh^{n-1}+h^n$ 이며,

$(x+h)^n-x^n=x^n+nx^{n-1}h+\dfrac{n(n-1)}{2}x^{n-2}h^2+\cdots+h^n-x^n$ 이다.

$$f'(x)=\lim_{h\to 0}\frac{f(x+h)-f(x)}{h}=\lim_{h\to 0}\frac{(x+h)^n-x^n}{h}$$
$$=\lim_{h\to 0}\frac{nx^{n-1}h+\frac{n(n-1)}{2}x^{n-2}h^2+\cdots+h^n}{h}$$
$$=\lim_{h\to 0}nx^{n-1}+\frac{n(n-1)}{2}x^{n-2}h+\cdots+h^{n-1}=nx^{n-1}$$

$another\,proof$: 인수분해

$$f'(x)=\lim_{h\to 0}\frac{f(x+h)-f(x)}{h}=\lim_{h\to 0}\frac{(x+h)^n-x^n}{h}$$
$$=\lim_{h\to 0}\frac{[(x+h)-x][(x+h)^{n-1}+(x+h)^{n-2}x+\cdots+(x+h)x^{n-2}+x^{n-1}]}{h}$$
$$=\lim_{h\to 0}\frac{h[(x+h)^{n-1}+(x+h)^{n-2}x+\cdots+(x+h)x^{n-2}+x^{n-1}]}{h}$$
$$=\lim_{h\to 0}(x+h)^{n-1}+(x+h)^{n-1}x+\cdots+(x+h)x^{n-2}+x^{n-1}=nx^{n-1}$$

예제 13 다음 물음에 답하시오.

(1) $y=x^3$, $\frac{d}{dt}y$를 구하시오. (2) $y=t^3$, $\frac{d}{dt}y$를 구하시오.

해답 (1) 0 (2) $3t^2$

풀이

도함수의 기본 정리 1

(1) $y=kf(x)$, $y'=kf'(x)$ (단, k는 실수)
(2) $y=f(x)+g(x)$, $y'=[f(x)+g(x)]'=f'(x)+g'(x)$
(3) $y=f(x)g(x)$, $y'=[f(x)g(x)]'=f'(x)g(x)+f(x)g'(x)$

〈참고〉 $y=kf(x)+tg(x)$, $y'=[kf(x)+tg(x)]'=kf'(x)+tg'(x)$ (단, k,t 는 실수)

예제 14 다음 함수의 도함수를 구하시오.

(1) $y=5x$ (2) $f(x)=5$

(3) $y=3x^2+x-1$ (4) $y=x^3+x^2+x+10$

해답 (1) 5 (2) 0 (3) $6x+1$ (4) $3x^2+2x+1$

풀이

도함수의 기본 정리 2

$$y=\frac{f(x)}{g(x)},\quad y'=\left[\frac{f(x)}{g(x)}\right]'=\frac{f'(x)g(x)-f(x)g'(x)}{[g(x)]^2}$$

예제 15 다음 함수의 도함수를 구하시오.

(1) $y=\dfrac{1}{x}=x^{-1}$ (2) $y=\dfrac{1}{x^2}=x^{-2}$

(3) $y=\dfrac{1}{2x-1}$ (4) $y=\dfrac{x^2-1}{x^2+1}$

해답 (1) $y'=-\dfrac{1}{x^2}$ (2) $y'=-2x^{-3}$

(3) $y'=-\dfrac{2}{(2x-1)^2}$ (4) $y'=\dfrac{4x}{(x^2+1)^2}$

풀이

예제 16 $f(x)=x^n$일 때, $y'=[f(x)]'=nx^{n-1}$ (단, n은 음의 정수)임을 증명하시오.

증명 $n=-m$ (단, m은 자연수)이라 하면, $f(x)=x^n=x^{-m}=\dfrac{1}{x^m}$이므로

$$f'(x)=\frac{1'\times x^m-1\times(x^m)'}{(x^m)^2}=\frac{-mx^{m-1}}{x^{2m}}$$
$$=-mx^{m-1-2m}=-mx^{-m-1}=nx^{n-1}$$

이다.

합성함수의 미분법

미분이 가능한 두 함수 $y=f(t)$, $t=g(x)$에 대한 합성함수 $y=f(g(x))$의 도함수는 $y'=f'(g(x))g'(x)$이다.

$$\{f(g(x)\}'=f'(g(x))g'(x) \text{ 또는 } \frac{dy}{dx}=\frac{dy}{dt}\frac{dt}{dx} \quad : \text{Chain Rule}$$

예제 17 미분이 가능한 두 함수 $y=f(t)$, $t=g(x)$에 대한 합성함수 $y=f(g(x))$의 도함수는 $y'=f'(g(x))g'(x)$임을 증명하시오.

증명

$$\begin{aligned}\{f(g(x))\}' &= \lim_{h\to 0}\frac{f(g(x+h))-f(g(x))}{h}\\ &= \lim_{h\to 0}\frac{f(g(x+h))-f(g(x))}{[g(x+h)-g(x)]}\frac{g(x+h)-g(x)}{h}\\ &= \lim_{h\to 0}\frac{f(g(x+h))-f(g(x))}{g(x+h)-g(x)}\lim_{h\to 0}\frac{g(x+h)-g(x)}{h}\\ &= f'(g(x))g'(x)\end{aligned}$$

도함수의 응용 정리

$y=[f(x)]^n$, $\quad y'=([f(x)]^n)'=n[f(x)]^{n-1}f'(x)$ 단, n은 실수

〈참고〉 $y=[f(x)]^n$에서 $t=f(x)$라 하면, $\frac{dt}{dx}=f'(x)$이다.

또한 $y=t^n$이므로 $\frac{dy}{dt}=nt^{n-1}$이다.

따라서 $y'=\frac{dy}{dx}=\frac{dy}{dt}\frac{dt}{dx}=nt^{n-1}f'(x)=n(f(x))^{n-1}f'(x)$이다.

예제 18 다음 함수의 도함수를 구하시오.

(1) $y=(x+1)^3$ (2) $y=(\frac{2x+1}{x-1})^3$

(3) $y=\sqrt{2x-1}$ (4) $y=\sqrt{x^2+1}$

해답 풀이참조

풀이

〈참고〉 알아두면 편리한 공식

(1) $y = [f(x)]^{-1} = \dfrac{1}{f(x)}$ $y' = -\dfrac{f'(x)}{[f(x)]^2}$

(2) $y = [f(x)]^{\frac{1}{2}} = \sqrt{f(x)}$ $y' = \dfrac{f'(x)}{2\sqrt{f(x)}}$

3 로그함수와 지수함수의 도함수

로그함수의 기본 공식

$y = \ln x$ $y' = \dfrac{1}{x}$

〈참고〉 밑수 $e = \lim\limits_{x \to 0}(1+x)^{\frac{1}{x}} = \lim\limits_{x \to \infty}(1+\dfrac{1}{x})^x = 2.78 \cdots < 3$

예제 19 $f(x) = \ln x$일 때, $f'(x) = \dfrac{1}{x}$임을 증명하시오.

증명 $f'(x) = \lim\limits_{h \to 0}\dfrac{f(x+h)-f(x)}{h} = \lim\limits_{h \to 0}\dfrac{\ln(x+h)-\ln x}{h}$

$= \lim\limits_{h \to 0}\dfrac{\ln\dfrac{x+h}{x}}{h} = \lim\limits_{h \to 0}\dfrac{1}{h}ln(1+\dfrac{h}{x})$

$= \lim\limits_{h \to 0}\ln(1+\dfrac{h}{x})^{\frac{1}{h}} = \lim\limits_{h \to 0}\ln(1+\dfrac{h}{x})^{\frac{x}{h}\frac{h}{x}\frac{1}{h}} = \ln e^{\frac{1}{x}} = \dfrac{1}{x}$

따라서 $f'(x) = \dfrac{1}{x}$이다.

로그함수의 응용 공식

$y = \ln f(x)$ $y' = \dfrac{f'(x)}{f(x)}$ *another* $(\ln f(x))' = \dfrac{f'(x)}{f(x)}$ or $(\ln y)' = \dfrac{y'}{y}$

〈참고〉 $y=\ln f(x)$에서 $t=f(x)$라 하면, $\dfrac{dt}{dx}=f'(x)$이다.

또한 $y=\ln t$이므로 $\dfrac{dy}{dt}=\dfrac{1}{t}$이다.

따라서 $y'=\dfrac{dy}{dx}=\dfrac{dy}{dt}\dfrac{dt}{dx}=\dfrac{1}{t}f'(x)=\dfrac{1}{f(x)}f'(x)=\dfrac{f'(x)}{f(x)}$이다.

예제 20 다음 함수의 도함수를 구하시오.

(1) $y=\ln(x^2+1)$ (2) $y=\ln(\sqrt{2x+1})$

해답 (1) $y'=\dfrac{2x}{x^2+1}$ (2) $y'=\dfrac{1}{2x+1}$

풀이

지수함수의 도함수

(1) $y=e^x$, $y'=e^x$

(2) $y=e^{f(x)}$ $y'=e^{f(x)}f'(x)$

예제 21 $f(x)=e^x$일 때, $f'(x)=e^x$임을 증명하시오.

증명 $f'(x)=\lim_{h\to 0}\dfrac{f(x+h)-f(x)}{h}=\lim_{h\to 0}\dfrac{e^{x+h}-e^x}{h}=\lim_{h\to 0}\dfrac{e^x(e^h-1)}{h}=e^x$

따라서 $f'(x)=e^x$이다.

another proof $f(x)=e^x$에서 양변에 ln를 취하면, $\ln f(x)=\ln e^x=x\ln e=x$

양변을 미분하면, $\dfrac{f'(x)}{f(x)}=1$이므로 $f'(x)=f(x)=e^x$이다.

예제 22 $y=e^{f(x)}$일 때, $y'=e^{f(x)}f'(x)$임을 증명하시오.

증명 $y=e^{f(x)}$에서 $t=f(x)$라 하면, $\dfrac{dt}{dx}=f'(x)$이다.

또한 $y=e^t$이므로 $\dfrac{dy}{dt}=e^t$이다.

따라서 $y' = \frac{dy}{dx} = \frac{dy}{dt}\frac{dt}{dx} = e^t f'(x) = e^{f(x)}f'(x)$이다.

another proof

$y = e^{f(x)}$에서 양변에 ln를 취하면, $\ln y = \ln e^{f(x)} = f(x)\ln e = f(x)$

양변을 미분하면, $\frac{y'}{y} = f'(x)$이므로 $y' = yf'(x) = e^{f(x)}f'(x)$이다.

예제 23 다음 함수의 도함수를 구하시오.

(1) $y = e^{-x}$ (2) $y = e^x + e^{-x}$

(3) $y = e^x - e^{-x}$ (4) $y = e^{x^2+1}$

해답 (1) $y' = -e^{-x}$ (2) $y' = e^x - e^{-x}$

(3) $y' = e^x + e^{-x}$ (4) $y' = 2xe^{x^2+1}$

풀이

지수함수의 도함수

(3) $y = a^x \quad (a > 0, a \neq 1)$	$y' = a^x \ln a$
(4) $y = a^{f(x)} \ (a > 0, a \neq 1)$	$y' = a^{f(x)}f'(x)\ln a$

예제 24 $y = a^x \ (a > 0, a \neq 1)$일 때, $y' = a^x \ln a$임을 증명하시오.

증명 $y = a^x \ (a > 0, a \neq 1)$에서 양변에 ln를 취하면,

$$\ln y = \ln a^x = x\ln a = (\ln a)x$$

양변을 미분하면, $\frac{y'}{y} = \ln a$이므로 $y' = y\ln a = a^x \ln a$이다.

예제 25 $y = a^{f(x)} \ (a > 0, a \neq 1)$일 때, $y' = a^{f(x)}f'(x)\ln a$임을 증명하시오.

증명 $y = a^{f(x)} \ (a > 0, a \neq 1)$에서 $t = f(x)$라 하면, $\frac{dt}{dx} = f'(x)$이다.

또한 $y=a^t$ 이므로 $\dfrac{dy}{dt}=a^t\ln a$이다. 따라서

$$y'=\frac{dy}{dx}=\frac{dy}{dt}\frac{dt}{dx}=a^t\ln a f'(x)=a^{f(x)}\ln a f'(x)$$

이다.

예제 26 다음 함수의 도함수를 구하시오.

(1) $y=5^x$ (2) $y=3^{x^2+1}$

(3) $y=5^{\sqrt{2x+1}}$ (4) $y=7^{\frac{1}{2x+1}}$

해답 (1) $y'=5^x\ln 5$ (2) $y'=3^{x^2+1}2x\ln 3$

(3) $y'=5^{\sqrt{2x+1}}\dfrac{1}{\sqrt{2x+1}}\ln 5$ (4) $y'=-\dfrac{2\ln 7}{(2x+1)^2}7^{\frac{1}{2x+1}}$

풀이

지수함수의 도함수
(5) $y=g(x)^{f(x)}$ $(g(x)>0, g(x)\neq 1)$

예제 27 다음 함수의 도함수를 구하시오. (단, $x>1$)

(1) $y=x^x$ (2) $y=x^{\sqrt{x}}$

(3) $y=x^{\frac{1}{x}}$ (4) $y=(\dfrac{1}{x})^x$

해답 (1) $y'=x^x(\ln x+1)$ (2) $y'=\dfrac{x^{\sqrt{2}}(\ln x+2)}{2\sqrt{x}}$

(3) $y'=-x^{\frac{1}{x}-2}(\ln x-1)$ (4) $y'=-\left(\dfrac{1}{x}\right)^x(\ln x+1)$

풀이

4 삼각함수의 도함수

기본 정의	역수 공식
(1) $y=\sin x$ (2) $y=\cos x$ (3) $y=\tan x=\dfrac{\sin x}{\cos x}$	(1) $y=\csc x=\dfrac{1}{\sin x}$ (2) $y=\sec x=\dfrac{1}{\cos x}$ (3) $y=\cot x=\dfrac{1}{\tan x}=\dfrac{\cos x}{\sin x}$

제곱 공식	합차 공식
(1) $\sin^2 x+\cos^2 x=1$ (2) $1+\tan^2 x=\sec^2 x$ (3) $1+\cot^2 x=\csc^2 x$	(1) $\sin(x\pm y)=\sin x\cos y\pm\cos x\sin y$ (2) $\cos(x\pm y)=\cos x\cos y\mp\sin x\sin y$ (3) $\tan(x\pm y)=\dfrac{\sin(x\pm y)}{\cos(x\pm y)}$

〈참고〉 $\sin^2 x=(\sin x)^2$을 의미// $\sin x^2=\sin(x^2)$을 의미

삼각함수의 유형 [$y=\sin x$ 기준]
(1) $y=\sin x$ (2) $y=\sin f(x)$ (3) $y=\sin^n x$ (4) $y=\sin^n f(x)$

삼각함수의 극한	
(1) $\lim\limits_{x\to 0}\dfrac{\sin x}{x}=1$	(2) $\lim\limits_{x\to 0}\dfrac{\cos x-1}{x}=0$

삼각함수의 도함수 기본형

(1) $y = \sin x$, $y' = \cos x$

(2) $y = \cos x$, $y' = -\sin x$

〈참고〉 co가 붙으면 "−"가 붙음.

예제 28 $f(x) = \sin x$일 때, $f'(x) = \cos x$임을 증명하시오.

증명
$$f'(x) = \lim_{h \to 0} \frac{f(x+h) - f(x)}{x} = \lim_{h \to 0} \frac{\sin(x+h) - \sin x}{h}$$
$$= \lim_{h \to 0} \frac{\sin x \cos h + \cos x \sin h - \sin x}{}$$
$$= \lim_{h \to 0} \frac{\sin x(\cos h - 1) + \cos x \sin h}{h}$$
$$= \lim_{h \to 0} \frac{\sin x(\cos h - 1)}{h} + \lim_{h \to 0} \frac{\cos x \sin h}{h}$$
$$= \sin x \lim_{h \to 0} \frac{\cos h - 1}{h} + \cos x \lim_{h \to 0} \frac{\sin h}{h}$$
$$= \sin x \times 0 + \cos x \times 1 = \cos x$$

예제 29 $f(x) = \cos x$일 때, $f'(x) = -\sin x$임을 증명하시오.

증명
$$f'(x) = \lim_{h \to 0} \frac{f(x+h) - f(x)}{x} = \lim_{h \to 0} \frac{\cos(x+h) - \cos x}{h}$$
$$= \lim_{h \to 0} \frac{\cos x \cos h - \sin x \sin h - \cos x}{}$$
$$= \lim_{h \to 0} \frac{\cos x(\cos h - 1) - \sin x \sin h}{h}$$
$$= \lim_{h \to 0} \frac{\cos x(\cos h - 1)}{h} - \lim_{h \to 0} \frac{\sin x \sin h}{h}$$
$$= \cos x \lim_{h \to 0} \frac{\cos h - 1}{h} - \sin x \lim_{h \to 0} \frac{\sin h}{h}$$
$$= \cos x \times 0 - \sin x \times 1 = -\sin x$$

예제 30 다음 함수의 도함수를 구하시오.

(1) $y = \tan x$ (2) $y = \csc x$

(3) $y = \sec x$ (4) $y = \cot x$

해답 (1) $y' = \sec^2 x$ (2) $y' = -\csc x \cot x$

(3) $y' = \sec x \tan x$ (4) $y' = -\csc^2 x$

풀이

삼각함수의 도함수 $y = \sin f(x)$ 형태

(1) $y = \sin f(x)$, $y' = f'(x)\cos f(x)$

(2) $y = \cos f(x)$, $y' = -f'(x)\sin f(x)$

〈참고〉 $y = \sin f(x)$에서 $t = f(x)$라 하면, $\dfrac{dt}{dx} = f'(x)$이다.

또한 $y = \sin t$ 이므로 $\dfrac{dy}{dt} = \cos t$이다.

따라서 $y' = \dfrac{dy}{dx} = \dfrac{dy}{dt}\dfrac{dt}{dx} = \cos t\, f'(x) = \cos f(x) f'(x)$이다.

예제 31 다음 함수의 도함수를 구하시오.

(1) $y = \sin(2x)$ (2) $y = \cos(x^2)$

(3) $y = \sin(\sqrt{x^2+1})$ (4) $y = \cos\left(\dfrac{x}{x+1}\right)$

해답 (1) $y' = 2\cos(2x)$ (2) $y' = -2x\sin(x^2)$

(3) $y' = \cos(\sqrt{x^2+1})\dfrac{x}{\sqrt{x^2+1}}$ (4) $y' = \sin\left(\dfrac{x}{x+1}\right)\left(\dfrac{1}{(x+1)^2}\right)$

풀이

삼각함수의 도함수 $y = \sin^n x$ 형태

(1) $y = \sin^n x$, $y' = n\sin^{n-1}x\cos x$

(2) $y = \cos^n x$, $y' = -n\cos^{n-1}x\sin x$

예제 32 $y=\sin^n x$일 때, $y'=n\sin^{n-1}x\cos x$임을 증명하시오.

증명 $y=\sin^n x=(\sin x)^n$에서 $t=\sin x$라 하면, $\dfrac{dt}{dx}=\cos x$이다.

또한 $y=t^n$ 이므로 $\dfrac{dy}{dt}=nt^{n-1}$이다.

따라서 $y'=\dfrac{dy}{dx}=\dfrac{dy}{dt}\dfrac{dt}{dx}=nt^{n-1}\cos x=n(\sin x)^{n-1}\cos x=n\sin^{n-1}x\cos x$

이다.

예제 33 $y=\cos^n x$일 때, $y'=-n\cos^{n-1}x\sin x$임을 증명하시오.

증명 $y=\cos^n x=(\cos x)^n$에서 $t=\cos x$라 하면, $\dfrac{dt}{dx}=-\sin x$이다.

또한 $y=t^n$ 이므로 $\dfrac{dy}{dt}=nt^{n-1}$이다.

따라서 $y'=\dfrac{dy}{dx}=\dfrac{dy}{dt}\dfrac{dt}{dx}=nt^{n-1}(-\sin x)=-n(\cos x)^{n-1}\sin x$

$=-n\cos^{n-1}x\sin x$이다.

예제 34 다음 함수의 도함수를 구하시오.

(1) $y=\sin^2 x$ (2) $y=\sin^3 x$

(3) $y=\cos^2 x$ (4) $y=\cos^3 x$

(5) $y=\tan^2 x$ (6) $y=\tan^3 x$

해답 (1) $y'=\sin(2x)$ (2) $y'=3\sin^2 x\cos x$

(3) $y'=-\sin(2x)$ (4) $y'=-3\cos^2 x\sin x$

(5) $y'=2\tan x\sec^2 x$ (6) $y'=2\tan^2 x\sec^2 x$

풀이

삼각함수의 도함수 $y=\sin^n f(x)$ 형태

(1) $y=\sin^n f(x)$, $y'=nf'(x)\sin^{n-1}f(x)\cos f(x)$

(2) $y=\cos^n f(x)$, $y'=-nf'(x)\cos^{n-1}f(x)\sin f(x)$

삼각함수의 도함수 곱의 형태

$y=f(x)g(x)$ $\qquad$ $y'=[f(x)g(x)]'=f'(x)g(x)+f(x)g'(x)$

예제 35 다음 함수의 도함수를 구하시오.

(1) $y=x\sin x$ $\qquad$ (2) $y=x^2\cos^2 x$

(3) $y=x^3\tan x$ $\qquad$ (4) $y=\sin x\cos x$

해답 (1) $y'=\sin x+x\cos x$ $\qquad$ (2) $y'=2x\cos^2 x-x^2\sin(2x)$

(3) $y'=3x^2\tan x+x^3\sec^2 x$ $\qquad$ (4) $y'=\cos^2 x-\sin^2 x$

풀이

삼각함수의 n 계 도함수 형태

$y=f(x)$

$y' = f'(x)=\dfrac{d}{dx}y=\dfrac{dy}{dx}$ $\qquad$ ⇐ 도함수

$y'' = f''(x)=\dfrac{d}{dx}(\dfrac{d}{dx}y)=\dfrac{d^2y}{dx^2}$ $\qquad$ ⇐ 2계 도함수

$y''' = f'''(x)=\dfrac{d^3y}{dx^3}=y^{(3)}$ $\qquad$ ⇐ 3계 도함수

$y^{(n)} = f^{(n)}(x)=\dfrac{d^ny}{dx^n}$ $\qquad$ ⇐ n계 도함수

예제 36 다음 물음에 답하시오

(1) $y=\sin x$일 때, $y^{(2021)}$를 구하시오.

(2) $y=\cos x$일 때, $y^{(2019)}$를 구하시오.

해답 (1) $\cos x$ $\qquad$ (2) $\sin x$

풀이

5 음함수의 도함수

함수의 형태 분류

(1) 양함수 : $y=f(x)$ 형태
(2) 음함수 : $f(x,y)=0$ 형태
예) 직선, 원, 포물선, 타원, 쌍곡선, 등

〈**참고**〉 음함수 미분법 : $y=[f(x)]^n$, $y'=([f(x)]^n)'=n[f(x)]^{n-1}f'(x)$ 이용

예제 37 다음 도함수를 구하시오.

(1) $(y^2)'$　　(2) $(y^3)'$
(3) $(xy)'$　　(4) $(xy^2)'$

해답 (1) $2yy'$　　(2) $3y^2y'$
(3) $y+xy'$　　(4) y^2+2xyy'

풀이

예제 38 다음 음함수의 도함수를 구하시오.

(1) 원의 방정식 $x^2+y^2=4$　　(2) 포물선의 방정식 $y^2=4x$
(3) 타원의 방정식 $\frac{x^2}{4}+\frac{y^2}{9}=1$　　(4) 쌍곡선의 방정식 $\frac{x^2}{4}-\frac{y^2}{9}=1$

해답 (1) $y'=-\frac{x}{y}$　　(2) $y'=\frac{2}{y}$
(3) $y'=-\frac{x}{y}$　　(4) $y'=\frac{x}{y}$

풀이

예제 39 다음 음함수의 도함수를 구하시오.

(1) $x^2y=4$ (2) $x^2y+xy^2=6$

(3) $\sin y = x$ (단, $-\frac{\pi}{2} \le y \le \frac{\pi}{2}$) (4) $\tan y = x$

해답 (1) $y' = -\frac{2y}{x}$ (2) $y' = -\frac{x(2y+x)}{y(2x+y)}$

(3) $y' = \frac{1}{\cos y} = \frac{1}{\sqrt{1-x^2}}$ (4) $y' = \frac{1}{\sec^2 y} = \frac{1}{1+x^2}$

풀이

예제 40 $f(x)=x^n$일 때, $y'=[f(x)]'=nx^{n-1}$ (단, n은 유리수)임을 증명하시오.

증명 $n=\frac{q}{p}$ (단, p, q은 정수, $q \neq 0$)이라 하면, $y=f(x)=x^n=x^{\frac{q}{p}}$이다.

따라서 $y^p=x^q$이므로 음함수 미분법을 이용하여 양변을 미분하면,

$py^{p-1}y'=qx^{q-1}$이다.

그러므로 $y' = \frac{qx^{q-1}}{py^{p-1}} = \frac{q}{p}x^{q-1}y^{1-p} = \frac{q}{p}x^{q-1}(x^{\frac{q}{p}})^{1-p} = \frac{q}{p}x^{q-1}x^{\frac{q}{p}-q}$

$$= \frac{q}{p}x^{q-1+\frac{q}{p}-q} = \frac{q}{p}x^{\frac{q}{p}-1} = nx^{n-1}$$

6 역함수의 도함수

역함수의 미분법

$y=f(x)$의 역함수 $y=f^{-1}(x) \Rightarrow y'=(f^{-1})'(x)=\frac{d(f^{-1}(x))}{dx}=\frac{1}{\frac{dy}{dx}}$

〈참고〉 x와 y를 바꾸어 음함수 미분과 같이 계산

예제 41 $y = x^2 + 1\ (x > 0)$의 역함수의 도함수를 구하시오.

먼저 $y = x^2 + 1$의 역함수를 구한다. [$y = x$에 대칭]

$x = y^2 + 1\ (y > 0)$이며, 정리하면 $y^2 = x - 1$이므로 $y = f^{-1}(x) = \sqrt{x-1}$이다.

해답 $y' = \dfrac{1}{2\sqrt{x-1}}$

풀이

예제 42 다음 함수의 역함수의 도함수를 구하시오.

(1) $y = 2x^2\ (x > 0)$　　(2) $y = x^3 + 5$

해답 (1) $\dfrac{1}{2\sqrt{2x}}$　　(2) $\dfrac{1}{3\sqrt[3]{(x-5)^2}}$

풀이

역삼각함수 도함수의 기본 형태

(1) $y = \sin x$의 역함수 $y = \sin^{-1}x$　$\left(-1 \le x \le 1, -\dfrac{\pi}{2} \le y \le \dfrac{\pi}{2}\right)$

(2) $y = \cos x$의 역함수 $y = \cos^{-1}x$　$(-1 \le x \le 1, 0 \le y \le \pi)$

(3) $y = \tan x$의 역함수 $y = \tan^{-1}x$　$\left(-\dfrac{\pi}{2} < x < \dfrac{\pi}{2}\right)$

예제 43 다음 함수의 도함수를 구하시오.

(1) $y = \sin^{-1}x$　　(2) $y = \cos^{-1}x$　　(3) $y = \tan^{-1}x$

해답 (1) $y' = \dfrac{1}{\sqrt{1-x^2}}$　　(2) $y' = -\dfrac{1}{\sqrt{1-x^2}}$　　(3) $y' = \dfrac{1}{1+x^2}$

풀이

역삼각함수 도함수의 일반적인 형태

(1) $y=\sin^{-1}f(x)$

(2) $y=\cos^{-1}f(x)$

(3) $y=\tan^{-1}f(x)$

〈참고〉 첫째, $y=\sin^{-1}f(x)$에서 $t=f(x)$라 하면, $y=\sin^{-1}t$이므로 $y=f(t)$ & $t=f(x)$ 이므로 합성함수의 미분법에 의하여

$$y'=\frac{dy}{dt}\frac{dt}{dx}=\frac{1}{\sqrt{1-t^2}}f'(x)=\frac{f'(x)}{\sqrt{1-(f(x))^2}}$$

둘째, $y=\tan^{-1}f(x)$에서 $t=f(x)$라 하면, $y=\sin^{-1}t$이므로 $y=f(t)$ & $t=f(x)$ 이므로 합성함수의 미분법에 의하여

$$y'=\frac{dy}{dt}\frac{dt}{dx}=\frac{1}{1+t^2}f'(x)=\frac{f'(x)}{1+(f(x))^2}$$

예제 44 다음 함수의 도함수를 구하시오.

(1) $y=\sin^{-1}(2x)$ (2) $y=\cos^{-1}(2x)$ (3) $y=\tan^{-1}(2x)$

해답 (1) $y'=\frac{1}{\sqrt{1-4x^2}}$ (2) $y'=-\frac{1}{\sqrt{1-4x^2}}$ (3) $y'=\frac{2}{1+4x^2}$

풀이

CHAPTER 05 연습문제

5-1. 함수 $y=x^2+2x$의 $x=-1$의 미분계수를 미분계수의 정의를 이용하여 구하시오.

5-2. 다음 함수들의 도함수를 구하시오.

(1) $y=e^{\sqrt{x}}$　　(2) $y=e^{\frac{1}{x}}$　　(3) $y=\csc^2 x$

(4) $y=\csc^3 x$　　(5) $y=\sec^2 x$　　(6) $y=\sec^3 x$

(7) $y=\cot^2 x$　　(8) $y=\cot^3 x$　　(9) $y=\sin^{-1}(\frac{x}{2})$

(10) $y=\cos^{-1}(\frac{x}{2})$　　(11) $y=\tan^{-1}(\frac{x}{2})$

5-3. 다음 함수의 역함수의 도함수를 구하시오.

(1) $y=(x+1)^{\frac{1}{4}}$ $(x>-1)$

(2) $y=\sqrt{4-x^2}$ $(0<x<2)$

5-4. 다음 음함수의 도함수를 구하시오.

(1) $x^2-xy+y^2=1$　　(2) $x^3+y^3=9xy$

5-5. $f(x)=x^n$일 때, $y'=[f(x)]'=nx^{n-1}$ (단, n은 실수)임을 증명하시오.

CHAPTER

06

미분의 응용

1. 접선 및 법선의 방정식
2. 미분계수와 뉴턴의 선형 근사
3. 함수의 극값
4. 로피탈의 법칙

1 접선 및 법선의 방정식

함수 $y=f(x)$의 $x=a$ 에서의 미분계수

〈정의〉 $y'_{x=a}=f'(a)=\lim\limits_{x\to a}\dfrac{f(x)-f(a)}{x-a}$

〈의미〉 함수 $y=f(x)$ 위의 한 점 $(a,\ f(a))$에 접하는 직선의 기울기
접선

예제 1 다음 함수들의 $x=1$에서의 미분계수를 구하시오.
(또는 $x=1$에서의 접선의 기울기를 구하시오.)

(1) $y=x^2+1$ (2) $y=x^3+x^2-x-1$

(3) $f(x)=\sqrt{x+1}$ (4) $f(x)=\dfrac{1}{2x+1}$

해답 (1) 2 (2) 4 (3) $\dfrac{1}{2\sqrt{2}}$ (4) $-\dfrac{2}{25}$

풀이

직선의 방정식 구하기 : 한 점과 기울기가 주어진 경우

한 점 $(a, f(a))$, 기울기 m $\Rightarrow$ $y-f(a)=m(x-a)$

예제 2 다음 함수들의 $x=1$에서의 접선의 방정식을 구하시오.

(1) $y=x^2+1$ (2) $y=x^3+x^2-x-1$

(3) $f(x)=\sqrt{x+1}$ (4) $f(x)=\dfrac{1}{2x+1}$

해답 (1) $y=2x$ (2) $y=4x-4$

(3) $y=\dfrac{1}{2\sqrt{2}}x-\dfrac{5\sqrt{2}}{4}$ (4) $y=-\dfrac{2}{25}x-\dfrac{31}{75}$

풀이

법선(normal line)

〈정의〉 직선에 수직인 직선

〈정리〉 두 직선 $y=ax+b$와 $y=cx+d$가 서로 수직이면 $ac=-1$이다.

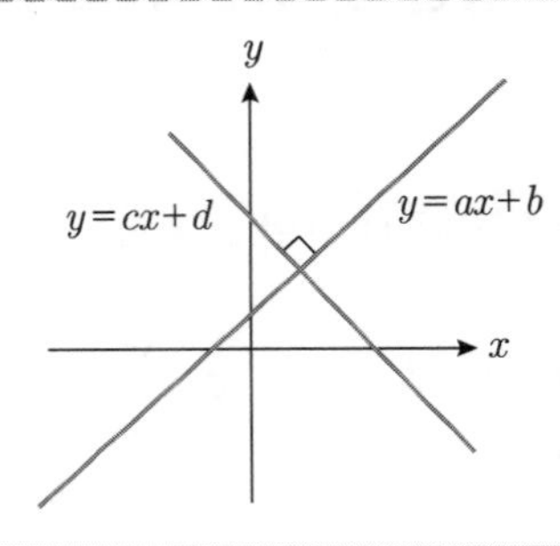

예제 3 다음 물음에 답하시오.

(1) 직선 $y=2x+1$에 수직인 직선의 기울기를 구하시오.

(2) 한 점 $(2, 3)$을 지나고 기울기가 3인 직선에 수직인 방정식을 구하시오.

해답 (1) $-\dfrac{1}{2}$ (2) $y=-\dfrac{1}{3}x+\dfrac{11}{3}$

풀이

예제 4 다음 함수들의 $x=1$에서의 법선의 방정식을 구하시오.

(1) $y=x^2+1$ (2) $y=x^3+x^2-x-1$

(3) $f(x)=\sqrt{x-1}$ (4) $f(x)=\dfrac{1}{2x+1}$

해답 (1) $y=-\dfrac{1}{2}x+\dfrac{5}{2}$ (2) $y=-\dfrac{1}{4}x+\dfrac{1}{4}$

(3) $y=-2\sqrt{2}\,x+3\sqrt{2}$ (4) $y=\dfrac{25}{2}x-\dfrac{73}{6}$

풀이

2 미분계수와 뉴턴의 선형 근사

두 점이 주어진 경우 직선의 기울기

두 점 (x_1, y_1), (x_2, y_2)이 주어진 경우,

$$\text{기울기} = \frac{\Delta y}{\Delta x} = \frac{y_2 - y_1}{x_2 - x_1} = \frac{f(x_2) - f(x_1)}{\Delta x}$$

뉴턴의 선형(1차식) 근사

만약 $\dfrac{\Delta y}{\Delta x} \fallingdotseq f'(x_1)$ [기울기와 $x = x_1$에서의 미분계수와 같다고 가정]

$\Delta y \fallingdotseq f'(x_1)\Delta x$

$f(x_2) - f(x_1) \fallingdotseq f'(x_1)\Delta x$

$f(x_2) \fallingdotseq f(x_1) + f'(x_1)\Delta x$: 선형(1차식) 근사의 기초

뉴턴의 선형(1차식) 근사 활용 방법

첫째, 근삿값 구하기

둘째, Taylor 급수(또는 Taylor 전개)

예제 5 다음 값을 구하시오.

(1) 3^3, 3^4, 3^5 (2) $4^2, 4^3, 4^4$

(3) $(81)^{\frac{1}{4}}, (81)^{\frac{3}{4}}$ (4) $(64)^{\frac{1}{3}}, (64)^{\frac{2}{3}}$

해답 풀이참조

풀이

예제 6 다음 수의 근삿값을 구하시오.

(1) $(3.2)^4$ (2) $(4.1)^3$

해답 (1) 102.6 (2) 67.6

풀이

예제 7 다음 수의 근삿값을 구하시오.

(1) $(83)^{\frac{3}{4}}$ (2) $(79)^{\frac{3}{4}}$

해답 (1) 27.5 (2) 26.5

풀이

$Taylor\ Series$: Taylor 급수(또는 Taylor 전개)

함수 $y=f(x)$가 $x=a$에서 무한하게 미분가능 할 때,

$$f(x)=f(a)+f'(a)(x-a)+\cdots+\frac{f^{(n)}(a)}{n!}(x-a)^n+\cdots$$
$$=\sum_{k=0}^{\infty}\frac{f^{(k)}(a)}{k!}(x-a)^k$$

〈**참고**〉 함수 $y=f(x)$가 $x=a$에서 미분가능 하다 : $f'(a)$가 존재

예제 8 $Taylor\ Series$를 증명하시오.

증명 함수 $y=f(x)$가 $x=a$에서 다항식으로 표현된다고 가정하면,

$f(x)=a_0+a_1(x-a)+a_2(x-a)^2+\cdots+a_n(x-a)^n+\cdots$ 이 된다.

첫째, 양변 $x=a$ 대입하면 $f(a)=a_0$, 따라서 $a_0=f(a)$ (상수)

둘째, 양변을 x에 대하여 미분하면, $f'(x)=a_1+2a_2(x-a)+\cdots$

양변 $x=a$ 대입하면 $f'(a)=a_1$, 따라서 $a_1=f'(a)$

셋째, 양변을 x에 대하여 2번 미분하면, $f''(x)=2a_2x+6a_3(x-a)+\cdots$

양변 $x=a$ 대입하면 $f''(a)=2a_2$, 따라서 $a_2=\dfrac{f''(a)}{2}=\dfrac{f''(a)}{2!}$

$\vdots$

$$f(x)=f(a)+f'(a)(x-a)+\frac{f''(a)}{2!}(x-a)^2+\cdots+\frac{f^{(n)}(a)}{n!}(x-a)^n+\cdots$$

예제 9 다음 함수의 $x=1$ 에서의 n차 *Taylor* 다항식을 구하시오.

(1) $y=\ln x$　　　(2) $y=e^x$

해답 풀이참조

풀이

예제 10 다음 함수의 *Maclaurin* 다항식[또는 $x=0$에서 n차 *Taylor* 다항식]을 구하시오.

(1) $y=e^x$　　　(2) $y=\sin x$　　　(3) $y=\cos x$

해답 풀이참조

풀이

예제 11 다음 함수의 극한값을 구하시오.

(1) $\displaystyle\lim_{x\to 0}\frac{\sin x}{x}$　　　(2) $\displaystyle\lim_{x\to 0}\frac{1-\cos x}{x}$　　　(3) $\displaystyle\lim_{x\to 0}\frac{e^x-1}{x}$

해답 (1) 1　　　(2) 0　　　(3) 1

풀이

예제 12 다음 수의 2차 근삿값을 구하시오.

(1) $(3.2)^4$ (2) $(4.1)^3$

해답 (1) 104.76 (2) 67.72

풀이

3 함수의 극값(extreme value)

증가함수와 감소함수

- 함수 $y=f(x)$가 구간 $[a,b]$에서 증가함수 : $a<b$ 일 때, $f(a)<f(b)$
- 함수 $y=f(x)$가 구간 $[a,b]$에서 감소함수 : $a<b$ 일 때, $f(a)>f(b)$

예제 13 다음 함수는 주어진 구간에서 증가함수 인지 감소함수 인지 판별하시오.

(1) $y=x^2-3x+2,\quad [-1,1]$ (2) $y=x^3-x^2+2x-1,\quad [1,3]$

해답 (1) 감소 (2) 증가

풀이

$x=a$가 함수 $y=f(x)$의 임계점(critical point)

〈정의〉 $f'(a)=0$ 또는 $f'(a)$가 존재하지 않을 때를 말한다.

예제 14 다음 함수의 임계점을 구하시오.

(1) $y=x^2-2x+7$ (2) $y=x^3-x^2-x-1$

(3) $y=\frac{1}{x}$ (4) $y=\sqrt{x}$

해답 (1) 1 (2) $-\frac{1}{3}$ (3) 0 (4) 0

풀이

$x=a$가 함수 $y=f(x)$의 극댓값과 극솟값 판정법

함수 $y=f(x)$가 $x=a$에서 미분가능하고, $f'(a)=0$인 경우,
(1) $f''(a)>0$이면, $f(a)$는 극솟값
(2) $f''(a)<0$이면, $f(a)$는 극댓값

〈참고〉 증감표 이용

예제 15 다음 함수의 극댓값 또는 극솟값을 구하시오.

(1) $f(x)=x^2-3x+2$ (2) $f(x)=x^3-x^2-x-1$

해답 (1) 극댓값 없음, 극솟값 0

(2) 극댓값 $-\frac{22}{27}$, 극솟값 -2

풀이

최댓값과 최솟값 판정법

첫째, 임계점을 구한다.
둘째, 주어진 구간에 임계점이 포함되는지 확인한다.
셋째, 주어진 구간의 양 끝 값과 임계점을 대입한 함숫값을 나열
넷째, 가장 큰 값이 최댓값, 가장 작은 값이 최솟값

예제 16 다음 함수의 주어진 구간에서 최댓값과 최솟값을 구하시오.

(1) $f(x) = x^3 - 3x^2 - 9x + 2$, $[-2, 2]$

(2) $f(x) = 2x^3 - 15x^2 + 36x$, $[1, 5]$

해답 (1) 최댓값 0, 최솟값 -20 (2) 최댓값 55, 최솟값 23

풀이

4 로피탈의 법칙(L'Hopital Rule)

Theorem [*L'Hopital Rule*]

$\lim_{x \to a} \frac{f(x)}{g(x)}$ 이 $\frac{0}{0}$ 꼴 또는 $\frac{\infty}{\infty}$ 꼴 이고, 미분가능하며, $g'(x) \neq 0$인 경우,

$$\lim_{x \to a} \frac{f(x)}{g(x)} = \lim_{x \to a} \frac{f'(x)}{g'(x)} = \lim_{x \to a} \frac{f''(x)}{g''(x)} = \cdots$$

〈참고〉 *L'Hopital Rule*은 $\frac{0}{0}$ 꼴 또는 $\frac{\infty}{\infty}$ 꼴 에서만 이용

부정형 $\infty - \infty$, $0 \cdot \infty$, 0^0, ∞^0 $\Rightarrow$ $\frac{0}{0}$ 또는 $\frac{\infty}{\infty}$ 변형 후 이용

예제 17 다음 극한값을 구하시오.

(1) $\lim_{x \to 0} \frac{\sin x}{x}$

(2) $\lim_{x \to 0} \frac{1 - \cos x}{x}$

(3) $\lim_{x \to 0} \frac{e^x - 1}{x}$

(4) $\lim_{x \to 1} \frac{x^3 - 1}{x^2 - 1}$

(5) $\lim_{x \to \infty} \frac{x^3 - 1}{x^2 + 1}$

(6) $\lim_{x \to 0} \frac{1 - \cos x}{x^2 - x}$

(7) $\lim_{x \to 1} \frac{\ln x}{\sqrt[3]{x}}$

(8) $\lim_{x \to 1} \frac{\ln x}{x - 1}$

(9) $\lim_{x \to \infty} \frac{x^2}{e^x}$

해답 (1) 1 (2) 0 (3) 1

(4) $\frac{3}{2}$ (5) ∞ (6) $\frac{1}{2}$

(7) 3 (8) 1 (9) 0

풀이

예제 18 다음 극한값을 구하시오.

(1) $\lim_{x \to 0^+} x \ln x$ (2) $\lim_{x \to 0^+} (\frac{1}{x} - \frac{1}{\sin x})$

(3) $\lim_{x \to 0^+} x^x$ (4) $\lim_{x \to \infty} (x+1)^{\frac{2}{x}}$

해답 (1) 0 (2) 0 (3) 1 (4) 1

풀이

CHAPTER 01 연습문제

6-1. 두 직선 $y = ax + b$와 $y = cx + d$가 서로 수직이면 $ac = -1$임을 증명하시오.

6-2. 다음 수의 근삿값을 구하시오.

(1) $(15)^{\frac{1}{4}}$　　(2) $(127)^{\frac{2}{3}}$

6-3. 다음 함수의 최댓값과 최솟값을 구하시오.

(1) $f(x) = 2x^3 - 6x^2,\quad [1, 3]$

(2) $f(x) = 2x^3 - 9x^2 + 12x - 2,\quad [0, 3]$

6-4. 다음 극한값을 구하시오.

(1) $\lim\limits_{x \to \infty} \dfrac{e^x}{x^2}$　　(2) $\lim\limits_{x \to 0} \dfrac{1 - \cos x}{\sin x}$

(3) $\lim\limits_{x \to 0} \dfrac{x^2}{e^x - 1}$　　(4) $\lim\limits_{x \to 0^+} \dfrac{\ln x}{\csc x}$

(5) $\lim\limits_{x \to \infty} x sin(\dfrac{1}{x})$　　(6) $\lim\limits_{x \to (\frac{\pi}{4})^-} (1 - \tan x)\sec(2x)$

(7) $\lim\limits_{x \to (\frac{\pi}{2})^-} (\sec x - \tan x)$　　(8) $\lim\limits_{x \to 0} (x+1)^{\frac{1}{x}}$

(9) $\lim\limits_{x \to 0^+} (\dfrac{1}{x})^x$　　(10) $\lim\limits_{x \to 0^+} (1 + \sin(2x))^{\cot x}$

CHAPTER

07

부정적분

1. 다항함수의 부정적분
2. 로그함수의 부정적분
3. 지수함수의 부정적분
4. 삼각함수의 부정적분
5. 역삼각함수의 부정적분
6. 분수함수의 부정적분
7. 부분적분법

1 다항함수의 부정적분

부정적분의 정의

$f(x)$가 $F(x)$의 도함수$[F'(x)=f(x)]$일 때,
$F(x)$를 $f(x)$의 원시함수 또는 부정적분

〈기호〉 $\int f(x)dx = F(x)+C$, 단, C는 적분 상수

〈참고〉 $f(x)$의 원시 함수를 구하는 것을 $f(x)$를 적분한다고 하고 $f(x)$를 피적분함수, dx에서 x를 적분 변수라 한다.

부정적분의 기본 정리

(1) $\frac{d}{dx}[\int f(x)dx] = f(x)$

(2) $\int [\frac{d}{dx}f(x)]\,dx = f(x)+C$

〈참고〉 $\int [\frac{d}{dx}f(x)]\,dx = \int f'(x)dx = f(x)+C$

예제 1 다음을 구하시오.

(1) $\frac{d}{dx}[\int x^2dx]$　　(2) $\int [\frac{d}{dx}x^2]\,dx$

해답 (1) x^2　　(2) x^2+C

풀이

부정적분의 정리

$[I_1]$ $\int 0\,dx = C$ 단, C는 적분 상수

$[I_2]$ $\int k\,dx = kx + C$ 단, k는 실수

$[I_3]$ $\int x^n\,dx = \frac{1}{n+1}x^{n+1} + C$ 단, $n \neq -1$

예제 2 다음 함수의 부정적분을 구하시오.

(1) $\int 3\,dx$ (2) $\int x^2\,dx$

(3) $\int x^5\,dx$ (4) $\int \sqrt{x}\,dx$

(5) $\int x^{-5}\,dx$ (6) $\int \frac{1}{x^2}\,dx$

해답 (1) $3x + C$ (2) $\frac{1}{3}x^3 + C$

(3) $\frac{1}{6}x^6 + C$ (4) $\frac{2}{3}x\sqrt{x} + C$

(5) $-\frac{1}{4x^4} + C$ (6) $-\frac{1}{x} + C$

풀이

부정적분의 합과 차에 대한 정리

$[I_4]$ $\int (f'(x) \pm g'(x))dx = \int f'(x)dx \pm \int g'(x)dx = f(x) \pm g(x) + C$

$[I_5]$ $\int kf'(x)dx = k\int f'(x)dx = kf(x) + C$ (단, k는 실수)

〈**참고**〉 두 함수에 대한 합·차의 미분은 다음과 같다.

$y = f(x) \pm g(x)$ $\quad y' = f'(x) \pm g'(x)$

$y = kf(x)$ $\quad y' = kf'(x)$

예제 3 다음 함수의 부정적분을 구하시오.

(1) $\int (2x-3)\,dx$ (2) $\int (3x^2-2x)\,dx$

(3) $\int (4x^3-3x+5)\,dx$ (4) $\int (4\sqrt{x^3}-3\sqrt{x})\,dx$

해답 (1) x^2-3x+C (2) x^3-x^2+C

(3) $x^4-\frac{3}{2}x^2+5x+C$ (4) $\frac{8}{5}x^{\frac{3}{2}}-2x^{\frac{3}{2}}+C$

풀이

부정적분의 치환적분법 정리

〈정리〉 함수 $t=g(x)$가 미분가능하면 $\int f(g(x))g'(x)\,dx=\int f(t)\,dt$이다.

증명 $\int f(g(x))g'(x)\,dx$에서 $t=g(x)$라 하면, $\frac{dt}{dx}=g'(x)$이므로 $dt=g'(x)dx$이다.

따라서 $\int f(g(x))g'(x)\,dx=\int f(t)dt$이다.

또한, $\int f(t)\,dt=F(t)+C$라 하면 $F'(t)=f(t)$이므로

$$\frac{d}{dx}[F(t)]=F'(t)\frac{dt}{dx}=f(t)\frac{dt}{dx}$$ 이다.

따라서 $\int f(t)\,dt=F(t)+C=\int \frac{d}{dx}[F(t)]dx=\int [f(t)\frac{dt}{dx}]dx$ 이다.

그런데 $t=g(x)$이므로 $\int f(t)\,dt=\int f(g(x))\,g'(x)dx$ 이다.

부정적분의 응용 정리

$[I_6]$ $\int (f(x))^n f'(x)dx=\frac{1}{n+1}(f(x))^{n+1}+C$ 단, $n\neq -1$

$[I_7]$ $\int (ax+b)^n dx=\frac{1}{a}\frac{1}{n+1}(ax+b)^{n+1}+C$ 단, $n\neq -1,\ a\neq 0$

증명 $[I_6]$

$\int (f(x))^n f'(x)dx$에서 $t=f(x)$라 하면, $\dfrac{dt}{dx}=f'(x)$이므로 $dt=f'(x)dx$이다.

따라서 $\int (f(x))^n f'(x)dx=\int t^n dt=\dfrac{1}{n+1}t^{n+1}+C$이고,

$t=f(x)$이므로 $\int (f(x))^n f'(x)dx=\dfrac{1}{n+1}(f(x))^{n+1}+C$이다.

증명 $[I_7]$

$\int (ax+b)^n dx$에서 $t=ax+b$라 하면, $\dfrac{dt}{dx}=a$ 이므로 $dx=\dfrac{1}{a}dt$이다.

따라서 $\int (ax+b)^n dx=\int t^n \dfrac{1}{a}dt=\dfrac{1}{a}\int t^n dt=\dfrac{1}{a}\dfrac{1}{n+1}t^{n+1}+C$이고,

$t=ax+b$이므로 $\int (ax+b)^n dx=\dfrac{1}{a}\dfrac{1}{n+1}(ax+b)^{n+1}+C$이다.

예제 4 다음 함수의 부정적분을 구하시오.

(1) $\int (3x+1)^3 3\,dx$ (2) $\int (3x+1)^3\,dx$

(3) $\int (x^2+1)^3 2x\,dx$ (4) $\int (x^2+1)^3 x\,dx$

해답 풀이참조

풀이

2 로그함수의 부정적분

로그함수의 부정적분

$[I_8]$ $\int \dfrac{f'(x)}{f(x)}dx=\ln|f(x)|+C,\quad \int \dfrac{1}{x}dx=\ln|x|+C$

$[I_9]$ $\int \dfrac{1}{ax+b}dx=\dfrac{1}{a}\ln|ax+b|+C$

증명 $[I_8]$

$\int \frac{f'(x)}{f(x)}dx$에서 $t=f(x)$라 하면, $\frac{dt}{dx}=f'(x)$이므로 $dt=f'(x)dx$이다.

따라서 $\int \frac{f'(x)}{f(x)}dx=\int \frac{1}{t}dt=\ln|t|+C$이고 $t=f(x)$이므로

$$\int \frac{f'(x)}{f(x)}dx=\ln|f(x)|+C$$ 이다.

〈**참고**〉 $\int (ax+b)^n dx=\frac{1}{a}\frac{1}{n+1}(ax+b)^{n+1}+C$ 　　단, $n\neq -1,\ a\neq 0$

$n=-1$인 경우, $\int (ax+b)^{-1}dx=\int \frac{1}{ax+b}dx$ 　단, $a\neq 0$

증명 $[I_9]$

$\int \frac{1}{ax+b}dx$에서 $t=ax+b$라 하면, $\frac{dt}{dx}=a$이므로 $dx=\frac{1}{a}dt$이다.

따라서 $\int \frac{1}{ax+b}dx=\int \frac{1}{t}\frac{1}{a}dt=\frac{1}{a}\int \frac{1}{t}dt=\frac{1}{a}\ln|t|+C$이고

$t=ax+b$ 이므로 $\int \frac{1}{ax+b}dx=\frac{1}{a}\ln|ax+b|+C$이다.

예제 5 다음 함수의 부정적분을 구하시오.

(1) $\int \frac{3}{3x+1}dx$ 　　(2) $\int \frac{1}{3x+1}dx$

(3) $\int \frac{2x}{x^2+1}dx$ 　　(4) $\int \frac{x}{x^2+1}dx$

해답 풀이참조

풀이

3 지수함수의 부정적분

지수함수의 부정적분

$[I_{10}]$ $\int e^x dx = e^x + C$

$[I_{11}]$ $\int e^{f(x)} f'(x)\,dx = e^{f(x)} + C$

$[I_{12}]$ $\int a^x\,dx = \frac{1}{\ln a} a^x + C$ (단, $a \neq 1, a > 0$)

$[I_{13}]$ $\int a^{f(x)} f'(x)\,dx = \frac{1}{\ln a} a^{f(x)} + C$ (단, $a \neq 1, a > 0$)

증명 $[I_{11}]$

$\int e^{f(x)} f'(x)\,dx$에서 $t = f(x)$라 하면, $\frac{dt}{dx} = f'(x)$이므로 $dt = f'(x)dx$이다.

따라서 $\int e^{f(x)} f'(x)\,dx = \int e^t dt = e^t + C$이고 $t = f(x)$이므로

$\int e^{f(x)} f'(x)\,dx = e^{f(x)} + C$이다.

증명 $[I_{12}]$

$\int a^x\,dx$에서 $t = a^x$라 하면 $\ln t = \ln a^x = x(\ln a)$이므로 양변을 미분하면

$\frac{1}{t} dt = (\ln a)\,dx$이며, $dx = \frac{1}{\ln a}\frac{1}{t} dt$이다.

따라서 $\int a^x\,dx = \int t \frac{1}{\ln a}\frac{1}{t} dt = \frac{1}{\ln a}\int dt = \frac{1}{\ln a} t + C$이고 $t = a^x$이므로

$\int a^x\,dx = \frac{1}{\ln a} a^x + C$이다.

증명 $[I_{13}]$

$\int a^{f(x)} f'(x)\,dx$에서 $t = f(x)$라 하면, $\frac{dt}{dx} = f'(x)$이므로 $dt = f'(x)dx$이다.

따라서 $\int a^{f(x)} f'(x)\,dx = \int a^t dt$이며, [예제 11]에 의하여

$\int a^{f(x)} f'(x)\,dx = \int a^t dt = \frac{1}{\ln a} a^t + C$이며, $t = f(x)$이므로

$\int a^{f(x)} f'(x)\,dx = \frac{1}{\ln a} a^{f(x)} + C$이다.

예제 6 다음 함수의 부정적분을 구하시오.

(1) $\int 3e^{3x+1}dx$ (2) $\int e^{3x+1}dx$

(3) $\int 2xe^{x^2+1}dx$ (4) $\int xe^{x^2+1}dx$

(5) $\int 3^x \ln 3\, dx$ (6) $\int 3^x dx$

(7) $\int 3^{x^2+1}\{\qquad\}\, dx$ (8) $\int 5^{x^2+x-2}\{\qquad\}\, dx$

해답 풀이참조

풀이

예제 7 다음 함수의 부정적분을 구하시오.

(1) $\int e^{-x}dx$ (2) $\int (e^x + e^{-x})\, dx$

(3) $\int (e^x - e^{-x})\, dx$ (4) $\int \frac{e^x - e^{-x}}{e^x + e^{-x}}\, dx$

해답 풀이참조

풀이

4 삼각함수의 부정적분

기본 정의 및 미분		역수 공식 및 미분	
(1) $y = \sin x$	$y' = \cos x$	(1) $y = \csc x$	$y' = -\csc x \cot x$
(2) $y = \cos x$	$y' = -\sin x$	(2) $y = \sec x$	$y' = \sec x \tan x$
(3) $y = \tan x$	$y' = \sec^2 x$	(3) $y = \cot x$	$y' = -\csc^2 x$

삼각함수의 부정적분 1

$[I_{14}]$ $\int \sin x dx = -\cos x + C$

$[I_{15}]$ $\int \cos x\, dx = \sin x + C$

$[I_{16}]$ $\int \sec^2 x dx = \tan x + C$

$[I_{17}]$ $\int \csc x \cot x\, dx = -\csc x + C$

$[I_{18}]$ $\int \sec x dx = \sec x \tan x + C$

$[I_{19}]$ $\int \csc^2 x\, dx = -\cot x + C$

제곱 공식	반각 공식
(1) $\sin^2 x + \cos^2 x = 1$	(1) $\sin^2(\frac{x}{2}) = \frac{1-\cos x}{2}$
(2) $1 + \tan^2 x = \sec^2 x$	(2) $\cos^2(\frac{x}{2}) = \frac{1+\cos x}{2}$
(3) $1 + \cot^2 x = \csc^2 x$	(3) $\tan^2(\frac{x}{2}) = \frac{1-\cos x}{1+\cos x}$

〈참고〉 $\sin^2 x = (\sin x)^2$을 의미// $\sin x^2 = \sin(x^2)$을 의미

예제 8 다음 함수의 부정적분을 구하시오.

(1) $\int \tan x dx$ (2) $\int \csc x dx$

(3) $\int \sec x dx$ (4) $\int \cot x dx$

해답 풀이참조

풀이

삼각함수의 부정적분 1

$[I_{20}]$ $\int \tan x dx = -\ln|\cos x| + C$

$[I_{21}]$ $\int \csc x\, dx = -\ln|\csc x + \cot x| + C$

$[I_{22}]$ $\int \sec x\, dx = \ln|\sec x + \tan x| + C$

$[I_{23}]$ $\int \cot x dx = \ln|\sin x| + C$

예제 9 다음 함수의 부정적분을 구하시오.

(1) $\int \sin x cos x\, dx$

(2) $\int \sin^2 x cos x\, dx$

(3) $\int \tan x sec^2 x dx$

(4) $\int \cot x csc^2 x\, dx$

(5) $\int \sin^2 (\frac{x}{2}) dx$

(6) $\int \cos^2 (\frac{x}{2}) dx$

해답 풀이참조

풀이

삼각함수의 부정적분 2

$[I_{24}]$ $\int \sin[f(x)]f'(x)dx = -\cos[f(x)] + C$

$[I_{25}]$ $\int \cos[f(x)]f'(x)dx = \sin[f(x)] + C$

증명 $[I_{24}]$

$\int \sin[f(x)]f'(x)dx$에서 $t = f(x)$라 하면, $\frac{dt}{dx} = f'(x)$이므로 $f'(x)dx = dt$ 이다. 따라서 $\int \sin[f(x)]f'(x)dx = \int \sin t\, dt = -\cos t + C$이다.

그러므로 $\int \sin[f(x)]f'(x)dx = -\cos[f(x)] + C$이다.

예제 10 다음 함수의 부정적분을 구하시오.

(1) $\int 2\sin(2x)dx$ (2) $\int \sin(2x)dx$

(3) $\int 2\cos(2x)dx$ (4) $\int \cos(2x)dx$

(5) $\int \tan(2x)dx$ (6) $\int \cot(2x)dx$

해답 풀이참조

풀이

제곱 공식과 반각 공식 이용

(1) $\sin^2 x = \dfrac{1-\cos(2x)}{2}$

(2) $\cos^2 x = \dfrac{1+\cos(2x)}{2}$

(3) $1+\tan^2 x = \sec^2 x \quad \Rightarrow \quad \tan^2 x = \sec^2 x - 1$

(4) $1+\cot^2 x = \csc^2 x \quad \Rightarrow \quad \cot^2 x = \csc^2 x - 1$

예제 11 다음 함수의 부정적분을 구하시오.

(1) $\int \sin^2 x dx$ (2) $\int \cos^2 x\, dx$

(3) $\int \tan^2 x dx$ (4) $\int \csc^2 x dx$

(5) $\int \sec^2 x dx$ (6) $\int \cot^2 x dx$

해답 풀이참조

풀이

예제 12 다음 함수의 부정적분을 구하시오.

(1) $\int \sin^3 x dx$　　　　(2) $\int \cos^3 x\, dx$

(3) $\int \tan^3 x dx$　　　　(4) $\int \cot^3 x dx$

해답 풀이참조

풀이

이상과 같이 세제곱근($\sin^3 x$) 이상의 문제 풀이는 일반적으로 제곱($\sin^2 x$)으로 전개하고 제곱 공식을 활용한 문제 풀이를 할 수 있다.

5 역삼각함수의 부정적분

역삼각함수 도함수의 기본 형태

(1) $y=\sin x$의 역함수 $y=\sin^{-1}x$　$(-1 \le x \le 1, -\frac{\pi}{2} \le y \le \frac{\pi}{2})$

(2) $y=\cos x$의 역함수 $y=\cos^{-1}x$　$(-1 \le x \le 1, 0 \le y \le \pi)$

(3) $y=\tan x$의 역함수 $y=\tan^{-1}x$　$(-\frac{\pi}{2} < x < \frac{\pi}{2})$

역삼각함수의 부정적분 1

$[I_{26}]$ $\int \frac{1}{\sqrt{a^2-x^2}}dx = \sin^{-1}\left(\frac{x}{a}\right) + C$　단, $a \ne 0$

$[I_{27}]$ $\int \frac{f'(x)}{\sqrt{1-[f(x)]^2}}dx = \sin^{-1}f(x) + C$

증명 $[I_{26}]$

$\int \frac{1}{\sqrt{a^2-x^2}}dx$에서 $x = a\sin\theta$ $(-\frac{\pi}{2} < \theta < \frac{\pi}{2})$라고 하면,

① $\sqrt{a^2-x^2} = \sqrt{a^2-a^2\sin^2\theta} = \sqrt{a^2(1-\sin^2\theta)} = \sqrt{a^2\cos^2\theta} = a\cos\theta$

② $\frac{dx}{d\theta} = a\cos\theta$, $dx = a\cos\theta\, d\theta$

③ $x = a\sin\theta$, $\sin\theta = \frac{x}{a}$, $\theta = \sin^{-1}(\frac{x}{a})$이다.

따라서 $\int \frac{1}{\sqrt{a^2-x^2}}dx = \int \frac{1}{a\cos\theta}a\cos\theta\, d\theta = \int d\theta = \theta + C$이다.

그러므로 $\int \frac{1}{\sqrt{a^2-x^2}}dx = \sin^{-1}\left(\frac{x}{a}\right) + C$이다.

증명 $[I_{27}]$

$\int \frac{f'(x)}{\sqrt{1-[f(x)]^2}}dx$에서 $t = f(x)$라 하면 $\frac{dt}{dx} = f'(x)$이며 $dt = f'(x)dx$이다.

따라서 $\int \frac{f'(x)}{\sqrt{1-[f(x)]^2}}dx = \int \frac{1}{\sqrt{1-t^2}}dt = \sin^{-1}t + C$이다.

그러므로 $\int \frac{f'(x)}{\sqrt{1-[f(x)]^2}}dx = \sin^{-1}[f(x)] + C$이다.

예제 13 다음 함수의 부정적분을 구하시오.

(1) $\int \frac{1}{\sqrt{4-x^2}}dx$　　　　(2) $\int \frac{1}{\sqrt{9-x^2}}dx$

해답 (1) $\sin^{-1}\left(\frac{x}{2}\right) + C$　　　　(2) $\sin^{-1}\left(\frac{x}{3}\right) + C$

풀이

예제 14 다음 함수의 부정적분을 구하시오.

(1) $\int \sqrt{1-x^2}\,dx$　　　　(2) $\int \sqrt{4-x^2}\,dx$

해답 (1) $\frac{1}{2}\left(\sin^{-1}x + x\sqrt{1-x^2}\right) + C$

(2) $2\left(\sin^{-1}\left(\frac{x}{2}\right) + \frac{x\sqrt{1-x^2}}{4}\right) + C$

풀이

역삼각함수의 부정적분 2

$[I_{28}]$ $\int \frac{1}{a^2+x^2}dx = \frac{1}{a}tan^{-1}\left(\frac{x}{a}\right) + C$

$[I_{29}]$ $\int \frac{f'(x)}{1+[f(x)]^2}dx = \tan^{-1}[f(x)] + C$

증명 $[I_{28}]$

$\int \frac{1}{a^2+x^2}dx$에서 $x = a\tan\theta$라고 하면,

① $a^2 + x^2 = a^2 + a^2\tan^2\theta = a^2(1+\tan^2\theta) = a^2\sec^2\theta$

② $\frac{dx}{d\theta} = asec^2\theta$, $dx = a\sec^2\theta\, d\theta$

③ $x = a\tan\theta$, $\tan\theta = \frac{x}{a}$, $\theta = \tan^{-1}\left(\frac{x}{a}\right)$이다.

따라서 $\int \frac{1}{a^2+x^2}dx = \int \frac{1}{a^2\sec^2\theta}(asec^2\theta\, d\theta) = \frac{1}{a}\int d\theta = \frac{1}{a}\theta + C$이다.

그러므로 $\int \frac{1}{a^2+x^2}dx = \frac{1}{a}\tan^{-1}\left(\frac{x}{a}\right) + C$이다.

증명 $[I_{29}]$

$\int \frac{f'(x)}{1+[f(x)]^2}dx$에서 $t = f(x)$라 하면 $\frac{dt}{dx} = f'(x)$이며 $dt = f'(x)dx$이다.

따라서 $\int \frac{f'(x)}{1+[f(x)]^2}dx = \int \frac{1}{1+t^2}dt = \tan^{-1}t + C$이다.

그러므로 $\int \frac{f'(x)}{1+[f(x)]^2}dx = \tan^{-1}[f(x)] + C$이다.

예제 15 다음 함수의 부정적분을 구하시오.

(1) $\int \frac{1}{4+x^2}dx$　　　　(2) $\int \frac{1}{9+x^2}dx$

해답 (1) $\frac{1}{2}\tan^{-1}\left(\frac{x}{2}\right)+C$　　　　(2) $\frac{1}{3}\tan^{-1}\left(\frac{x}{3}\right)+C$

풀이

예제 16 다음 함수의 부정적분을 구하시오.

(1) $\int \sqrt{1+x^2}\,dx$　　　　(2) $\int \sqrt{4+x^2}\,dx$

해답 풀이참조

풀이

6 분수함수의 부정적분

분수함수의 정의

$f(x)$와 $g(x)$가 x의 다항식일 때, $\frac{f(x)}{g(x)}$[단, $g(x) \neq 0$]인 형태를 말한다.

분모가 1차 식인 경우, 부정적분의 형태

$[I_{30}]$ $\int \frac{k}{ax+b}dx = \frac{k}{a}\ln|ax+b|+C$

〈참고〉 $\int \frac{f'(x)}{f(x)}dx = \ln|f(x)|+C$

증명 $[I_{30}]$

$\int \frac{k}{ax+b}dx = k\int \frac{1}{ax+b}dx$ 이므로 $[I_9]$ $\int \frac{1}{ax+b}dx = \frac{1}{a}\ln|ax+b| + C$를 적용하면 $\int \frac{k}{ax+b}dx = \frac{k}{a}\ln|ax+b| + C$ 이다.

예제 17 다음 함수의 부정적분을 구하시오.

(1) $\int \frac{1}{2x+1}dx$ (2) $\int \frac{7}{3x+5}dx$

(3) $\int \frac{x-1}{2x+1}dx$ (4) $\int \frac{3x-1}{x+1}dx$

(5) $\int \frac{3x-1}{2x+1}dx$ (6) $\int \frac{cx+d}{ax+b}dx$

해답 풀이참조

풀이

분모가 2차 식인 경우, 부정적분의 형태 : 완전제곱

$$[I_{31}] \int \frac{k}{ax^2+bx+c}dx = \int \frac{k}{(ax+p)^2}dx = k\int \frac{1}{(ax+p)^2}dx$$
$$= -\frac{k}{a(ax+p)} + C$$

〈참고〉 $\int (f(x))^n f'(x)dx = \frac{1}{n+1}(f(x))^{n+1} + C$

예제 18 $\int \frac{1}{(ax+p)^2}dx = -\frac{1}{a(ax+p)} + C$임을 증명하시오. 단, $a \neq 0$

증명 $\int \frac{1}{(ax+p)^2}dx$에서 $t = ax+b$라 하면, $\frac{dt}{dx} = a$이므로 $dx = \frac{1}{a}dt$이다.

따라서 $\int \frac{1}{(ax+p)^2}dx = \int \frac{1}{t^2}\frac{1}{a}dt = \frac{1}{a}\int t^{-2}dt = \frac{1}{a}\left(-\frac{1}{t}\right) + C = -\frac{1}{at} + C$

이다. 그러므로 $\int \frac{1}{(ax+p)^2}dx = -\frac{1}{a(ax+p)} + C$ 이다.

예제 19 다음 함수의 부정적분을 구하시오.

(1) $\int \frac{1}{x^2-2x+1}dx$ (2) $\int \frac{1}{x^2-4x+2}dx$

(3) $\int \frac{1}{x^2-4x+4}dx$ (4) $\int \frac{1}{a(x-p)^n}dx$

(5) $\int \frac{1}{(2x+1)^2}dx$ (6) $\int \frac{1}{9x^2-6x+1}dx$

해답 풀이참조

풀이

분모가 2차 식인 경우, 부정적분의 형태 : 완전제곱 일반형

$[I_{32}]$ $\int \frac{1}{a(x-p)^n}dx = -\frac{1}{a(n-1)(x-p)^{n-1}}+C$

$[I_{33}]$ $\int \frac{d}{(ax+b)^n}dx = -\frac{d}{a(n-1)(ax+b)^{n-1}}+C$

예제 20 $\int \frac{1}{(ax+b)^n}dx = -\frac{1}{a(n-1)(ax+p)^{n-1}}+C$임을 증명하시오. 단, $a \neq 0$

증명 $\int \frac{1}{(ax+b)^n}dx$에서 $t=ax+b$라 하면, $\frac{dt}{dx}=a$이므로 $dx=\frac{1}{a}dt$이다. 따라서

$$\int \frac{1}{(ax+p)^n}dx = \int \frac{1}{t^n}\frac{1}{a}dt = \frac{1}{a}\int t^{-n}dt = \frac{1}{a}\left(\frac{1}{-(n-1)}t^{-(n-1)}\right)+C$$

$$=-\frac{1}{a(n-1)t^{n-1}}+C$$

이다. 그러므로 $\int \frac{1}{(ax+b)^n}dx = -\frac{1}{a(n-1)(ax+p)^{n-1}}+C$이다.

분모가 2차 식인 경우, 부정적분의 형태 : 인수분해

$[I_{34}]$ $\int \frac{k}{ax^2+bx+c}dx = \int \frac{k}{a(x-p)(x-q)}dx$

문제해결방법[부분분수]

$\frac{1}{AB} = \frac{1}{B-A}\left(\frac{1}{A} - \frac{1}{B}\right)$ 단, $A < B$

〈참고〉 $\ln A - \ln B = \ln\frac{A}{B}$

예제 21 다음 유리함수를 부분분수로 고치시오.

(1) $\frac{1}{x(x+1)}$ (2) $\frac{1}{x(x-1)}$

(3) $\frac{1}{x^2+2x}$ (4) $\frac{1}{x^2-1}$

(5) $\frac{1}{4x^2-1}$ (6) $\frac{1}{x^2-x-6}$

해답 (1) $\frac{1}{x} - \frac{1}{x+1}$ (2) $\frac{1}{x-1} - \frac{1}{x}$

(3) $\frac{1}{2}\left(\frac{1}{x} - \frac{1}{x+2}\right)$ (4) $\frac{1}{2}\left(\frac{1}{x-1} - \frac{1}{x+1}\right)$

(5) $\frac{1}{2}\left(\frac{1}{2x-1} - \frac{1}{2x+1}\right)$ (6) $\frac{1}{5}\left(\frac{1}{x-3} - \frac{1}{x+2}\right)$

풀이

예제 22 다음 부정적분을 구하시오.

(1) $\int \frac{1}{x(x+1)}dx$ (2) $\int \frac{1}{x(x-1)}dx$

(3) $\int \frac{1}{x^2+2x}dx$ (4) $\int \frac{1}{x^2-1}dx$

(5) $\int \frac{1}{4x^2-1}dx$ (6) $\int \frac{1}{x^2-x-6}dx$

해답 (1) $\ln\left|\frac{x}{x+1}\right| + C$ (2) $\ln\left|\frac{x-1}{x}\right| + C$

(3) $\frac{1}{2}\ln\left|\frac{x}{x+2}\right| + C$ (4) $\frac{1}{2}\ln\left|\frac{x-1}{x+1}\right| + C$

(5) $\frac{1}{4}\ln\left|\frac{2x-1}{2x+1}\right|+C$ (6) $\frac{1}{5}\ln\left|\frac{x-3}{x+2}\right|+C$

풀이

분모가 2차 식인 경우, 부정적분의 형태 : 인수분해

$$[I_{34}]\ \int\frac{k}{ax^2+bx+c}dx=\int\frac{k}{a(cx-p)(cx-q)}dx$$
$$=\frac{k}{a(p-q)c}\ln\left|\frac{cx-p}{cx-q}\right|+C$$

예제 23 $\int\frac{1}{(cx-p)(cx-q)}dx=\frac{1}{(p-q)c}\ln\left|\frac{cx-p}{cx-q}\right|+C$ 임을 증명하시오.
단, $0\neq p\neq q,\ a\neq 0$

증명 $\int\frac{1}{(cx-p)(cx-q)}dx$ 에서 $\frac{1}{(cx-p)(cx-q)}=\frac{1}{p-q}\left(\frac{1}{cx-p}-\frac{1}{cx-q}\right)$

이므로 $\int\frac{1}{(cx-p)(cx-q)}dx=\frac{1}{p-q}\int\left(\frac{1}{cx-p}-\frac{1}{cx-q}\right)dx$ 이며

$[I_9]$ $\int\frac{1}{ax+b}dx=\frac{1}{a}\ln|ax+b|+C$를 적용하면

$\int\frac{1}{cx-p}dx=\frac{1}{c}\ln|cx-p|+C$이다.

따라서 $\int\frac{1}{(cx-p)(cx-q)}dx=\frac{1}{p-q}\int\left(\frac{1}{cx-p}-\frac{1}{cx-q}\right)dx$

$$=\frac{1}{p-q}\left[\int\frac{1}{cx-p}dx-\int\frac{1}{cx-q}dx\right]$$
$$=\frac{1}{p-q}\left[\frac{1}{c}\ln|cx-p|-\frac{1}{c}\ln|cx-q|\right]+C$$
$$=\frac{1}{(p-q)c}\ln\left|\frac{cx-p}{cx-q}\right|+C$$ 이다.

분모가 2차 식인 경우, 부정적분의 형태 : 제곱의 합

$$[I_{35}]\ \int\frac{k}{ax^2+bx+c}dx=\int\frac{k}{a(x-p)^2+q}dx$$

문제 해결 방법[역삼각함수 중 $y=\tan^{-1}x$의 부정적분 이용]

$[I_{28}]$ $\displaystyle\int \frac{1}{a^2+x^2}dx = \frac{1}{a}\tan^{-1}\left(\frac{x}{a}\right)+C$

$[I_{29}]$ $\displaystyle\int \frac{f'(x)}{1+[f(x)]^2}dx = \tan^{-1}f(x)+C$

예제 24 다음 부정적분을 구하시오.

(1) $\displaystyle\int \frac{1}{x^2+1}dx$ (2) $\displaystyle\int \frac{1}{x^2+4}dx$

(3) $\displaystyle\int \frac{1}{x^2+2x+2}dx$ (4) $\displaystyle\int \frac{1}{4x^2+4x+5}dx$

해답 (1) $\tan^{-1}x+C$ (2) $\displaystyle\int \frac{1}{x^2+4}dx = \frac{1}{2}\tan^{-1}\left(\frac{x}{2}\right)+C$

(3) $\tan^{-1}(x+1)+C$ (4) $\displaystyle\frac{1}{4}\tan^{-1}\left(\frac{2x+1}{2}\right)+C$

풀이

분모가 2차 식인 경우, 부정적분의 형태 : 제곱의 합

$[I_{35}]$ $\displaystyle\int \frac{k}{ax^2+bx+c}dx = \int \frac{k}{a(px+q)^2+b^2}dx$

예제 25 $\displaystyle\int \frac{1}{(ax+b)^2+p^2}dx = \frac{1}{ap}\tan^{-1}\left(\frac{ax+b}{p}\right)+C$임을 증명하시오. 단, $a, p \neq 0$

증명 $[I_{28}]$ $\displaystyle\int \frac{1}{a^2+x^2}dx = \frac{1}{a}\tan^{-1}\left(\frac{x}{a}\right)+C$를 적용

$\displaystyle\int \frac{1}{(ax+b)^2+p^2}dx$에서 $t=ax+b$라 하면, $\dfrac{dt}{dx}=a$이므로 $dx=\dfrac{1}{a}dt$이다.

따라서 $\displaystyle\int \frac{1}{(ax+b)^2+p^2}dx = \int \frac{1}{t^2+p^2}\frac{1}{a}dt = \frac{1}{a}\int \frac{1}{t^2+p^2}dt$

$$= \frac{1}{a}\frac{1}{p}\tan^{-1}\left(\frac{t}{p}\right)+C$$

이다. 그러므로 $\int \frac{1}{(ax+b)^2+p^2}dx = \frac{1}{ap}\tan^{-1}\left(\frac{ax+b}{p}\right)+C$이다.

분모가 2차 식인 경우, 부정적분의 형태 : 분자가 1차 또는 2차

$[I_{36}]$ $\int \frac{dx+e}{ax^2+bx+c}dx$ 또는 $\int \frac{dx^2+ex+f}{ax^2+bx+c}dx$

예제 26 다음 부정적분을 구하시오.

(1) $\int \frac{x}{x^2+1}dx$

(2) $\int \frac{x+1}{x^2+4}dx$

(3) $\int \frac{x^2}{x^2+1}dx$

(4) $\int \frac{x^2+1}{x^2+4}dx$

해답 풀이참조

풀이

분모가 n차 식인 경우, 부정적분의 형태

$[I_{37}]$ $\int \frac{ax}{(x^2+p^2)^n}dx = -\frac{a}{2(n-1)}\frac{1}{(x^2+p^2)^{n-1}}+C$

증명 $[I_{37}]$

$\int \frac{ax}{(x^2+p^2)^n}dx$에서 $t=x^2+p^2$이라 하면, $\frac{dt}{dx}=2x$이고 $x\,dx=\frac{1}{2}dt$이다.

따라서 $\int \frac{ax}{(x^2+p^2)^n}dx = a\int \frac{1}{t^n}\frac{1}{2}dt = \frac{a}{2}\int t^{-n}dt$

$$= \frac{a}{2}\frac{1}{-(n-1)}t^{-(n-1)}+C$$

$$= -\frac{a}{2(n-1)}\frac{1}{t^{n-1}}+C \text{ 이다.}$$

그러므로 $\int \frac{ax}{(x^2+p^2)^n}dx = -\frac{a}{2(n-1)}\frac{1}{(x^2+p^2)^{n-1}}+C$ 이다.

예제 27 다음 부정적분을 구하시오.

(1) $\displaystyle\int \frac{x}{x^2+4}dx$ (2) $\displaystyle\int \frac{x}{(x^2+4)^2}dx$

(3) $\displaystyle\int \frac{2x}{(x^2+4)^5}dx$ (4) $\displaystyle\int \frac{x}{(x^2+4)^n}dx$

해답 풀이참조

풀이

예제 28 다음 부정적분을 구하시오.

(1) $\displaystyle\int \frac{x^2}{(x^2+4)^2}dx$ (2) $\displaystyle\int \frac{x^2}{(x^2+4)^3}dx$

해답 풀이참조

풀이

분모가 n차 식인 경우, 부정적분의 형태

$[I_{38}]$ $\displaystyle\int \frac{a}{(x^2+p^2)^n}dx$

〈참고〉 $\displaystyle\frac{1}{x^2+4}=\frac{x^2+4}{(x^2+4)^2}=\frac{x^2}{(x^2+4)^2}+\frac{4}{(x^2+4)^2}$ 이용

예제 29 다음 부정적분을 구하시오.

(1) $\displaystyle\int \frac{1}{x^2+4}dx$ (2) $\displaystyle\int \frac{1}{(x^2+4)^2}dx$

(3) $\displaystyle\int \frac{1}{(x^2+4)^3}dx$ (4) $\displaystyle\int \frac{1}{(x^2+4)^n}dx$

(5) $\displaystyle\int \frac{ax+b}{[x^2+p^2]^3}dx$ (6) $\displaystyle\int \frac{ax+b}{[x^2+p^2]^n}dx$

해답 풀이참조

풀이

7 부분적분법

부분적분의 형태

$\int f(x)g(x)dx$ 두 함수의 곱셈에 대한 적분

〈참고〉 $g(x) \neq f'(x)$인 경우 부분적분 이용

부분적분의 기초 : 함수 $y=f(x)$가 주어진 경우

$y' = f'(x) = \dfrac{dy}{dx} \Leftrightarrow dy = f'(x)dx \Leftrightarrow d[f(x)] = f'(x)dx$

$STEP\,1)$ $f'(x)dx = d\{f(x)\}$의 형태로 변경

〈참고〉 순서 : $\ln x$, x, e^x, $\sin x$, $\cos x$, $\cdots$

예제 30 다음 식을 $d\{f(x)\}$의 형태로 변경하시오.

(1) xdx (2) x^2dx

(3) $\sin xdx$ (4) $\cos xdx$

(5) $e^x dx$ (6) $\sec^2 xdx$

해답 풀이참조

풀이

부분적분법 1단계

첫째, $\int f(x)g(x)dx = \int f(x)\,d[\quad\quad]$ 변형

둘째, $\int f(x)d[g(x)] = f(x)g(x) - \int g(x)\,d[f(x)]$

〈참고〉 함수 2개를 곱하고, 순서를 바꾼다.

예제 31 다음 부정적분을 구하시오.

(1) $\int x\sin x\,dx$ (2) $\int xe^{x}\,dx$

(3) $\int x\sec^2 x\,dx$ (4) $\int x\ln x\,dx$

해답 (1) $-x\cos x+\sin x+C$ (2) $xe^{x}-e^{x}+C$

(3) $x\tan x+\ln|\cos x|+C$ (4) $\frac{1}{2}x^2\ln x-\frac{1}{4}x^2+C$

풀이

$STEP\,2)$ $d[f(x)]=f'(x)dx$ 의 형태로 변경

예제 32 다음 식을 $d[f(x)]=f'(x)dx$ 의 형태로 변경하시오.

(1) $d[x^2]$ (2) $d[x^3]$

(3) $d[\sin x]$ (4) $d[\cos x]$

(5) $d[e^{x}]$ (6) $d[\ln x]$

해답 풀이참조

풀이

부분적분법 2단계

첫째, $\int f(x)g(x)dx = \int f(x)d[\quad]$ 변형

둘째, $\int f(x)d[g(x)] = f(x)g(x) - \int g(x)d[f(x)]$

$$= f(x)g(x) - \int g(x)f'(x)dx$$

예제 33 다음 부정적분을 구하시오.

(1) $\int x^2 \sin x\, dx$ (2) $\int x^2 e^x\, dx$ (3) $\int x^2 \ln x\, dx$

해답 (1) $-x^2\cos x - 2x\sin x - 2\cos x + C$

(2) $x^2e^x - 2xe^x + 2e^x + C$

(3) $\frac{1}{3}x^3\ln x - \frac{1}{9}x^3 + C$

풀이

예제 34 다음 부정적분을 구하시오.

(1) $\int e^x \sin x\, dx$ (2) $\int e^x \cos x\, dx$

(3) $\int \sin^2 x\, dx$ (4) $\int \cos^2 x\, dx$

(5) $\int \sin^3 x\, dx$ (6) $\int \cos^3 x\, dx$

(7) $\int \csc^3 x\, dx$ (8) $\int \sec^3 x\, dx$

해답 풀이참조

풀이

예제 35 다음 함수의 부정적분을 구하시오.

(1) $\int \sqrt{1+x^2}\,dx$ (2) $\int \sqrt{4+x^2}\,dx$

해답 풀이참조

풀이

예제 36 다음 부정적분을 구하시오.

(1) $\int \sin^{-1}x\,dx$ (2) $\int \tan^{-1}x\,dx$

(3) $\int \ln x\,dx$ (4) $\int (\ln x)^2\,dx$

해답 (1) $x\sin^{-1}x+\sqrt{1-x^2}+C$ (2) $x\tan^{-1}x-\frac{1}{2}\ln(x^2+1)+C$

(3) $x\ln x-x+C$ (4) $x(\ln x)^2-2[x\ln x-x]+C$

풀이

예제 37 다음 부정적분을 구하시오.

(1) $\int \frac{1}{4+x^2}dx$ (2) $\int \frac{x}{(x^2+4)^2}dx$ (3) $\int \frac{x^2}{(x^2+4)^2}dx$

해답 풀이참조

풀이

예제 38 다음 부정적분을 구하시오.

(1) $\int \frac{x}{(x^2+4)^3}dx$ (2) $\int \frac{x^2}{(x^2+4)^3}dx$ (3) $\int \frac{1}{(x^2+4)^3}dx$

해답 (1) $-\dfrac{1}{4(x^2+4)^2}+C$

(2) $-\dfrac{7x}{32(x^2+4)}+\dfrac{1}{64}\tan^{-1}\left(\dfrac{x}{2}\right)+C$

(3) $\dfrac{1}{4}\left(\dfrac{11x}{32(x^2+4)}+\dfrac{3}{64}\tan^{-1}\left(\dfrac{x}{2}\right)\right)+C$

풀이

CHAPTER 07 연습문제

7-1. 다음 부정적분을 구하시오. 단, $a > 0$

(1) $\int \sqrt{a^2 - x^2}\, dx$

(2) $\int \frac{1}{x\sqrt{x^2 - a^2}}\, dx$

(3) $\int (\ln x)^n\, dx$

(4) $\int \sin^n x\, dx$

(5) $\int \cos^n x\, dx$

7-2. 다음 부정적분을 구하시오.

(1) $\int \frac{1}{\sqrt{x^2 - a^2}}\, dx$

(2) $\int \sqrt{x^2 - a^2}\, dx$

CHAPTER

08

정적분과 응용

1 정적분

정적분의 정의

폐구간 $[a, b]$에서 연속인 함수 $y=f(x)$에 대하여,
$y=f(x)$와 x축, y축, 그리고 직선 $x=a$, $x=b$로 둘러싸인 부분의 넓이를 a에서 b까지 함수 $y=f(x)$의 정적분이라 하며, 기호를 사용하여 다음과 같이 정의한다.

$$\int_a^b f(x)\,dx = \lim_{n\to\infty}\sum_{k=1}^{n} f\left(a+\frac{(b-a)k}{n}\right)\frac{b-a}{n}$$

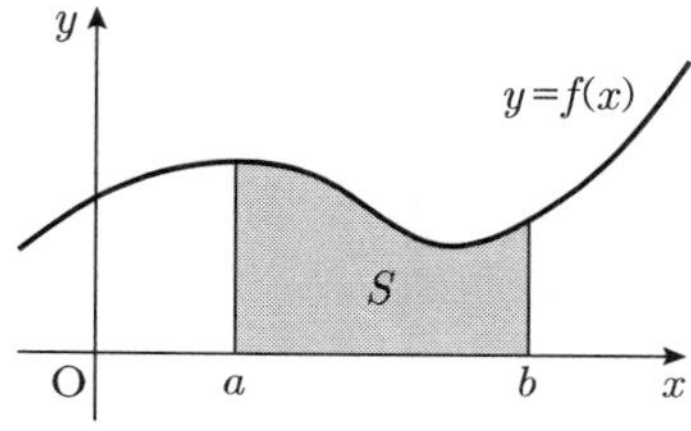

〈참고〉 극한값이 존재할 때, 함수 $y=f(x)$는 구간 $[a, b]$에서 적분가능하다.

〈참고〉 $\lim_{n\to\infty}\sum_{k=1}^{n} = \sum_{n=1}^{\infty}$ (무한급수)

정적분이 무한급수의 개념과 같다는 것을 이해하기 위하여 다음과 같은 예제를 통하여 자세하게 알아보도록 하자.

[예제] "$y=x^2$과 직선 $x=1$, $x=2$로 둘러싸인 부분의 넓이를 구하시오"라는 문제가 주어지면, 먼저 x축의 구간의 길이를 구한 후, 각 구간의 길이를 n 등분한다. 그리고 n 등분된 사각형의 넓이를 구하여 모두 더한다.

구간의 길이 : 2등분

구간 : $[1, 2]$

구간의 길이 : 1

구간의 간격 : $\frac{1}{2}$(밑변의 길이, 일정)

x축의 좌표 : $1+\frac{1}{2}$, $1+\frac{2}{2}=2$

y축의 좌표(높이) : $f(1+\frac{1}{2})$, $f(1+\frac{2}{2})$

사각형의 넓이의 합 : $\frac{1}{2}f(1+\frac{1}{2})+\frac{1}{2}f(1+\frac{2}{2})$

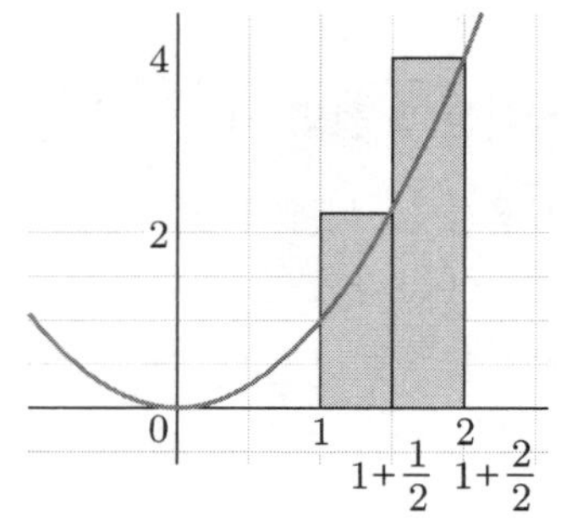

구간의 길이 : 4등분

구간 : $[1, 2]$

구간의 길이 : 1

구간의 간격 : $\frac{1}{4}$(밑변의 길이, 일정)

x축의 좌표 : $1+\frac{1}{4}$, $1+\frac{2}{4}$, $1+\frac{3}{4}$, $1+\frac{4}{4}=2$

y축의 좌표(높이) : $f(1+\frac{1}{4})$, $f(1+\frac{2}{4})$, $f(1+\frac{3}{4})$, $f(1+\frac{4}{4})$

사각형의 넓이의 합 : $\frac{1}{4}f(1+\frac{1}{4})+\frac{1}{4}f(1+\frac{2}{4})+\frac{1}{4}f(1+\frac{3}{4})+\frac{1}{4}f(1+\frac{4}{4})$

$$=\sum_{k=1}^{4}\frac{1}{4}f(1+\frac{k}{4})=\sum_{k=1}^{4}f(1+\frac{1}{4}k)\frac{1}{4}$$

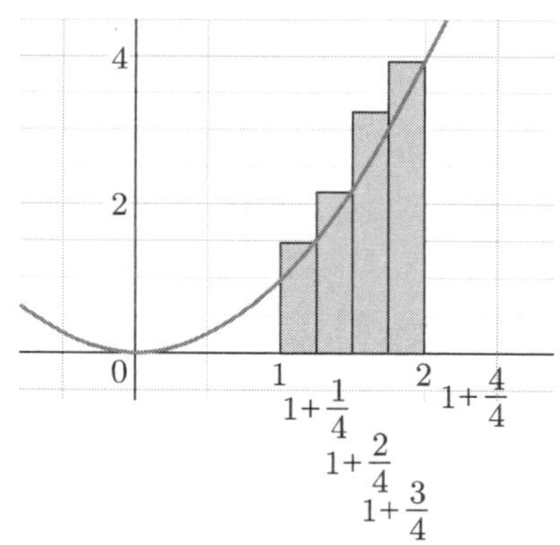

구간의 길이 : 8등분

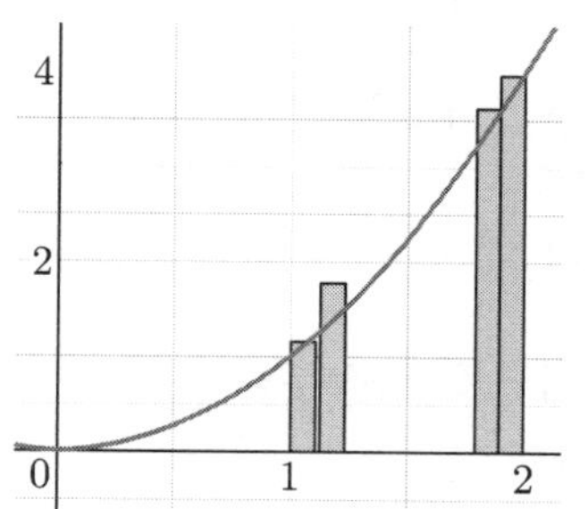

구간 : $[1, 2]$

구간의 길이 : 1

구간의 간격 : $\frac{1}{8}$(밑변의 길이, 일정)

x축의 좌표 :

$$1+\frac{1}{8},\ 1+\frac{2}{8},\ \cdots,\ 1+\frac{7}{8},\ 1+\frac{8}{8}=2$$

y축의 좌표(높이) :

$$f(1+\frac{1}{8}),\ f(1+\frac{2}{8}),\ \cdots,\ f(1+\frac{7}{8}),\ f(1+\frac{8}{8})$$

사각형의 넓이의 합 :

$$\frac{1}{8}f(1+\frac{1}{8})+\frac{1}{8}f(1+\frac{2}{8})+\cdots+\frac{1}{8}f(1+\frac{7}{8})+\frac{1}{8}f(1+\frac{8}{8})$$

$$=\sum_{k=1}^{8}\frac{1}{8}f(1+\frac{k}{8})=\sum_{k=1}^{4}f(1+\frac{1}{8}k)\frac{1}{8}$$

구간의 길이 : n등분

구간 : $[1, 2]$

구간의 길이 : 1

구간의 간격 : $\frac{1}{n}$(밑변의 길이, 일정)

x축의 좌표 :

$$1+\frac{1}{n},\ 1+\frac{2}{n},\ \cdots,\ 1+\frac{n-1}{n},\ 1+\frac{n}{n}=2$$

y축의 좌표(높이) :

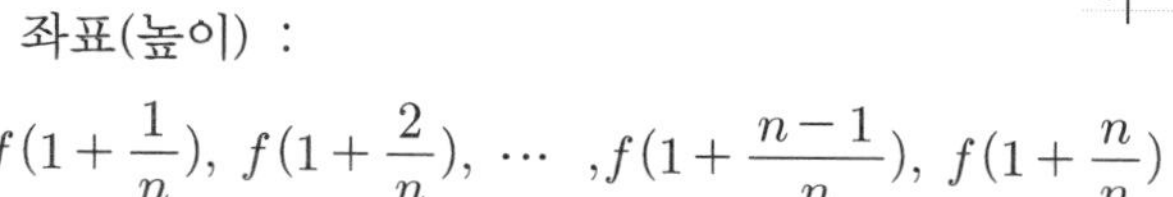

$$f(1+\frac{1}{n}),\ f(1+\frac{2}{n}),\ \cdots\ ,f(1+\frac{n-1}{n}),\ f(1+\frac{n}{n})$$

사각형의 넓이의 합 :

$$\frac{1}{n}f(1+\frac{1}{n})+\frac{1}{n}f(1+\frac{2}{n})+\cdots+\frac{1}{n}f(1+\frac{n-1}{n})+\frac{1}{n}f(1+\frac{n}{n})$$

$$=\sum_{k=1}^{n}\frac{1}{n}f(1+\frac{k}{n})=\sum_{k=1}^{n}f(1+\frac{1}{n}k)\frac{1}{n}=S_n$$

그러나 사각형의 넓이의 합 S_n은 구하고자 하는 넓이보다 크다는 것을 알 수 있으며, $n \to \infty$으로 보내는 극한값이 구하고자 하는 넓이와 같다는 것을 알 수 있다.

따라서 $\lim_{n \to \infty} S_n = \lim_{n \to \infty} \sum_{k=1}^{n-1} f(1+\frac{1}{n}k)\frac{1}{n} = S$ 이다.

또한, 위의 문제를 간단하게 적분 기호를 이용하면 $\int_1^2 y\,dx = \int_1^2 x^2\,dx$로 쓸 수 있다.

그러므로 정적분을 무한급수로 표현하면 다음과 같다.

$$\int_1^2 y\,dx = \int_1^2 f(x)dx = \lim_{n \to \infty} \sum_{k=1}^{n} f(1+\frac{1}{n}k)\frac{1}{n}$$

정적분의 기본 정리

$$\int_a^b f(x)\,dx = [F(x)]_a^b = F(b) - F(a), \quad \text{단} \int f(x)\,dx = F(x) + C$$

〈참고〉 정적분은 실수이다. $\frac{d}{dx}\int_a^b f(x)\,dx = 0$

1.1 정적분의 계산

[형태 1] $\int k\,dx = kx + C$

예제 1 다음 정적분의 값을 구하시오.

(1) $\int_1^2 3\,dx$ (2) $\int_0^2 5\,dx$

해답 (1) 4 (2) 10

풀이

[형태 2] $\int x^n dx = \frac{1}{n+1}x^{n+1} + C$, 단 $n \neq -1$

예제 2 다음 정적분의 값을 구하시오.

(1) $\int_0^1 x^2 dx$　　(2) $\int_1^2 \sqrt{x}\, dx$

(3) $\int_1^2 x^{-5} dx$　　(4) $\int_1^2 \frac{1}{x^2} dx$

해답 (1) $\frac{1}{3}$　　(2) $\frac{2}{3}(2\sqrt{2}-1)$

(3) $\frac{15}{64}$　　(4) $\frac{1}{2}$

풀이

[형태 3] $\int [kf(x)+tg(x)]\, dx = k\int f(x)dx + t\int g(x)dx$

예제 3 다음 정적분의 값을 구하시오.

(1) $\int_0^1 (4x^3 - 3x + 5)\, dx$　　(2) $\int_0^4 (5\sqrt{x^3} - 3\sqrt{x})\, dx$

(3) $\int_0^{\frac{\pi}{4}} \sin x dx$　　(4) $\int_0^{\frac{\pi}{4}} \cos x dx$

해답 (1) $\frac{9}{2}$　　(2) 48

(3) $1 - \frac{\sqrt{2}}{2}$　　(4) $\frac{\sqrt{2}}{2}$

풀이

[형태 4] $\int (ax+b)^n dx = \frac{1}{a}\frac{1}{n+1}(ax+b)^{n+1}+C$, 단 $n \neq -1$

예제 4 다음 정적분의 값을 구하시오.

(1) $\int_0^1 (x+1)^3 dx$ (2) $\int_1^2 (2x-3)^3 dx$

(3) $\int_1^2 \frac{1}{(x-4)^2} dx$ (4) $\int_0^1 \frac{1}{(2x+1)^3} dx$

해답 (1) $\frac{15}{4}$ (2) 0 (3) $\frac{1}{6}$ (4) $\frac{2}{9}$

풀이

[형태 5] $\int [f(x)]^n f'(x) dx = \frac{1}{n+1}(f(x))^{n+1}+C$, 단 $n \neq -1$

예제 5 다음 정적분의 값을 구하시오.

(1) $\int_0^1 (x^2+1)^3 x dx$ (2) $\int_0^1 (2x^2+5)^3 x dx$

(3) $\int_0^1 \frac{x}{x^2+1} dx$ (4) $\int_0^1 \frac{x}{(x^2-4)^2} dx$

(5) $\int_1^2 \frac{\ln x}{x} dx$ (6) $\int_0^{\frac{\pi}{4}} \sin x \cos x dx$

(7) $\int_0^{\frac{\pi}{4}} \sin^2 x \cos x dx$ (8) $\int_0^{\frac{\pi}{4}} \tan x \sec^2 x dx$

해답 풀이참조

풀이

[형태 6] $\int x^n dx$에서 $n=-1$인 경우, $\int x^{-1} dx = \int \frac{1}{x} dx = \ln|x| + C$

예제 6 다음 정적분의 값을 구하시오.

(1) $\int_1^2 \frac{2}{x} dx$

(2) $\int_1^4 \frac{5}{x} dx$

해답 (1) $2\ln 2$ (2) $10\ln 2$

풀이

[형태 7] $\int [f(x)]^n f'(x)\,dx$에서 $n=-1$인 경우

$$\int [f(x)]^{-1} f'(x)\,dx = \int \frac{f'(x)}{f(x)} dx = \ln|f(x)| + C$$

예제 7 다음 정적분의 값을 구하시오.

(1) $\int_2^3 \frac{1}{2x-3} dx$

(2) $\int_0^1 \frac{5x}{x^2+1} dx$

(3) $\int_0^{\frac{\pi}{4}} \tan x\,dx$

(4) $\int_{\frac{\pi}{4}}^{\frac{\pi}{2}} \cot x\,dx$

(5) $\int_0^{\frac{\pi}{4}} \sec x\,dx$

(6) $\int_{\frac{\pi}{4}}^{\frac{\pi}{2}} \csc x\,dx$

해답 (1) $\frac{1}{2}\ln 3$ (2) $\frac{5}{2}\ln 2$

(3) $-\ln\frac{\sqrt{2}}{2}$ (4) $-\ln\frac{\sqrt{2}}{2}$

(5) $\ln(\sqrt{2}+1)$ (6) $\ln(\sqrt{2}+1)$

풀이

[형태 8] $\int e^{x}\,dx = e^{x} + C$

예제 8 다음 정적분의 값을 구하시오.

(1) $\int_{0}^{1} e^{x} dx$ (2) $\int_{-1}^{1} e^{x} dx$

해답 (1) $e-1$ (2) $\dfrac{e^{2}-1}{e}$

풀이

[형태 9] $\int f'(x)e^{f(x)}\,dx = e^{f(x)} + C$

예제 9 다음 정적분의 값을 구하시오.

(1) $\int_{0}^{1} e^{-x} dx$ (2) $\int_{0}^{1} e^{2x+1} dx$

(3) $\int_{0}^{1} xe^{x^{2}+1} dx$ (4) $\int_{0}^{1} \dfrac{e^{x}+e^{-x}}{2} dx$

(5) $\int_{0}^{\frac{\pi}{2}} \cos x e^{\sin x} dx$ (6) $\int_{1}^{2} \dfrac{e^{\ln x}}{x} dx$

해답 (1) $\dfrac{e-1}{e}$ (2) $\dfrac{1}{2}e(e^{2}-e)$

(3) $\dfrac{1}{2}e(e-1)$ (4) $\dfrac{e^{2}-1}{2e}$

(5) $e-1$ (6) 1

풀이

[형태 10] $\int a^x dx = \frac{1}{\ln a} a^x + C$

예제 10 다음 정적분의 값을 구하시오.

(1) $\int_0^1 3^x dx$　　(2) $\int_{-1}^1 5^x dx$

해답 (1) $2\ln 3$　　(2) $\frac{24}{5}\ln 5$

풀이

[형태 11] $\int f'(x) a^{f(x)} dx = \frac{1}{\ln a} a^{f(x)} + C$

예제 11 다음 정적분의 값을 구하시오.

(1) $\int_0^1 3^{-x} dx$　　(2) $\int_0^1 3^{2x+1} dx$

(3) $\int_0^1 x 3^{x^2+1} dx$　　(4) $\int_0^1 \frac{3^x + 3^{-x}}{2} dx$

(5) $\int_0^{\frac{\pi}{2}} \cos x 3^{\sin x} dx$　　(6) $\int_1^2 \frac{3^{\ln x}}{x} dx$

해답 (1) $-2\ln 3$　　(2) 12

(3) $\frac{\ln 3}{2} e(e-1)$　　(4) $\frac{8\ln 3}{6}$

(5) $2\ln 3$　　(6) $\ln 3$

풀이

[형태 12] $\int \frac{f'(x)}{\sqrt{1-[f(x)]^2}} = \sin^{-1} f(x) + C$

예제 12 다음 정적분의 값을 구하시오.

(1) $\int_0^1 \frac{1}{\sqrt{1-x^2}}dx$ (2) $\int_0^1 \frac{1}{\sqrt{4-x^2}}dx$

(3) $\int_0^1 \sqrt{1-x^2}\,dx$ (4) $\int_0^1 \sqrt{4-x^2}\,dx$

해답 (1) $\frac{\pi}{2}$ (2) $\frac{\pi}{6}$

(3) $\frac{\pi}{4}$ (4) $2\left(\frac{\pi}{6}+\frac{\sqrt{3}}{4}\right)$

풀이

[형태 13] $\int \frac{f'(x)}{1+[f(x)]^2} = \tan^{-1} f(x) + C$

예제 13 다음 정적분의 값을 구하시오.

(1) $\int_0^1 \frac{1}{1+x^2}dx$ (2) $\int_0^2 \frac{1}{4+x^2}dx$

(3) $\int_0^1 \sqrt{1+x^2}\,dx$ (4) $\int_0^1 \sqrt{4+x^2}\,dx$

해답 (1) $\frac{\pi}{4}$ (2) $\frac{\pi}{8}$

(3) $\frac{1}{2}(\sqrt{2}+\ln(1+\sqrt{2}))$ (4) $\frac{1}{2}(\sqrt{5}+4\ln(1+\sqrt{5}))$

풀이

[형태 14] $\int f(x)d[g(x)] = f(x)g(x) - \int g(x)d[f(x)]$

$$= f(x)g(x) - \int g(x)f'(x)dx$$

예제 14 다음 정적분의 값을 구하시오.

(1) $\int_0^{\frac{\pi}{2}} x\sin x dx$ (2) $\int_0^{\frac{\pi}{2}} x\cos x dx$

(3) $\int_0^1 xe^x dx$ (4) $\int_1^2 x\ln x dx$

(5) $\int_0^{\frac{\pi}{2}} \sin^2 x dx$ (6) $\int_0^{\frac{\pi}{2}} \cos^2 x dx$

(7) $\int_0^{\frac{\pi}{2}} \sin^3 x dx$ (8) $\int_0^{\frac{\pi}{2}} \cos^3 x dx$

해답 (1) 1 (2) $\frac{\pi}{2}+1$

(3) 1 (4) $2\ln 2-\frac{3}{4}$

(5) $\frac{\pi}{4}$ (6) $\frac{\pi}{4}$

(7) $\frac{2}{3}$ (8) $\frac{2}{3}$

풀이

예제 15 다음 정적분의 값을 구하시오.

(1) $\int_1^2 \ln x dx$ (2) $\int_0^1 \sin^{-1} x dx$ (3) $\int_0^1 \tan^{-1} x dx$

해답 (1) $2\ln 2-3$ (2) $\frac{\pi}{2}-1$ (3) $\frac{\pi}{4}-\frac{\ln 2}{2}$

풀이

[형태 15] $\int \frac{1}{AB}dx = \frac{1}{B-A}\int [\frac{1}{A} - \frac{1}{B}]dx$, 단 $A < B$

예제 16 다음 정적분의 값을 구하시오.

(1) $\int_1^2 \frac{1}{x(x+1)}dx$　　(2) $\int_2^3 \frac{1}{x(x-1)}dx$

(3) $\int_1^2 \frac{1}{x^2+2x}dx$　　(4) $\int_2^3 \frac{1}{x^2-1}dx$

(5) $\int_1^2 \frac{1}{4x^2-1}dx$　　(6) $\int_4^5 \frac{1}{x^2-x-6}dx$

해답 (1) $\ln\frac{4}{3}$　　(2) $\ln\frac{4}{3}$　　(3) $\frac{1}{2}\ln\frac{3}{2}$

(4) $\frac{1}{2}\ln\frac{3}{2}$　　(5) $\frac{1}{4}\ln\frac{9}{7}$　　(6) $\frac{1}{5}\ln\frac{12}{7}$

풀이

[형태 16] $\int \frac{ax}{(x^2+p^2)^n}dx = -\frac{a}{2(n-1)}\frac{1}{(x^2+p^2)^{n-1}} + C$

예제 17 다음 정적분의 값을 구하시오.

(1) $\int_0^1 \frac{x^2}{x^2+1}dx$　　(2) $\int_0^2 \frac{x^2+1}{x^2+4}dx$

(3) $\int_0^1 \frac{x}{(x^2+4)^2}dx$

해답 (1) $1-\frac{\pi}{4}$　　(2) $2-\frac{3}{8}\pi$　　(3) $\frac{1}{40}$

풀이

1.2 정적분과 무한급수와의 관계

무한급수를 정적분으로 고치는 방법

(1) $\lim_{n\to\infty}\sum_{k=1}^{n} f(a+\frac{(b-a)k}{n})\frac{b-a}{n}=\int_a^b f(x)\,dx$

(2) $\lim_{n\to\infty}\sum_{k=1}^{n} f(a+\frac{(b-a)k}{n})\frac{b-a}{n}=(b-a)\int_0^1 f[a+(b-a)x]\,dx$

〈참고〉 정적분은 무한급수의 개념

예제 18 다음 무한급수의 값을 정적분으로 나타내어 구하시오.

(1) $\lim_{n\to\infty}\sum_{k=1}^{n}(1+\frac{2k}{n})^2\frac{2}{n}$

(2) $\lim_{n\to\infty}\sum_{k=1}^{n}(1+\frac{2k}{n})^2\frac{1}{n}$

(3) $\lim_{n\to\infty}\sum_{k=1}^{n}(1+\frac{k}{n})^2\frac{2}{n}$

(4) $\lim_{n\to\infty}\sum_{k=1}^{n}(1+\frac{2k}{n})^2\frac{3}{n}$

(5) $\lim_{n\to\infty}\sum_{k=1}^{n}(1+\frac{3k}{n})^2\frac{2}{n}$

(6) $\lim_{n\to\infty}\sum_{k=1}^{n}(2+\frac{3k}{n})^2\frac{4}{n}$

해답 풀이참조

풀이

예제 19 다음 정적분을 무한급수로 표현하시오.

(1) $\int_1^2 3\,dx$

(2) $\int_2^5 x^2\,dx$

(3) $\int_1^3 x^5\,dx$

(4) $\int_1^2 (2x+1)\,dx$

해답 풀이참조

풀이

예제 20 다음 정적분의 아래 끝을 "0", 위 끝을 "1"이 되는 정적분으로 나타내시오.

(1) $\int_{1}^{2} 3\,dx$　　(2) $\int_{2}^{5} x^2\,dx$

(3) $\int_{1}^{3} x^5\,dx$　　(4) $\int_{1}^{2} (2x+1)\,dx$

해답 (1) $\int_{0}^{1} 3dx$　　(2) $3\int_{0}^{1} (2+3x)^2 dx$

(3) $2\int_{0}^{1} (1+2x)^5 dx$　　(4) $\int_{0}^{1} (2x+3)\,dx$

풀이

1.3 정적분의 성질

> **[성질 1]** $\int_{a}^{a} f(x)dx = 0$

예제 21 다음 정적분의 값을 구하시오.

(1) $\int_{1}^{1} x^2 dx$　　(2) $\int_{\frac{\pi}{2}}^{\frac{\pi}{2}} \cos x dx$

해답 (1) 0　　(2) 0

풀이

> **[성질 2]** 주어진 구간에서 $f(x) \geq 0$이면, $\int_{a}^{b} f(x)dx \geq 0$

예제 22 다음 정적분의 값을 구하시오.

(1) $\int_{-1}^{0} x dx$ (2) $\int_{1}^{2} x dx$

해답 (1) $-\frac{1}{2}$ (2) $\frac{3}{2}$

풀이

[**성질** 3] $\int_{a}^{b} f(x)dx = -\int_{b}^{a} f(x)dx$ 단, $a < b$

예제 23 다음 정적분의 값을 구하시오.

(1) $\int_{1}^{2} x dx$ (2) $\int_{2}^{1} x dx$

해답 (1) $\frac{3}{2}$ (2) $-\frac{3}{2}$

풀이

[**성질** 4] $\int_{a}^{b} f(x)dx = \int_{a}^{c} f(x)dx + \int_{c}^{b} f(x)dx$ 단, $a < c < b$

예제 24 다음 정적분의 값을 구하시오.

(1) $\int_{0}^{2} 3x^2 dx$ (2) $\int_{0}^{1} 3x^2 dx$ (3) $\int_{1}^{2} 3x^2 dx$

해답 (1) 8 (2) 1 (3) 7

풀이

[**성질 5**] $\int_{-a}^{a} f(x)dx = 2\int_{0}^{a} f(x)dx$ 단, $f(x)$는 우함수

〈**참고**〉 우함수 : $f(-x) = f(x)$인 함수 $f(x)$를 말한다.

예제 25 $f(x)$, $g(x)$가 우함수일 때, 다음을 증명하시오.

(1) $f(x)+g(x)$는 우함수이다.

(2) $f(x)-g(x)$는 우함수이다.

(3) $f(x)\times g(x)$는 우함수이다.

(4) $f(x)\div g(x)$는 우함수이다. 단 $g(x)\neq 0$

증명 $f(x)$, $g(x)$가 우함수이므로 $f(-x)=f(x)$이고 $g(-x)=g(x)$이다.

(1) $F(x)=f(x)+g(x)$라 하면,
$F(-x)=f(-x)+g(-x)$이며, $f(x)$, $g(x)$가 우함수이므로
$F(-x)=f(-x)+g(-x)=f(x)+g(x)=F(x)$이므로
$F(x)$는 우함수이다. 따라서 $f(x)+g(x)$는 우함수이다.

(2) $F(x)=f(x)-g(x)$라 하면,
$F(-x)=f(-x)+g(-x)$이며, $f(x)$, $g(x)$가 우함수이므로
$F(-x)=f(-x)-g(-x)=f(x)-g(x)=F(x)$이므로
$F(x)$는 우함수이다. 따라서 $f(x)-g(x)$는 우함수이다.

(3) $F(x)=f(x)\times g(x)$라 하면,
$F(-x)=f(-x)\times g(-x)$이며, $f(x)$, $g(x)$가 우함수이므로
$F(-x)=f(-x)\times g(-x)=f(x)\times g(x)=F(x)$이므로
$F(x)$는 우함수이다. 따라서 $f(x)\times g(x)$는 우함수이다.

(4) $F(x)=f(x)\div g(x)$라 하면,
$F(-x)=f(-x)\div g(-x)$이며, $f(x)$, $g(x)$가 우함수이므로
$F(-x)=f(-x)\div g(-x)=f(x)\div g(x)=F(x)$이므로
$F(x)$는 우함수이다. 따라서 $f(x)\div g(x)$는 우함수이다.

예제 26 다음 정적분의 값을 구하시오.

(1) $\int_{-1}^{1} 3x^2dx$ (2) $\int_{0}^{1} 3x^2dx$

(3) $\int_{-1}^{1}(5x^4+2)dx$ (4) $\int_{-\frac{\pi}{2}}^{\frac{\pi}{2}}\cos x dx$

해답 (1) 2 (2) 1 (3) 2 (4) 2

풀이

> [**성질** 6] $\int_{-a}^{a} f(x)dx=0$ 단, $f(x)$는 기함수

〈**참고**〉 기함수 : $f(-x)=-f(x)$인 함수 $f(x)$를 말한다.

예제 27 $f(x)$, $g(x)$가 기함수일 때, 다음을 증명하시오.

(1) $f(x)+g(x)$는 우함수이다.

(2) $f(x)-g(x)$는 우함수이다.

증명 $f(x)$, $g(x)$가 기함수이므로 $f(-x)=-f(x)$ 이고 $g(-x)=-g(x)$이다.

(1) $F(x)=f(x)+g(x)$라 하면,
$F(-x)=f(-x)+g(-x)$이며, $f(x)$, $g(x)$가 기함수이므로
$F(-x)=-f(x)-g(x)=-(f(x)+g(x))=-F(x)$이므로
$F(x)$는 기함수이다. 따라서 $f(x)+g(x)$는 기함수이다.

(2) $F(x)=f(x)-g(x)$라 하면,
$F(-x)=f(-x)+g(-x)$이며, $f(x)$, $g(x)$가 기함수이므로
$F(-x)=-f(x)-[-g(x)]=-f(x)+g(x)=-(f(x)-g(x)=-F(x)$이므로 $F(x)$는 기함수이다. 따라서 $f(x)-g(x)$는 기함수이다.

예제 28 $f(x)$, $g(x)$가 기함수일 때, 다음을 증명하시오.

(1) $f(x)\times g(x)$는 우함수이다.

(2) $f(x)\div g(x)$는 우함수이다.

증명 $f(x)$, $g(x)$가 기함수이므로 $f(-x)=-f(x)$이고 $g(-x)=-g(x)$이다.

(3) $F(x)=f(x)\times g(x)$라 하면,
$F(-x)=f(-x)\times g(-x)$이며, $f(x)$, $g(x)$가 기함수이므로
$F(-x)=f(-x)\times g(-x)=[-f(x)]\times[-g(x)]=f(x)g(x)=F(x)$
이므로 $F(x)$는 우함수이다. 따라서 $f(x)\times g(x)$는 우함수이다.

(4) $F(x)=f(x)\div g(x)$라 하면,
$F(-x)=f(-x)\div g(-x)$이며, $f(x)$, $g(x)$가 기함수이므로
$F(-x)=f(-x)\div g(-x)=[-f(x)]\div[-g(x)]=f(x)\div g(x)=F(x)$
이므로 $F(x)$는 우함수이다. 따라서 $f(x)\div g(x)$는 우함수이다.

예제 29 $f(x)$가 우함수, $g(x)$가 기함수일 때, $f(x)g(x)$는 기함수임을 증명하시오.

증명 $f(x)$가 우함수이므로 $f(-x)=f(x)$이고,
$g(x)$가 기함수이므로 $g(-x)=-g(x)$이다.
$F(x)=f(x)\times g(x)$라 하면,
$F(-x)=f(-x)\times g(-x)$이며, $f(x)$는 우함수, $g(x)$는 기함수이므로
$F(-x)=f(-x)\times g(-x)=[f(x)]\times[-g(x)]=-f(x)g(x)=-F(x)$이므로
$F(x)$는 기함수이다. 따라서 $f(x)g(x)$는 기함수이다.

예제 30 다음 정적분의 값을 구하시오.

(1) $\int_{-1}^{1} x\,dx$ (2) $\int_{-1}^{1} 3x\,dx$

(3) $\int_{-1}^{1} (5x^3+2x)\,dx$ (4) $\int_{-\frac{\pi}{2}}^{\frac{\pi}{2}} \sin x\,dx$

해답 (1) 0 (2) 0 (3) 0 (4) 0

풀이

> **[성질 7]** 적분의 평균값정리(*Mean Value Theorem*)
> 함수 $y=f(x)$가 폐구간 $[a,b]$에서 연속이면, $\int_a^b f(x)dx=f(c)(b-a)$인 조건을 만족하는 c가 개구간 (a,b)에 적어도 하나 존재한다.

〈**참고**〉 미분의 평균값정리(*Mean Value Theorem*)

함수 $y=f(x)$가 폐구간 $[a,b]$에서 연속이고, 개구간 (a,b)에서 미분가능하면 $\dfrac{f(b)-f(a)}{b-a}=f'(c)$인 조건을 만족하는 c가 개구간 (a,b)에 적어도 하나 존재한다.

예제 31 다음 주어진 구간에서 미분의 평균값정리를 만족하는 c의 값을 구하시오.

(1) $f(x)=x^2-2x \quad [1,2]$ (2) $f(x)=\dfrac{1}{x} \quad [1,3]$

해답 (1) $\dfrac{3}{2}$ (2) $\sqrt{3}$

풀이

예제 32 다음 주어진 구간에서 적분의 평균값정리를 만족하는 c의 값을 구하시오.

(1) $\displaystyle\int_1^2 3x^2dx \quad [1,2]$ (2) $\displaystyle\int_0^3 (x^2-2x)dx \quad [0,3]$

해답 (1) $\sqrt{\dfrac{7}{3}}$ (2) $\dfrac{3+\sqrt{29}}{6}$

풀이

1.4 이상적분(Improper integral)

이상적분은 정의역이 무한이거나 정의역이 주어진 구간에서 연속하지 않는 경우의 정적분을 구하는 적분을 말하며, 극한값의 수렴 여부에 따라 이상적분을 계산하므로 이상적분은 정적분과 극한의 기본 개념이 결합한 적분이다.

예제 33 다음 함수의 극한값을 구하시오.

(1) $\lim_{x \to \infty} \frac{1}{x}$

(2) $\lim_{x \to -\infty} \frac{1}{x}$

(3) $\lim_{x \to 0^+} \frac{1}{x}$

(4) $\lim_{x \to 0^-} \frac{1}{x}$

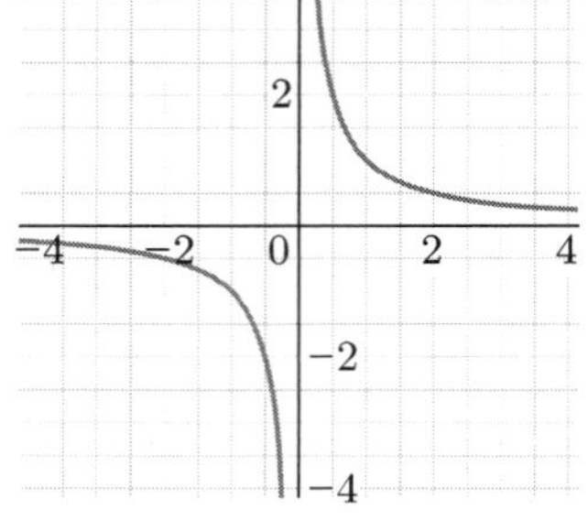

해답 (1) 0 (2) 0 (3) ∞ (4) $-\infty$

풀이

예제 34 다음 함수의 극한값을 구하시오.

(1) $\lim_{x \to \infty} e^x$

(2) $\lim_{x \to -\infty} e^x$

(3) $\lim_{x \to \infty} e^{-x}$

(4) $\lim_{x \to -\infty} e^{-x}$

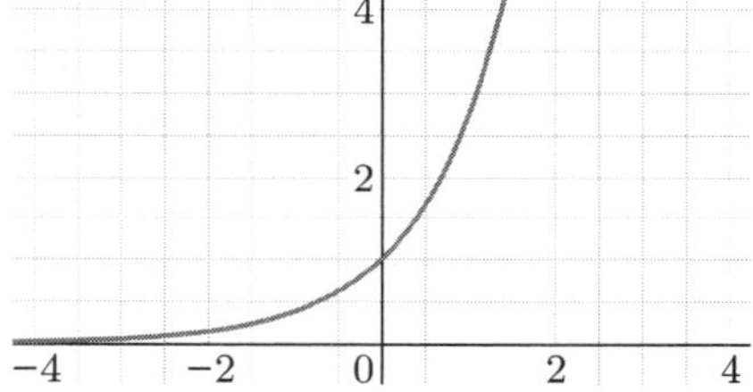

해답 (1) ∞ (2) 0 (3) 0 (4) ∞

풀이

예제 35 다음 함수의 극한값을 구하시오.

(1) $\lim_{x \to \infty} \ln x$

(2) $\lim_{x \to 0^+} \ln x$

(3) $\lim_{x \to 0^-} (-\ln x)$

(4) $\lim_{x \to -\infty} (-\ln x)$

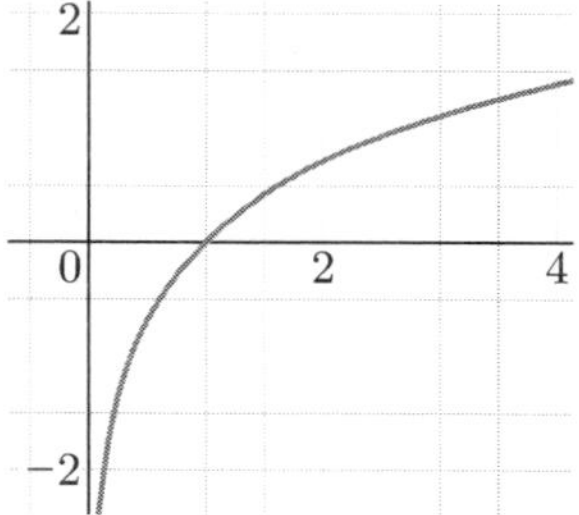

해답 (1) ∞ (2) $-\infty$ (3) $-\infty$ (4) ∞

풀이

[$TYPE\,1$] $[a,\infty)$에서의 이상적분

함수 $y=f(x)$가 유계하지 않은 구간 $[a,\infty)$에서 연속이라고 할 때,

$\int_a^{\infty} f(x)dx = \lim_{b\to\infty}\int_a^b f(x)dx = L$(수렴)하면, $\int_a^{\infty} f(x)dx = L$로 수렴한다고 한다.

예제 36 다음 이상적분을 구하시오.

(1) $\int_1^{\infty} e^{-x}dx$

(2) $\int_1^{\infty} \frac{1}{x}dx$

(3) $\int_1^{\infty} \frac{1}{x^2}dx$

(4) $\int_1^{\infty} \frac{1}{x^2+1}dx$

해답 (1) $\frac{1}{e}$ (2) ∞ (3) 1 (4) $\frac{\pi}{4}$

풀이

[$TYPE\,2$] $(-\infty,b]$에서의 이상적분

함수 $y=f(x)$가 유계하지 않은 구간 $(-\infty,b]$에서 연속이라고 할 때,

$\int_{-\infty}^{b} f(x)dx = \lim_{a\to-\infty}\int_a^b f(x)dx = L$(수렴)하면,

$\int_{-\infty}^{b} f(x)dx = L$로 수렴한다고 한다.

예제 37 다음 이상적분을 구하시오.

(1) $\int_{-\infty}^{0} e^{x}dx$ (2) $\int_{-\infty}^{-1} \frac{1}{x^2}dx$

해답 (1) $-\infty$ (2) 1

풀이

$[TYPE\ 3]$ $[a,b)$ 또는 $(a,b]$ 에서의 이상적분

첫째, 함수 $y=f(x)$가 유계하지 않은 구간 $[a,b)$에서 연속이라고 할 때,

$$\int_a^b f(x)dx = \lim_{c \to b^-}\int_a^c f(x)dx = L(\text{수렴})\text{이면,}$$

$$\int_a^b f(x)dx = L \text{ 수렴한다고 한다.}$$

둘째, 함수 $y=f(x)$가 유계하지 않은 구간 $(a,b]$에서 연속이라고 할 때,

$$\int_a^b f(x)dx = \lim_{c \to a^+}\int_c^b f(x)dx = L(\text{수렴})\text{이면,}$$

$$\int_a^b f(x)dx = L \text{ 수렴한다고 한다.}$$

예제 38 다음 이상적분을 구하시오.

(1) $\int_{0}^{1} \frac{1}{x}dx$ (2) $\int_{0}^{1} \frac{1}{x^2}dx$

(3) $\int_{-1}^{0} \frac{1}{x^2}dx$ (4) $\int_{0}^{1} (1-x)^{-\frac{2}{3}}dx$

해답 (1) $-\infty$ (2) ∞ (3) ∞ (4) 3

풀이

[$TYPE$ 4] $[a,b]$에서의 이상적분

함수 $y=f(x)$가 $[a,b]$에서 $x=c$ $(a<c<b)$를 제외한 모든 점에서 연속이라고 할 때, $\int_a^b f(x)dx=\int_a^c f(x)dx+\int_c^b f(x)dx$이므로 $\int_a^c f(x)dx$와 $\int_c^b f(x)dx$가 각각 수렴할 때, $\int_a^b f(x)dx$이 수렴한다고 한다.

예제 39 다음 이상적분을 구하시오.

(1) $\int_{-1}^{1}\frac{1}{x^2}dx$　　(2) $\int_{1}^{4}\frac{1}{(x-3)^2}dx$

해답 (1) ∞　　(2) ∞

풀이

2 정적분의 응용

2.1 넓이

곡선과 x축 사이의 넓이	
함수 $y=f(x)$가 $[a,b]$에서 연속이고, 곡선 $y=f(x)$와 $x=a$, $x=b$로 둘러싸인 부분의 넓이(S)	$S=\int_a^b \lvert f(x)\rvert dx$
(1) $f(x)\ge 0$일 때 $S=\int_a^b f(x)dx$	
(2) $f(x)<0$일 때 $S=\int_a^b [-f(x)]dx$	

〈참고〉 주어진 구간 $[a,b]$에서 $y=f(x)$의 부호 확인

예제 40 포물선과 x축, 그리고 주어진 구간에 둘러싸인 부분의 넓이를 구하시오.

(1) $y=x^2-2x \quad [2,3]$ (2) $y=x^2-2x \quad [1,2]$

(3) $y=x^2-2x \quad [1,3]$ (4) $y=x^3+x^2-2x \quad [-1,1]$

해답 (1) $\frac{4}{3}$ (2) $\frac{2}{3}$ (3) 2 (4) $\frac{5}{2}$

풀이

곡선과 y축 사이의 넓이	
함수 $x=g(y)$가 $[a,b]$에서 연속이고, 곡선 $x=g(y)$와 $y=a$, $y=b$로 둘러싸인 부분의 넓이(S)	$S=\int_a^b \lvert g(y)\rvert dy$
(1) $g(y)\geq 0$일 때 $S=\int_a^b g(y)dy$	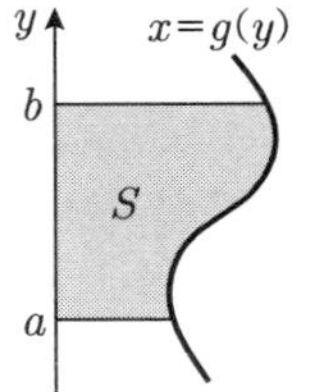
(2) $g(y)<0$일 때 $S=\int_a^b [-g(y)]dy$	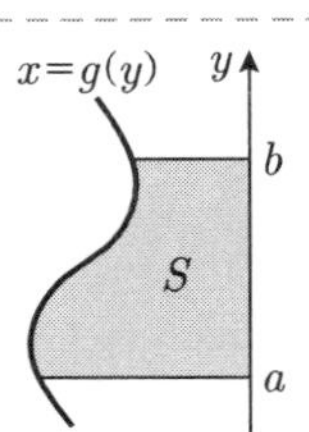

예제 41 포물선과 y축, 그리고 주어진 구간에 둘러싸인 부분의 넓이를 구하시오.

(1) $x=y^2-2y \quad [2,3]$ (2) $x=y^2-2y \quad [1,2]$

(3) $x=y^2-2y \quad [1,3]$

해답 (1) $\frac{4}{3}$ (2) $\frac{2}{3}$ (3) 2

풀이

두 곡선으로 둘러싸인 부분의 넓이

함수 $y=f(x)$, $y=g(x)$로 둘러싸인 부분의 넓이(S)

$$S=\int_a^b |f(x)-g(x)|\,dx$$

= 위쪽 함수 - 아래쪽 함수

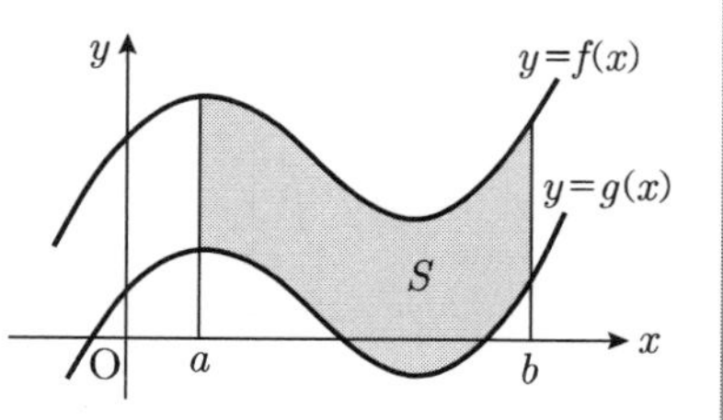

〈**참고**〉 주어진 구간에서 $f(x)$와 $g(x)$의 대소 비교

예제 42 포물선 $y=x^2$과 직선 $y=x$로 둘러싸인 부분의 넓이를 구하시오.

해답 $\frac{1}{6}$

풀이

예제 43 다음 두 곡선(또는 직선)으로 둘러싸인 부분의 넓이를 구하시오.

(1) $y=x^2$과 $y=\sqrt{x}$

(2) $y=\sqrt{x}$과 $y=x$

(3) $y=\sin x$와 $y=\cos x$ 단, $0 \le x \le \frac{\pi}{2}$

해답 (1) $\frac{1}{3}$ (2) $\frac{1}{6}$ (3) $2\sqrt{2}-2$

풀이

두 곡선으로 둘러싸인 부분의 넓이

함수 $x=f(y)$, $x=g(y)$로 둘러싸인 부분의 넓이(S)

$$S=\int_a^b |f(y)-g(y)|dy$$

= 오른쪽 함수 - 왼쪽 함수

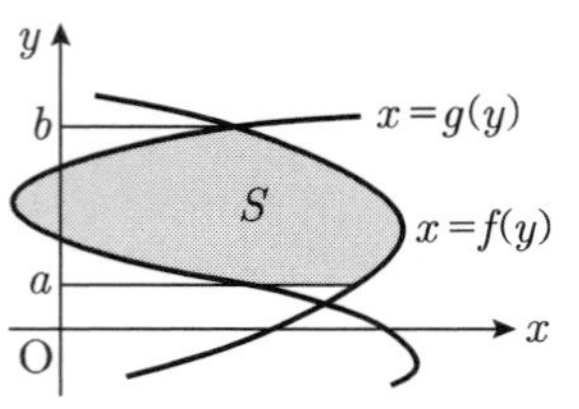

2.2 극방정식으로 둘러싸인 부분의 넓이

지금까지는 x축, y축을 이용한 직교좌표에서의 두 곡선 사이의 넓이에 대하여 살펴보았으며, 지금부터는 극좌표에 의한 극방정식으로 둘러싸인 부분의 넓이에 대하여 알아보고자 한다.

직교좌표 위의 한점 $P(x,y)$가 주어지면 함수의 표현을 $y=f(x)$의 형태로 하는 것과 마찬가지로 극좌표 위의 한점 $P(r,\theta)$가 주어지면 함수의 표현을 $r=f(\theta)$의 형태로 쓸 수 있으며, $r=f(\theta)$의 형태를 극방정식이라 한다.

직교방정식에서와 마찬가지로 극방정식으로 둘러싸인 부분에 대한 넓이를 구하는 것에 대하여 알아보기로 하자.

극방정식으로 둘러싸인 부분에 대한 넓이

극방정식 $r=f(\theta)$가 구간 $[\alpha, \beta]$에서 연속일 때, 곡선 $r=f(\theta)$와 직선 $\theta=\alpha$, $\theta=\beta$로 둘러싸인 도형의 넓이 S는

$$S=\frac{1}{2}\int_\alpha^\beta r^2\,d\theta=\frac{1}{2}\int_\alpha^\beta (f(\theta))^2\,d\theta \text{ 이다.}$$

예제 44 다음 극방정식에 의하여 둘러싸인 부분의 넓이를 구하시오.

(1) $r=1+\cos\theta$ (심장형) (2) $r=2\sin\theta$

해답 (1) $\frac{3}{2}\pi$ (2) 2π

풀이

2.2 부피

입체도형의 부피(V)	
구간 $[a,b]$의 임의의 점 x에서 수직인 평면으로 자른 단면의 넓이가 $S(x)$인 입체도형의 부피 V $V=\int_a^b S(x)dx$ 단, $S(x)$는 $[a,b]$에서 연속	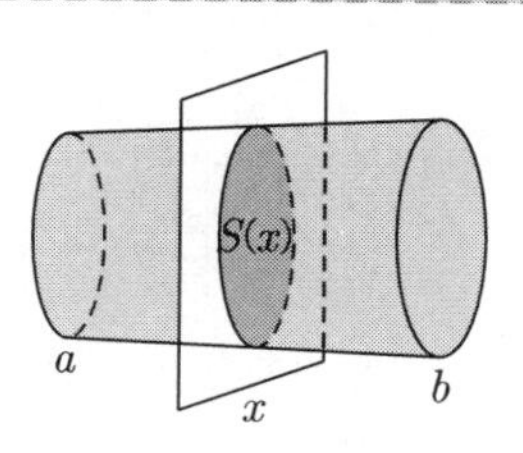

〈**참고**〉 기본적인 도형의 넓이 및 부피는 구할 수 있어야 함.

예제 45 어떤 물컵에 물을 부으면 물의 깊이가 $x$cm일 때 수면의 넓이는 $2\sqrt{x}$ cm^{2}이라고 한다. 물의 깊이가 3cm일 때 물컵에 담긴 물의 부피를 구하여라.

해답 $\frac{1}{\sqrt{3}}$

풀이

예제 46 밑면의 반지름이 r이고, 높이가 h인 원뿔의 부피를 구하시오.

원뿔의 모양	x축에 비교

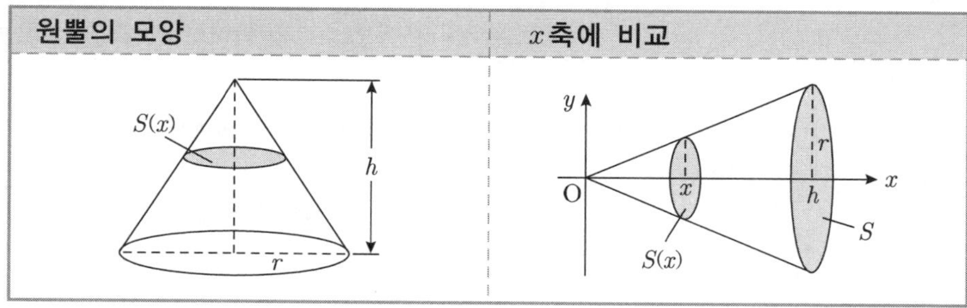

해답 $\frac{1}{3}\pi r^2 h$

풀이

회전체의 이해

회전체란 어떤 함수를 회전축을 중심으로 회전하여 얻은 입체도형

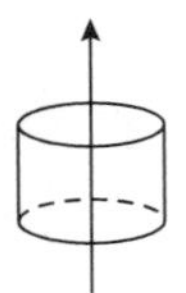

원기둥(cylinder)

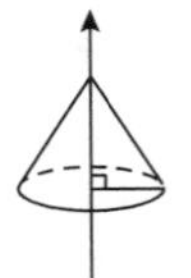

원뿔(cone)

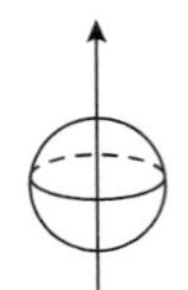

구(sphere)

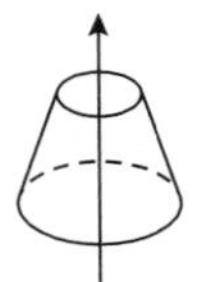

원뿔대(circular cone)

〈**참고**〉 회전축에 수직인 평면으로 자른 단면은 원이 된다.

x축을 중심으로 회전시킨 회전체의 부피(V_x)

구간 $[a,b]$에서 x축에 수직인 평면으로 자른 단면의 넓이가 $S(x)$인 입체도형의 부피 V_x	$V=\int_a^b S(x)dx$ $=\int_a^b \pi\{f(x)\}^2 dx$

〈**참고**〉 회전축을 x축으로 정했다면 변수 x에 대한 단면적 $S(x)$
회전축을 y축으로 정했다면 변수 y에 대한 단면적 $S(y)$

예제 47 다음 회전체의 부피(V_x)를 구하시오.

(1) $y=x$와 $x=0$, $x=2$로 둘러싸인 도형을 x축 둘레로 회전하여 생기는 회전체의 부피

(2) $y=x^2$와 $x=0$, $x=1$로 둘러싸인 도형을 x축 둘레로 회전하여 생기는 회전체의 부피

(3) $y=\sqrt{x}$와 $x=0$, $x=1$로 둘러싸인 도형을 x축 둘레로 회전하여 생기는 회전체의 부피

해답 (1) $\frac{8}{3}\pi$ (2) $\frac{1}{5}\pi$ (3) $\frac{1}{2}\pi$

풀이

2.3 길이(Length)

매개 곡선의 길이

매개 곡선 C를 $x=f(t)$, $y=g(t)$이며, $a \le t \le b$인 매개 변수 방정식이라고 정의할 때, $f'(t)$, $g'(t)$는 구간 $[a,b]$에서 연속이고, $f'(t) \ne 0$, $g'(t) \ne 0$일 때, 매개 곡선의 길이는 다음과 같다.

$$L=\int_a^b \sqrt{[f'(t)]^2+[g'(t)]^2}\,dt$$

예제 48 다음 주어진 구간에서 매개 곡선의 길이를 구하시오.

(1) $x=\sqrt{2}\,t^2$, $y=\frac{1}{3}t^3-2t$ 단, $0 \le t \le 1$

(2) $x=3\sin t$, $y=2-3\cos t$ 단, $0 \le t \le \pi$

(3) $x=4e^{\frac{t}{2}}$, $y=e^t-t$ 단, $0 \le t \le 3$

해답 (1) $\frac{7}{3}$ (2) 3π (3) e^3+2

풀이

곡선의 길이

함수 $y=f(x)$가 구간 $[a,b]$에서 연속이고, 곡선 위의 두 점 $(a,f(a))$, $(b,f(b))$을 이은 곡선의 길이

$$L=\int_a^b \sqrt{1+[f'(x)]^2}\,dx$$

〈**참고**〉 $x=g(y)$인 경우도 유사함.

예제 49 직선 $y=ax+b$ 위의 두 점 (x_1,y_1) (x_2,y_2)을 이은 선분의 길이(L)가 $\sqrt{(x_2-x_1)^2+(y_2-y_1)^2}$ 임을 증명하시오.

증명 직선 위의 두 점 (x_1, y_1) (x_2, y_2)을 지나는 직선의 기울기 $\dfrac{y_2-y_1}{x_2-x_1}$는 직선 $y=ax+b$의 기울기와 같으므로 $\dfrac{y_2-y_1}{x_2-x_1}=a$이며, 직선 $y=ax+b$에서 $y'=a$이므로 $\dfrac{y_2-y_1}{x_2-x_1}=a=y'$이다.

또한 직선 위의 두 점 (x_1, y_1) (x_2, y_2)을 지나는 직선의 구간은 $[x_1, x_2]$이다.

따라서 직선 $y=ax+b$ 위의 두 점 (x_1, y_1) (x_2, y_2)을 이은 선분의 길이(L)는

$$\begin{aligned} L &= \int_a^b \sqrt{1+[f'(x)]^2}\,dx = \int_{x_1}^{x_2} \sqrt{1+\left(\frac{y_2-y_1}{x_2-x_1}\right)^2}\,dx \\ &= \left[\sqrt{1+\left(\frac{y_2-y_1}{x_2-x_1}\right)^2}\,\right]_{x_1}^{x_2} = \sqrt{1+\left(\frac{y_2-y_1}{x_2-x_1}\right)^2} \times (x_2-x_1) \\ &= \sqrt{(x_2-x_1)^2+(y_2-y_1)^2} \end{aligned}$$

이다.

예제 50 주어진 구간에서 곡선의 길이를 구하시오.

(1) $y=\ln(\cos x)$ 단, $0 \le x \le \dfrac{\pi}{4}$

(2) $y=\dfrac{e^x+e^{-x}}{2}$ 단, $0 \le x \le 2$

해답 (1) $\ln(\sqrt{2}+1)$ (2) $\dfrac{e^4-1}{2e^2}$

풀이

극방정식에서의 곡선의 길이

극방정식 $r=f(\theta)$가 구간 $[\alpha, \beta]$에서 연속일 때, 곡선 $r=f(\theta)$ 위의 두 점 $(\alpha, f(\alpha))$, $(\beta, f(\beta))$을 이은 곡선의 길이

$$L=\int_\alpha^\beta \sqrt{[f(\theta)]^2+[f'(\theta)]^2}\,d\theta$$

예제 51 다음 곡선의 길이를 구하시오.

(1) $r = 2\sin\theta$ 단 $0 \le \theta \le 2\pi$

(2) 심장형 $r = 1 + \cos\theta$

해답 (1) 4π (2) 8

풀이

CHAPTER 08 연습문제

8-1. $\lim_{n\to\infty}\sum_{k=1}^{n}(1+\frac{2k}{n})^2\frac{2}{n}=\int_1^3 x^2dx$ 임을 증명하시오.

8-2. 다음 이상적분을 구하시오.

(1) $\int_0^\infty e^{-x^2}xdx$

(2) $\int_0^\infty \frac{1}{\sqrt{2\pi}}e^{-\frac{x^2}{2}}dx$ (단, $\int_0^\infty e^{-x^2}dx=\frac{\sqrt{\pi}}{2}$ 이용)

8-3. 다음 주어진 구간에서 매개 곡선의 길이를 구하시오.

$$x=t^3,\ y=\frac{3}{2}t^2 \quad (\text{단, } 0\le t\le \sqrt{3})$$

8-4. 주어진 구간에서 곡선의 길이를 구하시오.

$$y=x^2 \quad (\text{단, } 0\le x\le 1)$$

CHAPTER

09

편도함수와 이중적분

1. 이 변수 함수
2. 극한과 연속
3. 편도함수
4. 이중적분

1 이 변수 함수

이 변수 함수

D를 실수의 순서 쌍들의 집합이라고 하자. $[D=\{(x,y)|x,y\in R\}=R\times R=R^2]$
D의 각 원소 (x,y)에 실수 $f(x,y)$를 하나씩 대응시키는 규칙 f를 이 변수 함수라고 한다.

$$\begin{aligned} f: R\times R &\to R \\ (x,\ y) &\to f(x,y)=z \end{aligned}$$

① 정의역(domain) : $D=R^2$
② $f(x,y)$: (x,y)의 f에 의한 상(image)
③ 공역 : R
④ 치역 : $\{z=f(x,y)\,|\,(x,y)\in D\}$
⑤ f의 그래프 : $\{(x,y,z)\,|\,x,y,z\in R\}$

이 변수함수는 일 변수함수와 같이 식으로 표현할 수 있으며, 정의역을 언급하지 않는 경우 실수의 범위에서 생각하면 되며, 주어진 함수식을 만족하는 점 (x,y) 전체의 집합을 정의역으로 간주한다. 또한, 함수의 그래프는 평면 위에 나타내며, 이 변수함수의 그래프는 공간 위에 나타낸다.

예제 1 함수 $f(x,y)=x^2+y^2$에 대하여 다음 물음에 답하시오.
(1) $f(0,0)$, $f(1,-1)$의 값을 구하시오.
(2) 함수 f의 정의역$(dom(f))$과 치역을 구하시오.

해답 (1) 0, 2
(2) $dom(f)$: R^2, 치역 : $[0,\infty)$

풀이

예제 2 다음 함수의 정의역과 치역을 구하여라.

$$f(x,y) = \sqrt{x}\,y^2$$

해답 $dom(f): \{(x,y) \in R^2 \mid x \geq 0, y \in R\}$, 치역 : $R^+ \cup \{0\}$

풀이

예제 3 다음 함수의 정의역과 치역을 구하고, 그래프의 개형을 그리시오.

$$f(x,y) = \sqrt{9 - x^2 - y^2}$$

해답 $dom(f): \{(x,y) \in R^2 \mid x^2 + y^2 \leq 9\}$, 치역 : $[0, 3]$, 그래프 : 풀이참조

풀이

2 극한과 연속

변수가 1개인 함수의 경우, 함수의 극한으로 우리가 배운 내용을 정리하면 다음과 같다.

함수의 극한 : $x \to a$의 의미

$x \to a$일 때, $f(x) \to ?$ $\Rightarrow$ $\begin{cases} x \to a^+ \ f(x) \to ? \\ x \to a^- \ f(x) \to ? \end{cases}$

함수의 극한 : $x \to a$ $f(x) \to L$(수렴)

(1) $\lim_{x \to a^+} f(x) = \lim_{x \to a^-} f(x)$

(2) $\lim_{x \to a^+} f(x) = \lim_{x \to a^-} f(x) = L$

(3) $\lim_{x \to a} f(x) = L$

〈**참고**〉 $\lim_{x \to a^+} f(x) \neq \lim_{x \to a^-} f(x)$이면, $\lim_{x \to a} f(x)$은 존재하지 않음

또한, 일변수 함수의 극한은 다음과 같이 정의하였다.

함수의 극한에서 수렴에 대한 정의

$$\lim_{x \to a} f(x) = L \text{ (수렴)}$$

〈**정의**〉 $\forall p > 0, \ \exists q > 0 \ such \ that \ 0 \neq |x-a| < q \rightarrow |f(x) - L| < p$

〈**참고**〉 모든 양수 p에 대하여, $0 \neq |x-a| < q$이면 $|f(x)-L| < p$인 조건을 만족하는 양수 q가 존재한다는 것을 의미한다.

그러나 이변수 함수의 경우, 평면 위의 점 (x,y)이 어떤 점 (a, b)에 가까워지는 경로가 많은 관계로 $(x,y) \rightarrow (a, b)$라는 의미는 (x,y)에서 (a, b)에 이르는 거리가 접근하는 경로에 관계없이 "0"에 가까워지는 것을 말한다.

먼저 평면 위의 한 점 (a, b)를 중심으로 하고 반지름이 r인 원의 내부 점들의 집합을 $D_r(a, b) = \left\{(x, y) \mid \sqrt{(x-a)^2 + (y-b)^2} < r, \ r > 0\right\}$로 나타내며, $D_r(a, b)$를 점 (a, b)의 r−근방(neighborhood)이라 한다.

이 변수 함수의 극한에서 수렴에 대한 정의

$f(x,y)$가 점 (a, b)의 어떤 근방 $D_r(a, b)$에서 정의된 이 변수 함수라고 하자.

$$\lim_{(x,y) \to (a,b)} f(x,y) = L \text{ (수렴)}$$

〈**정의**〉

$p > 0, \ \exists q > 0 \ such \ that \ 0 \neq \sqrt{(x-a)^2 + (y-b)^2} < q \rightarrow |f(x,y) - L| < p$

〈**참고**〉 $f(x,y)$가 점 (a, b)의 어떤 근방 $D_r(a, b)$에서 정의된 이 변수 함수라고 하자. 임의의 양수 $p > 0$에 대하여 $0 \neq \sqrt{(x-a)^2 + (y-b)^2} < q$이면 $|f(x,y) - L| < p$인 양수 $q > 0$가 적어도 하나 존재할 때 L로 수렴한다고 말한다.

〈**주의**〉 (x,y)가 (a, b)로 가까워지는 경로와 관계없이 $f(x,y)$가 같은 값으로 가까워질 때 극한값은 존재한다. 이것은 우리가 일 변수 함수에서 우방 극한과 좌방 극한이 같을 때 극한값이 존재하는 것과 같은 이치이다.

예제 4 다음 극한값을 구하시오.

(1) $\lim\limits_{(x,y)\to(1,2)} (x^2+3y^2)$ (2) $\lim\limits_{(x,y)\to(0,0)} \dfrac{x-y}{x+y}$

(3) $\lim\limits_{(x,y)\to(0,0)} \dfrac{xy^2}{x^2+y^4}$ (4) $\lim\limits_{(x,y)\to(0,0)} \dfrac{xy^2}{x^2+y^2}$

해답 (1) 13 (2) 없음 (3) 없음 (4) 0

풀이

예제 5 $\lim\limits_{(x,y)\to(1,1)} (x+y) = 2$임을 증명하시오.

증명 임의의 양수 $p>0$에 대하여 $0 \neq \sqrt{(x-1)^2+(y-1)^2} < q$이면 $|x+y-2|<p$인 조건을 만족하는 양수 $q>0$가 적어도 하나 존재하는지를 찾아주면 된다.

그런데 $|x+y-2| = |(x-1)+(y-1)| \leq |x-1|+|y-1|$이므로

$|x-1| = \sqrt{(x-1)^2} < \dfrac{p}{\sqrt{2}} = q$라고 하면, 양변을 제곱하면 $(x-1)^2 < \dfrac{p^2}{2}$이다.

마찬가지로 $(y-1)^2 < \dfrac{p^2}{2}$이므로 $(x-1)^2+(y-1)^2 < \dfrac{p^2}{2}+\dfrac{p^2}{2} = p^2$이다.

따라서 $0 \neq \sqrt{(x-1)^2+(y-1)^2} < q < \dfrac{p}{\sqrt{2}}$이면 $|x+y-2|<p$이 성립한다.

3 편도함수

변수가 1개 일 때, 함수의 도함수를 구하기 위하여 적용하던 몇 가지 이론을 이 변수 함수에 적용함으로써 편도함수의 개념을 알게 된다.

함수 $y=f(x)$의 도함수 또는 미분의 정의

함수 $y=f(x)$에 대하여 $x=x$에서의 미분계수.

$$\lim_{\Delta x \to 0}\frac{\Delta y}{\Delta x}=\lim_{\Delta x \to 0}\frac{f(x+\Delta x)-f(x)}{\Delta x}=\lim_{h \to 0}\frac{f(x+h)-f(x)}{h}$$

〈기호〉 $f'(x)$, y', $\frac{dy}{dx}$

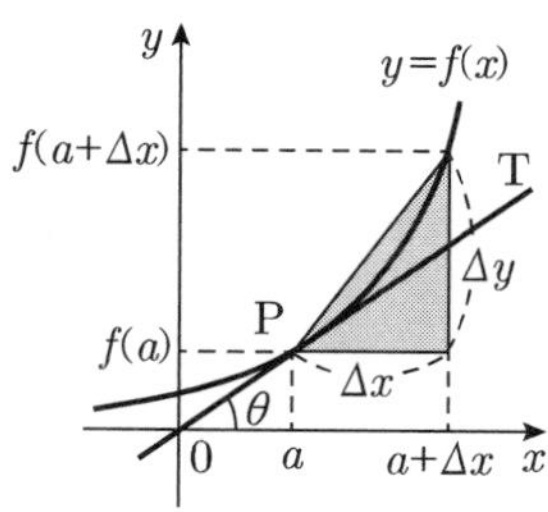

〈참고〉 도함수는 임의의 점에 있어서의 접선의 기울기를 의미

이 변수 함수 $z=f(x,y)$의 편도함수 정의

함수 $z=f(x,y)$를 x와 y의 이 변수 함수라고 한다.
이때, $z=f(x,y)$의 x에 대한 편도함수 $f_x(x,y)$와 y에 대한 편도함수 $f_y(x,y)$를 각각의 극한값이 존재할 때, 다음과 같이 정의한다.

$$f_x(x,y)=\lim_{h \to 0}\frac{f(x+h,y)-f(x,y)}{h}$$

$$f_y(x,y)=\lim_{h \to 0}\frac{f(x,y+h)-f(x,y)}{h}$$

〈기호〉 $f_x(x,y)=\frac{\partial f}{\partial x}=\frac{\partial z}{\partial x}=z_x$, $f_y(x,y)=\frac{\partial f}{\partial y}=\frac{\partial z}{\partial y}=z_y$

〈참고〉 $f_x(x,y)=\frac{\partial f}{\partial x}=\frac{\partial z}{\partial x}$에서 y는 상수 취급, $f_y(x,y)=\frac{\partial f}{\partial y}=\frac{\partial z}{\partial y}$에서 x는 상수 취급

예제 6 $f(x,y)=x^2+y$일 때, 다음 물음에 답하시오.

(1) 편도함수의 정의를 이용하여 f_x를 구하시오.

(2) 편도함수의 정의를 이용하여 f_y를 구하시오.

해답 (1) $2x$ (2) 1

풀이

편도함수의 기본정리

(1) $z=f(x,y)\pm g(x,y)$

$$z_x=\frac{\partial}{\partial x}[f\pm g]=\frac{\partial}{\partial x}(f)\pm\frac{\partial}{\partial x}(g)=f_x\pm g_x$$

$$z_y=\frac{\partial}{\partial y}[f\pm g]=\frac{\partial}{\partial y}(f)\pm\frac{\partial}{\partial y}(g)=f_y\pm g_y$$

(2) $z=f(x,y)g(x,y)$

$$z_x=\frac{\partial}{\partial x}[fg]=\frac{\partial}{\partial x}[f]g+f\frac{\partial}{\partial x}[g]=f_xg+fg_x$$

$$z_y=\frac{\partial}{\partial y}[fg]=\frac{\partial}{\partial y}[f]g+f\frac{\partial}{\partial y}[g]=f_yg+fg_y$$

(3) $z=\dfrac{f(x,y)}{g(x,y)}$

$$z_x=\frac{\partial}{\partial x}[\frac{f}{g}]=\frac{\frac{\partial}{\partial x}[f]g-f\frac{\partial}{\partial x}[g]}{[g]^2}=\frac{f_xg-fg_x}{g^2}$$

$$z_y=\frac{\partial}{\partial y}[\frac{f}{g}]=\frac{\frac{\partial}{\partial y}[f]g-f\frac{\partial}{\partial y}[g]}{[g]^2}=\frac{f_yg-fg_y}{g^2}$$

예제 7 다음 이 변수 함수들의 $(1,2)$에서의 편미분계수를 각각 구하시오.

(1) $f(x,y)=x^2+xy+y^2$ (2) $z=\sqrt{x^2+y^2}$

(3) $f(x,y)=\dfrac{x^2-y^2}{x^2+y^2}$ (4) $z=\ln(xy)$

해답 풀이참조

풀이

예제 8 다음 이 변수 함수들의 편도함수를 각각 구하시오.

(1) $f(x,y)=\sin x\, e^y$ (2) $z=\sin(x^2+y^2)$

(3) $f(x,y)=e^{x^2+y^2}$ (4) $z=\tan^{-1}\left(\frac{y}{x}\right)$

해답 풀이참조

풀이

고계 편도함수

함수 $z=f(x,y)$가 영역 D에서 편도함수 f_x, f_y이며, f_x, f_y이 또한 x, y에 대하여 편미분이 가능하면 다음과 같이 나타낸다.

$$z_x=\frac{\partial f}{\partial x}=\frac{\partial z}{\partial x},\ z_y=\frac{\partial f}{\partial y}=\frac{\partial z}{\partial y}$$

$$\frac{\partial}{\partial x}\left(\frac{\partial z}{\partial x}\right)=\frac{\partial^2 z}{\partial x^2}=z_{xx}=f_{xx},\ \frac{\partial}{\partial x}\left(\frac{\partial z}{\partial y}\right)=\frac{\partial^2 z}{\partial x\partial y}=z_{xy}=f_{xy}$$

$$\frac{\partial}{\partial y}\left(\frac{\partial z}{\partial y}\right)=\frac{\partial^2 z}{\partial y^2}=z_{yy}=f_{yy},\ \frac{\partial}{\partial y}\left(\frac{\partial z}{\partial x}\right)=\frac{\partial^2 z}{\partial y\partial x}=z_{yx}=f_{yx}$$

이것을 2계 편도함수라 한다. 같은 방법으로 삼계, 사계, $\cdots$, n계 편도함수를 정의하고 나타낼 수 있다.

예제 9 다음 이 변수 함수들의 2계 편도함수를 각각 구하시오.

(1) $z=\ln(x^2+y^2)$ (2) $z=x^2y-y^3+\ln x$

해답 풀이참조

풀이

Schwarz 정리

이 변수 함수 $z=f(x,y)$가 영역 $D\subset R^2$에서 연속인 편도함수 f_x, f_y, f_{xy}, f_{yx}를 가질 때 이 영역에서 $f_{xy}=f_{yx}$이다.

예제 10 이 변수 함수 $f(x,y)=\sin(x^2y)$의 2계 편도함수를 구하시오.

해답 풀이참조

풀이

4 이중적분

이중적분에 대한 정의와 연관된 정적분의 정의와 두 곡선으로 둘러싸인 부분의 넓이를 구하는 방법을 소개한 후, 이중적분에 대하여 살펴보기로 하자.

정적분의 정의

폐구간 $[a,b,]$에서 연속인 함수 $y=f(x)$에 대하여,
$y=f(x)$와 x축, y축, 그리고 직선 $x=a$, $x=b$로 둘러싸인 부분의 넓이를 a에서 b까지 함수 $y=f(x)$의 정적분이라 하며, 기호를 사용하여 다음과 같이 정의한다.

$$\int_a^b f(x)\,dx = \lim_{n\to\infty}\sum_{k=1}^{n} f\left(a+\frac{(b-a)k}{n}\right)\frac{b-a}{n}$$

두 곡선으로 둘러싸인 부분의 넓이

함수 $y=f(x)$, $y=g(x)$로 둘러싸인 부분의 넓이(S)

$$S=\int_a^b |f(x)-g(x)|\,dx$$

= 위쪽 함수 − 아래쪽 함수

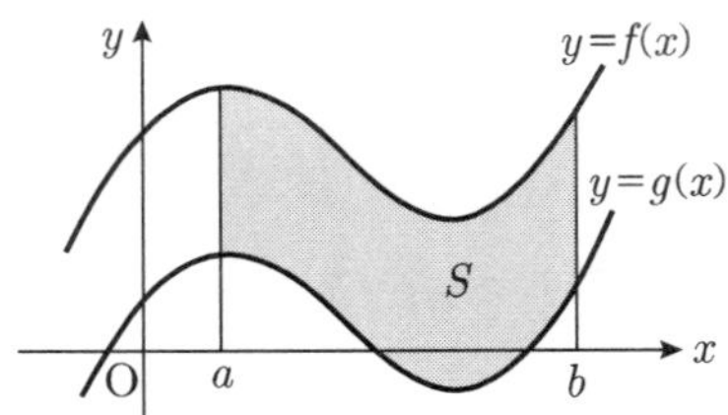

예제 11 포물선 $y=x^2$과 직선 $y=x$로 둘러싸인 부분의 넓이를 구하시오.

해답 $\frac{1}{6}$

풀이

이중적분의 정리

함수 $z=f(x,y)$는 영역 $R=\{(x,y)\mid a\le x\le b,\ g_1(x)\le y\le g_2(x)\}$에서 연속이고, $g_1(x)$와 $g_2(x)$도 연속함수이고 모든 $x\in[a,b]$에 대하여 $g_1(x)\le g_2(x)$라고 하면 다음이 성립한다.

$$\int_R\int f(x,y)\,dA=\int_a^b\int_{g_1(x)}^{g_2(x)} f(x,y)\,dydx$$

예제 12 다음 이중적분을 계산하시오.

(1) $\int_0^1\int_{x^2}^{x} dydx$ (2) $\int_0^1\int_0^x xy\,dydx$

(3) $\int_0^1\int_{x^2}^{x}(x+y)dydx$ (4) $\int_{-1}^1\int_0^y xy\,dxdy$

(5) $\int_1^{\ln 2}\int_0^y e^{x+y}dxdy$ (6) $\int_1^4\int_0^{\frac{1}{x}}\cos(xy)dydx$

해답 (1) $\frac{1}{6}$ (2) $\frac{1}{8}$

(3) $\frac{3}{20}$ (4) $\frac{2}{3}$

(5) $e-\frac{1}{2}e^2$ (6) $\frac{1}{(n+1)^2}$

풀이

예제 13 영역 $R=\left\{(x,y) \mid 0 \le x \le \frac{\pi}{2}, 0 \le y \le x\right\}$에서 다음 이중적분을 구하시오.

$$\int_R\int (xy+\cos x)\,dA$$

해답 풀이참조

풀이

이중적분에서의 변수변환 1

함수 $z=f(x,y)$는 유계한 폐영역 D에서 연속이고, uv 평면에 있는 유계한 폐영역 D^*와 D는 일대일 대응일 때

변환 $T:(u,v) \to (x,y)=(g(u,v),\, h(u,v))$에 대하여 다음이 성립한다.

$$\int_D\int f(x,y)\,dxdy=\int_{D^*}\int f(g(u,v),h(u,v))\left|\frac{\partial(x,y)}{\partial(u,v)}\right|dudv$$

단, 변환 T가 1차 변환인 경우,

$\begin{cases} x=au+bv \\ y=cu+dv \end{cases} \Leftrightarrow \begin{pmatrix} x \\ y \end{pmatrix}=\begin{pmatrix} a & b \\ c & d \end{pmatrix}\begin{pmatrix} u \\ v \end{pmatrix}$이므로 $\frac{\partial(x,y)}{\partial(u,v)}=\begin{vmatrix} a & b \\ c & d \end{vmatrix}=ad-bc \ne 0$이며

$\frac{\partial(x,y)}{\partial(u,v)}=\begin{vmatrix} \frac{\partial x}{\partial u} & \frac{\partial x}{\partial v} \\ \frac{\partial y}{\partial u} & \frac{\partial y}{\partial v} \end{vmatrix}$를 의미함.

〈참고〉 일차 변환 T에 의하여 uv 평면의 u축, v축에 평행한 변으로 된 직사각형은 xy 평면에서 평행사변형이 된다.

예제 14 영역 D는 $y=x$, $y=x+1$, $y=2x$, $y=2x-2$로 둘러싸인 평행사변형일 때, 변환 $T(u,v)=(u-v, 2u-v)$로 변수 변환하여 $\int_D\int xy\,dxdy$을 구하시오.

해답 7

풀이

이중적분에서의 변수변환 2

함수 $z=f(x,y)$는 유계한 폐영역 D에서 연속이고, uv 평면에 있는 유계한 폐영역 D^*와 D는 일대일 대응일 때

변환 $T:(r,\theta)\rightarrow(x,y)=(g(r,\theta),\ h(r,\theta))$에 대하여 다음이 성립한다.

$$\int_D\int f(x,y)\,dxdy=\int_{D^*}\int f(g(r,\theta),h(r,\theta))\left|\frac{\partial(x,y)}{\partial(r,\theta)}\right|drd\theta$$
$$=\int_{D^*}\int f(r\cos\theta\,,r\sin\theta)\,r\,drd\theta$$

단, 변환 T가 1차 변환 중 극좌표인 경우,

$$\begin{cases}x=r\cos\theta\\ y=r\sin\theta\end{cases}\Leftrightarrow\quad\frac{\partial(x,y)}{\partial(r,\theta)}=\begin{vmatrix}\cos\theta & -r\sin\theta\\ \sin\theta & r\cos\theta\end{vmatrix}=r\cos^2\theta+r\sin^2\theta=r$$

예제 15 영역 D는 제1 사분면에서 $x^2+y^2\geq a^2$, $x^2+y^2\leq b^2$, $0<a<b$일 때, $\int_D\int e^{x^2+y^2}dxdy$을 구하시오.

해답 $\frac{\pi}{4}(e^{b^2}-e^{a^2})$

풀이

$[TYPE\,1]$ $[a,\infty)$에서의 이상적분

함수 $y=f(x)$가 유계하지 않은 구간 $[a,\infty)$에서 연속이라고 할 때,

$\int_a^{\infty}f(x)dx=\lim_{b\to\infty}\int_a^b f(x)dx=L$(수렴)하면,

$\int_a^{\infty}f(x)dx=L$로 수렴한다고 한다.

예제 16 다음 이상적분을 구하시오.

(1) $\int_0^{\infty}e^{-x}dx$

(2) $\int_0^{\infty}e^{-x^2}x\,dx$

해답 (1) 1 (2) $\frac{1}{2}$

풀이

예제 17 다음 이상적분을 구하시오.

(1) $\int_{0}^{\infty} e^{-x^2} dx$ (2) $\int_{-\infty}^{\infty} e^{-x^2} dx$

해답 (1) $\frac{\sqrt{\pi}}{2}$ (2) $\sqrt{\pi}$

풀이

CHAPTER 09 연습문제

9-1. 이 변수 함수 $z = 4x^3y^2 - 2x^2 + 7y^3$일 때, 다음 물음에 답하시오.

(1) $\dfrac{\partial^2 z}{\partial x^2}$ (2) $\dfrac{\partial^2 z}{\partial x \partial y}$ (3) $\dfrac{\partial^2 z}{\partial y \partial x}$ (4) $\dfrac{\partial^2 z}{\partial y^2}$

9-2. 이 변수 함수 $z = e^{-x}\sin y$일 때, 다음을 증명하시오.

(1) $\dfrac{\partial^2 z}{\partial x^2} + \dfrac{\partial^2 z}{\partial y^2} = 0$ (2) $\dfrac{\partial^2 z}{\partial x \partial y} = \dfrac{\partial^2 z}{\partial y \partial x}$

9-3. 기체의 압력 p는 $pV = mRT$의 관계식을 갖는다.

(단, m과 R은 상수이고, V는 부피, T는 온도)

이때, $\dfrac{\partial p}{\partial V}$와 $\dfrac{\partial p}{\partial T}$를 구하시오.

9-4. 시계추의 진동 시간 t는 $t = 2\pi\sqrt{\dfrac{l}{g}}$ 이다.

(단, l은 시계추의 길이, g는 중력에 의한 자유낙하 가속도)

이때, $\dfrac{\partial t}{\partial l}$와 $\dfrac{\partial t}{\partial g}$를 구하시오.

9-5. 다음 이중적분의 값을 구하시오

(1) $\displaystyle\int_0^a \int_0^{\frac{y^2}{a}} e^{\frac{x}{y}} dx dy$ (2) $\displaystyle\int_0^\pi \int_y^\pi \frac{\sin x}{x} dx dy$

9-6. 다음 이중적분의 값을 구하시오

(1) 영역 R이 세 직선 $y = 0$, $y = x$, $x + y = 2$로 둘러싸인 영역일 때, $\displaystyle\iint_R 2xy\, dA$

(2) 영역 R이 세 직선 $x = 0$, $y = 1$, $2y = x$로 둘러싸인 영역일 때, $\displaystyle\iint_R e^{y^2} dA$

9-7. 표준정규분포의 확률밀도함수가 다음과 같을 때, $\int_{-\infty}^{\infty} f(x)dx = 1$ 임을 증명하시오.

$$f(x) = \frac{1}{\sqrt{2\pi}} e^{-\frac{1}{2}x^2}$$

예제 및 연습문제 풀이

CHAPTER 01 예제 풀이

예제 1 임의의 a, $b \in S$에 대하여 사칙연산에 대한 닫힘성은 다음과 같이 확인하면 된다.

연산	$a+b$	$a-b$	$a\times b$	$a\div b$
반례	$2+5=7\notin S$	$2-5=-3\notin S$	$2\times 5=10\notin S$	$2\div 5\notin S$

그러므로 집합 S는 사칙연산에 닫혀 있지 않다.

예제 2 '+'에 대한 항등원은 "0"이다.

(1) 집합 A는 '+'에 대한 항등원 "0"을 원소로 갖고 있지 않으므로, 항등원이 없다. 따라서 역원도 존재하지 않는다. 그러므로 A는 항등원과 역원이 없다.

(2) '+'에 대한 항등원은 "0"이다. 또한, 집합 B는 '+'에 대한 항등원 "0"을 원소로 갖고 있으므로, 항등원은 "0"이다. 따라서 집합 B는 '+'에 대한 항등원을 원소로 갖고 있으므로 집합 B의 각 원소에 대한 역원을 구해야 한다.
첫째, "1"의 역원은 $1+x=0$이므로 "$x=-1$"이며, -1이 집합 B의 원소이므로 "-1"이다. 따라서 "1"의 '+'에 대한 항등원은 '0', 역원은 '-1'이다.
둘째, "0"의 역원은 $0+x=0$이므로 "$x=0$"이며, 0이 집합 B의 원소이므로 "0"이다. 따라서 "0"의 '+'에 대한 항등원은 '0', 역원은 '0'이다.
셋째, "-1"의 역원은 $-1+x=0$이므로 "$x=1$"이며, 1이 집합 B의 원소이므로 "1"이다. 따라서 "-1"의 '+'에 대한 항등원은 '0', 역원은 '1'이다.

예제 3 따라서 "1"의 '×'에 대한 항등원은 "1", 역원은 '1'이다.

(1) 집합 A는 '×'에 대한 항등원 "1"을 원소로 갖고 있으므로, 항등원은 "1"이다. 따라서 집합 A는 '×'에 대한 항등원을 원소로 갖고 있으므로 집합 A의 각 원소에 대한 역원을 구해야 한다.
첫째, "1"의 역원은 $1\times 1=1$이므로 "1"이며, 1이 집합 A의 원소이므로 "1"이다.
둘째, "2"의 역원은 $2\times y=1$이므로 $y=\frac{1}{2}$이며, $\frac{1}{2}$이 집합 A의 원소가 아니므로 "2"의 역원은 존재하지 않으므로 역원은 없다.
따라서 "2"의 '×'에 대한 항등원은 "1", 역원은 없다.
셋째, "3"의 역원은 $3\times z=1$이므로 $z=\frac{1}{3}$이며, $\frac{1}{3}$이 집합 A의 원소가 아니므로 "3"의 역원은 존재하지 않는다.

따라서 “3”의 ‘×’에 대한 항등원은 “1”, 역원은 없다.

(2) 집합 B는 ‘×’에 대한 항등원 “1”을 원소로 갖고 있으므로, 항등원은 “1”이다. 따라서 집합 B는 ‘×’에 대한 항등원을 원소로 갖고 있으므로 집합 B의 각 원소에 대한 역원을 구해야 한다.
첫째, “1”의 역원은 $1 \times y = 1$이므로 “$y = 1$”이며, 1이 집합 B의 원소이므로 “1”이다. 따라서 “1”의 ‘×’에 대한 항등원은 “1”, 역원은 “1”이다.
둘째, “0”의 역원은 $0 \times y = 1$이므로 이 y값을 구하는 것이기에 y값은 존재하지 않으므로 역원은 없다. 따라서 “0”의 ‘×’에 대한 항등원은 “1”, 역원은 없다.
셋째, “-1”의 역원은 $-1 \times y = 1$이므로 “$y = -1$”이며, “-1”이 집합 B의 원소이므로 “-1”이다. 따라서 “-1”의 ‘×’에 대한 항등원은 “1”, 역원은 “-1”이다.

예제 4 연산의 결과가 자연수이면 ○, 자연수가 아니면 ×로 나타내면 다음과 같다.

자연수의 사칙연산	$a+b$	$a-b$	$b-a$	$a \times b$	$a \div b$
$a=3,\ b=2$	5(○)	1(○)	−1(×)	6(○)	$\frac{3}{2}$(×)

그러므로 자연수의 집합은 +과 ×에 닫혀있다.

예제 5 소수 : 11, 13, 17, 19, 23, 29
합성수 : 12, 14, 15, 16, 18, 20, 21, 22, 24, 25, 26, 27, 28, 30

예제 6 연산의 결과가 정수이면 ○, 정수가 아니면 ×로 나타내면 다음과 같다.

정수의 사칙연산	$a+b$	$a-b$	$b-a$	$a \times b$	$a \div b$
$a=3,\ b=-2$	1(○)	5(○)	−5(○)	−6(○)	$-\frac{3}{2}$(×)

그러므로 정수의 집합은 +, −, ×에 닫혀 있다.

예제 7 집합 $A = \{x \mid x = 2n+1,\ n\text{은 정수}\}$를 원소나열법으로 쓰면 다음과 같다.
즉 $A = \{x \mid x = 2n+1,\ n\text{은 정수}\} = \{\cdots, -5, -3, -1, 1, 3, 5, \cdots\}$
집합 $A = \{x \mid x = 2n+1,\ n\text{은 정수}\}$에 있는 임의의 원소 $x, y \in A$는
$x = 2n+1, y = 2m+1,\quad n, m \in$ 정수 이라 쓸 수 있다.
따라서 $x + y = 2n+1+2m+1 = 2(n+m+1) \not\in A$

$$x-y=2n+1-2m1-1=2(n+m-1)\not\in A$$

$$x\times y=(2n+1)(2m+1)=2(nm+n+m)+1\in A$$

$x \div y=\dfrac{2n+1}{2m+1}\not\in A$ 이다.

그러므로 집합 $A=\{x|x=2n+1, n\text{은 정수}\}$는 "×"에만 닫혀 있다.

예제 8 5914는 2로 나누어떨어지므로 2의 배수이다.
5914는 각 자리의 숫자의 합이 19로 3의 배수가 아니므로 3의 배수가 아니다.
5914는 4로 나누어떨어지지 않으므로 4의 배수가 아니다.
5914는 끝자리가 4이며, 4는 5의 배수가 아니므로 5의 배수가 아니다.
5914는 2의 배수이지만 3의 배수가 아니므로 6의 배수가 아니다.
5914는 591−8=583 & 58−6=52, 5−4=1이 되어 7의 배수가 아니다.
5914는 8로 나누어떨어지지 않으므로 8의 배수가 아니다.
5914의 각 자리의 숫자의 합이 19로 9의 배수가 아니므로 9의 배수가 아니다.
그러므로 5914는 2의 배수이다.

예제 11 5914는 (5+1)−(9+4)=−7이고 11의 배수가 아니므로, 11의 배수가 아니다.
5914는 3의 배수가 아니므로 12의 배수가 아니다.
5914는 591+16=607 & 60+28=88, & 8+32=40이 되어 13의 배수가 아니다.
5914는 2의 배수이지만 7의 배수가 아니므로 14의 배수가 아니다.
5914는 3의 배수가 아니므로 15의 배수가 아니다.
5914는 16으로 나누어 떨어지지 않으므로 16의 배수가 아니다.
5914는 591−20=571 & 57−5=52, & 5−8=−3이 되어 17의 배수가 아니다.
5914는 9의 배수가 아니므로 18의 배수가 아니다.
5914는 591+8=599 & 59+18=77, & 7+14=21이 되어 19의 배수가 아니다.
그러므로 5914는 11에서 19까지 어떤 수의 배수도 아니다.

예제 12 (1) 43812는 3의 배수이므로, 7의 배수가 되는지 확인하면 된다.
43812는 4381−4=4377 & 437−14=423 & 42−6=36이므로 7의 배수가 아니다.
그러므로 43812는 21의 배수가 아니다.

(2) 7176은 717+42=759 & 75+63=138, & 13+56=69 이며, 69는 23의 배수이다.
그러므로 7176은 23의 배수이다.

예제 14 그러므로 유리수의 집합은 사칙연산에 닫혀 있다.

유리수의 사칙연산	$p+q$	$p-q$	$p\times q$	$p\div q$
$p=\frac{1}{2},\ q=\frac{1}{3}$	$\frac{5}{6}$(○)	$\frac{1}{6}$(○)	$\frac{1}{6}$(○)	$\frac{3}{2}$(○)

예제 15 먼저 수직선 상의 두 유리수 $\frac{1}{2}, \frac{1}{3}$는 배수의 법칙을 이용하면 다음과 같다.

$$\frac{1}{3}=\frac{2}{6}=\frac{20}{60}=\frac{200}{600}=\frac{2000}{6000}=\cdots$$

$$\frac{1}{2}=\frac{3}{6}=\frac{30}{60}=\frac{300}{600}=\frac{3000}{6000}=\cdots$$

그러므로 두 유리수 $\frac{1}{2}, \frac{1}{3}$사이에 있는 유리수 2,500개는 $\frac{2001}{6000}$, $\frac{2002}{6000}$, $\cdots$, $\frac{2500}{6000}$ 이다.

예제 16 (1) 49의 제곱근을 x라 하면, $x^2=49$이며, $x=\pm\sqrt{49}=\pm 7$이다.

(2) 4의 제곱근을 x라 하면, $x^2=4$이며, $x=\pm\sqrt{4}=\pm 2$이다.

(3) 5의 제곱근을 x라 하면, $x^2=5$이며, $x=\pm\sqrt{5}$이다.

예제 17

무리수의 사칙연산	$p+q$	$p-q$	$p\times q$	$p\div q$
$p,\ q$	$p=\sqrt{5}$, $q=-\sqrt{5}$ $p+q=0\in Q$(X)	$p=\sqrt{5}$, $q=\sqrt{5}$ $p-q=0\in Q$(X)	$p=\sqrt{5}$, $q=\sqrt{5}$ $pq=5\in Q$(X)	$p=\sqrt{5}$, $q=\sqrt{5}$ $p\div q=1\in Q$(X)

〈참고〉 두 무리수 사이에 수많은 무리수가 존재한다.

예제 19 $i=\sqrt{-1}$이므로 $i^2=-1$이다.

i	i^2	i^3	i^4	i^5	i^6	i^7	i^8
i	-1	$-i$	1	i	-1	$-i$	1

예제 20

(1) $z_1 + z_2 = (2+i) + (1+2i) = 3+3i$

(2) $z_1 - z_2 = (2+i) - (1+2i) = 1-i$

(3) $z_1 z_2 = (2+i)(1+2i) = 5i$

(4) $\overline{z_1 + z_2} = 3-3i$

(5) $\overline{z_1 - z_2} = 1+i$

(6) $\overline{z_1 z_2} = -5i$

(7) $z_1^2 = (2+i)^2 = 3+4i$

(8) $z_2^2 = (1+2i)^2 = -3+4i$

예제 22

(1) $\{2,3,5,7\}$ (2) $\{2,4,6\}$

(3) $\{1,3\}$ (4) $\{1,2,3\}$

예제 23

(1) a는 소수가 아니다. $\{1,4,6\}$

(2) b는 홀수이다. $\{1,3,5,7\}$

(3) c는 9의 약수가 아니다. $\{2,4,5,6,7\}$

(4) $3d \geq 10$ $\{4,5,6,7\}$

예제 24

(1) 참 (2) 참 (3) 참

(4) 거짓 (반례) $x=3$, $y=5$는 소수이지만 $x+y=8$은 소수가 아니다.

(5) 거짓 (반례) $x=5$, $y=6$에서 $x+y=11$은 소수이지만 y는 소수가 아니다.

예제 25

(1) 참인 명제 (2) 참인 명제

(3) 거짓 명제

(반례) $x=3$, $y=5$라 하면 x, y가 홀수이지만 $x+y$는 홀수가 아니다.

예제 26

(1) 대우 : $x+y$가 짝수이면, x, y가 짝수이다.

거짓명제 : (반례) $x=3$, $y=5$이면 $x+y$는 짝수이지만 x, y가 짝수가 아니다.

(2) 대우 : $x+y$가 합성수이면, x, y가 합성수이다.

거짓명제 : (반례) $x=3, y=5$이면 $x+y$는 합성수이지만 x, y가 합성수가 아니다.

(3) 대우 : x^2이 9의 배수이면 x가 3의 배수이다.

참인 명제

(4) 대우 : x가 3의 배수이면 x^2이 9의 배수이다.
참인 명제

예제 27 (1) 참인 명제

(2) 참인 명제
m이 2의 배수이므로 $m \in 2Z = \{2k \mid k \in Z\}$이고, $m = 2k$라 놓으면 $m^2 = (2k)^2 = 4k^2 = 2(2k^2) \in 2Z$이 되므로 m^2이 2의 배수이다.

(3) 참인 명제
"m^2이 2의 배수이면, m이 2의 배수이다."를 증명하기 위하여 대우를 생각하면, "m이 2의 배수가 아니면, m^2이 2의 배수가 아니다."가 된다. 따라서 m이 2의 배수가 아니면 $m \in 2Z+1 = \{2k+1 \mid k \in Z\}$이므로 $m = 2k+1$라 놓으면 $m^2 = (2k+1)^2 = 4k^2+4k+1 = 2(2k^2+2k)+1 \in 2Z+1$이 되므로 $m^2 \notin 2Z$이다. 그러므로 m^2이 2의 배수이면, m이 2의 배수이다.

예제 1

(1) $2a^3b\times 3ab=6a^4b^2$

(2) $3a^3b\times 4a^3b^4=12a^6b^5$

(3) $(2a^3)^2\times 3a\times 5a^2=4a^6\times 3a\times 5a^2=60a^9$

(4) $(2a^3b)^2\times(3ab^2)^3=4a^6b^2\times 27a^3b^6=108a^9b^8$

(5) $3a^3b\div 2a^2b=\dfrac{3a^3b}{2a^2b}=\dfrac{3}{2}a$

(6) $6a^3b\div\dfrac{1}{2}ab=\dfrac{6a^3b}{\dfrac{1}{2}ab}=12a^2$

(7) $3a^3b\div 4a^3b^4=\dfrac{3a^3b}{4a^3b^4}=\dfrac{3}{4b^3}=\dfrac{3}{4}b^{-3}$

(8) $(2a^3b)^2\div(3ab^2)^3=\dfrac{(2a^3b)^2}{(3ab^2)^3}=\dfrac{4a^6b^2}{27a^3b^6}=\dfrac{4}{27}a^3b^{-4}$

예제 2

(1) $A+B=(x^3-2x^2+3x-1)+(2x-1)=x^3-2x^2+5x-2$

(2) $A-B=(x^3-2x^2+3x-1)-(2x-1)=x^3-2x^2+x$

예제 3

(1) $(3a-2b)^2=9a^2-12ab+4b^2$

(2) $(x-4y)(x+4y)=x^2-16y^2$

(3) $(a-b+c)^2=a^2+(-b)^2+c^2+2\{a(-b)+ac+(-b)c\}$

$=a^2+b^2+c^2-2(ab-ac+bc)$

(4) $(a+b-c)(a-b+c)=\{a+(b-c)\}\{a-(b-c)\}=a^2-(b-c)^2$

$=a^2-(b^2-2bc+c^2)=a^2-b^2+2bc-c^2$

(5) $(x+1)(x+2)(x+3)(x+4)=(x+1)(x+4)(x+2)(x+3)$

$=(x^2+5x+4)(x^2+5x+6)$

$x^2+5x=A$라고 하고 주어진 식을 다시 정리하면

$$\begin{aligned}(A+4)(A+6)&=A^2+10A+24\\&=(x^2+5x)^2+10(x^2+5x)+24\\&=x^4+10x^3+25x^2+10x^2+50x+24\\&=x^4+10x^3+35x^2+50x+24\end{aligned}$$

예제 4

(1) $x^2+y^2=(x+y)^2-2xy$이므로 $x+y=4$, $xy=3$를 대입하면

$$x^2+y^2=16-6=10$$

(2) $x^2+y^2+z^2=(x+y+z)^2-2(xy+yz+zx)$이므로 주어진 값을 대입하면

$$x^2+y^2+z^2=25-14=11$$

(3) $x-\frac{1}{x}$의 값을 구하기 어려운 관계로 $(x-\frac{1}{x})^2$의 곱셈공식을 활용하여 $(x-\frac{1}{x})^2=(x+\frac{1}{x})^2-4=16-4=12$의 값을 구한다.
$(x-\frac{1}{x})^2=12$이므로 $x-\frac{1}{x}=\pm\sqrt{12}=\pm 2\sqrt{3}$이다.
문제의 조건에서 $x-\frac{1}{x}>0$이므로 구하는 값은 $x-\frac{1}{x}=2\sqrt{3}$이다.

예제 5

(1) $x+y=3$, $x^3+y^3=18$이며, $x^3+y^3=(x+y)^3-3xy(x+y)$이므로
$18=x^3+y^3=(x+y)^3-3xy(x+y)=3^3-9xy$이다.
그러므로 $9xy=9$가 되어, $xy=1$이다.

(2) $x^2+y^2=(x+y)^2-2xy$이고, $x+y=3$이며, (1)에서 $xy=1$이므로
$x^2+y^2=3^2-2=7$이다.

(3) $x-y$를 구하기 위한 곱셈공식은 $x+y=3$과 $xy=1$을 알고 있으므로
$(x-y)^2=(x+y)^2-4xy$을 이용하여 구할 수 있다.
$(x-y)^2=(x+y)^2-4xy=3^2-4=5$이며, $x-y=\pm\sqrt{5}$이다.

(4) $(x^2+2)(y^2+2)$을 전개하여 정리하면 다음과 같다.

$$(x^2+2)(y^2+2)=x^2y^2+2(x^2+y^2)+4=(xy)^2+2(x^2+y^2)+4$$

그러므로 $(x^2+2)(y^2+2)=1+14+4=19$ 이다.

(5) $x^5+y^5=(x^3+y^3)(x^2+y^2)-(xy)^2(x+y)$이므로 위에서 구한 값들을 대입하면, $x^5+y^5=126-3=123$이다.

예제 6

(1) $ab+ac=a(b+c)$

(2) $ax+by-ay-bx=ax-bx-ay+by$
$=(a-b)x-(a-b)y=(a-b)(x-y)$

(3) $2x^3-3x^2+6x-9=x^2(2x-3)+3(2x-3)=(x^2+3)(2x-3)$

(4) $a^3b-ab^2+a^2c-bc=ab(a^2-b)+c(a^2-b)=(ab+c)(a^2-b)$

예제 7 (1) $x^2+3x+2=(x+1)(x+2)$

(2) $x^2-2x-3=(x-3)(x+1)$

(3) $2x^2-x-6=(2x+3)(x-2)$

(4) $4x^2-2x-6=2(2x^2-x-3)=2(2x-3)(x+1)$

(5) $(x-2016)^2-3(x-2016)-4=A^2-3A-4$, (단 $A=x-2016$)

$$=(A-4)(A+1)=(x-2020)(x-2015)$$

(6) $(x+2)^2-2x-4=(x+2)^2-2(x+2)=x(x+2)$

(7) $9a^2-b^2=(3a+b)(3a-b)$

예제 8 (1) $a^3-8b^3+6ab+1=a^3+(-2b)^3+1^3-3a(-2b)1$

$$=(a-2b+1)(a^2+4b^2+1+2ab+2b-a)$$

(2) $(x-1)^3+(2x-1)^3+(2-3x)^3=A^3+B^3+C^3$,

단, $A=x-1, B=2x-1, C=2-3x$

그런데 $A+B+C=x-1+2x-1+2-3x=0$이므로

$$(x-1)^3+(2x-1)^3+(2-3x)^3=A^3+B^3+C^3$$
$$=(A+B+C)(A^2+B^2+C^2-AB-BC-CA)+3ABC$$
$$=3ABC=3(x-1)(2x-1)(2-3x)$$

(3) $x^4+2x^2+9=x^4+6x^2+9-4x^2=(x^2+3)^2-(2x)^2$

$$=(x^2+3+2x)(x^2+3-2x)=(x^2+2x+3)(x^2-2x+3)$$

예제 9 (1) $f(x)=x^3+2x^2-5x-6$ 라 하면, $f(a)=0$이 되는 $x=a$ 값은

$a=\pm\dfrac{6\text{의 약수}}{1}$ 인 $a=1, -1, 2, -2, 3, -3, 6, -6$ 중에

$x=-1$을 대입하면, $f(-1)=-1+2+5-6=0$ 이고,

$x=2$를 대입하면, $f(2)=8+8-10-6=0$이므로 $f(x)$는 $(x+1)(x-2)$로 나누어 떨어진다.

그러므로 $f(x)=x^3+2x^2-5x-6=(x+1)(x-2)Q(x)$ 에서 계수 비교에 의하여 $f(x)=x^3+2x^2-5x-6=(x+1)(x-2)(x+3)$으로 인수분해된다.

(2) $f(x)=2x^3-x^2-13x-6$라 하면, $f(a)=0$이 되는 $x=a$ 값은

$a=\pm\dfrac{6\text{의 약수}}{2}$ 인 $a=\dfrac{1}{2}, -\dfrac{1}{2}, 1, -1, \dfrac{3}{2}, -\dfrac{3}{2}, 3, -3$ 중에

$x=-2$를 대입하면, $f(-2)=-16-4+26-6=0$이고,

$x=3$을 대입하면, $f(3)=54-9-39-6=0$ 이므로 $f(x)$는 $(x+2)(x-3)$로 나누어 떨어진다.

그러므로 $f(x)=2x^3-x^2-13x-6=(x+2)(x-3)Q(x)$ 에서 계수 비교에 하여 $f(x)=2x^3-x^2-13x-6=(x+2)(x-3)(2x+1)$으로 인수분해된다.

예제 10 $\frac{1}{AB}=\frac{1}{B-A}(\frac{1}{A}-\frac{1}{B})$에서 $B-A$의 값?

(1) $\frac{1}{(x+1)x}=\frac{1}{x(x+1)}=\frac{1}{x}-\frac{1}{x+1}$ [참고, $B-A=(x+1)-x=1$]

(2) $\frac{1}{x(x-1)}=\frac{1}{(x-1)x}=\frac{1}{x-1}-\frac{1}{x}$ [참고, $B-A=x-(x-1)=1$]

(3) $\frac{1}{(x+1)(x+2)}=\frac{1}{x+1}-\frac{1}{x+2}$ [참고, $B-A=(x+2)-(x+1)=1$]

(4) $\frac{1}{(x-2)(x+2)}=\frac{1}{4}(\frac{1}{x-2}-\frac{1}{x+2})$ [참고, $B-A=(x+2)-(x-2)=4$]

(5) $\frac{1}{x^2-x-2}=\frac{1}{(x-2)(x+1)}=\frac{1}{3}(\frac{1}{x-2}-\frac{1}{x+1})$

(6) $\frac{1}{x^2-3x-4}=\frac{1}{(x-4)(x+1)}=\frac{1}{5}(\frac{1}{x-4}-\frac{1}{x+1})$

(7) $\frac{1}{4x^2-1}=\frac{1}{(2x-1)(2x+1)}=\frac{1}{2}(\frac{1}{2x-1}-\frac{1}{2x+1})$

(8) $\frac{1}{9x^2-4}=\frac{1}{(3x-2)(3x+2)}=\frac{1}{4}(\frac{1}{3x-2}-\frac{1}{3x+2})$

예제 11 (1) $x^2+x+1=0$의 양변을 x로 나누면, $x+1+\frac{1}{x}=0$이므로 $x+\frac{1}{x}=-1$.

(2) $x^2+\frac{1}{x^2}=(x+\frac{1}{x})^2-2=(-1)^2-2=-1$.

(3) $(x-\frac{1}{x})^2=(x+\frac{1}{x})^2-4=(-1)^2-4=-3$이므로 $x-\frac{1}{x}=\pm\sqrt{3}i$

(4) $x^2+x+1=0$의 양변에 $(x-1)$을 곱하면, $(x-1)(x^2+x+1)=x^3-1=0$

가 되므로$x^3=1$이 된다. 그러므로 $x^3+\frac{1}{x^3}=2$이다.

(5) (4)에서 $x^3=1$이므로 $x^3-\frac{1}{x^3}=1-1=0$이다.

(6) $x^8+\frac{1}{x^{14}}$에서 $x^3=1$이므로 $x^8=x^2$, $x^{14}=x^2$이므로

$x^8+\frac{1}{x^{14}}=x^2+\frac{1}{x^2}=-1$이다.

예제 12 (1) $\frac{a+b}{3}=\frac{b+c}{4}=\frac{c+a}{5}=k\neq 0$ 라 하면,

$a+b=3k$, $b+c=4k$, $c+a=5k$이므로 전체를 더하면 $2(a+b+c)=12k$이며, $a+b+c=6k$이다.

따라서 $c=3k$, $b=k$, $a=2k$가 된다.

$$\frac{a-b+c}{a+b+c}=\frac{2k-k+3k}{2k+k+3k}=\frac{4k}{6k}=\frac{2}{3}$$

(2) $\frac{2b+c}{3a}=\frac{c+3a}{2b}=\frac{3a+2b}{c}=k$이면, 가비의 리에 의하여

$\frac{2b+c}{3a}=\frac{c+3a}{2b}=\frac{3a+2b}{c}=\frac{2(3a+2b+c)}{3a+2b+c}=k$이다.

첫째, $3a+2b+c\neq 0$이면, 분모 분자를 나누어 계산하면 $k=2$이다.

둘째, $3a+2b+c=0$이면, $3a=-(2b+c)$이므로

$\frac{2b+c}{3a}=\frac{-3a}{3a}=-1=k$, $k=-1$이다.

(3) $\frac{d}{a+b+c}=\frac{a}{b+c+d}=\frac{b}{c+d+a}=\frac{c}{d+a+b}=k$ 위와 같은 방법으로

$k=-1$ 또는 $\frac{1}{2}$가 된다.

예제 13 (1) $\sqrt{x-1}$ 에서 $x-1\geq 0$이어야 하므로 $x\geq 1$이다.

(2) $\sqrt{2x+1}$ 에서 $2x+1\geq 0$이어야 하므로 $x\geq -\frac{1}{2}$이다.

(3) $\frac{\sqrt{x+1}}{\sqrt{x-1}}$ 에서 $x+1\geq 0$이고 $x-1\geq 0$이어야 하므로, $x\geq 1$이다.

그러나 $x-1=0$ 이면 분모가 0가 되어 불능이므로, $x>1$이다.

(4) $\frac{\sqrt{2x-1}}{\sqrt{x+1}}$ 에서 $x+1\geq 0$ 이고 $2x-1\geq 0$이어야 하므로, $x\geq \frac{1}{2}$이다.

예제 14 (1) $\dfrac{1}{1-\dfrac{1}{\sqrt{2}-\dfrac{1}{\sqrt{2}-1}}}=\dfrac{1}{1-\dfrac{1}{\dfrac{\sqrt{2}(\sqrt{2}-1)-1}{\sqrt{2}-1}}}=\dfrac{1}{1-\dfrac{\sqrt{2}-1}{-\sqrt{2}+1}}$

$$=\dfrac{1}{\dfrac{-\sqrt{2}+1-(\sqrt{2}-1)}{-\sqrt{2}+1}}=\frac{1-\sqrt{2}}{2(1-\sqrt{2})}=\frac{1}{2}$$

(2) $$\frac{15}{\sqrt{3}+\frac{1}{\sqrt{3}+\frac{1}{\sqrt{3}}}}=\frac{15}{\sqrt{3}+\frac{1}{\frac{4}{\sqrt{3}}}}=\frac{15}{\sqrt{3}+\frac{\sqrt{3}}{4}}$$
$$=\frac{15}{\frac{5\sqrt{3}}{4}}=\frac{60}{5\sqrt{3}}=\frac{12}{\sqrt{3}}=4\sqrt{3}$$

예제 15 (1) $\sqrt{7+2\sqrt{12}}=\sqrt{4+3+2\sqrt{4\cdot 3}}=\sqrt{4}+\sqrt{3}=2+\sqrt{3}$

(2) $\sqrt{12-6\sqrt{3}}=\sqrt{12-2\sqrt{27}}=\sqrt{9+3-2\sqrt{9\cdot 3}}$
$=\sqrt{9}-\sqrt{3}=3-\sqrt{3}$

(3) $\sqrt{11-6\sqrt{2}}=\sqrt{11-2\sqrt{18}}=\sqrt{9+2-2\sqrt{9\cdot 2}}$
$=\sqrt{9}-\sqrt{2}=3-\sqrt{2}$

(4) $\sqrt{3-\sqrt{8}}=\sqrt{3-2\sqrt{2}}=\sqrt{2+1-2\sqrt{2\cdot 1}}=\sqrt{2}-1$

(5) $$\sqrt{2-\sqrt{3}}=\sqrt{\frac{4-2\sqrt{3}}{2}}=\frac{\sqrt{4-2\sqrt{3}}}{\sqrt{2}}$$
$$=\frac{\sqrt{3+1-2\sqrt{3\cdot 1}}}{\sqrt{2}}=\frac{\sqrt{3}-1}{\sqrt{2}}$$

예제 16 (1) $3x+b=ax-1$에서 x에 대한 항등식이므로 양변의 계수를 비교하면, $a=3$, $b=1$이다.

(2) $ax^2-3x+2=5x^2-3x+b$에서 x에 대한 항등식이므로 양변의 계수를 비교하면, $a=5$, $b=2$이다.

(3) $ax^2+bx+3=(x-1)(x+c)$에서 우변을 전개하여 정리하면, $ax^2+bx+3=(x-1)(x+c)=x^2+(c-1)x-c$이며, x에 대한 항등식이므로 양변의 계수를 비교하면, $a=1$, $b=c-1, c=-3$이므로, $a=1$, $b=-4$, $c=-3$이다.

(4) $2x^2-4x+5=a(x-2)^2+b(x-2)+c$
우변을 전개하여 좌변과 비교하는 방법
우변을 전개하면

$$\begin{aligned}a(x-2)^2+b(x-2)+c&=a(x^2-4x+4)+bx-2b+c\\&=ax^2+(b-4a-2)x+4a-2b+c\end{aligned}$$

따라서 $2x^2-4x+5=ax^2+(b-4a-2)x+4a-2b+c$이므로
$a=2$, $b-4a-2=-4$, $4a-2b+c=5$이며, $a=2$, $b=6$, $c=9$이다.

예제 17 (1) $ax-1=0$이므로 $ax=1$이다.

① $a=0$인 경우, $0x=1$이므로 x값에 어떤 값을 넣어도 좌변과 우변이 같지 않으므로 x의 값을 구할 수 없으므로 불능이다.

② $a\neq0$이면 양변을 a로 나누면 x의 값 $x=\frac{1}{a}$이다.

(2) $ax=a^2$이므로

① $a=0$인 경우, $0x=0$이므로 x값에 어떤 값을 넣어도 좌변과 우변이 같아지므로 x의 값을 무수히 많이 구할 수 있으므로 부정이다.

② $a\neq0$이면 양변을 a로 나누면 x의 값 $x=a$이다

(3) $(a-b)x=a^2-b^2$이므로

① $a-b=0$인 경우, 즉 $a=b$인 경우, $0x=0$이므로 x값에 어떤 값을 넣어도 좌변과 우변이 같아지므로 x의 값을 무수히 많이 구할 수 있으므로 부정이다.

② $a-b\neq0$이면 즉 $a\neq b$인 경우, 양변을 $a-b$로 나누면 x의 값 $x=a+b$이다.

예제 18 (1) $ax^2+3x+1=0$이 2차방정식이 되기 위해서는 $a\neq0$이 되어야 한다.

(2) $(a^2-a)x^2-x-1=0$이 2차방정식이 되기 위해서는 $a^2-a\neq0$이 되어야 한다. 즉 $a^2-a=a(a-1)\neq0$이므로 $a\neq0$이고 $a\neq1$이어야 한다.

예제 19 인수분해? 근의 공식?

(1) $x^2-x-2=0$이므로 좌변을 인수 분해하면, $(x-2)(x+1)=0$이므로 2차 방정식의 해는 $x=2$ 또는 $x=-1$이다.

(2) $x^2-3x-10=0$이므로 좌변을 인수 분해하면, $(x-5)(x+2)=0$이므로 2차 방정식의 해는 $x=5$ 또는 $x=-2$이다.

(3) $2x^2-x-6=0$이므로 좌변을 인수 분해하면, $(2x+3)(x-2)=0$이므로 2차 방정식의 해는 $x=-\frac{3}{2}$ 또는 $x=2$이다.

(4) $3x^2-2x-8=0$이므로 좌변을 인수 분해하면, $(3x+4)(x-2)=0$이므로 2차 방정식의 해는 $x=-\frac{4}{3}$ 또는 $x=2$이다.

(5) $x^2-x-3=0$은 인수분해가 되지 않으므로 근의 공식을 이용하면, $x=\frac{1\pm\sqrt{1+12}}{2}=\frac{1\pm\sqrt{13}}{2}$이다.

(6) $x^2+4x-2=0$은 인수분해가 되지 않으므로 근의 공식을 이용하면,

$x=\dfrac{-4\pm\sqrt{16+8}}{2}=\dfrac{-4\pm2\sqrt{6}}{2}=-2\pm\sqrt{6}$ 이다.

(7) $3x^2-x-6=0$은 인수분해가 되지 않으므로 근의 공식을 이용하면,

$x=\dfrac{1\pm\sqrt{1+72}}{6}=\dfrac{1\pm\sqrt{73}}{6}$ 이다.

(8) $2x^2-2x-5=0$은 인수분해가 되지 않으므로 근의 공식을 이용하면,

$x=\dfrac{2\pm\sqrt{4+40}}{4}=\dfrac{2\pm\sqrt{44}}{4}=\dfrac{2\pm2\sqrt{10}}{4}=\dfrac{1\pm\sqrt{10}}{2}$ 이다.

예제 20 (1) [예제 9]에서 $x^3+2x^2-5x-6=(x+1)(x-2)(x+3)=0$이므로 방정식의 해는 $x=-3,\ -1,\ 2$이다.

(2) $x^3+3x^2-5x+1=0$에서 $f(x)=x^3+3x^2-5x+1$라 하면, $f(a)=0$이 되는 $x=a$ 값은 $a=\pm\dfrac{1\text{의 약수}}{1}$인 $a=1,\ -1$ 중에 $x=1$을 대입하면,

$f(1)=1+3-5+1=0$이므로

$f(x)=x^3+3x^2-5x+1=(x-1)Q(x)$이므로 계수 비교에 의하여

$f(x)=x^3+3x^2-5x+1=(x-1)(x^2+4x-1)$로 인수 분해된다.

$f(x)=0$ 이므로, $x=1, x^2+4x-1=0$가 되며, $x^2+4x-1=0$에서

근의 공식을 이용하면, $x=\dfrac{-4\pm\sqrt{16+4}}{2}=\dfrac{-4\pm2\sqrt{5}}{2}=-2\pm\sqrt{5}$가 되어, 방정식의 해는 $x=1,\ x=-2\pm\sqrt{5}$ 이다.

(3) $x^4+3x^2+4=0$에서 $f(x)=x^4+3x^2+4$라 하면,

$$\begin{aligned} f(x)&=x^4+3x^2+4=x^4+4x^2+4-x^2=(x^2+2)^2-x^2\\ &=(x^2+x+2)(x^2-x+2)\end{aligned}$$

이며, $f(x)=0$이므로, $x^2+x+2=0,\ x^2-x+2=0$ 이다.

따라서 근의 공식을 이용하면, $x=\dfrac{-1\pm\sqrt{1-8}}{2}=\dfrac{-1\pm\sqrt{7}i}{2}$,

$x=\dfrac{1\pm\sqrt{1-8}}{2}=\dfrac{1\pm\sqrt{7}i}{2}$가 되므로 방정식의 해가 된다.

(4) $x^4-3x^3+4x^2-3x+1=0$에서 양변을 x^2으로 나누어주면

$x^2-3x+4-\dfrac{3}{x}+\dfrac{1}{x^2}=0$가 되며, $x^2+\dfrac{1}{x^2}-3(x+\dfrac{1}{x})+4=0$이므로

$x+\dfrac{1}{x}=t$라 하면, $x^2+\dfrac{1}{x^2}=(x+\dfrac{1}{x})^2-2$이므로

$t^2-2-3t+4=t^2-3t+2=0$가 되어 $t=1, 2$이다.

따라서 $x+\dfrac{1}{x}=1$이면, $x^2-x+1=0$가 되어 근의 공식을 이용하면,

$x=\dfrac{1\pm\sqrt{1-4}}{2}=\dfrac{1\pm\sqrt{3}i}{2}$가 된다.

또한, $x+\dfrac{1}{x}=2$이면, $x^2-2x+1=(x-1)^2=0$이므로 $x=1$(중근)이다.

그러므로 방정식의 해는 $x=1$(중근), $x=\dfrac{1\pm\sqrt{3}i}{2}$이다.

예제 21 (1) $\begin{cases} x+y=5 \\ x-y=1 \end{cases}$

두 식을 더하면 $2x=6$이므로 $x=3$이다. $x=3$을 식에 대입하면 $y=2$이다.
따라서 연립방정식의 해는 $x=3$, $y=2$이다.

(2) $\begin{cases} 2x+y=5 & \cdots (1) \\ x-y=-2 & \cdots (2) \end{cases}$

(2)식에 2를 곱하면 $2x-2y=-4$이고, (1)식과 더하면 $-y=1$이므로 $y=-1$이다.
$y=-1$을 (1)식에 대입하면 $2x-1=5$이므로 $x=3$이다.
따라서 연립방정식의 해는 $x=3$, $y=-1$이다.

(3) $\begin{cases} x+y+z=6 \cdots (1) \\ 2x+y-z=1 \cdots (2) \\ x+2y-z=2 \cdots (3) \end{cases}$

(1)+(2)이면, $3x+2y=7 \cdots (4)$이고, (1)+(3)이면, $2x+3y=8 \cdots (5)$이다.
$(4)\times 2-(5)\times 3$이면, $4y-9y=14-24$이고 $-5y=-10$이므로 $y=2$이다.
$y=2$를 (4)에 대입하면 $3x+4=7$이므로 $x=1$이다.
따라서 $y=2$와 $x=1$을 (1)에 대입하면 $1+2+z=6$이므로 $z=3$이다.
그러므로 연립방정식의 해는 $x=1$, $y=2$, $z=3$ 이다.

(4) $\begin{cases} 2x+y+z=8 \cdots (1) \\ x+2y+z=6 \cdots (2) \\ x+y+2z=2 \cdots (3) \end{cases}$

(1)+(2)+(3)이면, $4x+4y+4z=16$이므로 $x+y+z=4 \cdots (4)$이다.
따라서 (1)식과 비교하면, (4)식을 $y+z=4-x$ 이고, $x+4=8$이므로 $x=4$이다.
또한, (4)식을 (2)식과 비교하면, $x+z=4-y$이고, $y+4=6$이므로 $y=2$이다.

또한, $x=4$와 $y=2$를 (3)식에 대입하면, $6+2z=2$이므로 $z=-2$이다.
그러므로 연립방정식의 해는 $x=4$, $y=2$, $z=-2$이다.

예제 22 방정식 $x^2-3x+1=0$의 두 근이 α, β이므로 $\alpha+\beta=3$, $\alpha\beta=1$이다.
$\alpha^2-3\alpha+1=0$이며, $\alpha^2=3\alpha-1$이고, $\alpha^2-3\alpha=-1$이다.
$\beta^2-3\beta+1=0$이며, $\beta^2=3\beta-1$이고, $\beta^2-3\beta=-1$이다.

(1) $\alpha^2-3\alpha=-1$

(2) $\beta^2-3\beta+5=-1+5=4$

(3) $\alpha^2+\beta^2=(\alpha+\beta)^2-2\alpha\beta=9-2=7$

(4) $(\alpha-\beta)^2=(\alpha+\beta)^2-4\alpha\beta=9-4=5$

(5) $\frac{1}{\alpha}+\frac{1}{\beta}=\frac{\beta+\alpha}{\alpha\beta}=\frac{3}{1}=3$

(6) $\frac{1}{\alpha}\times\frac{1}{\beta}=\frac{1}{\alpha\beta}=1$

(7) $\frac{1}{\alpha^2}+\frac{1}{\beta^2}=\frac{\beta^2+\alpha^2}{\alpha^2\beta^2}=\frac{(\alpha+\beta)^2-2\alpha\beta}{(\alpha\beta)^2}=\frac{9-2}{1}=7$

(8) $(\frac{1}{\alpha}+\frac{1}{\beta})^2=(\frac{\beta+\alpha}{\alpha\beta})^2=(\frac{3}{1})^2=9$

(9) $(\frac{1}{\alpha}-\frac{1}{\beta})^2=(\frac{\beta-\alpha}{\alpha\beta})^2=\frac{(\beta-\alpha)^2}{(\alpha\beta)^2}=\frac{(\alpha+\beta)^2-4\alpha\beta}{(\alpha\beta)^2}=\frac{9-4}{1}=5$

(10) $\alpha+\frac{1}{\alpha}=\frac{\alpha^2+1}{\alpha}=\frac{3\alpha}{\alpha}=3$

(11) $\alpha^2+\frac{1}{\alpha^2}=(\alpha+\frac{1}{\alpha})^2-2=9-2=7$

(12) $\alpha^3+\frac{1}{\alpha^3}=(\alpha+\frac{1}{\alpha})(\alpha^2-1+\frac{1}{\alpha^2})=3\times(7-1)=18$

(13) $\alpha^3+2\alpha^2+\alpha+\frac{1}{\alpha}+\frac{2}{\alpha^2}+\frac{1}{\alpha^3}=(\alpha^3+\frac{1}{\alpha^3})+2(\alpha^2+\frac{1}{\alpha^2})+(\alpha+\frac{1}{\alpha})$
$=18+14+3=35$

예제 23 방정식 $x^3-2x^2-3x+1=0$의 세 근이 α, β, γ이므로
① $\alpha+\beta+\gamma=2$, $\alpha\beta+\beta\gamma+\gamma\alpha=-3$, $\alpha\beta\gamma=-1$
② $\alpha^3-2\alpha^2-3\alpha+1=0$이고, $\alpha^3-2\alpha^2-3\alpha=-1$이다.
$\beta^3-2\beta^2-3\beta+1=0$이고, $\beta^3-2\beta^2-3\beta=-1$이다.
$\gamma^3-2\gamma^2-3\gamma+1=0$이고, $\gamma^3-2\gamma^2-3\gamma=-1$이다.

(1) $\alpha^3 - 2\alpha^2 - 3\alpha = -1$

(2) $\gamma^3 - 2\gamma^2 - 3\gamma + 7 = -1 + 7 = 6$

(3) $\alpha + \beta + \gamma = 2$

(4) $\alpha\beta + \beta\gamma + \gamma\alpha = -3$

(5) $\alpha\beta\gamma = -1$

(6) $\alpha^2 + \beta^2 + \gamma^2 = (\alpha + \beta + \gamma)^2 - 2(\alpha\beta + \beta\gamma + \gamma\alpha) = 4 + 6 = 10$

(7) $$\begin{aligned}\alpha^3 + \beta^3 + \gamma^3 &= (\alpha + \beta + \gamma)(\alpha^2 + \beta^2 + \gamma^2 - \alpha\beta - \beta\gamma - \gamma\alpha) + 3\alpha\beta\gamma \\ &= (\alpha + \beta + \gamma)((\alpha + \beta + \gamma)^2 - 3(\alpha\beta + \beta\gamma + \gamma\alpha)) + 3\alpha\beta\gamma \\ &= 2 \times (4 - 3 \times (-3)) + 3 \times (-1) = 26 - 3 = 23\end{aligned}$$

(8) $$\begin{aligned}(1-\alpha)(1-\beta)(1-\gamma) &= (1 - \alpha - \beta + \alpha\beta)(1-\gamma) \\ &= 1 - (\alpha + \beta + \gamma) + (\alpha\beta + \beta\gamma + \gamma\alpha) - \alpha\beta\gamma \\ &= 1 - 2 + (-3) - (-1) = 3\end{aligned}$$

(9) $\dfrac{1}{\alpha} + \dfrac{1}{\beta} + \dfrac{1}{\gamma} = \dfrac{\beta\gamma + \gamma\alpha + \alpha\beta}{\alpha\beta\gamma} = \dfrac{-3}{-1} = 3$

(10) $$\begin{aligned}\frac{1}{\alpha^2} + \frac{1}{\beta^2} + \frac{1}{\gamma^2} &= \frac{\beta^2\gamma^2 + \gamma^2\alpha^2 + \alpha^2\beta^2}{(\alpha\beta\gamma)^2} \\ &= \frac{(\alpha\beta + \beta\gamma + \gamma\alpha)^2 - 2\alpha\beta\gamma(\alpha + \beta + \gamma)}{(\alpha\beta\gamma)^2} \\ &= \frac{9 - 2 \times (-1) \times 2}{(-1)^2} = \frac{14}{1} = 14\end{aligned}$$

예제 24 $x^3 - 1 = 0$의 한 허근이 ω이고, $x^3 - 1 = (x-1)(x^2 + x + 1) = 0$이므로

① $\omega^3 = 1$

② $\omega^2 + \omega + 1 = 0$ & $\omega^2 + \omega = -1$

③ $\omega + \dfrac{1}{w} = -1$이다.

(1) $\omega^3 = 1$

(2) $\omega^2 + \omega + 1 = 0$

(3) $\omega^{14} + \omega^{13} = (\omega^3)^4\omega^2 + (\omega^3)^4\omega = \omega^2 + \omega = -1$

(4) $\omega^{2n} + \omega^n$ 단 n은 정수

① $n = 3k$인 경우,

$\omega^{2(3k)} + \omega^{3k} = (\omega^3)^{2k} + (\omega^3)^k = 1 + 1 = 2$

② $n=3k+1$인 경우,

$\omega^{2(3k+1)}+\omega^{3k+1}=(\omega^3)^{2k}\omega^2+(\omega^3)^k\omega=\omega^2+\omega=-1$

③ $n=3k+2$인 경우,

$\omega^{2(3k+2)}+\omega^{3k+2}=(\omega^3)^{2k}\omega^4+(\omega^3)^k\omega^2=\omega^3\omega+\omega^2=\omega+\omega^2=-1$

(5) $$\frac{\omega^2}{1+\omega}+\frac{\omega}{\omega^2+1}=\frac{\omega^2(\omega^2+1)+\omega(1+\omega)}{(1+\omega)(\omega^2+1)}=\frac{\omega^4+\omega^2+\omega+\omega^2}{\omega^2+1+\omega^3+\omega}$$

$$=\frac{2(\omega^2+\omega)}{1}=-2$$

(6) $$\omega^{2016}+\frac{1}{\omega^{2016}}=(\omega^3)^{672}+\frac{1}{(\omega^3)^{672}}=1+1=2$$

CHAPTER 03 예제 풀이

예제 3 (1) X의 각 원소에 그 수의 배수인 Y의 원소를 대응시키므로 그림으로 나타내면 다음과 같다.

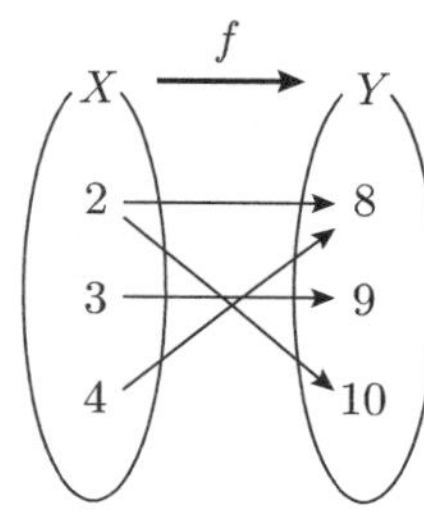

집합 $X = \{2,3,4\}$에 있는 원소 중 그 수의 배수에 Y에 있는 원소를 대응시키는 함수 f의 관계는 왼쪽의 그림과 같다. 즉 $f(2) = 8$, $f(2) = 10$, $f(3) = 9$, $f(4) = 8$이다.

그런데 집합 X에 있는 2는 집합 Y에 있는 원소 8와 10으로 대응되는 관계로 하나씩 대응하여야 한다는 정의에 위배되므로 X에서 Y로 대응되는 함수가 아니다.

(2) X의 각 원소에 그 수보다 7이 큰 수를 Y의 원소를 대응시키므로 그림으로 나타내면 다음과 같다.

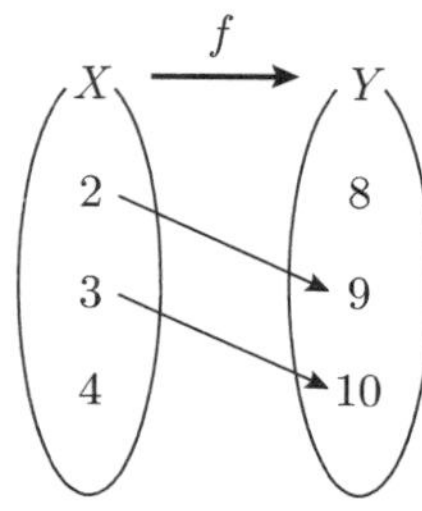

집합 $X = \{2,3,4\}$에 있는 원소 중 그 수보다 7이 큰 수를 Y에 있는 원소를 대응시키는 함수 f의 관계는 왼쪽의 그림과 같다. 즉 $f(2) = 9$, $f(3) = 10$이다.

그런데 집합X 에 있는 원소 4는 집합Y에 있는 원소에 대응되지 않는 관계로 X에서 Y로 대응되는 함수가 아니다.

(3) X의 각 원소에 그 수보다 6이 큰 수를 Y의 원소를 대응시키므로 그림으로 나타내면 다음과 같다.

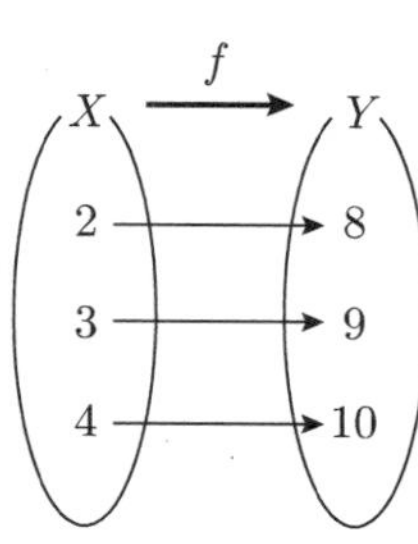

집합 $X = \{2,3,4\}$에 있는 원소 중 그 수보다 6이 큰 수를 Y에 있는 원소를 대응시키는 함수 f의 관계는 왼쪽의 그림과 같다. 즉 $f(2) = 8$, $f(3) = 9$, $f(4) = 10$이다.

따라서 집합X에 있는 원소 하나하나에 대하여 집합Y에 있는 원소에 하나씩 대응되는 관계로 X에서 Y로 대응되는 함수이다.

그러므로 정의역 $dom(f)$와 치역 $ran(f)$을 구할 수 있으며, $dom(f) = \{2,3,4\}$이고, $ran(f) = \{8,9,10\}$이다.

(4) X의 각 원소 중 짝수인 원소는 Y의 짝수인 원소에 대응시키고, X의 각 원소 중 홀수인 원소는 Y의 홀수인 원소에 대응시키므로 그림으로 나타내면 다음과 같다.

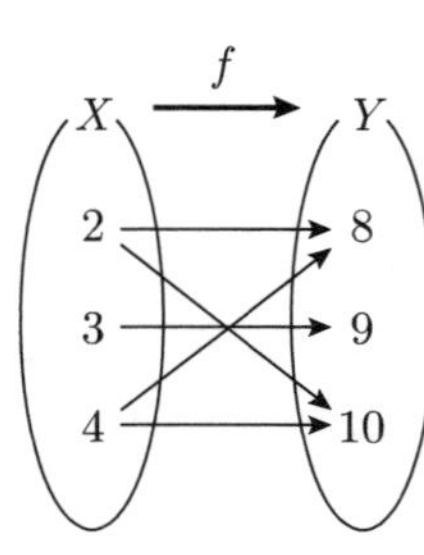

집합 $X = \{2,3,4\}$에 있는 원소 중 짝수인 원소는 Y의 짝수인 원소에 대응시키고, X의 각 원소 중 홀수인 원소는 Y의 홀수인 원소에 대응시키는 함수 f의 관계는 왼쪽의 그림과 같다. 즉 $f(2)=8$, $f(2)=10$, $f(3)=9$, $f(4)=8$, $f(4)=10$이다.
그런데 집합 X에 있는 2는 집합Y에 있는 원소 8와 10으로 대응되는 관계로 하나씩 대응하여야 한다는 정의에 위배되므로 X에서 Y로 대응되는 함수가 아니다.

예제 4

(1) 함수이며, 정의역 $dom(f) = \{1,2,3,4\}$, 치역 $ran(f) = \{a\}$, 공역 $Y = \{a,b\}$이다.

(2) 함수이며, 정의역 $dom(f) = \{1,2,3,4\}$, 치역 $ran(f) = \{a,b\}$, 공역 $Y = \{a,b\}$이다.

(3) 함수이며, 정의역 $dom(f) = \{1,2,3,4\}$, 치역 $ran(f) = \{a,b\}$, 공역 $Y = \{a,b\}$이다.

예제 5

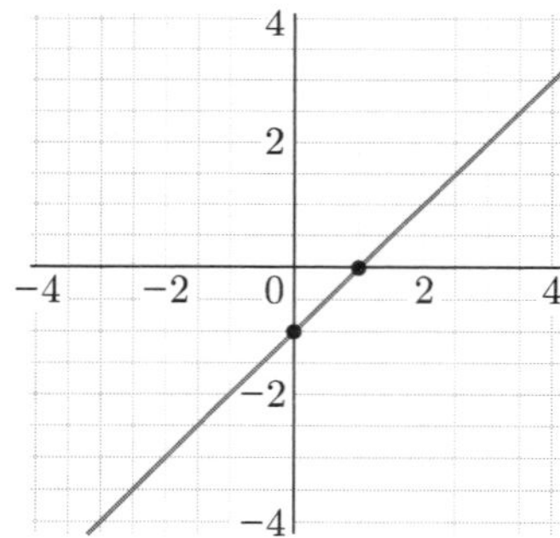

(1) 정의역, 공역, 치역 모두 실수의 집합 R

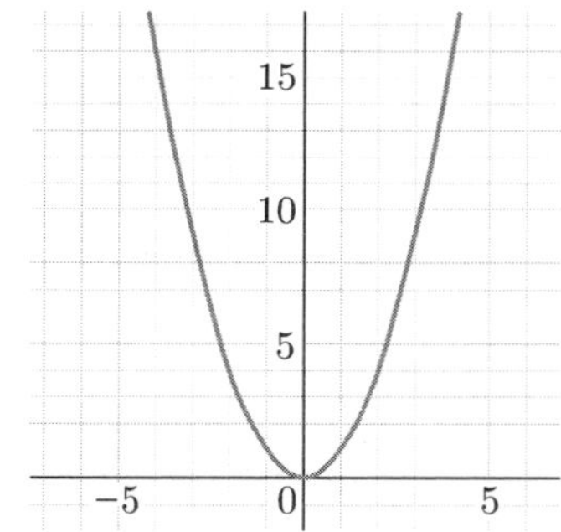

(2) 정의역과 공역은 실수의 집합 R이고, 치역은 음이 아닌 실수의 집합 즉 $\{y|y \geq 0\} = [0, \infty) = R^{+} \cup \{0\}$

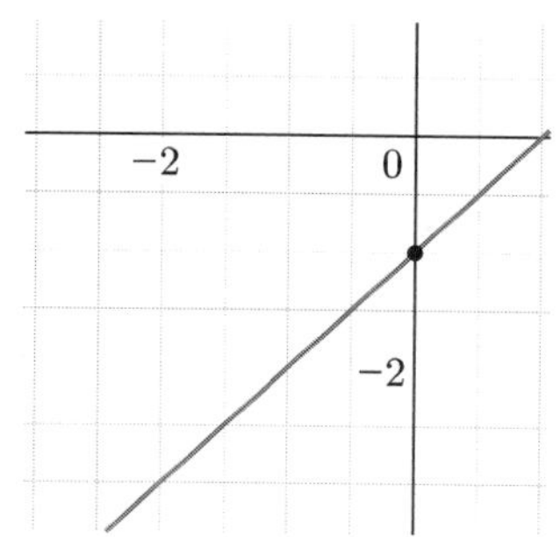

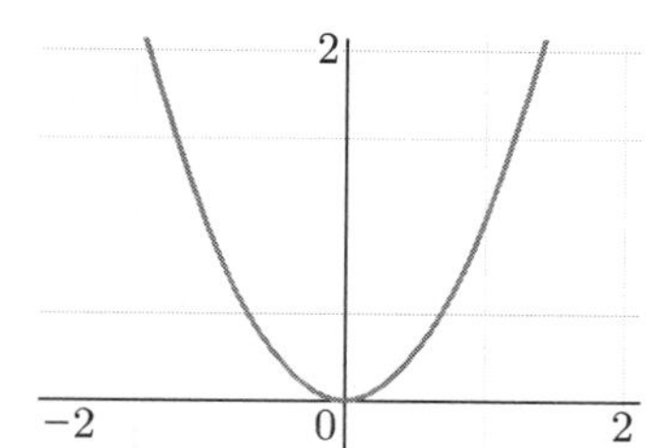

(3) 정의역은 $\{x|-3 \le x \le 1\} = [-3, 1]$,
공역은 실수의 집합 R
치역은 $\{y|-4 \le x \le 0\} = [-4, 0]$

(4) 정의역은 $\{x|-2 \le x \le 2\} = [-2, 2]$,
공역은 실수의 집합 R
치역은 $\{y|0 \le x \le 4\} = [0, 4]$

예제 6 R : 실수 전체의 집합

(1)

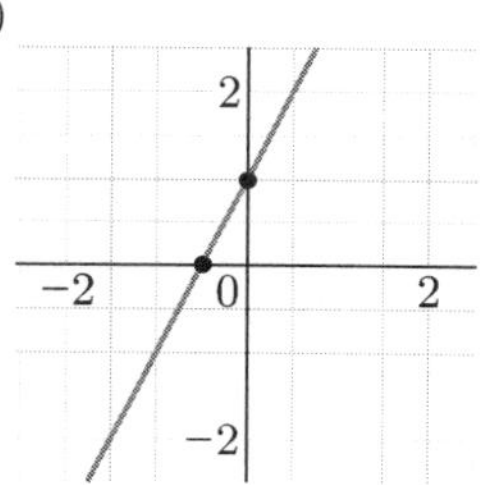

함수(0)
정의역 : $dom(f) = R$
치역 : $ran(f) = R$
공역 : $Y = R$

(2)

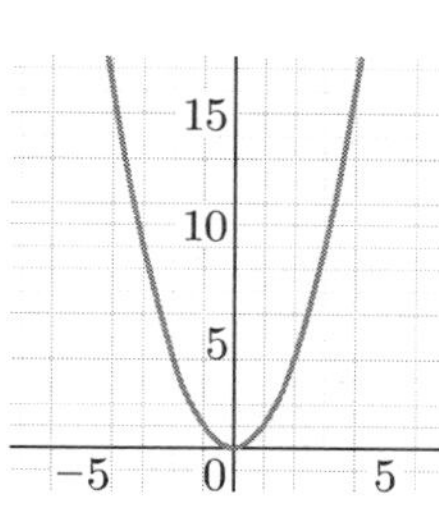

함수(0)
정의역 : $dom(f) = R$
치역 : $ran(f) = R^+ \cup \{0\}$
공역 : $Y = R$

(3)

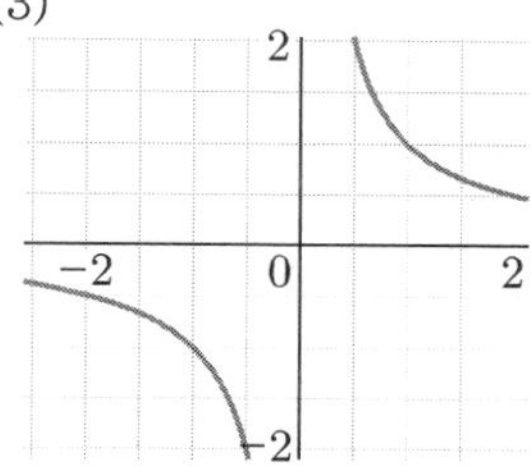

함수(X)
집합 X에 있는 원소 중 $x = 0$에 대응되는 공역 Y의 원소가 존재하지 않기 때문이다.

(4)

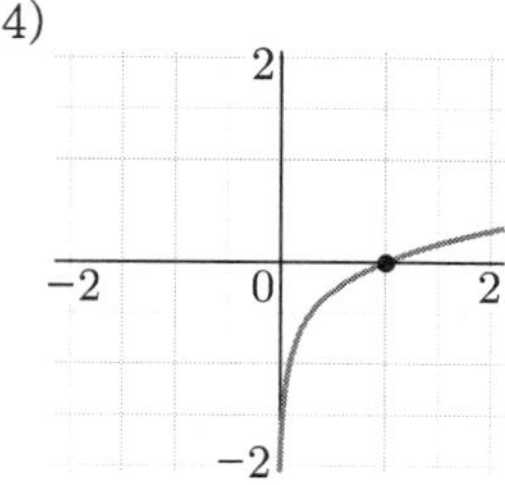

함수(X)
집합 X에 있는 원소 중 $x < 0$에 대응되는 공역 Y의 원소가 존재하지 않기 때문이다.

(5)

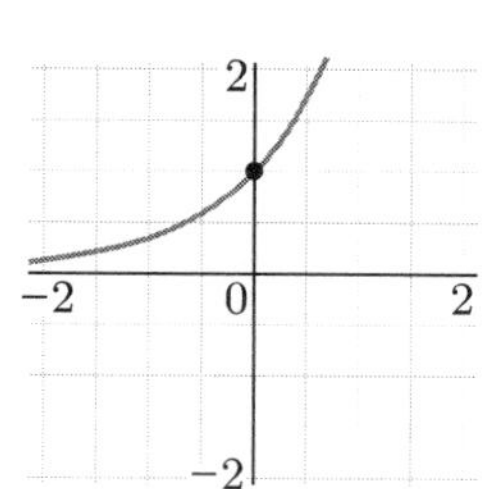

함수
정의역 : $dom(f) = R$
치역 :
$ran(f) = \{3^x | x \in R\} = R^+$
공역 : $Y = R$

(6)

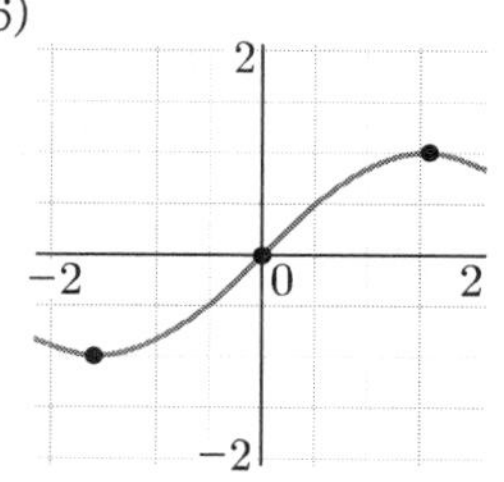

함수
정의역 : $dom(f) = R$
치역 : $ran(f) = [-1, 1]$
공역 : $Y = R$

예제 7 (1) $(f+g)(x)=f(x)+g(x)=2x-1+(-x+1)=x$

(2) $(f-g)(x)=f(x)-g(x)=2x-1-(-x+1)=3x-2$

(3) $(f\times g)(x)=f(x)\times g(x)=(2x-1)(-x+1)=-2x^2+3x-1$

(4) $\left(\frac{f}{g}\right)(x)=\frac{f(x)}{g(x)}=\frac{2x-1}{-x+1}$

예제 8 두 실변수함수 f, g가 상등이므로, $f(x)=g(x)$이다.
즉 $3x+b=ax-3$이므로, $a=3$, $b=-3$이다.

예제 9 정의역이 $X=\{1,-2\}$이므로 $f(1)=g(1)$, $f(-2)=g(-2)$이므로
$f(1)=4=g(1)=a+b$, $f(-2)=4=g(-2)=4a-2b$ 이다.
따라서 $2a+2b=8, 4a-2b=4$이므로, 두 식을 더하면 $6a=12$이므로 $a=2$이고,
$a+b=4$에 대입하면, $b=2$이다.

예제 10 합성함수가 성립하는지를 판정하기 위하여 두 실변수함수 $f(x)=x^2+1$, $g(x)=\sqrt{x-2}$의 정의역과 치역을 각각 구하면 다음과 같다.

함수	정의역	치역
$f(x)=x^2+1$	R	$[1,\infty)$
$g(x)=\sqrt{x-2}$	$[2,\infty)$	$[0,\infty)$

(1) $g\circ f(x)$은 성립하지 않음
왜냐하면 함수 f의 치역은 $[1,\infty)$이고, 함수 g의 정의역은 $[2,\infty)$이므로 함수 f의 치역이 함수 g의 정의역에 포함되지 않기 때문이다.

(2) $f(g(x))=f\circ g(x)$는 성립함
왜냐하면 함수 g의 치역은 $[0,\infty)$이고, 함수 f의 정의역은 R이므로 함수 g의 치역이 함수 f의 정의역에 포함되기 때문이다.

예제 11 세 실변수함수 f, g, h의 정의역과 치역은 다음과 같다.

(1) $g\circ f(x)$는 성립함

$$g\circ f(x)=g(f(x))=g(3x+1)=(3x+1)^2-2=9x^2+6x-1$$

(2) $f(g(x))$는 성립함

$$f(g(x))=f(x^2-2)=3(x^2-2)+1=3x^2-5$$

(3) $g \circ h(x)$는 성립함

$$g \circ h(x) = g(h(x)) = g(\sqrt{x+1}) = (\sqrt{x+1})^2 - 2 = x+1-2 = x-1$$

(4) $h(g(x))$는 성립함

$$h(g(x)) = h(x^2-2) = \sqrt{x^2-2+1} = \sqrt{x^2-1}$$

(5) $f \circ h(x)$는 성립함

$$f \circ h(x) = f(h(x)) = f(\sqrt{x+1}) = 3\sqrt{x+1}+1$$

(6) $h(f(x))$는 성립하지 않음

예제 12 (1) 주어진 함수 $(h \circ g \circ f)(x) = g(x)$에서 먼저 $g \circ f(x)$를 구하면 $g \circ f(x) = g(f(x)) = g(x+2) = 2(x+2)-1 = 2x+3$이다.
따라서 $(h \circ g \circ f)(x) = h(g(f(x))) = h(2x+3)$이므로
$h(2x+3) = 2x-1$이므로 $2x+3 = t$라 하면, $x = \dfrac{t-3}{2}$이다.
그러므로 $h(t) = 2 \cdot \dfrac{t-3}{2} - 1 = t-3-1 = t-4$이므로, $h(x) = x-4$가 된다.

(2) $f(f(x)) = f(\dfrac{x+1}{x-1}) = \dfrac{\dfrac{x+1}{x-1}+1}{\dfrac{x+1}{x-1}-1} = \dfrac{\dfrac{x+1+x-1}{x-1}}{\dfrac{x+1-(x-1)}{x-1}} = \dfrac{\dfrac{2x}{x-1}}{\dfrac{2}{x-1}} = \dfrac{2x}{x-1}$
이다.
따라서, $\dfrac{2x}{x-1} = \dfrac{1}{x}$이고, $2x^2 = x-1$이며, $2x^2 - x + 1 = 0$이다.
그러므로 $x = \dfrac{1 \pm \sqrt{7}i}{2}$이다.

(3) $f(\dfrac{x+1}{2}) = 3x-2$이므로 $t = \dfrac{x+1}{2}$라 하면, $x = 2t-1$이므로
$f(t) = 3(2t-1)-2 = 6t-5$가 되어, $f(x) = 6x-5$이다.
따라서

$$f(\frac{5x+3}{4}) = 6 \cdot \frac{5x+3}{4} - 5 = \frac{30x+18}{4} - 5 = \frac{30x+18-20}{4}$$
$$= \frac{30x-2}{4} = \frac{15x-1}{2}$$

이다.

예제 13 (1) 1−1 함수가 아니다.

왜냐하면, 정의역(X)에 있는 원소 $1 \neq 3$, 그런데 $f(1) = 8 = f(3)$이므로 1−1 함수의 정의에 맞지 않으므로 1−1 함수가 아니다.

(2) 1−1 함수이다.

왜냐하면, 정의역(X)에 있는 원소가 공역(Y)에 대응되는 원소가 각각 다르기 때문이다.

예제 14 수평선판정법을 이용하기 위하여 주어진 함수의 그래프를 그려야 하며, 그래프를 그린 후, 수평선을 그어 판정하면 된다.

(1) $y = 2x + 1$의 그래프는 아래와 같으며, 수평선을 그었을 때, 만나는 점이 1개 있으므로 $y = 2x + 1$는 1−1 함수이다.

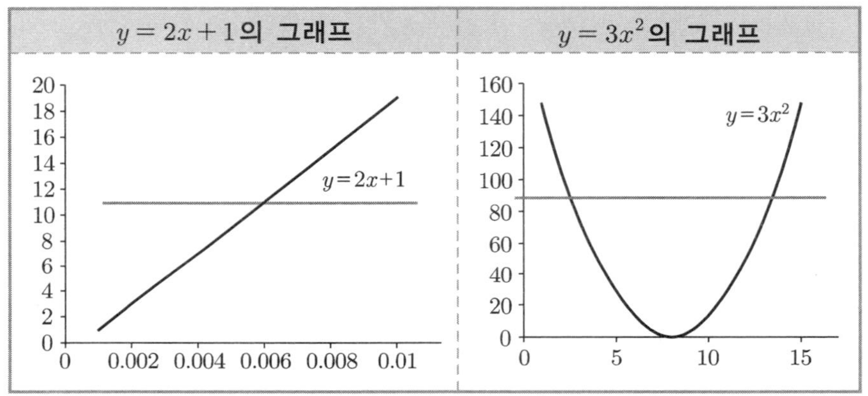

(2) $y = 3x^2$의 그래프는 위와 같으며, 수평선을 그었을 때, 만나는 점이 2개 있으므로 $y = 3x^2$는 1−1 함수가 아니다.

(3) $y = x^3 - x$의 그래프는 오른쪽과 같으며, 수평선을 그었을 때, 만나는 점이 1개 있는 점도 있지만 3개 있는 점도 있기에 $y = x^3 - x$는 1−1 함수가 아니다.

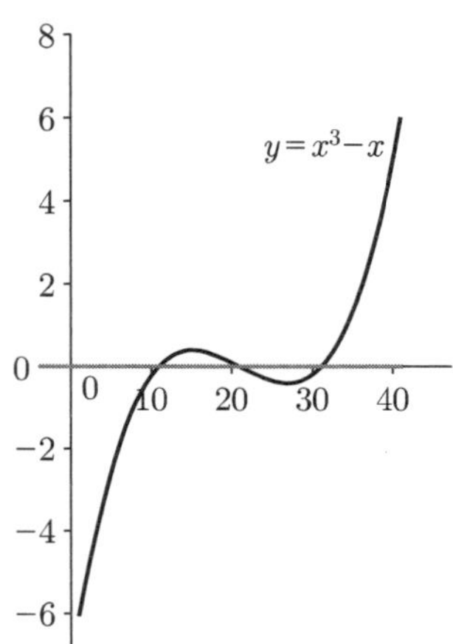

〈KEY〉 함수의 그래프는 x축(정의역)의 범위에 의해 결정된다.

예제 15 (1) 1–1 함수는 정의역(x축의 범위)과 관계가 있으며, $f(x)=(x-1)^2$의 특징은 $x=1$에 대칭이고 수평선판정법에 의하여 1–1 함수가 아니므로 정의역(x축의 범위)을 축소하여 1–1 함수가 되도록 하여야 한다. 1–1 함수로 만드는 방법은 $f(x)=(x-1)^2$이 $x=1$에 대칭이므로 정의역(x축의 범위)를 실수(R)에서 $x \geq 1([1,\infty])$ 또는 $x \leq 1([-\infty,1])$으로 정의역을 축소하여야 한다.

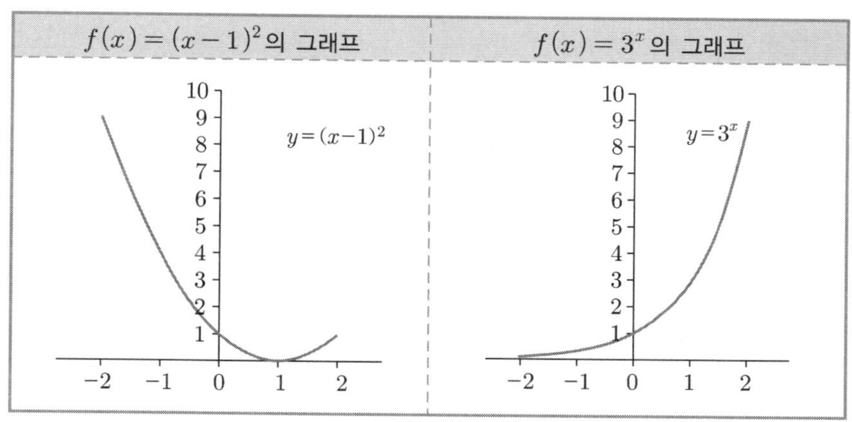

(2) 1–1 함수는 정의역(x축의 범위)과 관계가 있으며, $f(x)=3^x$의 특징은 증가함수이고 수평선판정법에 의하여 1–1 함수이므로 정의역의 범위를 그대로 설정하면 된다.

따라서 1–1 함수로 만드는 방법은 $f(x)=3^x$이 1–1 함수이므로 정의역(x축의 범위)을 실수(R)로 설정하면 된다.

(3) 1–1 함수는 정의역(x축의 범위)과 관계가 있으며, $f(x)=\sin x$의 특징은 주기함수이고 수평선판정법에 의하여 1–1 함수가 아니므로 정의역의 범위를 축소하여야 한다.

1–1 함수로 만드는 방법은 $f(x)=\sin x$이 원점에 대칭이므로 정의역(x축의 범위)을 를 실수(R)에서 $[-\frac{\pi}{2},\frac{\pi}{2}]$로 정의역을 축소하여야 한다.

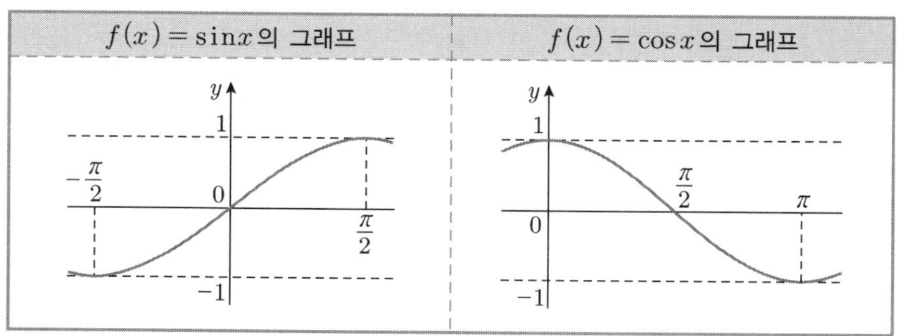

(4) 1–1 함수는 정의역(x축의 범위)과 관계가 있으며, $f(x)=\cos x$의 특징은 주기함수이고 수평선판정법에 의하여 1–1 함수가 아니므로 정의역의 범위를 축소하여야 한다.

1–1 함수로 만드는 방법은 $f(x)=\cos x$이 y축에 대칭이므로 정의역(x축의 범위)를 실수(R)에서 $[0, \pi]$로 정의역을 축소하여야 한다.

예제 16 전사함수는 공역과 치역이 같아야 하므로 주어진 조건에서 공역과 치역을 비교하여 전사함수 여부를 판단하면 된다.

(1) 공역 $= Y = \{1,2,3,4\}$
치역 $= R = \{1,2,3\}$, 따라서, 공역$\neq$치역이므로 전사함수가 아니다.

(2) 공역 $= Y = \{1,2,3,4\}$
치역 $= R = \{1\}$, 따라서, 공역$\neq$치역이므로 전사함수가 아니다.

(3) 공역 $= Y = \{1,2,3,4\}$
치역 $= R = \{1,4\}$, 따라서, 공역$\neq$치역이므로 전사함수가 아니다.

(4) 공역 $= Y = \{1,2,3,4\}$
치역 $= R = \{1,2,3,4\}$, 따라서, 공역$=$치역이므로 전사함수이다.

예제 17 실변수함수의 공역은 실수 전체의 집합 R이며, 치역은 그래프가 그려진 y축의 범위를 생각하면 된다.

(1) $y=2x+1$의 그래프가 그려진 y축의 범위는 실수 전체의 집합 R이므로 전사함수이다.

(2) $y=-x+1$의 그래프가 그려진 y축의 범위는 실수 전체의 집합 R이므로 전사함수이다.

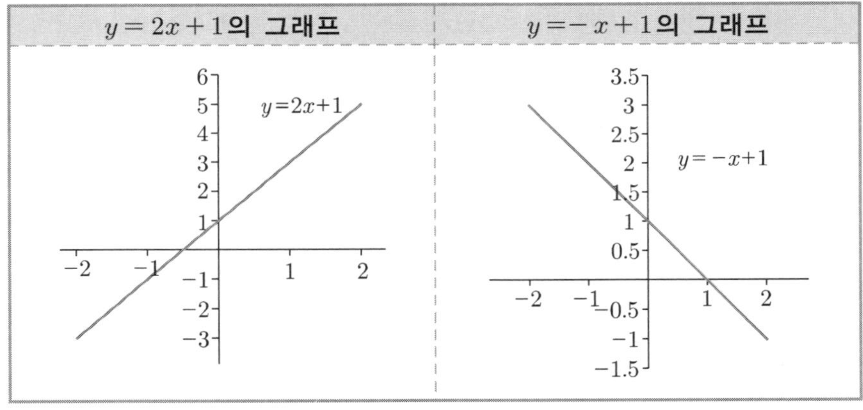

(3) $y = x^2$의 그래프가 그려진 y축의 범위는 $y \geq 0$[또는 $[0, \infty]$]이므로 공역과 치역이 같지 않아 전사 함수가 아니다.

(4) $y = -x^2$의 그래프가 그려진 y축의 범위는 $y \leq 0$[또는 $[-\infty, 0]$]이므로 공역과 치역이 같지 않아 전사 함수가 아니다.

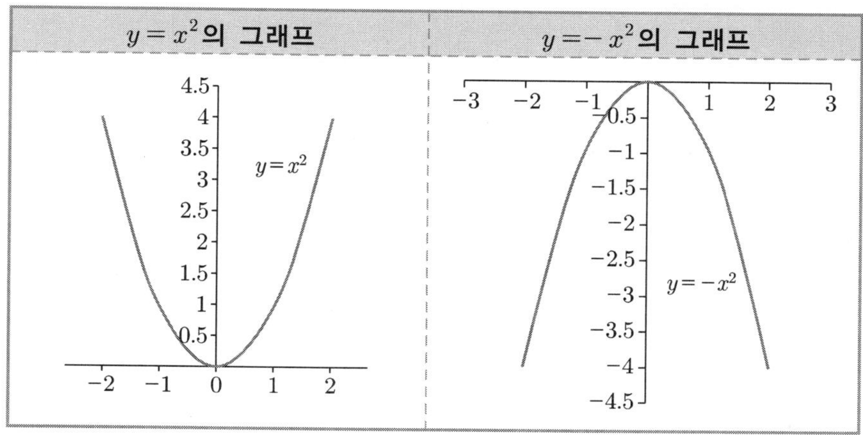

(5) $y = x^3$의 그래프가 그려진 y축의 범위는 실수 전체의 집합 R이므로 전사 함수이다.

(6) $y = -x^3$의 그래프가 그려진 y축의 범위는 실수 전체의 집합 R이므로 전사함수이다.

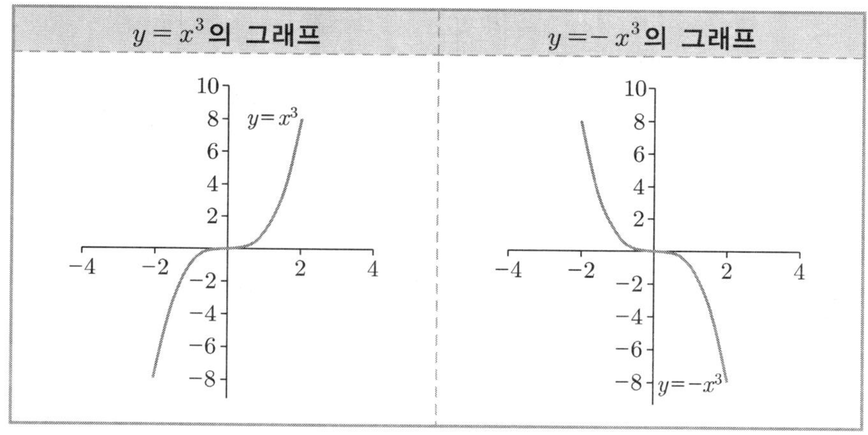

예제 18 실변수함수의 공역은 실수 전체의 집합 R 이므로 전사 함수가 되기 위해서는 공역을 축소하여 치역과 같은 범위로 설정을 해야 하며, 치역은 그래프가 그려진 y축의

범위를 생각하면 되므로 그래프를 그려 문제를 해결하여야 한다.

(1) 공역 : R

치역 : $[0, \infty) = R^+ \cup \{0\}$이므로 공역$\neq$치역이므로 공역을 축소하여 치역과 같게 설정하여야 전사 함수가 되므로 공역을 $[0, \infty] = R^+ \cup \{0\}$로 하면 된다.

(2) 공역 : R

치역 : $[-4, \infty)$이므로 공역$\neq$치역이므로 공역을 축소하여 치역과 같게 설정하여야 전사 함수가 되므로 공역을 $[-4, \infty)$로 하면 된다.

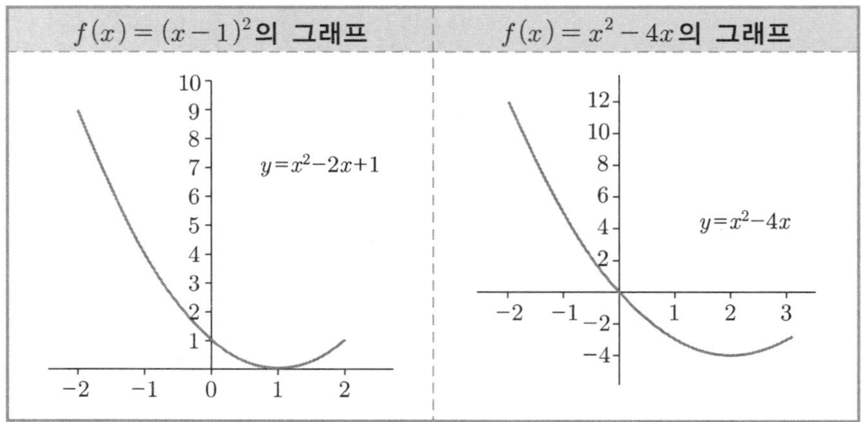

(3) 공역 : R

치역 : $[-11, \infty)$이므로 공역$\neq$치역이므로 공역을 축소하여 치역과 같게 설정하여야 전사 함수가 되므로 공역을 $[-11, \infty)$로 하면 된다.

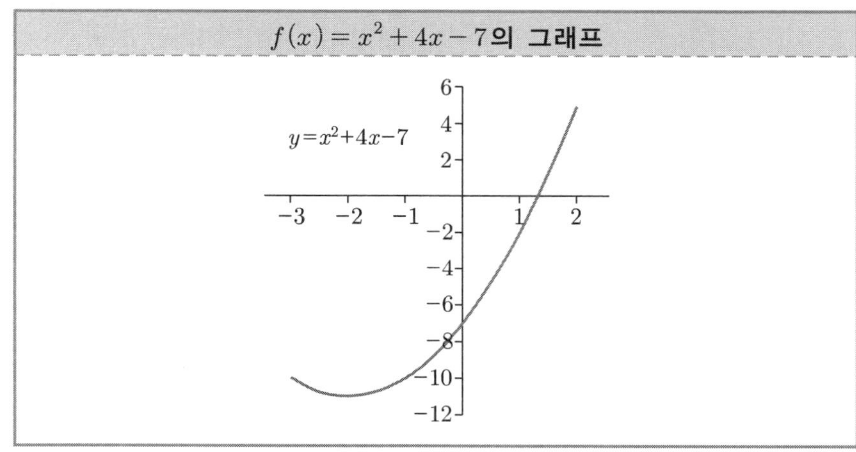

예제 19 1–1 대응은 1–1 함수이면서 전사 함수가 되어야 하므로 주어진 조건에서 1–1 함수 또는 전사 함수 여부를 판단하면 된다.

(1) 1–1 대응이 아니다.
왜냐하면

① 1–1 함수가 아니다.
왜냐하면, 정의역(X)의 원소 $a \neq b$, $f(a)=1=f(b)$로 1–1 함수의 정의에 맞지 않기 때문이다.

② 전사함수가 아니다.
왜냐하면, 공역 $= Y = \{1,2,3,4\}$, 치역 $= R = \{1,2,3\}$ 이므로 공역$\neq$ 치역이므로 전사함수가 아니다.

(2) 1–1 대응이 아니다.
왜냐하면

① 1–1 함수가 아니다.
왜냐하면, 정의역(X)의 원소 $a \neq b$, $f(a)=1=f(b)$로 1–1 함수의 정의에 맞지 않기 때문이다.

② 전사함수가 아니다.
왜냐하면, 공역 $= Y = \{1,2,3,4\}$, 치역 $= R = \{1\}$ 이므로 공역$\neq$ 치역이므로 전사함수가 아니다.

(3) 1–1 대응이 아니다.
왜냐하면

① 1–1 함수가 아니다.
왜냐하면, 정의역(X)의 원소 $a \neq b$, $f(a)=1=f(b)$로 1–1 함수의 정의에 맞지 않기 때문이다.

② 전사함수가 아니다.
왜냐하면, 공역 $= Y = \{1,2,3,4\}$, 치역 $= R = \{1,4\}$ 이므로 공역$\neq$ 치역이므로 전사함수가 아니다.

(4) 1–1 대응이다.
왜냐하면, 정의역(X)의 원소들이 공역(Y)의 원소에 하나씩 대응(1–1 함수)하며, 공역=치역이기 때문이다.

예제 20 1–1 대응은 1–1 함수이면서 전사 함수가 되어야 하므로 그래프를 그려 1–1 함수 또는 전사 함수 여부를 판단하면 된다. 주어진 함수들은 실수를 변수로 각는 함수이므로 정의역과 공역이 실수(R)인 함수이다.

(1) $y = 2x + 1$의 그래프는 아래와 같으며, 수평선판정법에 의하여 1–1 함수이며, 공역은 실수(R)이며, 치역(그래프가 그려진 y축의 범위)도 실수(R)이므로 1–1 대응이다.

(2) $y = x^2$의 그래프는 아래와 같으며, 수평선판정법에 의하여 1–1 함수가 아니므로 수평선판정법을 만족하도록 정의역의 범위를 $[0, \infty)$ 또는 $(-\infty, 0]$로 축소하여야 하며, 공역이 실수(R)이므로 치역(그래프가 그려진 y축의 범위)에 맞게 공역=치역이 되도록 공역을 $[0, \infty)$로 축소하여야 한다.
즉 주어진 함수가 1–1 대응이 되도록 정의역과 공역을 모두 축소하여 다음과 같은 함수가 되도록 하여야 한다.

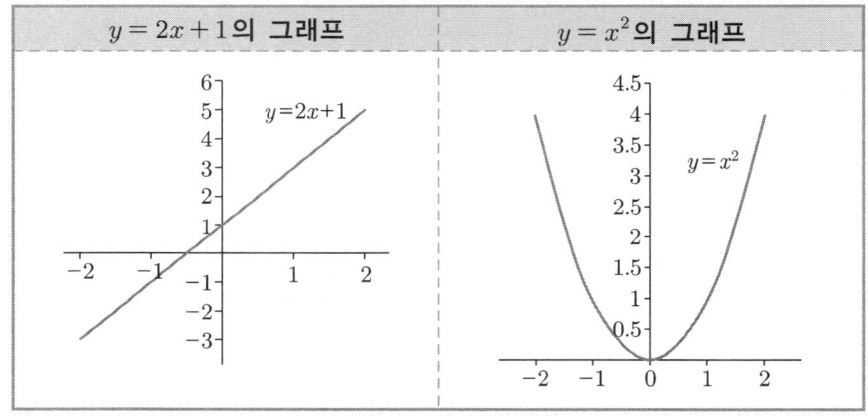

① $f: [0, \infty) \to [0, \infty)$
$x \to x^2$

② $f: (-\infty, 0] \to [0, \infty)$
$x \to x^2$

(3) $y = x^3$의 그래프는 아래와 같으며, 수평선판정법에 의하여 1–1 함수이며, 공역은 실수(R)이며, 치역(그래프가 그려진 y축의 범위)도 실수(R)이므로 1–1 대응이다.

(4) $y = \dfrac{1}{x}$의 그래프는 아래와 같으며, 수평선판정법에 의하여 1–1 함수이며, 공역은 실수(R)이며, 치역(그래프가 그려진 y축의 범위)도 실수(R)이므로 1–1 대응이다.

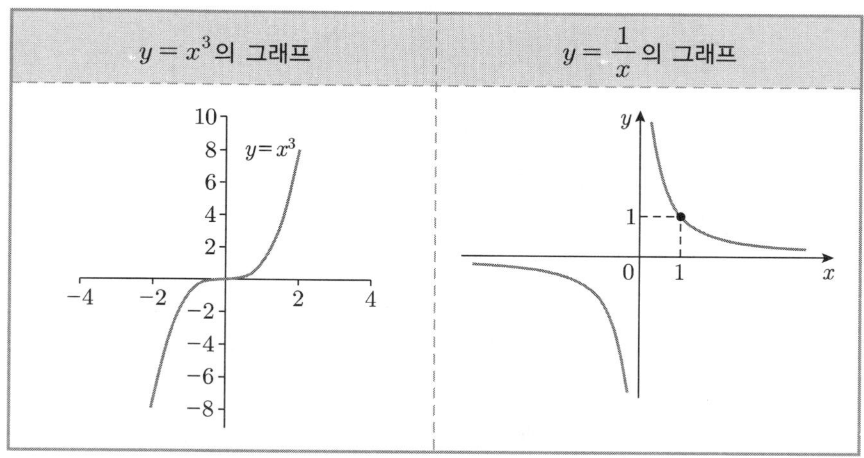

(5) $y=\sin x$의 그래프는 아래와 같으며, 수평선판정법에 의하여 1-1함수가 아니므로 수평선판정법을 만족하도록 정의역의 범위를 $[-\frac{\pi}{2}, \frac{\pi}{2}]$로 축소하여야 하며, 공역이 실수($R$)이므로 치역(그래프가 그려진 y축의 범위)에 맞게 공역 =치역이 되도록 공역을 $[-1, 1]$로 축소하여야 한다.
즉 주어진 함수가 1-1 대응이 되도록 정의역과 공역을 모두 축소하여 다음과 같은 함수가 되도록 하여야 한다.

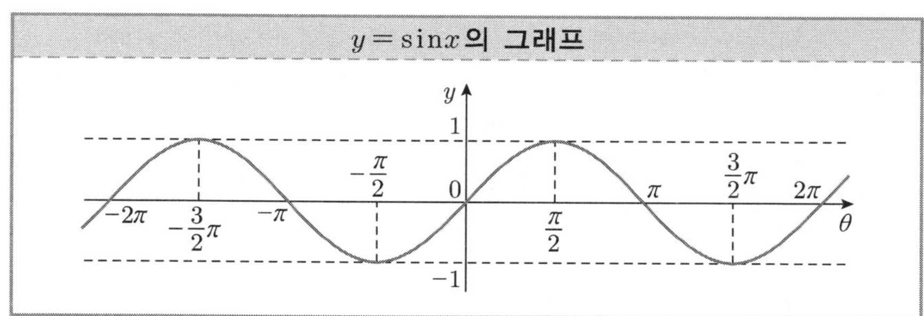

$$f: [-\frac{\pi}{2}, \frac{\pi}{2}] \to [-1, 1]$$
$$x \to \sin x$$

(6) $y=\cos x$의 그래프는 아래와 같으며, 수평선판정법에 의하여 1-1함수가 아니므로 수평선판정법을 만족하도록 정의역의 범위를 $[0, \pi]$로 축소하여야 하며, 공역이 실수(R)이므로 치역(그래프가 그려진 y축의 범위)에 맞게 공역 =치역이 되도록 공역을 $[-1, 1]$로 축소하여야 한다.
즉 주어진 함수가 1-1 대응이 되도록 정의역과 공역을 모두 축소하여 다음과 같은 함수가 되도록 하여야 한다.

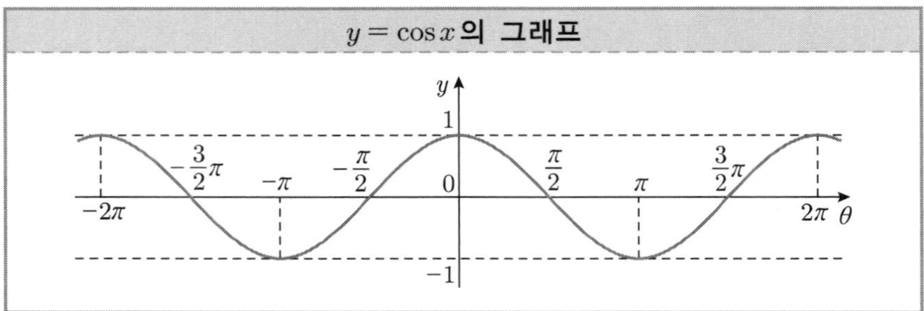

$$f: [0, \pi] \to [-1, 1]$$
$$x \to \cos x$$

(7) $y = \tan x$의 그래프는 아래와 같으며, 수평선판정법에 의하여 1–1함수가 아니므로 수평선판정법을 만족하도록 정의역의 범위를 $(-\frac{\pi}{2}, \frac{\pi}{2})$로 축소하여야 하며, 공역은 실수($R$)이며, 치역(그래프가 그려진 y축의 범위)도 실수(R)이므로 전사함수이다.

즉 주어진 함수가 1–1 대응이 되도록 정의역을 축소하여 다음과 같은 함수가 되도록 하여야 한다.

$$f: (-\frac{\pi}{2}, \frac{\pi}{2}) \to R$$
$$x \to \tan x$$

(8) $y = e^x$의 그래프는 아래와 같으며, 수평선판정법에 의하여 1–1함수이며, 공역은 실수(R)이며, 치역(그래프가 그려진 y축의 범위)에 맞게 공역 =치역이 되도록 공역을 $R^+ = (0, \infty)$로 축소하여야 한다.

즉 주어진 함수가 1–1 대응이 되도록 정의역을 모두 축소하여 다음과 같은 함수가 되도록 하여야 한다.

$$f: R \to R^+$$
$$x \to e^x$$

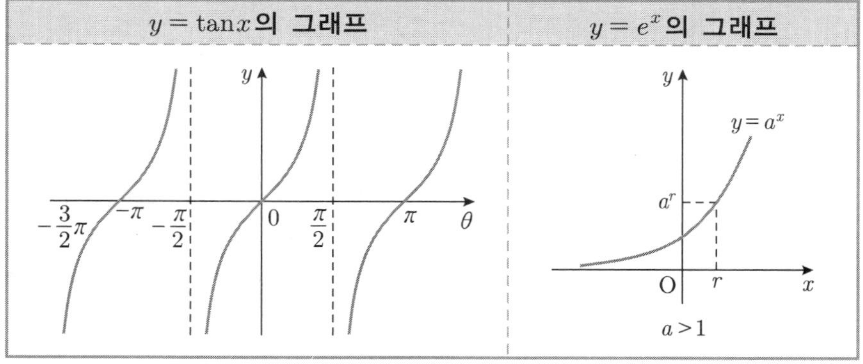

(9) $y = \log x$ 의 그래프는 아래와 같으며, 수평선판정법에 의하여 1-1 함수가 아니므로 수평선판정법을 만족하도록 정의역의 범위를 $R^+ = (0, \infty)$로 축소하여야 하며, 공역은 실수(R)이며, 치역(그래프가 그려진 y축의 범위)도 실수(R)이므로 전사함수이다.

즉 주어진 함수가 1-1 대응이 되도록 정의역을 축소하여 다음과 같은 함수가 되도록 하여야 한다.

$$\begin{aligned} f: R^+ &\rightarrow R \\ x &\rightarrow \log x \end{aligned}$$

$y = \log x$의 그래프

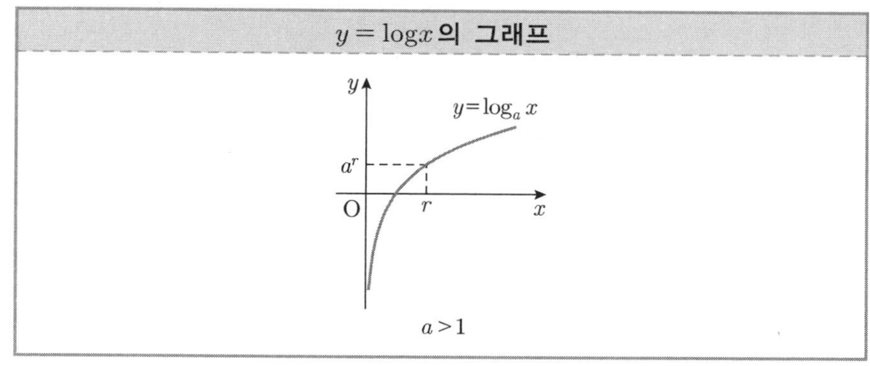

예제 21

(1) $X \approx Y$ (대등)

집합 X와 집합 Y의 원소가 각각 4개이므로 1-1 대응이 되는 함수를 만들 수 있으므로

(2) 대등이 아니다.

집합 X의 원소는 4개, 집합 Y의 원소는 2개이므로 1-1 대응이 되는 함수를 만들 수 없으므로

(3) $X \approx Y$ (대등)

집합 $X = [0, 1]$ 의 범위와 집합 $Y = [0, 3]$ 의 범위에 맞는 1차 함수의 그래프를 만들 수 있기 때문이다.

예제 22

(1) 자연수의 집합 $N = \{1, 2, 3, \cdots\}$이고, 집합 $E = \{2n \mid n \in N\} = \{2, 4, 6, \cdots\}$ 이므로

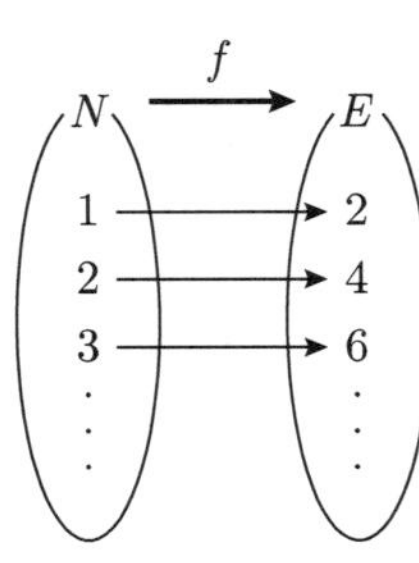

N(자연수의 집합)에서 왼쪽과 같이 집합 E로 대응되는 관계를 고려하면,

$$f(1) = 2$$
$$f(2) = 4$$
$$f(3) = 6$$

임 함수관계는 $y = 2x$이므로, 1–1 대응이 되며 집합 N과 E는 대등이 된다.

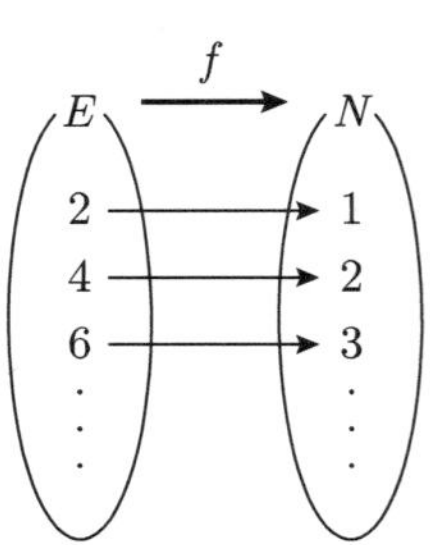

집합 E에서 왼쪽과 같이 N(자연수의 집합)로 대응되는 관계를 고려하면,

$$f(2) = 1$$
$$f(4) = 2$$
$$f(6) = 3$$

임 함수관계는 $y = \frac{1}{2}x$이므로, 1–1 대응이 되며 집합 E와 N은 대등이 된다.

(2) (1)과 같은 방법에 의하여
N과 O, O과 N은 대등이 된다.

예제 26 실변수함수는 정의역과 공역이 모두 실수인 함수를 말하며, 1차 함수는 1–1 대응이 되므로 x와 y를 바꾼 후 y에 대하여 정리하면 된다. 2차 함수는 1–1 대응이 되지 않으므로 1–1 대응이 되도록 정의역과 공역의 범위를 축소한 후, x와 y를 바꾼 후 y에 대하여 정리하면 된다. (단, 범위에 유의)

(1) $y = 2x + 1$에서 x와 y를 바꾼다.
$x = 2y + 1$을 y에 대하여 정리하면 구하고자 하는 역함수를 구할 수 있다.
즉 $y = \frac{1}{2}(x-1) = f^{-1}(x)$이다.

(2) $y = -3x - 1$에서 x와 y를 바꾼다.
$x = -3y - 1$을 y에 대하여 정리하면 구하고자 하는 역함수를 구할 수 있다.
즉 $y = -\frac{1}{3}(x+1) = f^{-1}(x)$이다.

(3) $y = x^2$의 함수는 1–1 함수가 아니므로 정의역의 범위를 $[0, \infty)$ 또는 $(-\infty, 0]$, 공역의 범위를 $[0, \infty)$으로 축소하여야 1–1 대응이 된다.
첫째, 정의역이 $[0, \infty)$, 공역이 $[0, \infty)$인 경우,

$$f:[0,\infty)\to[0,\infty) \quad 1\text{-}1 \text{ 대응}$$
$$x \to x^2$$

〈참고〉 $[0,\infty) = R^+ \cup \{0\} = \{x \ge 0 \mid x \in R\}$

$y = x^2$에서 x와 y를 바꾼다.

$x = y^2$(단, $y \ge 0$)을 y에 대하여 정리하면 구하고자 하는 역함수를 구할 수 있다.

즉 $y^2 = x$이고, $y = \pm\sqrt{x}$에서 $y \ge 0$이므로 $y = \sqrt{x} = f^{-1}(x)$ 이다.

둘째, 정의역이 $(-\infty, 0]$, 공역이 $[0,\infty)$인 경우,

$$f:(-\infty,0]\to[0,\infty) \quad 1\text{-}1 \text{ 대응}$$
$$x \to x^2$$

〈참고〉 $(-\infty,0] = R^- \cup \{0\} = \{x \le 0 \mid x \in R\}$

$y = x^2$에서 x와 y를 바꾼다.

$x = y^2$(단, $y \le 0$)을 y에 대하여 정리하면 구하고자 하는 역함수를 구할 수 있다.

즉 $y^2 = x$이고, $y = \pm\sqrt{x}$에서 $y \le 0$이므로 $y = -\sqrt{x} = f^{-1}(x)$이다.

(4) $y = x^2 - 2x$의 함수는 1-1 함수가 아니므로 정의역의 범위를 $[1,\infty)$ 또는 $(-\infty, 1]$, 공역의 범위를 $[-1,\infty)$으로 축소하여야 1-1 대응이 된다.

첫째, 정의역이 $[1,\infty)$, 공역이 $[-1,\infty)$인 경우,

$$f:[1,\infty)\to[-1,\infty) \quad 1\text{-}1 \text{ 대응}$$
$$x \to x^2-2x$$

〈참고〉 $[1,\infty) = \{x \ge 1 \mid x \in R\}$

$y = x^2 - 2x = (x-1)^2 - 1$에서 x와 y를 바꾼다.

$x = (y-1)^2 - 1$(단, $y \ge 1$)을 y에 대하여 정리하면 구하고자 하는 역함수를 구할 수 있다.

즉 $(y-1)^2 = x+1$이고, $y - 1 = \pm\sqrt{x+1}$에서 $y \ge 1$이므로 $y = \sqrt{x+1} + 1 = f^{-1}(x)$ 이다.

둘째, 정의역이 $(-\infty, 1]$, 공역이 $[-1,\infty)$인 경우,

$$f:(-\infty,1]\to[-1,\infty) \quad 1\text{-}1 \text{ 대응}$$
$$x \to x^2-2x$$

〈참고〉 $(-\infty,1] = \{x \le 1 \mid x \in R\}$

$y = x^2 - 2x = (x-1)^2 - 1$에서 x와 y를 바꾼다.

$x = (y-1)^2 - 1$(단, $y \le 1$)을 y에 대하여 정리하면 구하고자 하는 역함수를 구할 수 있다.

즉 $(y-1)^2 = x+1$이고, $y - 1 = \pm\sqrt{x+1}$에서 $y \le 1$이므로 $y = -\sqrt{x+1} + 1 = f^{-1}(x)$이다.

(5) $y = x^2 - 2x + 3$의 함수는 1-1 함수가 아니므로 정의역의 범위를 $[1,\infty)$ 또는

$(-\infty, 1]$, 공역의 범위를 $[2, \infty)$으로 축소하여야 1–1 대응이 된다.

첫째, 정의역이 $[1, \infty)$, 공역이 $[2, \infty)$인 경우,

$$f : [1, \infty) \to [-1, \infty)$$
$$x \ \to \ x^2 - 2x + 3$$
1–1 대응 **〈참고〉** $[1, \infty) = \{x \geq 1 | x \in R\}$

$y = x^2 - 2x + 3 = (x-1)^2 + 2$에서 x와 y를 바꾼다.

$x = (y-1)^2 + 2$(단, $y \geq 1$)을 y에 대하여 정리하면 구하고자 하는 역함수를 구할 수 있다.

즉 $(y-1)^2 = x - 2$이고, $y - 1 = \pm\sqrt{x-2}$에서 $y \geq 1$이므로

$y = \sqrt{x-2} + 1 = f^{-1}(x)$ 이다.

둘째, 정의역이 $(-\infty, 1]$, 공역이 $[2, \infty)$인 경우,

$$f : [1, \infty) \to [-1, \infty)$$
$$x \ \to \ x^2 - 2x + 3$$
1–1 대응 **〈참고〉** $[1, \infty) = \{x \geq 1 | x \in R\}$

$y = x^2 - 2x + 3 = (x-1)^2 + 2$에서 x와 y를 바꾼다.

$x = (y-1)^2 + 2$(단, $y \leq 1$)을 y에 대하여 정리하면 구하고자 하는 역함수를 구할 수 있다.

즉 $(y-1)^2 = x - 2$이고, $y - 1 = \pm\sqrt{x-2}$에서 $y \leq 1$이므로

$y = -\sqrt{x-2} + 1 = f^{-1}(x)$이다.

예제 27

(1) $g \circ f(x) = g(f(x)) = g(3x+2) = \frac{1}{3}(3x+2) - \frac{2}{3} = x$

(2) $f \circ g(x) = f(g(x)) = f(\frac{1}{3}x - \frac{2}{3}) = 3(\frac{1}{3}x - \frac{2}{3}) + 2 = x$

예제 28

$f^{-1}(3) = 2$이므로 $f(2) = 3$이다.
따라서 $f(2) = 8 + b = 3$이므로 $b = -5$이다.

예제 29

(1) $f(x) = x + 2$이므로 $y = x + 2$이고, 1차 함수는 1–1 대응이므로 x와 y를 바꾼 후 y에 대하여 정리하면 된다. 따라서 $x = y + 2$이므로 $y = x - 2 = f^{-1}(x)$ 이다.

(2) $g(x) = 2x - 1$이므로 $y = 2x - 1$이고, 1차 함수는 1–1 대응이므로 x와 y를 바꾼 후 y에 대하여 정리하면 된다. 따라서 $x = 2y - 1$이므로
$y = \frac{1}{2}(x+1) = g^{-1}(x)$ 이다.

(3) $(f \circ g)^{-1}(x)$를 구하는 문제이므로 먼저 $f \circ g(x)$를 구하면,
$f \circ g(x) = f(g(x)) = f(2x-1) = 2x - 1 + 2 = 2x + 1$이므로 $y = 2x + 1$라

하면, 1차 함수는 1–1 대응이므로 x와 y를 바꾼 후 y에 대하여 정리하면 된다.
따라서 $x=2y+1$이므로 $y=\frac{1}{2}(x-1)=\frac{1}{2}x-\frac{1}{2}=(f\circ g)^{-1}(x)$ 이다.

(4) $(f^{-1}\circ g^{-1})(x)=f^{-1}(g^{-1}(x))=f^{-1}(\frac{1}{2}(x+1))$

$$=\frac{1}{2}(x+1)-2=\frac{1}{2}x-\frac{3}{2}$$

(5) $(g^{-1}\circ f^{-1})(x)=g^{-1}(f^{-1}(x))=g^{-1}(x-2)=\frac{1}{2}(x-2)+\frac{1}{2}=\frac{1}{2}x-\frac{1}{2}$

예제 30 직선 $y=x$에 대칭 이동한 방정식은 주어진 함수의 역함수를 구하는 문제

(1) $y=x^2\ (x\le 0)$에서 x와 y를 바꾸어 쓰면, $x=y^2\ (y\le 0)$이다.
따라서 $y=\pm\sqrt{x}$가 되는데 $y\le 0$이므로 $y=-\sqrt{x}$가 된다.

(2) $y=x^2-2x-1\ (x\le 1)$에서 x와 y를 바꾸어 쓰면, $x=y^2-2y-1\ (y\le 1)$이다.
따라서 $y^2-2y+1=(y-1)^2=x+2$이므로 $y-1=\pm\sqrt{x+1}$이고 $y\le 1$이므로 $y-1=-\sqrt{x+1}$이다. 그러므로 $y=-\sqrt{x+1}+1$이다.

예제 31 (1) $x=t-1$에서 $t=x+1$이므로 $y=t^2$에 대입하면, $y=(x+1)^2$이다.

(2) $x=2t+1$에서 $2t=x-1$이고 $t=\frac{x-1}{2}$이므로 $y=\sqrt{t^2-1}$에 대입하면
$y=\sqrt{t^2-1}=\sqrt{\left(\frac{x-1}{2}\right)^2-1}=\sqrt{\frac{(x-1)^2-4}{4}}$이고 양변을 제곱하면
$4y^2=(x-1)^2-4$이므로 $(x-1)^2-4y^2=4$이다.

(3) $x=\sqrt{2}\,t$에서 $t=\frac{x}{\sqrt{2}}$이므로 $y=\frac{1}{3}t^3-2t$에 대입하면,
$y=\frac{1}{3}\left(\frac{x}{\sqrt{2}}\right)^3-2\left(\frac{x}{\sqrt{2}}\right)=\frac{1}{6\sqrt{2}}x^3-\sqrt{2}\,x$이다.

(4) $x=3\sin t$, $y=3\cos t$에서 양변을 제곱하여 더하면
$x^2+y^2=9\sin^2 t+9\cos^2 t=9(\sin^2 t+\cos^2 t)=9$이므로 $x^2+y^2=9$이다.

예제 32 직교좌표 $P(x,y)\ \Rightarrow$ 극좌표 $P(r,\theta)$

(1) 직교좌표가 $(\sqrt{3},1)$이므로 $x=\sqrt{3}$, $y=1$이므로 극좌표를 $P(r,\theta)$라고 하면
① $r^2=x^2+y^2$이므로 $r^2=3+1=4$이므로 $r=2$이다.

④ $\theta = \tan^{-1}\left(\frac{y}{x}\right)$이므로 $\theta = \tan^{-1}\left(\frac{1}{\sqrt{3}}\right) = \frac{\pi}{6}$이다.

따라서 극좌표는 $P(2, \frac{\pi}{6})$이다.

(2) 직교좌표가 $(1, 1)$이므로 $x = 1$, $y = 1$ 이므로 극좌표를 $P(r, \theta)$라고 하면

① $r^2 = x^2 + y^2$이므로 $r^2 = 1 + 1 = 2$이므로 $r = \sqrt{2}$이다.

④ $\theta = \tan^{-1}\left(\frac{y}{x}\right)$이므로 $\theta = \tan^{-1}\left(\frac{1}{1}\right) = \frac{\pi}{4}$이다.

따라서 극좌표는 $P(\sqrt{2}, \frac{\pi}{4})$이다.

(3) 직교좌표가 $(-3, \sqrt{3})$이므로 $x = -3$, $y = \sqrt{3}$ 이므로 극좌표를 $P(r, \theta)$라고 하면

① $r^2 = x^2 + y^2$이므로 $r^2 = 9 + 3 = 12$이므로 $r = 2\sqrt{3}$ 이다.

④ $\theta = \tan^{-1}\left(\frac{y}{x}\right)$이므로 $\theta = \tan^{-1}\left(\frac{\sqrt{3}}{-3}\right) = \tan^{-1}\left(-\frac{1}{\sqrt{3}}\right) = \frac{5}{6}\pi$이다.

따라서 극좌표는 $P(2\sqrt{3}, \frac{5\pi}{6})$이다.

예제 33 극좌표 $P(r, \theta) \Rightarrow$ 직교좌표 $P(x, y)$

(1) 극좌표 $P(r, \theta)$가 $(2, \frac{\pi}{3})$이므로

② $y = r\sin\theta$이므로 $y = 2\sin\left(\frac{\pi}{3}\right) = 2 \times \frac{\sqrt{3}}{2} = \sqrt{3}$이다.

③ $x = r\cos\theta$이므로 $x = 2\cos\left(\frac{\pi}{3}\right) = 2 \times \frac{1}{2} = 1$이다.

그러므로 직교좌표는 $(1, \sqrt{3})$이다.

(2) 극좌표 $P(r, \theta)$가 $(4, \frac{\pi}{6})$이므로

② $y = r\sin\theta$이므로 $y = 4\sin\left(\frac{\pi}{6}\right) = 4 \times \frac{1}{2} = 2$이다.

③ $x = r\cos\theta$이므로 $x = 4\cos\left(\frac{\pi}{6}\right) = 4 \times \frac{\sqrt{3}}{2} = 2\sqrt{3}$이다.

그러므로 직교좌표는 $(2\sqrt{3}, 2)$이다.

(3) 극좌표 $P(r, \theta)$가 $(2, -\frac{\pi}{3})$ 이므로

② $y = r\sin\theta$이므로 $y = 2\sin\left(-\frac{\pi}{3}\right) = -2 \times \frac{\sqrt{3}}{2} = -\sqrt{3}$이다.

③ $x = r\cos\theta$이므로 $x = 2\cos\left(-\frac{\pi}{3}\right) = 2 \times \frac{1}{2} = 1$이다.

그러므로 직교좌표는 $(1, -\sqrt{3})$이다.

예제 34 $y = f(x)$의 형태 ⇒ $r = f(\theta)$의 형태

(1) $y = x$에서 양변을 x로 나누면, $\frac{y}{x} = 1$이 되며, $\frac{y}{x} = \tan\theta$이므로

$\frac{y}{x} = \tan\theta = 1$이다. 따라서 극방정식은 $\theta = \frac{\pi}{4}$이다.

(2) $x^2 + y^2 - 4x = 0$에서 $x^2 + y^2 = r^2$이고 $x = r\cos\theta$이므로

$r^2 - 4r\cos\theta = 0$이고 $r^2 = 4r\cos\theta$이다.

따라서 극방정식은 $r = 4\cos\theta$이다.

(3) $x^2 - y^2 = 4$에서 $x = r\cos\theta$, $y = r\sin\theta$이므로 $r^2\cos^2\theta - r^2\sin^2\theta = 4$이다.

따라서 극방정식은 $r^2\cos^2\theta - r^2\sin^2\theta = 4$이다.

또는 $r^2(\cos^2\theta - \sin^2\theta) = 4$ 또는 $r^2\cos(2\theta) = 4$이다.

예제 35 $r = f(\theta)$의 형태 ⇒ $y = f(x)$의 형태

(1) $r = 2$에서 양변을 제곱하면 $r^2 = 4$이다. 그런데 $r^2 = x^2 + y^2$이므로

직교방정식은 $x^2 + y^2 = 4$이다.

(2) $r = \sec\theta$에서 $\sec\theta = \frac{1}{\cos\theta}$이고 $x = r\cos\theta$에서 $\cos\theta = \frac{x}{r}$이므로

$\sec\theta = \frac{1}{\cos\theta} = \frac{r}{x}$이다. 따라서 $r = \sec\theta = \frac{r}{x}$이므로 $x = 1$이다.

그러므로 직교방정식은 $x = 1$이다.

(3) $r^2 = \cos(2\theta)$에서 $r^2 = x^2 + y^2$이고 $\cos(2\theta) = \cos^2\theta - \sin^2\theta$ 이다.

그런데 $x = r\cos\theta$, $y = r\sin\theta$이고 $\cos\theta = \frac{x}{r}$, $\sin\theta = \frac{y}{r}$이므로

$\cos(2\theta) = \left(\frac{x}{r}\right)^2 - \left(\frac{y}{r}\right)^2 = \frac{x^2 - y^2}{r^2} = \frac{x^2 - y^2}{x^2 + y^2}$이다.

따라서 직교방정식은 $(x^2 + y^2)^3 = x^2 - y^2$이다.

CHAPTER 04 예제 풀이

예제 1 (1) 첫째항 $f(1)=3$, 제5항 $f(5)=11$

(2) 첫째항 $f(1)=3$, 제5항 $f(5)=48$

예제 2 (1) 주어진 수열은 1, 4, 7, 10, ⋯ 이기에

초항은 1이며, 더해주는 일정한 수가 3(공차)이므로 등차수열이다.

따라서 수열의 일반항은 $1+(n-1)3=3n-2$이다.

(2) 주어진 수열은 $-1, 3, 7, 11, \cdots$ 이기에

초항은 -1이며, 더해주는 일정한 수가 4(공차)이므로 등차수열이다.

따라서 수열의 일반항은 $-1+(n-1)4=4n-5$이다.

예제 3 (1) 점화식 $2a_{n+1}=a_n+a_{n+2}$은 등차중항이므로 주어진 수열은 등차수열이다.

초항 $a_1=2$, $a_2=5$이므로 공차 d는 $d=a_2-a_1=5-2=3$이다.

따라서 일반항 a_n은 $a_n=2+(n-1)3=3n-1$이다.

(2) 점화식 $a_{n+1}-a_n=3$에서 $n=1$을 대입하면 $a_2-a_1=3$

$n=2$를 대입하면 $a_3-a_2=3$

⋮ ⋮

$n=n-1$을 대입하면 $a_n-a_{n-1}=3$

각 항을 모두 더하면 $a_n-a_1=3(n-1)$이므로 $a_n=5+3(n-1)=3n+2$

예제 4 (1) 초항은 1이며, 곱해주는 일정한 수가 4(공비)이므로 주어진 수열은 등비수열이다.

따라서 수열의 일반항 a_n은 $a_n=1\times 4^{n-1}=4^{n-1}$이다.

(2) 초항은 2이며, 곱해주는 일정한 수가 $\frac{1}{4}$(공비)이므로 주어진 수열은 등비수열이다.

따라서 수열의 일반항 a_n은 $a_n=2\times(\frac{1}{4})^{n-1}$이다.

예제 5 (1) 점화식 $a_{n+1}^2=a_na_{n+2}$은 등비중항이므로 주어진 수열은 등비수열이다.

초항 $a_1=2$, $a_2=8$이므로 공비 r는 $r=a_2\div a_1=8\div 2=4$이다.

따라서 일반항 a_n은 $a_n=ar^{n-1}=2\cdot 4^{n-1}$이다.

(2) 점화식 $a_{n+1}=(\frac{1}{3})a_n$에서 $n=1$을 대입하면 $a_2=(\frac{1}{3})a_1$

$n=2$를 대입하면 $a_3=(\frac{1}{3})a_2$

$\vdots \qquad \vdots$

$n=n-1$을 대입하면 $a_n=(\frac{1}{3})a_{n-1}$

각 항을 모두 곱하면 $a_n a_{n-1}\cdots a_2=(\frac{1}{3})^{n-1}a_1a_2\cdots a_{n-1}$이므로

양변에서 $a_2\cdots a_{n-1}$을 약분하면 $a_n=(\frac{1}{3})^{n-1}a_1=3(\frac{1}{3})^{n-1}$이다.

예제 6

(1) 주어진 수열의 역수를 나열하면 1, 2, 5, 7, ⋯ 이기에
초항은 1이며, 더해주는 일정한 수가 2(공차)이므로 등차수열이다.
따라서 수열의 일반항은 $1+2(n-1)=2n-1$이다.
그러므로 주어진 수열은 조화수열이며, 조화수열의 일반항은 $\frac{1}{2n-1}$이다.

(2) 주어진 수열의 역수를 나열하면 1, 2, 3, 4, ⋯ 이기에
초항은 1이며, 더해주는 일정한 수가 1(공차)이므로 등차수열이다.
따라서 수열의 일반항은 $1+(n-1)=n$이다.
그러므로 주어진 수열은 조화수열이며, 조화수열의 일반항은 $\frac{1}{n}$이다.

예제 7

(1) 점화식 $a_{n+2}a_{n+1}-2a_{n+2}a_n+a_{n+1}a_n=0$은 조화중항이므로 주어진 수열은 조화수열이다. 따라서 역수가 등차수열을 이루게 되므로 역수들의 수열의 일반항을 구하면, 초항 $a_1=1$이고, $a_2=\frac{1}{5}$이므로 공차(d)는
$d=\frac{1}{a_2}-\frac{1}{a_1}=5-1=4$이므로 역수들의 수열의 일반항은
$1+(n-1)4=4n-3$이다.
그러므로 주어진 수열의 a_n은 $a_n=\frac{1}{4n-3}$이다.

(2) 점화식 $\frac{1}{a_{n+1}}-\frac{1}{a_n}=3$에서 $n=1$을 대입하면 $\frac{1}{a_2}-\frac{1}{a_1}=3$

$n=2$를 대입하면 $\frac{1}{a_3}-\frac{1}{a_2}=3$

$\vdots \qquad \vdots$

$n=n-1$을 대입하면 $\frac{1}{a_n}-\frac{1}{a_{n-1}}=3$

각 항을 모두 더하면 $\frac{1}{a_n}-\frac{1}{a_1}=3(n-1)$이므로 $\frac{1}{a_n}=3(n-1)+\frac{1}{2}=\frac{6n-5}{2}$ 이다.

그러므로 일반항 a_n은 $a_n=\frac{2}{6n-5}$이다.

예제 8 (1) $\sum_{k=1}^{7}5=5+5+\cdots+5=35$

(2) $\sum_{k=3}^{9}5=\sum_{k=1}^{9}5-\sum_{k=1}^{2}5=45-10=35$

(3) $\sum_{k=4}^{10}k=\sum_{k=1}^{10}k-\sum_{k=1}^{3}k=\frac{10\times11}{2}-\frac{3\times4}{2}=55-6=39$

예제 9 (1) 수열 $1, 3, 5, 7, \cdots$은 첫째항이 1, 공차가 2인 등차수열이며, 일반항 a_n은 $a_n=1+2(n-1)=2n-1$이다. 따라서 첫째항부터 n항까지 합은 다음과 같이 쓸 수 있다.

$$1+3+5+7+\cdots+(2n-1)$$

위의 식을 시그마($\sum$)를 이용하여 표현하면 다음과 같다.

$$1+3+5+7+\cdots+(2n-1)=\sum_{k=1}^{n}(2k-1)$$

(2) 수열 $1\cdot2,\ 3\cdot4,\ 5\cdot6,\ \cdots$의 일반항 a_n은 $a_n=n(n+1)$이다.
따라서 첫째항부터 n항까지 합은 다음과 같이 쓸 수 있다.

$$1\cdot2+2\cdot3+3\cdot4+\cdots+n\cdot(n+1)$$

위의 식을 시그마($\sum$)를 이용하여 표현하면 다음과 같다.

$$1\cdot2+2\cdot3+3\cdot4+\cdots+n\cdot(n+1)=\sum_{k=1}^{n}k\cdot(k+1)$$

예제 11 (1) $\sum_{k=1}^{7}(k-4)=\sum_{k=1}^{7}k-\sum_{k=1}^{7}4=\frac{7\cdot8}{2}-28=28-28=0$

(2) $\sum_{k=1}^{5}(k^2-2k)=\sum_{k=1}^{5}k^2-\sum_{k=1}^{5}2k=\sum_{k=1}^{5}k^2-2\sum_{k=1}^{5}k$

$$=\frac{5\cdot6\cdot11}{6}-2\frac{5\cdot6}{2}=55-30=25$$

(3) $\sum_{k=2}^{5}(2k^3-7)=\sum_{k=1}^{5}(2k^3-7)-\sum_{k=1}^{1}(2k^3-7)=\sum_{k=1}^{5}(2k^3-7)-(-5)$ 이고,

$\sum_{k=1}^{5}(2k^3-7)=2\sum_{k=1}^{5}k^3-\sum_{k=1}^{5}(-7)=2(\frac{5 \cdot 6}{2})^2+35=485$ 이다.

따라서 $\sum_{k=2}^{5}(2k^3-7)=485+5=490$

(4) $\sum_{k=3}^{5}(5k^2-2k+3)=(45-6+3)+(80-8+3)+(125-10+3)$

$$=43+75+118=236$$

예제 13 (1) 주어진 수열 $1, 3, 7, 13, \cdots\cdots$ 의 일반항을 a_n 계차들로 이루어진 수열의 일반항을 b_n이라고 하면,

b_n의 수열 $2, 4, 6, 8, \cdots\cdots$ 은 초항이 2, 공차가 2인 등차수열을 이루고 있으므로 $b_n=2+(n-1)2=2n$이다.

따라서 주어진 수열의 일반항 a_n은 다음과 같다.

$$a_n=a_1+\sum_{k=1}^{n-1}b_k=1+\sum_{k=1}^{n-1}2k=1+2\sum_{k=1}^{n-1}k$$
$$=1+2 \cdot \frac{(n-1)n}{2}=n^2-n+1$$

(2) 주어진 수열 $1, 3, 7, 15, \cdots\cdots$ 의 일반항을 a_n, 계차들로 이루어진 수열의 일반항을 b_n이라고 하면,

b_n의 수열 $2, 4, 8, \cdots\cdots$ 은 초항이 2, 공비가 2인 등비수열을 이루고 있으므로 $b_n=b_1r^{n-1}=2 \cdot 2^{n-1}=2^n$이다.

따라서 주어진 수열의 일반항 a_n은 다음과 같다.

$$a_n=a_1+\sum_{k=1}^{n-1}b_k=1+\sum_{k=1}^{n-1}2^k=1+\frac{2(2^{n-1}-1)}{2-1}=2^n-1$$

예제 14 (1) 주어진 수열의 일반항을 a_n, 계차들로 이루어진 수열의 일반항을 b_n이라고 하면, $a_{n+1}=a_n+2n+1$은 $a_{n+1}-a_n=2n+1$이므로 $b_n=2n+1$을 의미하므로 계차들로 이루어진 수열은 등차수열이라는 것을 알 수 있다.

따라서 $a_n=a_1+\sum_{k=1}^{n-1}b_k=2+\sum_{k=1}^{n-1}(2k+1)=2+2\sum_{k=1}^{n-1}k+(n-1)$

$$=2+n(n-1)+n-1=n^2+1$$

(2) 점화식 $a_{n+1}=3a_n+2$은 먼저 주어진 수열의 일반항의 형태를 파악한 후, 계차수열의 일반항 b_n의 형태를 알아보는 것이 중요하므로 다음과 같이 변형하여 계수비교를 통하여 일반항의 형태를 알아보면 된다.

$$\begin{aligned} a_{n+1}=3a_n+2 &\Leftrightarrow a_{n+1}-\alpha=3(a_n-\alpha) \\ &\Leftrightarrow a_{n+1}=3a_n-3\alpha+\alpha=3a_n-2\alpha \\ &\Leftrightarrow \alpha=-1 \end{aligned}$$

따라서 점화식 $a_{n+1}=3a_n+2$은 $a_{n+1}+1=3(a_n+1)$로 바꾸어 쓸 수 있기에 주어진 수열의 일반항의 형태는 a_n+1이며 초항은 $a_1+1=2$이고, 계차수열은 $b_{n+1}=3b_n$의 형태가 되므로 초항은 2이고 공비가 3인 등비수열을 이루고 있기에 $b_n=2\cdot 3^{n-1}$을 알 수 있다.
따라서 주어진 수열의 일반항은 다음과 같이 구하면 된다.

$$\begin{aligned} a_n+1 &= a_1+1+\sum_{k=1}^{n-1}b_k=2+\sum_{k=1}^{n-1}2\cdot 3^{k-1}=2+2\sum_{k=1}^{n-1}3^{k-1} \\ &=2+2\frac{3^{n-1}}{3-1}=2+3^{n-1} \end{aligned}$$

그러므로 일반항 a_n은 $a_n=2+3^{n-1}-1=1+3^{n-1}$이다.

(3) 점화식 $3a_{n+2}-2a_{n+1}-a_n=0$은 계차수열의 일반항 b_n의 형태를 알아보는 것이 중요하므로 다음과 같이 변형하여 알아보면 된다.

$$\begin{aligned} 3a_{n+2}-2a_{n+1}-a_n=0 &\Leftrightarrow p(a_{n+2}-a_{n+1})=q(a_{n+1}-a_n) \\ &\Leftrightarrow pa_{n+2}-pa_{n+1}-qa_{n+1}+qa_n=0 \\ &\Leftrightarrow p=3,\ q=-1 \end{aligned}$$

또한. 점화식 $3a_{n+2}-2a_{n+1}-a_n=0$은 다음과 같이 변형하여 쓸 수 있다.

$$\begin{aligned} 3a_{n+2}-2a_{n+1}-a_n=0 &\Leftrightarrow 3(a_{n+2}-a_{n+1})=-(a_{n+1}-a_n) \\ &\Leftrightarrow a_{n+2}-a_{n+1}=(-\frac{1}{3})(a_{n+1}-a_n) \end{aligned}$$

주어진 수열의 계차수열은 $b_{n+1}=(-\frac{1}{3})b_n$의 형태가 되므로 초항 b_1은 $b_1=a_2-a_1=4$이고 공비가 $-\frac{1}{3}$인 등비수열을 이루고 있기에 $b_n=4\cdot(-\frac{1}{3})^{n-1}$을 알 수 있다.
따라서 주어진 수열의 일반항은 다음과 같이 구하면 된다.

$$a_n = a_1 + \sum_{k=1}^{n-1} b_k = 1 + \sum_{k=1}^{n-1} 4 \cdot (-\frac{1}{3})^{k-1} = 1 + 4\sum_{k=1}^{n-1}(-\frac{1}{3})^{k-1}$$

$$= 1 + 4\frac{4(1-(-\frac{1}{3})^{n-1})}{1-(-\frac{1}{3})} = 1 + \frac{16(1-(-\frac{1}{3})^{n-1})}{\frac{4}{3}}$$

$$= 1 + 12\left\{1-(-\frac{1}{3})^{n-1}\right\} = 13 - 12(-\frac{1}{3})^{n-1}$$

그러므로 일반항 a_n은 $a_n = 13 - 12(-\frac{1}{3})^{n-1}$이다.

예제 15 (1) ∞ (2) $-\infty$ (3) ∞

예제 16 (1) $(-1)^n = \begin{cases} 1 & n: \text{짝수} \\ -1 & n: \text{홀수} \end{cases}$ 따라서 $\lim_{n \to \infty} (-1)^n$는 진동한다.

(2) $\lim_{n \to \infty} \frac{1}{n}$은 $\frac{\text{상수}}{\infty}$의 형태이므로 "0"으로 수렴한다. 즉 $\lim_{n \to \infty} \frac{1}{n} = 0$ 이다.

예제 17 (1) $\lim_{n \to \infty} \frac{5}{n+3}$은 $\frac{\text{상수}}{\infty}$의 형태이므로 "0"으로 수렴한다. 즉 $\lim_{n \to \infty} \frac{5}{n+3} = 0$이다.

(2) $\lim_{n \to \infty} \frac{n}{n+1}$은 $\frac{\infty}{\infty}$의 형태이므로 분모의 최고차 항으로 분모와 분자를 나누어 계산한다.

$$\lim_{n \to \infty} \frac{n}{n+1} = \lim_{n \to \infty} \frac{\frac{n}{n}}{\frac{n+1}{n}} = \lim_{n \to \infty} \frac{1}{1+\frac{1}{n}} = \frac{\lim_{n \to \infty} 1}{\lim_{n \to \infty}(1+\frac{1}{n})}$$

$$= \frac{1}{1+\lim_{n \to \infty}\frac{1}{n}} = 1 \quad (\because \lim_{n \to \infty} \frac{1}{n} = 0)$$

(3) $\lim_{n \to \infty} \frac{2n-1}{n+3}$은 (2)번과 같은 방법으로 문제를 해결한다.

$$\lim_{n \to \infty} \frac{2n-1}{n+3} = \lim_{n \to \infty} \frac{\frac{2n-1}{n}}{\frac{n+3}{n}} = \lim_{n \to \infty} \frac{2-\frac{1}{n}}{1+\frac{3}{n}} = \frac{\lim_{n \to \infty}(2-\frac{1}{n})}{\lim_{n \to \infty}(1+\frac{3}{n})}$$

$$= \frac{\lim_{n\to\infty} 2 - \lim_{n\to\infty}\frac{1}{n}}{\lim_{n\to\infty} 1 + \lim_{n\to\infty}\frac{3}{n}} = \frac{2}{1} = 2$$

$$(\because \lim_{n\to\infty}\frac{1}{n} = 0 \ \& \ \lim_{n\to\infty}\frac{3}{n} = 0)$$

(4) $\lim_{n\to\infty}\frac{n-1}{2n+3}$은 (2)번과 같은 방법으로 문제를 해결한다.

$$\lim_{n\to\infty}\frac{n-1}{2n+3} = \lim_{n\to\infty}\frac{\frac{n-1}{n}}{\frac{2n+3}{n}} = \lim_{n\to\infty}\frac{1-\frac{1}{n}}{2+\frac{3}{n}} = \frac{\lim_{n\to\infty}(1-\frac{1}{n})}{\lim_{n\to\infty}(2+\frac{3}{n})}$$

$$= \frac{\lim_{n\to\infty} 1 - \lim_{n\to\infty}\frac{1}{n}}{\lim_{n\to\infty} 2 + \lim_{n\to\infty}\frac{3}{n}} = \frac{1}{2}$$

$$(\because \lim_{n\to\infty}\frac{1}{n} = 0 \ \& \ \lim_{n\to\infty}\frac{3}{n} = 0)$$

(5) $\lim_{n\to\infty}\frac{5n-2}{3n+1}$은 (2)번과 같은 방법으로 문제를 해결한다.

$$\lim_{n\to\infty}\frac{5n-2}{3n+2} = \lim_{n\to\infty}\frac{\frac{5n-2}{n}}{\frac{3n+2}{n}} = \lim_{n\to\infty}\frac{5-\frac{2}{n}}{3+\frac{2}{n}} = \frac{\lim_{n\to\infty}(5-\frac{2}{n})}{\lim_{n\to\infty}(3+\frac{2}{n})}$$

$$= \frac{\lim_{n\to\infty} 5 - \lim_{n\to\infty}\frac{2}{n}}{\lim_{n\to\infty} 3 + \lim_{n\to\infty}\frac{2}{n}} = \frac{5}{3} \quad (\because \lim_{n\to\infty}\frac{2}{n} = 0)$$

(6) $\lim_{n\to\infty}\frac{2n-1}{n^2+3}$은 (2)번과 같은 방법으로 문제를 해결한다.

$$\lim_{n\to\infty}\frac{2n-1}{n^2+3} = \lim_{n\to\infty}\frac{\frac{2n-1}{n^2}}{\frac{n^2+3}{n^2}} = \lim_{n\to\infty}\frac{\frac{2}{n}-\frac{1}{n^2}}{1+\frac{3}{n^2}} = \frac{\lim_{n\to\infty}(\frac{2}{n}-\frac{1}{n^2})}{\lim_{n\to\infty}(1+\frac{3}{n^2})}$$

$$= \frac{\lim_{n\to\infty}\frac{2}{n} - \lim_{n\to\infty}\frac{1}{n^2}}{\lim_{n\to\infty} 1 + \lim_{n\to\infty}\frac{3}{n^2}} = \frac{0}{1+0} = 0$$

$$(\because \lim_{n\to\infty}\frac{2}{n}=0 \;\&\; \lim_{n\to\infty}\frac{1}{n^2}=0,\; \lim_{n\to\infty}\frac{3}{n^2}=0)$$

(7) $\lim_{n\to\infty}\frac{n^2-1}{2n^2+3}$ 은 (2)번과 같은 방법으로 문제를 해결한다.

$$\lim_{n\to\infty}\frac{n^2-1}{2n^2+3}=\lim_{n\to\infty}\frac{\frac{n^2-1}{n^2}}{\frac{2n^2+3}{n^2}}=\lim_{n\to\infty}\frac{1-\frac{1}{n^2}}{2+\frac{3}{n^2}}=\frac{\lim_{n\to\infty}(1-\frac{1}{n^2})}{\lim_{n\to\infty}(2+\frac{3}{n^2})}=\frac{1}{2}$$

$$(\because \lim_{n\to\infty}\frac{1}{n^2}=0 \;\&\; \lim_{n\to\infty}\frac{3}{n^2}=0)$$

(8) $\lim_{n\to\infty}\frac{5n^2-2}{3n^2+5n-1}$ 은 (2)번과 같은 방법으로 문제를 해결한다.

$$\lim_{n\to\infty}\frac{5n^2-2}{3n^2+5n+3}=\lim_{n\to\infty}\frac{\frac{5n^2-2}{n^2}}{\frac{3n^2+5n+3}{n^2}}=\lim_{n\to\infty}\frac{5-\frac{2}{n^2}}{3+\frac{5}{n}+\frac{3}{n^2}}$$

$$=\frac{\lim_{n\to\infty}(5-\frac{1}{n^2})}{\lim_{n\to\infty}(3+\frac{5}{n}+\frac{3}{n^2})}=\frac{5}{3}$$

$$(\because \lim_{n\to\infty}\frac{5}{n}=0 \;\&\; \lim_{n\to\infty}\frac{1}{n^2}=0,\; \lim_{n\to\infty}\frac{3}{n^2}=0)$$

(9) $\lim_{n\to\infty}(n^2-n)=\lim_{n\to\infty}n(n-1)$ 은 $\infty\times\infty$의 형태이므로 ∞로 발산한다.

즉 $\lim_{n\to\infty}(n^2-n)=\lim_{n\to\infty}n(n-1)=\infty$ 이다.

(10) $\lim_{n\to\infty}(\sqrt{n^2+3n}-n)$은 $\infty-\infty$의 형태이고, $\sqrt{\;}$가 있으므로 유리화를 통하여 $\frac{\infty}{\infty}$의 형태로 변경되는지를 검토하여야 한다.

$$\lim_{n\to\infty}(\sqrt{n^2+3n}-n)=\lim_{n\to\infty}\frac{(\sqrt{n^2+3n}-n)(\sqrt{n^2+3n}+n)}{\sqrt{n^2+3n}+n}$$

$$=\lim_{n\to\infty}\frac{(n^2+3n)-n^2}{\sqrt{n^2+3n}+n}=\lim_{n\to\infty}\frac{3n}{\sqrt{n^2+3n}+n}$$

은 (2)번과 같은 방법으로 문제를 해결한다.

$$\lim_{n\to\infty}\frac{3n}{\sqrt{n^2+3n}+n}=\lim_{n\to\infty}\frac{\frac{3n}{n}}{\frac{\sqrt{n^2+3n}+n}{n}}=\lim_{n\to\infty}\frac{3}{\sqrt{\frac{n^2+3n}{n^2}}+1}$$

$$=\lim_{n\to\infty}\frac{3}{\sqrt{1+\frac{3}{n}}+1}=\frac{3}{\sqrt{1+0}+1}=\frac{3}{2}$$

$$(\because \lim_{n\to\infty}\frac{3}{n}=0)$$

예제 18 (1) 수열 $\frac{1}{2}, \frac{2}{3}, \frac{3}{4}, \frac{4}{5}\cdots$ 의 일반항 a_n은 $a_n=\frac{n}{n+1}$ 이므로

$$\lim_{n\to\infty}a_n=\lim_{n\to\infty}\frac{n}{n+1}=1$$

(2) 수열 $1, \frac{1}{3}, \frac{1}{5}, \frac{1}{7}\cdots$ 의 일반항 a_n은 $a_n=\frac{1}{2n-1}$ 이므로

$$\lim_{n\to\infty}a_n=\lim_{n\to\infty}\frac{1}{2n-1}=0$$

(3) 수열 $1, \frac{1}{4}, \frac{1}{9}, \frac{1}{16}, \cdots$ 의 일반항 a_n은 $a_n=\frac{1}{n^2}$ 이므로

$$\lim_{n\to\infty}a_n=\lim_{n\to\infty}\frac{1}{n^2}=0$$

예제 19 (1) $\lim_{n\to\infty}\frac{5}{n+3}=0$ 으로 수렴하므로 정의에 의하여 모든 양수 p에 대하여 $n\geq K$ 이면, $|a_n-\alpha|<p$인 조건을 만족하는 자연수 K가 존재한다.

그런데 일반항 a_n은 $a_n=\frac{5}{n+3}$ 이며, $\lim_{n\to\infty}\frac{5}{n+3}=0$ 으로 수렴하므로 $\alpha=0$ 이므로 $|a_n-\alpha|<p$에 대입하여 정리하면 다음과 같다.

$$\left|\frac{5}{n+3}-0\right|<\frac{1}{200} \Rightarrow \left|\frac{5}{n+3}\right|<\frac{1}{200} \Rightarrow \frac{5}{n+3}<\frac{1}{200}$$
$$\Rightarrow n+3>1000 \Rightarrow n>997$$

$n>997$ 인 자연수는 $998, 999, 1000, \cdots$ 이며, 최소의 자연수 K를 구하는 문제이므로 $K=998$ 이다.

(2) $\lim_{n\to\infty}\frac{n}{n+1}=1$으로 수렴하므로 정의에 의하여 모든 양수 p에 대하여 $n \geq K$ 이면, $|a_n-\alpha|<p$인 조건을 만족하는 자연수 K가 존재한다.

그런데 일반항 a_n은 $a_n=\frac{n}{n+1}$이며, $\lim_{n\to\infty}\frac{n}{n+1}=1$로 수렴하므로 $\alpha=1$ 이므로 $|a_n-\alpha|<p$에 대입하여 정리하면 다음과 같다.

$$\left|\frac{n}{n+1}-1\right|<\frac{1}{300} \Rightarrow \left|\frac{n-(n+1)}{n+1}\right|<\frac{1}{300}$$
$$\Rightarrow \left|\frac{n-n-1}{n+1}\right|<\frac{1}{300}$$
$$\Rightarrow \left|\frac{-1}{n+1}\right|<\frac{1}{300} \Rightarrow \frac{1}{n+1}<\frac{1}{300}$$
$$\Rightarrow n+1>300 \Rightarrow n>299$$

$n>299$인 자연수는 $300, 301, 302, \cdots$이며, 최소의 자연수 K를 구하는 문제이므로 $K=300$이다.

(3) $\lim_{n\to\infty}\frac{2n-1}{n+3}=2$로 수렴하므로 정의에 의하여 모든 양수 p에 대하여 $n \geq K$ 이면, $|a_n-\alpha|<p$인 조건을 만족하는 자연수 K가 존재한다.

그런데 일반항 a_n은 $a_n=\frac{2n-1}{n+3}$이며, $\lim_{n\to\infty}\frac{2n-1}{n+3}=2$로 수렴하므로 $\alpha=2$ 이므로 $|a_n-\alpha|<p$에 대입하여 정리하면 다음과 같다.

$$\left|\frac{2n-1}{n+3}-2\right|<\frac{1}{500} \Rightarrow \left|\frac{2n-1-2(n+3)}{n+3}\right|<\frac{1}{500}$$
$$\Rightarrow \left|\frac{2n-1-2n-6}{n+3}\right|<\frac{1}{500}$$
$$\Rightarrow \left|\frac{-7}{n+3}\right|<\frac{1}{500} \Rightarrow \frac{7}{n+3}<\frac{1}{500}$$
$$\Rightarrow n+3>3500 \Rightarrow n>3497$$

$n>3497$인 자연수는 $3498, 3499, 3500, \cdots$이며, 최소의 자연수 K를 구하는 문제이므로 $K=3498$이다.

예제 20 (1) $\lim_{n\to\infty}\frac{4^n}{5^n+3^n}=\lim_{n\to\infty}\frac{\left(\frac{4}{5}\right)^n}{1+\left(\frac{3}{5}\right)^n}=0$

(2) $\lim_{n\to\infty}\frac{5^n}{4^n+3^n}=\lim_{n\to\infty}\frac{1}{\left(\frac{4}{5}\right)^n+1}=1$

(3) $\lim_{n\to\infty}\left\{\left(-\frac{1}{2}\right)^n+\left(\frac{1}{3}\right)^n\right\}=0$

(4) $\lim_{n\to\infty}(3^n-2^n)=\lim_{n\to\infty}3^n\left(1-\left(\frac{2}{3}\right)^n\right)=\infty$

(5) $\lim_{n\to\infty}(2^n-3^n)=\lim_{n\to\infty}2^n\left(1-\left(\frac{3}{2}\right)^n\right)=-\infty$

예제 21 (1) $\lim_{n\to\infty}\frac{n+1}{n}=\lim_{n\to\infty}\frac{1+\frac{1}{n}}{1}=1^+$

(2) $\lim_{n\to\infty}\frac{n-1}{n}=\lim_{n\to\infty}\frac{1-\frac{1}{n}}{1}=1^-$

예제 22 (1) $\lim_{x\to1}(3x+1)=4$

(2) $\lim_{x\to1}(x^2+1)=2$

(3) $\lim_{x\to2}\frac{x-1}{3x+1}=\frac{1}{7}$

예제 23 $|x-1|=\begin{cases}x-1 & x\geq1\\-(x-1) & x<1\end{cases}$

(1) $\lim_{x\to1^+}\frac{x-1}{|x-1|}=1$

(2) $\lim_{x\to1^-}\frac{x-1}{|x-1|}=-1$

(3) $\lim_{x\to1}\frac{x-1}{|x-1|}$: $\lim_{x\to1^+}\frac{x-1}{|x-1|}=1\neq\lim_{x\to1^-}\frac{x-1}{|x-1|}=-1$이므로 극한값이 존재하지 않는다.

예제 24

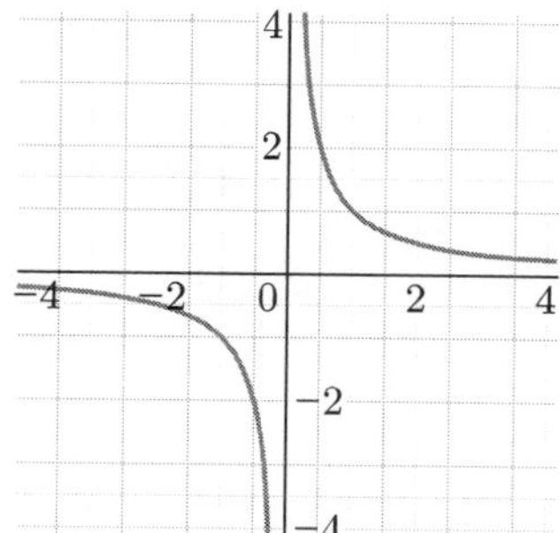
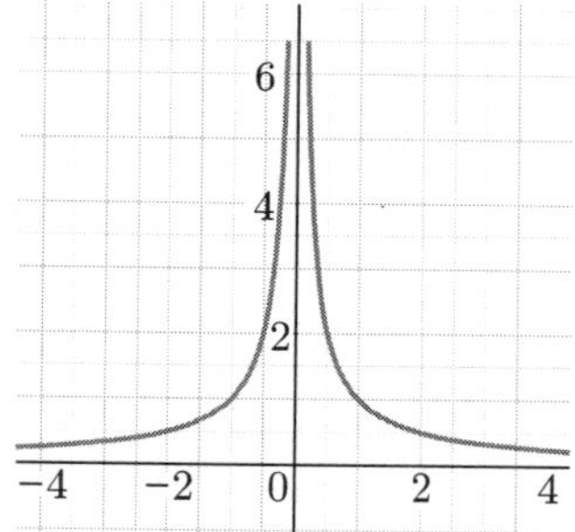
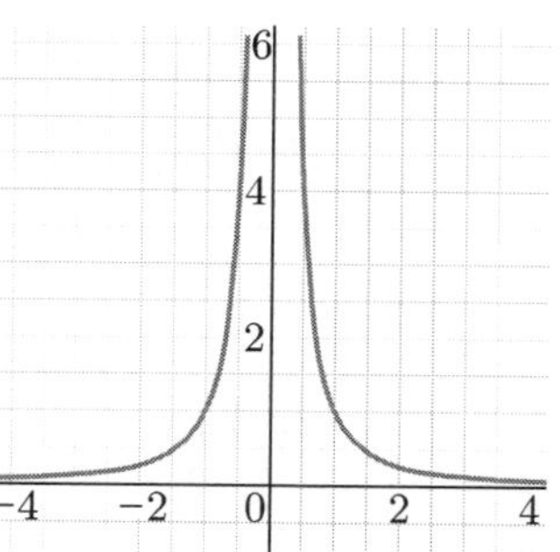

(1) $\lim_{x \to 0} \frac{1}{x} = \begin{cases} \infty & x > 0 \\ -\infty & x < 0 \end{cases}$

(2) $\lim_{x \to 0} \frac{1}{|x|} = \infty$ $(\because |x| \geq 0)$

(3) $\lim_{x \to 0} \frac{1}{x^2} = \infty$ $(\because x^2 \geq 0)$

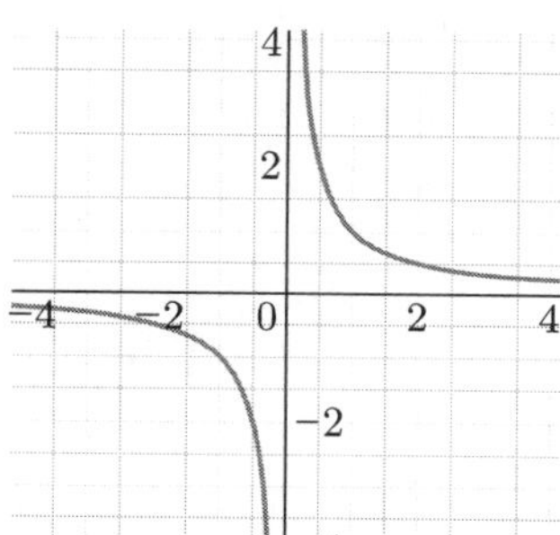
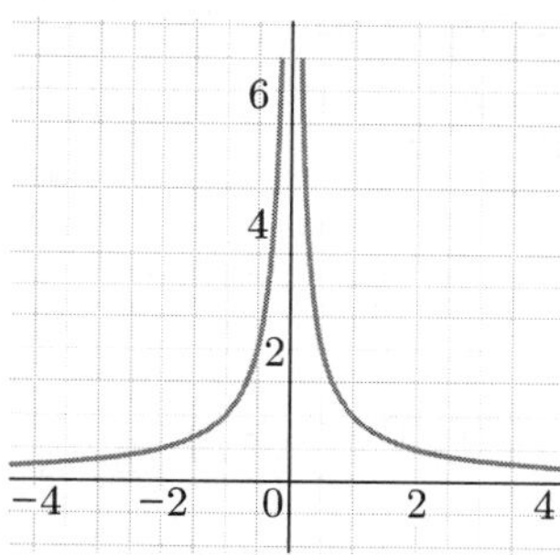
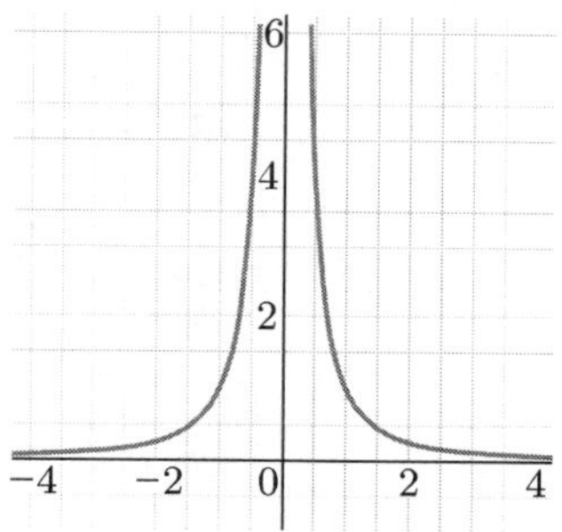

(4) $\lim_{x \to \infty} \frac{1}{x} = 0^+$

(5) $\lim_{x \to \infty} \frac{1}{|x|} = 0^+$

(6) $\lim_{x \to \infty} \frac{1}{x^2} = 0^+$

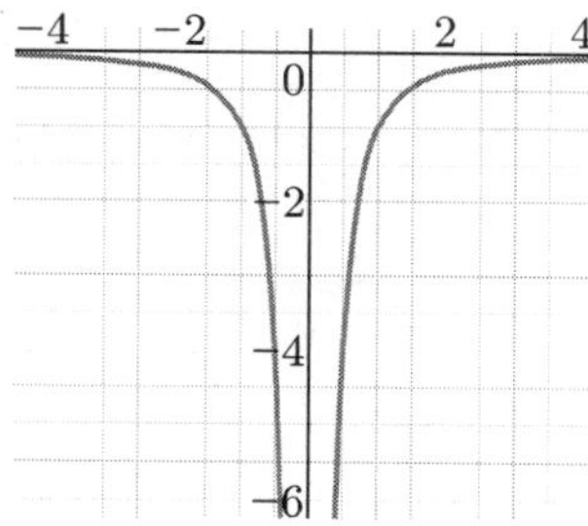
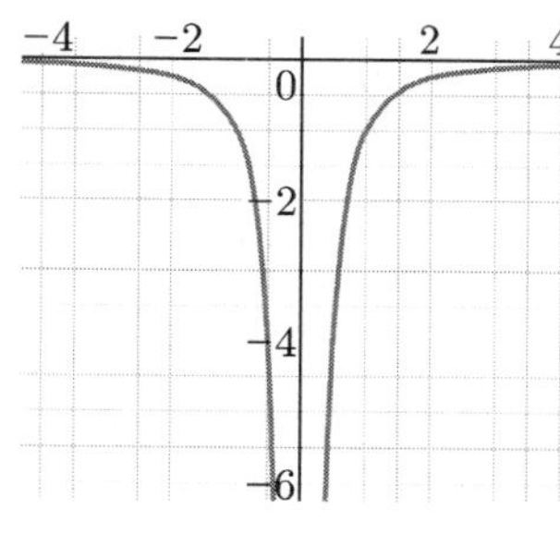
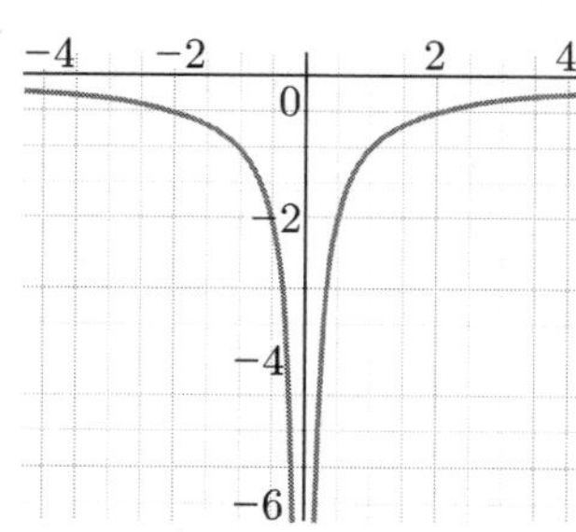

(7) $\lim_{x \to 0} -\frac{1}{x^2} = -\infty$

(8) $\lim_{x \to \infty} -\frac{1}{x^2} = 0^-$

(9) $\lim_{x \to \infty} -\frac{1}{|x|} = 0^-$

예제 25

(1) $\lim_{x \to 1} 3x^2 = 3$

(2) $\lim_{x \to 1} (x^2 + \frac{1}{x^2}) = 2$

(3) $\lim_{x \to 1} x^2 e^x = e$

(4) $\lim_{x \to 2} \frac{x^2 - 1}{3x^2 + 1} = \frac{3}{13}$

예제 26

(1) $\lim_{x \to \infty} \frac{7}{x^2+2x} = 0$

(2) $\lim_{x \to \infty} \frac{5x-1}{x^2+2x} = \lim_{x \to \infty} \frac{\frac{5}{x} - \frac{1}{x^2}}{1+\frac{2}{x}} = 0$

(3) $\lim_{x \to \infty} \frac{5x^2-1}{3x^2-2x} = \lim_{x \to \infty} \frac{5 - \frac{1}{x^2}}{3-\frac{2}{x}} = \frac{5}{3}$

예제 27

(1)과 (2) : [인수분해 후 약분하는 방법]

(1) $\lim_{x \to 1} \frac{x-1}{x^2-1} = \lim_{x \to 1} \frac{x-1}{(x-1)(x+1)} = \lim_{x \to 1} \frac{1}{x+1} = \frac{1}{2}$

(2) $\lim_{x \to 2} \frac{x^3-8}{x^2-4} = \lim_{x \to 2} \frac{(x-2)(x^2+2x+4)}{(x-2)(x+2)} = \lim_{x \to 2} \frac{x^2+2x+4}{x+2} = 3$

(3)과 (4) : [근호가 있는 경우 : 유리화]

(3) $$\begin{aligned}\lim_{x \to 3} \frac{x^2-9}{\sqrt{x-2}-1} &= \lim_{x \to 3} \frac{(x^2-9)(\sqrt{x-2}+1)}{(\sqrt{x-2}-1)(\sqrt{x-2}+1)} \\ &= \lim_{x \to 3} \frac{(x-3)(x+3)(\sqrt{x-2}+1)}{x-3} \\ &= \lim_{x \to 3} \frac{(x+3)(\sqrt{x-2}+1)}{1} = 12\end{aligned}$$

(4) $$\begin{aligned}\lim_{x \to 0} \frac{1-\sqrt{1-x}}{x} &= \lim_{x \to 0} \frac{(1-\sqrt{1-x})(1+\sqrt{1-x})}{x(1+\sqrt{1-x})} \\ &= \lim_{x \to 0} \frac{1-(1-x)}{x(1+\sqrt{1-x})} = \lim_{x \to 0} \frac{x}{x(1+\sqrt{1-x})} \\ &= \lim_{x \to 0} \frac{1}{1+\sqrt{1-x}} = \frac{1}{2}\end{aligned}$$

예제 28

(1) $\lim_{x \to 0} \frac{e^x-1}{x} = \lim_{t \to 0} \frac{t}{\ln(1+t)} = \lim_{t \to 0} \frac{1}{\frac{\ln(1+t)}{t}} = \lim_{t \to 0} \frac{1}{\frac{1}{t} ln(1+t)}$ 이므로

$e^x - 1 = t$라 하면 $e^x = 1+t \Rightarrow x = \ln(1+t)$

$t = e^x - 1$이면 $x \to 0$ 이므로 $t \to 0$

따라서 $\lim_{x\to 0}\frac{e^x-1}{x}=\lim_{t\to 0}\frac{1}{\frac{1}{t}ln(1+t)}=\lim_{t\to 0}\frac{1}{\ln(1+t)^{\frac{1}{t}}}=\frac{1}{\ln e}=\frac{1}{1}=1$

그러므로 $\lim_{x\to 0}\frac{e^x-1}{x}=1$이다.

(2) $\lim_{x\to 0}\frac{3^x-1}{x}=\lim_{t\to 0}\frac{t}{\ln_3(t+1)}=\lim_{t\to 0}\frac{1}{\frac{\ln_3(t+1)}{t}}=\lim_{t\to 0}\frac{1}{\frac{1}{t}ln_3(t+1)}$

$=\lim_{t\to 0}\frac{1}{\ln_3(1+t)^{\frac{1}{t}}}$

$3^x-1=t$라 하면

① $3^x-1=t \Rightarrow 3^x=t+1 \Rightarrow x=\ln_3(t+1)$

② $3^x-1=t$에서 $x\to 0$일 때, $3^x\to 1$이므로 $3^x-1=t\to 0$

따라서 $\lim_{x\to 0}\frac{3^x-1}{x}=\lim_{t\to 0}\frac{1}{\ln_3(1+t)^{\frac{1}{t}}}=\frac{1}{\ln_3 e}=\ln_e 3=\ln 3$

그러므로 $\lim_{x\to 0}\frac{3^x-1}{x}=\ln 3$이다.

예제 29 (1) $|x|<2 \Leftrightarrow -2<x<2$

(2) $|x|<3 \Leftrightarrow -3<x<3$

(3) $|x|<\frac{1}{20} \Leftrightarrow -\frac{1}{20}<x<\frac{1}{20}$

예제 30 (1) $P=\{x\,|\,|x|<2\}=\{x|-2<x<2\}$,

$Q=\{x\,|\,|x|<3\}=\{x|-3<x<3\}$이므로 $P\subset Q$이다.

(2) $P=\left\{x\,|\,|x|<\frac{1}{20}\right\}=\left\{x|-\frac{1}{20}<x<\frac{1}{20}\right\}$,

$Q=\left\{x\,|\,|x|<\frac{1}{30}\right\}=\left\{x|-\frac{1}{30}<x<\frac{1}{30}\right\}$이므로 $P\supset Q$

예제 31 (1) 집합 $P=\{x\,|\,|x|<q\}$, $Q=\{x\,|\,|x|<2\}$라 하면, $P\subset Q$이어야 하므로 양수 q의 최댓값은 2이다.

(2) (1)번과 마찬가지 방법으로 양수 q의 최댓값은 $\frac{1}{20}$이다.

예제 32 (1) 집합 $P=\{x \mid |x|<2\}$, $Q=\{x \mid |x|<p\}$라 하면, $P \subset Q$이어야 하므로 양수 q는 $q=2,3,4,\cdots$ 이므로 최솟값은 2이다.

(2) (1)번과 마찬가지 방법으로 양수 q의 최솟값은 $\frac{1}{200}$이다.

예제 33 (1) 함수 $f(x)=x+3$은 $\lim_{x\to 2} f(x)=\lim_{x\to 2}(x+3) = 5$이므로, 주어진 p값에 대하여 $0 \neq |x-2|<q \rightarrow |(x+3)-5|<\frac{1}{100}$인 조건을 만족하는 양수 q가 존재한다.

그런데 $|(x+3)-5|<\frac{1}{100}$은 $|x-2|<\frac{1}{100}$이므로 양수 q의 최댓값은 $\frac{1}{100}$이다.

(2) 함수 $f(x)=2x-4$는 $\lim_{x\to 3} f(x)=\lim_{x\to 3}(2x-4) = 2$이므로, 주어진 p값에 대하여 $0 \neq |x-3|<q \rightarrow |(2x-4)-2|<\frac{1}{100}$인 조건을 만족하는 양수 q가 존재한다.

그런데 $|(2x-4)-2|<\frac{1}{100} \Leftrightarrow |2x-6|<\frac{1}{100} \Leftrightarrow 2|x-3|<\frac{1}{100}$

$$\Leftrightarrow |x-3|<\frac{1}{200}$$

이므로 양수 q의 최댓값은 $\frac{1}{200}$이다.

예제 34 (1) 함수 $f(x)=\frac{1}{x}$는 $\lim_{x\to 2} f(x)=\lim_{x\to 2}\frac{1}{x}=\frac{1}{2}$이므로, 주어진 p값에 대하여 $0 \neq |x-2|<q \rightarrow \left|\frac{1}{x}-\frac{1}{2}\right|<\frac{1}{200}$인 조건을 만족하는 양수 q가 존재한다.

그런데 $\left|\frac{1}{x}-\frac{1}{2}\right|<\frac{1}{200} \Leftrightarrow \left|\frac{2-x}{2x}\right|<\frac{1}{200} \Leftrightarrow \frac{|x-2|}{2|x|}<\frac{1}{200}$이다.

또한 $|x-2|<1$라 하면, $-1<x-2<1 \Leftrightarrow 1<x<3 \Rightarrow |x|<3$이다.

따라서 $2|x|<6 \Rightarrow \frac{1}{6}<\frac{1}{2|x|} \Rightarrow \frac{|x-2|}{6}<\frac{|x-2|}{2|x|}<\frac{1}{200}$이므로

$\frac{|x-2|}{6}<\frac{1}{200} \Rightarrow |x-2|<\frac{6}{200} \Rightarrow |x-2|<\frac{3}{100}$이다.

그러므로 양수 q의 최댓값은 $q=\min\left\{1, \frac{3}{100}\right\}=\frac{3}{100}$이다.

(2) 함수 $f(x)=\dfrac{1}{x+1}$는 $\lim\limits_{x\to1}f(x)=\lim\limits_{x\to1}\dfrac{1}{x+1}=\dfrac{1}{2}$이므로, 주어진 p값에 대하여 $0\neq|x-1|<q \to \left|\dfrac{1}{x+1}-\dfrac{1}{2}\right|<\dfrac{1}{100}$인 조건을 만족하는 양수 q가 존재한다.

그런데 $\left|\dfrac{1}{x+1}-\dfrac{1}{2}\right|<\dfrac{1}{100} \Leftrightarrow \left|\dfrac{2-(x+1)}{2(x+1)}\right|<\dfrac{1}{100} \Leftrightarrow \dfrac{|x-1|}{2|x+1|}<\dfrac{1}{100}$ 이다.

또한 $|x-2|<1$라 하면,

$-1<x-2<1 \Leftrightarrow 1<x<3 \Rightarrow 2<x+1<4 \Rightarrow |x+1|<4$이다.

따라서 $2|x+1|<8 \Rightarrow \dfrac{1}{8}<\dfrac{1}{2|x+1|} \Rightarrow \dfrac{|x-1|}{8}<\dfrac{|x-1|}{2|x+1|}<\dfrac{1}{100}$

이므로 $\dfrac{|x-1|}{8}<\dfrac{1}{100} \Rightarrow |x-1|<\dfrac{8}{100} \Rightarrow |x-1|<\dfrac{2}{25}$이다.

그러므로 양수 q의 최댓값은 $q=\min\left\{1, \dfrac{2}{25}\right\}=\dfrac{2}{25}$이다.

이므로 양수 q의 최댓값은 $\dfrac{2}{25}$이다.

예제 35

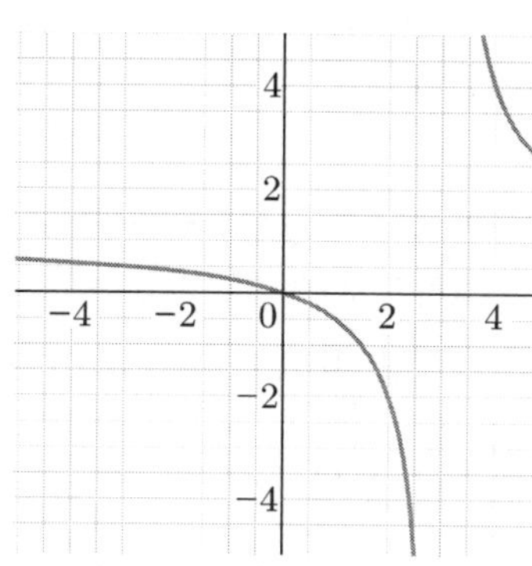

(1) $f(x)=\dfrac{x}{x-3}$

수직점근선 : $\lim\limits_{x\to3}f(x)=\lim\limits_{x\to3}\dfrac{x}{x-3}=\infty$ 또는 $-\infty$이므로 $x=3$

수평점근선 : $\lim\limits_{x\to\infty}f(x)=\lim\limits_{x\to\infty}\dfrac{x}{x-3}=1$ 이므로 $y=1$이다.

따라서 수직점근선은 $x=3$, 수평점근선은 $y=1$이다.

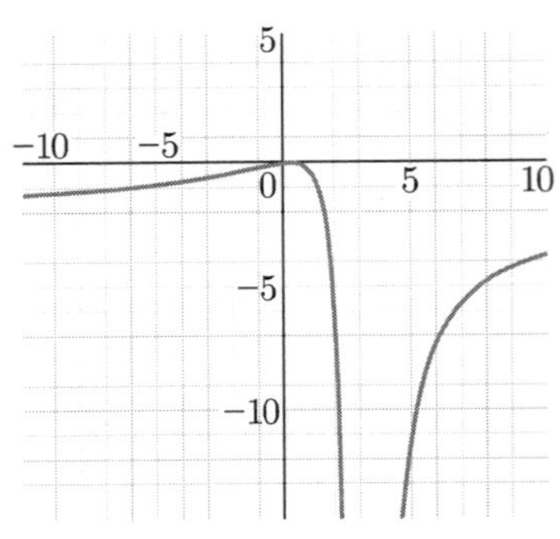

(2) $f(x)=\dfrac{x-2x^2}{(x-3)^2}$

수직점근선 : $\lim\limits_{x \to 3} f(x)=\lim\limits_{x \to 3}\dfrac{x-2x^2}{(x-3)^2}=-\infty$ 또는 $-\infty$ 이므로 $x=3$

수평점근선 : $\lim\limits_{x \to \infty} f(x)=\lim\limits_{x \to \infty}\dfrac{x-2x^2}{(x-3)^2}=-2$ 이므로 $y=-2$ 이다.

따라서 수직점근선은 $x=3$, 수평점근선은 $y=-2$ 이다.

예제 36

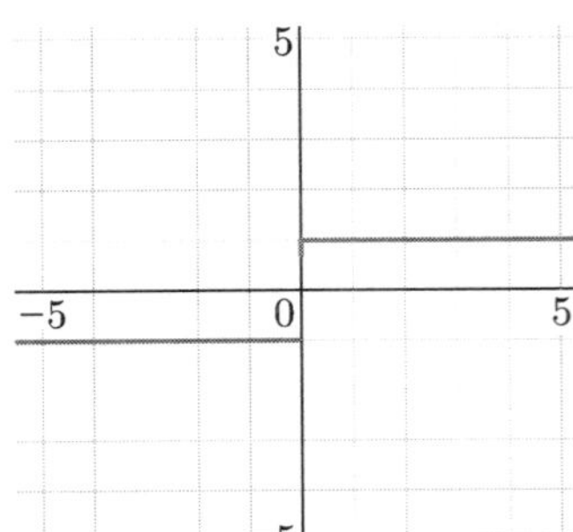

$x=0$ 에서의 함숫값 $f(0)$ 가 존재하지 않으므로 연속함수의 첫 번째 조건을 만족하지 않는다.

따라서 함수 $f(x)=\dfrac{x}{|x|}$ 는 $x=0$ 에서 연속함수가 아니다.

예제 37

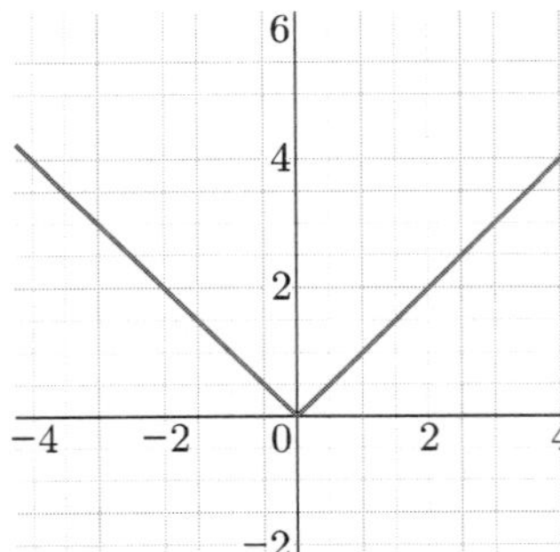

$x=1$ 에서의 함숫값 $f(1)=1$ 이므로 함숫값 $f(1)$ 이 존재하므로 연속함수의 첫 번째 조건을 만족한다. 그러나 $\lim\limits_{x \to 1^+} f(x)=\lim\limits_{x \to 1^+}|x|=1$ 이고 $\lim\limits_{x \to 1^-} f(x)=\lim\limits_{x \to 1^-}|x|=1$ 이므로 $\lim\limits_{x \to 1} f(x)=\lim\limits_{x \to 1}|x|$ 이므로 연속함수의 두 번째 조건을 만족한다.

또한, $\lim\limits_{x \to 1} f(x)=1=f(1)$ 이므로 연속함수의 세 번째 조건을 만족한다.

그러므로 함수 $f(x)=[x]$ 는 $x=1$ 에서 연속함수이다.

예제 38 (1) 함수 $f(x) = x^2 - 2x - 3 = (x-1)^2 - 4$이므로 대칭축이 $x = 1$이고, 폐구간 $[0, 3]$에서 연소함수이므로 이 구간에서 반드시 최솟값과 최댓값을 갖는다. 그런데 $f(0) = -3, f(1) = -4, f(3) = 0$이므로 최댓값은 0이고, 최솟값은 -4이다.

(2) 함수 $f(x) = x^2 - 2x - 3 = (x-1)^2 - 4$이므로 대칭축이 $x = 1$이고, 개구간 $(0,3)$에서 연소함수이므로 이 구간에서 반드시 최솟값과 최댓값을 갖는다. 그런데 $x = 0$와 $x = 3$은 포함되지 않으므로 $f(1) = -4$이므로 최댓값은 존재하지 않으며, 최솟값은 -4이다.

예제 39 (1) 함수 $f(x) = x^2 - 3x$이 구간 $[2, 4]$에서 연속함수이며, $f(2) = -2 < 0$, $f(4) = 4 > 0$이므로 $f(c) = 0$이 되는 c가 구간 $[2, 4]$에 존재한다.
따라서 $f(c) = c^2 - 3c = 0$이므로 $c = 0$ 또는 3이다.
그런데 c가 구간 $[2, 4]$에 존재해야 하므로 $c = 3$이다.

(2) 함수 $f(x) = x^2 - 2x$이 구간 $[0, 3]$에서 연속함수이며, $f(0) = -1 < 0$, $f(3) = 2 > 0$이므로 $f(c) = 0$이 되는 c가 구간 $[0, 3]$에 존재한다.
따라서 $f(c) = c^2 - 2c - 1 = 0$이므로 $c = 1 \pm \sqrt{2}$이다.
그런데 c가 구간 $[0, 3]$에 존재해야 하므로 $c = 1 + \sqrt{2}$이다.

CHAPTER 05 예제 풀이

예제 1 (1) 한 점 $(2,1)$을 지나고 기울기가 3인 직선의 방정식은 $y-1=3(x-2)$ 이므로 정리하면 $y=3x-5$이다.

(2) 두 점 $(2,1)$과 $(0,3)$을 지나는 직선의 기울기는 $\frac{3-1}{0-2}=-1$이다.

따라서 $y-1=(-1)(x-2)$이므로 정리하면 $y=-x+3$이다.

예제 2 (1) 두 점 $(2,1)$과 $(a,2)$을 지나는 직선의 기울기는 $\frac{2-1}{a-2}=\frac{1}{a-2}$이므로 $\frac{1}{a-2}=2$이다. 따라서 $a=\frac{5}{2}$이다.

(2) 한 점 $(-2,3)$을 지나고 기울기가 3인 직선의 방정식은 $y-3=3(x+2)$이고, 정리하면 $y=3x+9$이다. 따라서 $c=9$이다.

예제 3 (1) $f(x)=x^2+2x$이고, 주어진 구간이 $[0,1]$이므로

$$\text{평균변화율 } \frac{\Delta y}{\Delta x}=\frac{f(1)-f(0)}{1-0}=\frac{3-0}{1}=3$$

(2) $f(x)=x^2+2x$이고, 주어진 구간이 $[1,3]$이므로

$$\text{평균변화율 } \frac{\Delta y}{\Delta x}=\frac{f(3)-f(1)}{3-1}=\frac{15-3}{2}=\frac{12}{2}=6$$

예제 4 (1) 평균변화율 $\frac{\Delta y}{\Delta x}=\frac{f(3)-f(2)}{3-2}=\frac{1-2}{1}=-1$

(2) 평균변화율 $\frac{\Delta y}{\Delta x}=\frac{f(3)-f(2)}{3-2}=\frac{\frac{1}{2}-\frac{1}{3}}{1}=\frac{1}{6}$

예제 5 (1) 평균변화율 $\frac{\Delta y}{\Delta x}=\frac{f(1)-f(0)}{1-0}=\frac{e-1}{1}=e-1$

(2) 평균변화율 $\frac{\Delta y}{\Delta x}=\frac{f(3)-f(2)}{3-2}=\frac{\ln 3-\ln 2}{1}=\ln\frac{3}{2}$

예제 6 (1) $f(x)=x^2+2x$ 이고, $x=1$ 에서의 미분계수를 구하는 문제이므로

$$f'(1)=\lim_{h\to 0}\frac{f(1+h)-f(1)}{h}=\lim_{h\to 0}\frac{(1+h)^2+2(1+h)-3}{h}$$
$$=\lim_{h\to 0}\frac{h^2+4h}{h}=\lim_{h\to 0}(h+4)=4$$

(2) $f(x)=x^2+2x$ 이고, $x=-3$ 에서의 미분계수를 구하는 문제이므로

$$f'(-3)=\lim_{h\to 0}\frac{f(-3+h)-f(-3)}{h}=\lim_{h\to 0}\frac{(-3+h)^2+2(-3+h)-3}{h}$$
$$=\lim_{h\to 0}\frac{h^2-4h}{h}=\lim_{h\to 0}(h-4)=-4$$

(3) $f(x)=x^2+2x$ 이고, $x=2$ 에서의 미분계수를 구하는 문제이므로

$$f'(2)=\lim_{h\to 0}\frac{f(2+h)-f(2)}{h}=\lim_{h\to 0}\frac{(2+h)^2+2(2+h)-8}{h}$$
$$=\lim_{h\to 0}\frac{h^2+6h}{h}=\lim_{h\to 0}(h+6)=6$$

예제 7 (1) $f(x)=3x^2+1$ 이고, $x=2$ 에서의 미분계수를 구하는 문제이므로

$$f'(2)=\lim_{h\to 0}\frac{f(2+h)-f(2)}{h}=\lim_{h\to 0}\frac{3(2+h)^2+1-13}{h}$$
$$=\lim_{h\to 0}\frac{3h^2+12h}{h}=\lim_{h\to 0}(3h+12)=12$$

(2) $f(x)=\sqrt{x}$ 이고, $x=2$ 에서의 미분계수를 구하는 문제이므로

$$f'(2)=\lim_{h\to 0}\frac{f(2+h)-f(2)}{h}=\lim_{h\to 0}\frac{\sqrt{2+h}-\sqrt{2}}{h}$$
$$=\lim_{h\to 0}\frac{2+h-2}{h(\sqrt{2+h}+\sqrt{2})}=\lim_{h\to 0}\frac{h}{h(\sqrt{2+h}+\sqrt{2})}$$
$$=\lim_{h\to 0}\frac{1}{\sqrt{2+h}+\sqrt{2}}=\frac{1}{2\sqrt{2}}$$

(3) $f(x)=\dfrac{1}{x}$ 이고, $x=2$ 에서의 미분계수를 구하는 문제이므로

$$f'(2)=\lim_{h\to 0}\frac{f(2+h)-f(2)}{h}=\lim_{h\to 0}\frac{\frac{1}{2+h}-\frac{1}{2}}{h}=\lim_{h\to 0}\frac{\frac{2-(2+h)}{(2+h)2}}{h}$$

$$= \lim_{h\to 0}\frac{-h}{h(2(2+h))} = \lim_{h\to 0}\frac{-1}{2(2+h)} = -\frac{1}{4}$$

예제 8 (1) $y = x^2+1$의 $x=1$에서의 접선은 직선이므로 한 점과 접선의 기울기를 구한 후, 접선의 방정식을 구하여야 한다.

$x=1$에서의 한점은 $(1,2)$, 접선의 기울기는 $x=1$에서의 미분계수이므로

$$f'(1) = \lim_{h\to 0}\frac{f(1+h)-f(1)}{h} = \lim_{h\to 0}\frac{(1+h)^2+1-2}{h}$$
$$= \lim_{h\to 0}\frac{h^2+2h}{h} = \lim_{h\to 0}(h+2) = 2$$

따라서 $x=1$에서의 미분계수 $f'(1)=2$는 접선의 기울기이다.

그러므로 접선의 방정식은 $y-2=2(x-1)$이므로 정리하면, $y=2x$이다.

(2) $y=x^3+x^2-x-1$의 $x=1$에서의 접선은 직선이므로 한 점과 접선의 기울기를 구한 후, 접선의 방정식을 구하여야 한다.

$x=1$에서의 한점은 $(1,0)$, 접선의 기울기는 $x=1$에서의 미분계수이므로

$$f'(1) = \lim_{h\to 0}\frac{f(1+h)-f(1)}{h} = \lim_{h\to 0}\frac{(1+h)^3+(1+h)^2-(1+h)-1-0}{h}$$
$$= \lim_{h\to 0}\frac{h^3+3h^2+3h+1+h^2+2h+1-(1+h)-1}{h}$$
$$= \lim_{h\to 0}\frac{h^3+4h^2+4h}{h} = \lim_{h\to 0}(h^2+4h+4) = 4$$

따라서 $x=1$에서의 미분계수 $f'(1)=4$는 접선의 기울기이다.

그러므로 접선의 방정식은 $y-0=4(x-1)$이므로 정리하면, $y=4x-4$이다.

(3) $y=\sqrt{x}$의 $x=1$에서의 접선은 직선이므로 한 점과 접선의 기울기를 구한 후, 접선의 방정식을 구하여야 한다.

$x=1$에서의 한점은 $(1,1)$, 접선의 기울기는 $x=1$에서의 미분계수이므로

$$f'(1) = \lim_{h\to 0}\frac{f(1+h)-f(1)}{h} = \lim_{h\to 0}\frac{\sqrt{1+h}-1}{h}$$
$$= \lim_{h\to 0}\frac{(\sqrt{1+h}-1)(\sqrt{1+h}+1)}{h(\sqrt{1+h}+1)} = \lim_{h\to 0}\frac{(1+h)-1}{h(\sqrt{1+h}+1)}$$
$$= \lim_{h\to 0}\frac{h}{h(\sqrt{1+h}+1)} = \lim_{h\to 0}\frac{1}{\sqrt{1+h}+1} = \frac{1}{2}$$

따라서 $x=1$에서의 미분계수 $f'(1)=\frac{1}{2}$은 접선의 기울기이다.

그러므로 접선의 방정식은 $y-1=\frac{1}{2}(x-1)$이므로 정리하면,

$y=\frac{1}{2}x+\frac{1}{2}$이다.

(4) $y=\frac{1}{2x+1}$의 $x=1$에서의 접선은 직선이므로 한 점과 접선의 기울기를 구한 후, 접선의 방정식을 구하여야 한다.

$x=1$에서의 한점은 $(1,\frac{1}{3})$, 접선의 기울기는 $x=1$에서의 미분계수이므로

$$f'(1)=\lim_{h\to 0}\frac{f(1+h)-f(1)}{h}=\lim_{h\to 0}\frac{\frac{1}{2(1+h)+1}-\frac{1}{3}}{h}$$

$$=\lim_{h\to 0}\frac{\frac{1}{3+2h}-\frac{1}{3}}{h}=\lim_{h\to 0}\frac{3-(3+2h)}{3h(3+2h)}$$

$$=\lim_{h\to 0}\frac{-2h}{3h(3+2h)}=\lim_{h\to 0}\frac{-2}{3(3+2h)}=-\frac{2}{9}$$

따라서 $x=1$에서의 미분계수 $f'(1)=-\frac{2}{9}$은 접선의 기울기이다.

그러므로 접선의 방정식은 $y-\frac{1}{3}=-\frac{2}{9}(x-1)$이므로 정리하면,

$y=-\frac{2}{9}x+\frac{5}{9}$이다.

예제 9

(1) $f'(1)=\lim_{h\to 0}\frac{f(1+h)-f(1)}{h}=\lim_{h\to 0}\frac{e^{1+h}-e}{h}=\lim_{h\to 0}\frac{e(e^h-1)}{h}=e$

(2) $f'(1)=\lim_{h\to 0}\frac{f(1+h)-f(1)}{h}=\lim_{h\to 0}\frac{3^{1+h}-3}{h}=\lim_{h\to 0}\frac{3(3^h-1)}{h}=3\ln 3$

(3) $f'(1)=\lim_{h\to 0}\frac{f(1+h)-f(1)}{h}=\lim_{h\to 0}\frac{\ln(1+h)-\ln 1}{h}=\lim_{h\to 0}\frac{\ln(1+h)}{h}$

$$=\lim_{h\to 0}\frac{1}{h}\ln(1+h)=\lim_{h\to 0}\ln(1+h)^{\frac{1}{h}}=\ln e=1$$

예제 10

〈Hint〉 [예제 9] 활용

(1) $y=e^x$의 $x=1$에서의 접선은 직선이므로 한 점과 접선의 기울기를 구한 후, 접선의 방정식을 구하여야 한다.

$x=1$에서의 한 점은 $(1,e)$이고, 접선의 기울기는 $f'(1)=e$이다.
그러므로 접선의 방정식은 $y-e=e(x-1)$이므로 정리하면, $y=ex$이다.

(2) $y=3^x$의 $x=1$에서의 접선은 직선이므로 한 점과 접선의 기울기를 구한 후, 접선의 방정식을 구하여야 한다.
$x=1$에서의 한 점은 $(1,3)$이고, 접선의 기울기는 $f'(1)=3\ln3$이다.
그러므로 접선의 방정식은 $y-3=3\ln3(x-1)$이므로 정리하면,
$y=3\ln3x-3(\ln3-1)$이다.

(3) $y=\ln x$의 $x=1$에서의 접선은 직선이므로 한 점과 접선의 기울기를 구한 후, 접선의 방정식을 구하여야 한다.
$x=1$에서의 한 점은 $(1,0)$이고, 접선의 기울기는 $f'(1)=1$이다.
그러므로 접선의 방정식은 $y-0=1(x-1)$이므로 정리하면, $y=x-1$이다.

예제 13

(1) $\frac{d}{dt}y=\frac{d}{dt}(x^3)=0$

(2) $\frac{d}{dt}y=\frac{d}{dt}(t^3)=3t^2$

예제 14

(1) $y'=5$

(2) $f'(x)=0$ $(\because f(x)=5=5\times1=5x^0)$

(3) $y'=6x+1$

(4) $y'=3x^2+2x+1$

예제 15

(1) $y'=\frac{1'\times x-1\times x'}{x^2}=\frac{-1}{x^2}=(-1)x^{-2}=-x^{-2}=-\frac{1}{x^2}$

(2) $y'=\frac{1'\times x^2-1\times(x^2)'}{(x^2)^2}=\frac{-2x}{x^4}=-\frac{2}{x^3}=-2x^{-3}$

(3) $y'=\frac{1'(2x-1)-1(2x-1)'}{(2x-1)^2}=-\frac{2}{(2x-1)^2}$

(4) $y'=\frac{(x^2-1)'(x^2+1)-(x^2-1)(x^2+1)'}{(x^2+1)^2}$

$=\frac{2x(x^2+1)-(x^2-1)2x}{(x^2+1)^2}=\frac{4x}{(x^2+1)^2}$

예제 18

(1) $y=(x+1)^3$에서 $t=x+1$이라 하면, $\frac{dt}{dx}=1$이고, $y=t^3$이므로 $\frac{dy}{dt}=3t^2$

이다. 따라서

$$y' = \frac{dy}{dx} = \frac{dy}{dt}\frac{dt}{dx} = 3t^2 = 3(x+1)^2$$

(2) $y = (\frac{2x+1}{x-1})^3$에서 $t = \frac{2x+1}{x-1}$이라 하면,

$$\begin{aligned}\frac{dt}{dx} &= \frac{(2x+1)'(x-1)-(2x+1)(x-1)'}{(x-1)^2} \\ &= \frac{2(x-1)-(2x+1)}{(x-1)^2} = -\frac{3}{(x-1)^2}\end{aligned}$$

이고 $y = t^3$이므로 $\frac{dy}{dt} = 3t^2$이다. 따라서

$$\begin{aligned}y' &= \frac{dy}{dx} = \frac{dy}{dt}\frac{dt}{dx} = 3t^2\left(-\frac{3}{(x-1)^2}\right) \\ &= 3\left(\frac{2x+1}{x-1}\right)^2\left(-\frac{3}{(x-1)^2}\right) = -\frac{9(2x+1)^2}{(x-1)^4}\end{aligned}$$

(3) $y = \sqrt{2x-1}$에서 $t = 2x-1$이라 하면, $\frac{dt}{dx} = 2$이고, $y = \sqrt{t} = t^{\frac{1}{2}}$이므로

$\frac{dy}{dt} = \frac{1}{2}t^{-\frac{1}{2}} = \frac{1}{2}\frac{1}{t^{\frac{1}{2}}} = \frac{1}{2}\frac{1}{\sqrt{t}} = \frac{1}{2\sqrt{t}}$이다. 따라서

$$y' = \frac{dy}{dx} = \frac{dy}{dt}\frac{dt}{dx} = \frac{1}{2\sqrt{t}}2 = \frac{1}{\sqrt{t}} = \frac{1}{\sqrt{2x-1}}$$

(4) $y = \sqrt{x^2+1}$에서 $t = x^2+1$이라 하면, $\frac{dt}{dx} = 2x$이고, $y = \sqrt{t}$이므로

$\frac{dy}{dt} = \frac{1}{2\sqrt{t}}$이다. 따라서

$$y' = \frac{dy}{dx} = \frac{dy}{dt}\frac{dt}{dx} = \frac{1}{2\sqrt{t}}2x = \frac{2x}{2\sqrt{x^2+1}} = \frac{x}{\sqrt{x^2+1}}$$

그러므로 $y' = \frac{2x}{\sqrt{x^2+1}}$이다.

예제 20 (1) $y = \ln(x^2+1)$에서 $t = x^2+1$이라 하면, $\frac{dt}{dx} = 2x$이고,

$y = \ln t$이므로 $\frac{dy}{dt} = \frac{1}{t}$이다. 따라서 $y' = \frac{dy}{dx} = \frac{dy}{dt}\frac{dt}{dx} = \frac{1}{t}2x = \frac{2x}{x^2+1}$

그러므로 $y' = \dfrac{2x}{x^2+1}$ 이다.

(2) $y = \ln(\sqrt{2x+1})$ 에서 $t = \sqrt{2x+1}$ 이라 하면, $\dfrac{dt}{dx} = \dfrac{1}{\sqrt{2x+1}}$ 이고,

$y = \ln t$ 이므로 $\dfrac{dy}{dt} = \dfrac{1}{t}$ 이다.

따라서 $y' = \dfrac{dy}{dx} = \dfrac{dy}{dt}\dfrac{dt}{dx} = \dfrac{1}{t}\dfrac{1}{\sqrt{2x+1}} = \dfrac{1}{\sqrt{2x+1}}\dfrac{1}{\sqrt{2x+1}} = \dfrac{1}{2x+1}$

그러므로 $y' = \dfrac{1}{2x+1}$ 이다.

예제 23 (1) $y = e^{-x}$ 에서 양변에 ln를 취하면, $\ln y = \ln e^{-x} = -x\ln e = -x$

양변을 미분하면, $\dfrac{y'}{y} = -1$ 이므로 $y' = y(-1) = -y = -e^{-x}$ 이다.

(2) $y' = (e^x + e^{-x})' = (e^x)' + (e^{-x})' = e^x - e^{-x}$

(3) $y' = (e^x - e^{-x})' = (e^x)' - (e^{-x})' = e^x + e^{-x}$

(4) $y = e^{x^2+1}$ 에서 양변에 ln를 취하면, $\ln y = \ln e^{x^2+1} = (x^2+1)\ln e = x^2+1$

양변을 미분하면, $\dfrac{y'}{y} = 2x$ 이므로 $y' = y(2x) = e^{x^2+1}2x = 2x\,e^{x^2+1}$ 이다.

예제 26 (1) $y = 5^x$ 에서 양변에 ln를 취하면, $\ln y = \ln 5^x = x\ln 5 = (\ln 5)x$ 이다.

양변을 미분하면, $\dfrac{y'}{y} = \ln 5$ 이므로 $y' = y(\ln 5) = 5^x \ln 5$ 이다.

(2) $y = 3^{x^2+1}$ 에서 양변에 ln를 취하면, $\ln y = \ln 3^{x^2+1} = (x^2+1)\ln 3$ 이다.

양변을 미분하면, $\dfrac{y'}{y} = 2x\ln 3$ 이므로 $y' = y2x(\ln 3) = 3^{x^2+1}2x\ln 3$ 이다.

(3) $y = 5^{\sqrt{2x+1}}$ 에서 양변에 ln를 취하면, $\ln y = \ln 5^{\sqrt{2x+1}} = \sqrt{2x+1}\,\ln 5$ 이다.

양변을 미분하면, $\dfrac{y'}{y} = \dfrac{1}{\sqrt{2x+1}} ln5$ 이므로

$y' = y\dfrac{1}{\sqrt{2x+1}}(\ln 5) = 5^{\sqrt{2x+1}}\dfrac{1}{\sqrt{2x+1}}\ln 5$ 이다.

(4) $y = 7^{\frac{1}{2x+1}}$ 에서 양변에 ln를 취하면, $\ln y = \ln 7^{\frac{1}{2x+1}} = \dfrac{1}{2x+1} ln7$ 이다.

양변을 미분하면, $\dfrac{y'}{y} = -\dfrac{2}{(2x+1)^2} ln 7 = -\dfrac{2\ln 7}{(2x+1)^2}$ 이므로

$$y' = y\left(-\frac{2\ln 7}{(2x+1)^2}\right) = 7^{\frac{1}{2x+1}}\left(-\frac{2\ln 7}{(2x+1)^2}\right) = -\frac{2\ln 7}{(2x+1)^2}7^{\frac{1}{2x+1}}$$ 이다.

예제 27 (1) $y = x^x$의 양변에 ln를 취하면 $\ln y = \ln x^x = x\ln x$이므로 양변을 미분하면

$$\frac{y'}{y} = (x)'\ln x + x(\ln x)' = \ln x + x \times \frac{1}{x} = \ln x + 1$$ 이다.

따라서 $y' = y(\ln x + 1) = x^x(\ln x + 1)$이다.

(2) $y = x^{\sqrt{x}}$ 양변에 ln를 취하면 $\ln y = \ln x^{\sqrt{x}} = \sqrt{x}\ln x$이므로 양변을 미분하면

$$\frac{y'}{y} = (\sqrt{x})'\ln x + \sqrt{x}(\ln x)' = \frac{1}{2\sqrt{x}}ln x + \sqrt{x} \times \frac{1}{x} = \frac{1}{2\sqrt{x}}(\ln x + 2)$$

이다. 따라서 $y' = y\frac{1}{2\sqrt{x}}(\ln x + 2) = \frac{x^{\sqrt{2}}(\ln x + 2)}{2\sqrt{x}}$ 이다.

(3) $y = x^{\frac{1}{x}}$ 양변에 ln를 취하면 $\ln y = \ln x^{\frac{1}{x}} = \frac{1}{x}\ln x$이므로 양변을 미분하면

$$\frac{y'}{y} = (\frac{1}{x})'\ln x + \frac{1}{x}(\ln x)' = -\frac{1}{x^2}ln x + \frac{1}{x} \times \frac{1}{x} = -\frac{1}{x^2}(\ln x - 1)$$ 이다.

따라서 $y' = y\left(-\frac{1}{x^2}\right)(\ln x - 1) = -\frac{x^{\frac{1}{x}}(\ln x - 1)}{x^2} = -x^{\frac{1}{x}-2}(\ln x - 1)$이다.

(4) $y = (\frac{1}{x})^x$의 양변에 ln를 취하면

$\ln y = \ln\left(\frac{1}{x}\right)^x = x\ln\left(\frac{1}{x}\right) = x\ln x^{-1} = -x\ln x$이므로 양변을 미분하면

$$\frac{y'}{y} = (-x)'\ln x + (-x)(\ln x)' = -\ln x + (-x) \times \frac{1}{x} = -(\ln x + 1)$$ 이다.

따라서 $y' = -y(\ln x + 1) = -\left(\frac{1}{x}\right)^x(\ln x + 1)$이다.

예제 30 (1) $y = \tan x = \frac{\sin x}{\cos x}$이므로 분수함수의 미분법을 이용하면

$$y' = \frac{(\sin x)'\cos x - \sin x(\cos x)'}{(\cos x)^2} = \frac{(\cos x)^2 + (\sin x)^2}{\cos^2 x} = \frac{\cos^2 x + \sin^2 x}{\cos^2 x}$$

$$= \frac{1}{\cos^2 x} = \left(\frac{1}{\cos x}\right)^2 = (\sec x)^2 = \sec^2 x$$

(2) $y = \csc x = \frac{1}{\sin x}$이므로 분수함수의 미분법을 이용하면

$$y' = \frac{(1)'\sin x - 1(\sin x)'}{(\sin x)^2} = \frac{-\cos x}{\sin^2 x} = -\frac{1}{\sin x}\frac{\cos x}{\sin x} = -\csc x \cot x$$

(3) $y = \sec x = \dfrac{1}{\cos x}$ 이므로 분수함수의 미분법을 이용하면

$$y' = \frac{(1)'\cos x - 1(\cos x)'}{(\cos x)^2} = \frac{\sin x}{\cos^2 x} = \frac{1}{\cos x}\frac{\sin x}{\cos x} = \sec x \tan x$$

(4) $y = \cot x = \dfrac{\cos x}{\sin x}$ 이므로 분수함수의 미분법을 이용하면

$$y' = \frac{(\cos x)'\sin x - \cos x(\sin x)'}{(\sin x)^2} = \frac{-(\sin x)^2 - (\cos x)^2}{\sin^2 x}$$

$$= -\frac{\sin^2 x + \cos^2 x}{\sin^2 x} = -\frac{1}{\sin^2 x} = -\left(\frac{1}{\sin x}\right)^2 = -(\csc x)^2 = -\csc^2 x$$

예제 31 (1) $y = \sin(2x)$에서 $t = 2x$라 하면, $\dfrac{dt}{dx} = 2$이다.

또한 $y = \sin t$ 이므로 $\dfrac{dy}{dt} = \cos t$이다.

따라서 $y' = \dfrac{dy}{dx} = \dfrac{dy}{dt}\dfrac{dt}{dx} = \cos t\,2 = \cos(2x)2 = 2\cos(2x)$이다.

(2) $y = \cos(x^2)$에서 $t = x^2$라 하면, $\dfrac{dt}{dx} = 2x$이다.

또한 $y = \cos t$ 이므로 $\dfrac{dy}{dt} = -\sin t$ 이다.

따라서 $y' = \dfrac{dy}{dx} = \dfrac{dy}{dt}\dfrac{dt}{dx} = -\sin t\,2x = -\sin(x^2)2x = -2x\sin(x^2)$이다.

(3) $y = \sin(\sqrt{x^2+1})$에서 $t = \sqrt{x^2+1}$ 라 하면, $\dfrac{dt}{dx} = \dfrac{(x^2+1)'}{2\sqrt{x^2+1}} = \dfrac{x}{\sqrt{x^2+1}}$

이다. 또한 $y = \sin t$ 이므로 $\dfrac{dy}{dt} = \cos t$이다.

따라서 $y' = \dfrac{dy}{dx} = \dfrac{dy}{dt}\dfrac{dt}{dx} = \cos t\dfrac{x}{\sqrt{x^2+1}} = \cos(\sqrt{x^2+1})\dfrac{x}{\sqrt{x^2+1}}$

이다.

(4) $y = \cos\left(\dfrac{x}{x+1}\right)$에서 $t = \dfrac{x}{x+1}$라 하면,

$\dfrac{dt}{dx} = \dfrac{x'(x+1) - x(x+1)'}{(x+1)^2} = -\dfrac{1}{(x+1)^2}$ 이다.

또한 $y = \cos t$ 이므로 $\dfrac{dy}{dt} = -\sin t$이다.

따라서 $y' = \frac{dy}{dx} = \frac{dy}{dt}\frac{dt}{dx} = -\sin t\left(-\frac{1}{(x+1)^2}\right) = \sin\left(\frac{x}{x+1}\right)\left(\frac{1}{(x+1)^2}\right)$
이다.

예제 34 (1) $y = \sin^2 x$에서 $t = \sin x$라 하면, $\frac{dt}{dx} = \cos x$이다.

또한 $y = t^2$ 이므로 $\frac{dy}{dt} = 2t$이다.

따라서 $y' = \frac{dy}{dx} = \frac{dy}{dt}\frac{dt}{dx} = 2t\cos x = 2\sin x\cos x = \sin(2x)$이다.

(2) $y = \sin^3 x$에서 $t = \sin x$라 하면, $\frac{dt}{dx} = \cos x$이다.

또한 $y = t^3$ 이므로 $\frac{dy}{dt} = 3t^2$ 이다.

따라서 $y' = \frac{dy}{dx} = \frac{dy}{dt}\frac{dt}{dx} = 3t^2\cos x = 3\sin^2 x\cos x$이다.

(3) $y = \cos^2 x$에서 $t = \cos x$라 하면, $\frac{dt}{dx} = -\sin x$이다.

또한 $y = t^2$ 이므로 $\frac{dy}{dt} = 2t$이다.

따라서 $y' = \frac{dy}{dx} = \frac{dy}{dt}\frac{dt}{dx} = -2t\sin x = -2\sin x\cos x = -\sin(2x)$이다.

(4) $y = \cos^3 x$에서 $t = \cos x$라 하면, $\frac{dt}{dx} = -\sin x$이다.

또한 $y = t^3$ 이므로 $\frac{dy}{dt} = 3t^2$이다.

따라서 $y' = \frac{dy}{dx} = \frac{dy}{dt}\frac{dt}{dx} = -3t^2\sin x = -3\cos^2 x\sin x$이다.

(5) $y = \tan^2 x$에서 $t = \tan x$라 하면, $\frac{dt}{dx} = \sec^2 x$이다.

또한 $y = t^2$ 이므로 $\frac{dy}{dt} = 2t$이다.

따라서 $y' = \frac{dy}{dx} = \frac{dy}{dt}\frac{dt}{dx} = 2t\sec^2 x = 2\tan x\sec^2 x$이다.

(6) $y = \tan^3 x$에서 $t = \tan x$라 하면, $\frac{dt}{dx} = \sec^2 x$ 이다.

또한 $y = t^3$ 이므로 $\frac{dy}{dt} = 3t^2$이다.

따라서 $y' = \frac{dy}{dx} = \frac{dy}{dt}\frac{dt}{dx} = 3t^2\sec^2 x = 2\tan^2 x\sec^2 x$이다.

예제 35 $(fg)' = f'g + fg'$ 이용

(1) $y' = (x\sin x)' = (x)'\sin x + x(\sin x)' = \sin x + x\cos x$

(2) $y' = (x^2\cos^2 x)' = (x^2)'\cos^2 x + x^2(\cos^2 x)' = 2x\cos^2 x - x^2\sin(2x)$

(3) $y' = (x^3\tan x)' = (x^3)'\tan x + x^3(\tan x)' = 3x^2\tan x + x^3\sec^2 x$

(4) $y' = (\sin x\cos x)' = (\sin x)'\cos x + \sin x(\cos x)' = \cos^2 x - \sin^2 x$

예제 36 (1) $y' = \cos x,\ y'' = -\sin x,\ y^{(3)} = -\cos x,\ y^{(4)} = \sin x$이므로

$y^{(4n)} = \sin x,\ y^{(4n+1)} = \cos x,\ y^{(4n+2)} = -\sin x,\ y^{(4n+3)} = -\cos x$

(단, $n \in Z$)이다.

그런데 $2021 = 4 \times 505 + 1 \in 4Z + 1$이므로 $y^{(2021)} = \cos x$이다.

(2) $y' = -\sin x,\ y'' = -\cos x,\ y^{(3)} = \sin x,\ y^{(4)} = \cos x$이므로

$y^{(4n)} = \cos x,\ y^{(4n+1)} = -\sin x,\ y^{(4n+2)} = -\cos x,\ y^{(4n+3)} = \sin x$

(단, $n \in Z$)이다.

그런데 $2019 = 4 \times 504 + 3 \in 4Z + 3$이므로 $y^{(2019)} = \sin x$이다.

예제 37 $y = f(x)$라 하면, $y' = f'(x)$임을 이용

(1) $y = f(x)$라 하면, $y' = f'(x)$이며, $y^2 = (f(x))^2$이므로

$u = (f(x))^2$라 놓고 $\dfrac{du}{dx}$를 구하면 된다.

$u = (f(x))^2$에서 $t = f(x)$라 하면, $\dfrac{dt}{dx} = f'(x)$ 이며, $u = t^2$이므로 $\dfrac{du}{dt} = 2t$

이다.

따라서 $\dfrac{du}{dx} = \dfrac{du}{dt}\dfrac{dt}{dx} = (2t)f'(x) = 2f(x)f'(x) = 2yy'$ 이다.

그러므로 $(y^2)' = 2yy'$이다.

또는 $y = f(x)$라 하면, $y' = f'(x)$이며, $y^2 = (f(x))^2$이므로

$(y^2)' = [(f(x))^2]' = 2f(x)f'(x) = 2yy'$이다.

(2) $y = f(x)$라 하면, $y' = f'(x)$ 이며, $y^3 = (f(x))^3$이므로

$(y^3)' = [(f(x))^3]' = 3(f(x))^2 f'(x) = 3y^2 y'$이다.

(3) $y = f(x)$라 하면, $y' = f'(x)$ 이며, $xy = xf(x)$이므로

$(xy)' = [xf(x)]' = (x)'f(x) + x(f(x))' = f(x) + xf'(x) = y + xy'$이다.

(4) $y = f(x)$라 하면, $y' = f'(x)$이며, $xy^2 = x(f(x))^2$이므로

$(xy^2)' = [x(f(x))^2]' = (x)'(f(x))^2 + x[(f(x))^2] = (f(x))^2 + x2f(x)f'(x)$
$= (f(x))^2 + 2xf(x)f'(x) = y^2 + 2xyy'$ 이다.

예제 38 (1) 원의 방정식 $x^2 + y^2 = 4$의 양변을 x에 대하여 미분하면

$2x + 2yy' = 0$이고 $2yy' = -2x$이므로 $y' = -\dfrac{x}{y}$이다.

(2) 포물선의 방정식 $y^2 = 4x$의 양변을 x에 대하여 미분하면

$2yy' = 4$이므로 $y' = \dfrac{2}{y}$이다.

(3) 타원의 방정식 $\dfrac{x^2}{4} + \dfrac{y^2}{9} = 1$의 양변을 x에 대하여 미분하면

$\dfrac{2x}{4} + \dfrac{2yy'}{4} = 0$이고 $2yy' = -2x$이므로 $y' = -\dfrac{x}{y}$이다.

(4) 쌍곡선의 방정식 $\dfrac{x^2}{4} - \dfrac{y^2}{9} = 1$의 양변을 x에 대하여 미분하면

$\dfrac{2x}{4} - \dfrac{2yy'}{4} = 0$이고 $2yy' = 2x$이므로 $y' = \dfrac{x}{y}$이다.

예제 39 (1) $x^2y = 4$의 양변을 x에 대하여 미분하면, $(x^2y)' = (4)'$이므로
$(x^2)'y + x^2(y)' = 0$이다. 따라서 $2xy + x^2y' = 0 \Rightarrow x^2y' = -2xy$이므로
$y' = -\dfrac{2xy}{x^2} = -\dfrac{2y}{x}$이다.

(2) $x^2y + xy^2 = 6$의 양변을 x에 대하여 미분하면, $(x^2y + xy^2)' = (6)'$이므로
$(x^2y)' + (xy^2)' = 0 \Rightarrow (x^2)'y + x^2(y)' + (x)'y^2 + x(y^2)' = 0$이다.
따라서 $2xy + x^2y' + y^2 + 2xyy' = 0 \Rightarrow 2xy + y^2 + (x^2 + 2xy)y' = 0$
$\Rightarrow x(x + 2y)y' = -y(2x + y)$
이므로 $y' = -\dfrac{x(2y + x)}{y(2x + y)}$이다.

(3) $\sin y = x$의 양변을 x에 대하여 미분하면, $(\sin y)' = (x)'$이므로
$\cos y y' = 1$이며, $y' = \dfrac{1}{\cos y}$이다.
그런데 $\sin^2 y + \cos^2 y = 1 \Rightarrow \cos^2 y = 1 - \sin^2 y = 1 - (\sin y)^2 = 1 - x^2$이고,
$\cos y = \pm\sqrt{1 - x^2}$이다.
또한 $-\dfrac{\pi}{2} \le y \le \dfrac{\pi}{2}$이므로 $\cos y > 0$이고, $\cos y = \sqrt{1 - x^2}$이다.

그러므로 $y' = \frac{1}{\cos y} = \frac{1}{\sqrt{1-x^2}}$ 이다.

(4) $\tan y = x$의 양변을 x에 대하여 미분하면, $(\tan y)' = (x)'$이므로

$\sec^2 y y' = 1$이며, $y' = \frac{1}{\sec^2 y}$ 이다.

그런데 $\sec^2 y = 1 + \tan^2 y = 1 + (\tan y)^2 = 1 + x^2$이므로

$y' = \frac{1}{\sec^2 y} = \frac{1}{1+x^2}$ 이다.

예제 41

풀이1 $y^2 = x - 1$에서 양변을 x에 대하여 미분하면(음함수의 형태)

$2yy' = 1$이며, $y' = \frac{1}{2y}$이 된다.

그런데 $y = \sqrt{x-1}$ 이므로 역함수의 도함수 $y' = \frac{1}{2y} = \frac{1}{2\sqrt{x-1}}$ 이다.

풀이2 $y = x^2 + 1\ (x > 0)$에서 $\frac{dy}{dx} = 2x$이고, $y = x$에 대칭시키면

$\frac{dx}{dy} = 2y$이므로 $\frac{dy}{dx} = \frac{1}{2y}$이고, $y = \sqrt{x-1}$ 이므로

$\frac{dy}{dx} = \frac{1}{2y} = \frac{1}{2\sqrt{x-1}}$ 이다.

예제 42 (1) $y = 2x^2\ (x > 0)$의 역함수를 구하면, $x = 2y^2 (y > 0)$이고 y에 대하여 정리하면,

$y^2 = \frac{x}{2}$이고 $y = \pm\sqrt{\frac{x}{2}}$ 인데 $y > 0$이므로 $y = f^{-1}(x) = \sqrt{\frac{x}{2}}$ 이 된다.

따라서 $[f^{-1}(x)]' = [\sqrt{\frac{x}{2}}]' = \frac{\frac{1}{2}}{2\sqrt{\frac{x}{2}}} = \frac{1}{4\sqrt{\frac{x}{2}}} = \frac{1}{4\frac{\sqrt{2x}}{2}} = \frac{1}{2\sqrt{2x}}$

(2) $y = x^3 + 5$의 역함수를 구하면, $x = y^3 + 5$이고 y에 대하여 정리하면,

$y^3 = x - 5$이며, $y = (x-5)^{\frac{1}{3}}$이 된다.

따라서 $[f^{-1}(x)]' = \frac{1}{3}(x-5)^{-\frac{2}{3}} = \frac{1}{3\sqrt[3]{(x-5)^2}}$

예제 43 (1) $y = \sin^{-1}x \ (-1 \le x \le 1, -\frac{\pi}{2} \le y \le \frac{\pi}{2})$에서 $\sin y = x$이며, 양변을 미분하면 음함수 미분법에 의하여 $\cos y y' = 1$이며, $y' = \frac{1}{\cos y}$이다.

그런데 $\sin^2 y + \cos^2 y = 1$이고, $\sin y = x$이므로 $x^2 + \cos^2 y = 1$이다.

따라서 $\cos^2 y = 1 - x^2$이므로 $\cos y = \sqrt{1-x^2}$ (왜냐하면, $\cos y > 0$)

그러므로 $y' = \frac{1}{\cos y} = \frac{1}{\sqrt{1-x^2}}$이다.

(2) $y = \cos^{-1}x \ (-1 \le x \le 1, 0 \le y \le \pi)$에서 $\cos y = x$이며, 양변을 미분하면 음함수 미분법에 의하여 $-\sin y y' = 1$이며, $y' = -\frac{1}{\sin y}$이다.

그런데 $\sin^2 y + \cos^2 y = 1$이고, $\cos y = x$이므로 $\sin^2 y + x^2 = 1$이다.

따라서 $\sin^2 y = 1 - x^2$이므로 $\sin y = \sqrt{1-x^2}$ (왜냐하면, $\sin y > 0$)

그러므로 $y' = -\frac{1}{\sin y} = -\frac{1}{\sqrt{1-x^2}}$이다.

(3) $y = \tan^{-1}x \ (-\frac{\pi}{2} < x < \frac{\pi}{2})$에서 $\tan y = x$이며, 양변을 미분하면 음함수 미분법에 의하여 $\sec^2 y y' = 1$이며, $y' = \frac{1}{\sec^2 y}$이다.

그런데 $1 + \tan^2 y = \sec^2 y$이고, $\tan y = x$이므로 $1 + x^2 = \sec^2 y$이다.

그러므로 $y' = \frac{1}{\sec^2 y} = \frac{1}{1+x^2}$이다.

예제 44 (1) $y = \sin^{-1}(2x) \ (-1 \le x \le 1, -\frac{\pi}{2} \le y \le \frac{\pi}{2})$에서 $\sin y = 2x$이며, 양변을 미분하면 음함수 미분법에 의하여 $\cos y y' = 2$이며, $y' = \frac{2}{\cos y}$이다.

그런데 $\sin^2 y + \cos^2 y = 1$이고, $\sin y = 2x$이므로 $(2x)^2 + \cos^2 y = 1$이다.

따라서 $\cos^2 y = 1 - 4x^2$이므로 $\cos y = \sqrt{1-4x^2}$ (왜냐하면, $\cos y > 0$)

그러므로 $y' = \frac{1}{\cos y} = \frac{1}{\sqrt{1-4x^2}}$이다.

(2) $y = \cos^{-1}(2x) \ (-1 \le x \le 1, -\frac{\pi}{2} \le y \le \frac{\pi}{2})$에서 $\cos y = 2x$이며, 음함수 미분법으로 양변을 미분하면 $-\sin y y' = 2$이며, $y' = -\frac{2}{\sin y}$이다.

그런데 $\sin^2 y + \cos^2 y = 1$이고, $\cos y = 2x$이므로 $\sin^2 y + (2x)^2 = 1$이다.

따라서 $\sin^2 y = 1-4x^2$이므로 $\sin y = \sqrt{1-4x^2}$ (왜냐하면, $\sin y > 0$)

그러므로 $y' = -\dfrac{1}{\sin y} = -\dfrac{1}{\sqrt{1-4x^2}}$이다.

(3) $y = \tan^{-1}(2x)$ $(-1 \le x \le 1, -\dfrac{\pi}{2} \le y \le \dfrac{\pi}{2})$에서 $\tan y = 2x$이며,

음함수 미분법으로 양변을 미분하면 $\sec^2 y y' = 2$이며, $y' = \dfrac{2}{\sec^2 y}$이다.

그런데 $1 + \tan^2 y = \sec^2 y$이고, $\tan y = 2x$이므로 $1 + (2x)^2 = \sec^2 y$이다.

따라서 $\sec^2 y = 1 + 4x^2$이다.

그러므로 $y' = \dfrac{2}{\sec^2 y} = \dfrac{2}{1+4x^2}\left(= \dfrac{2}{4(x^2+\frac{1}{4})} = \dfrac{1}{2(x^2+\frac{1}{4})}\right)$이다.

CHAPTER 06 예제 풀이

예제 1

(1) $y=x^2+1$을 미분하면 $y'=2x$이며, $x=1$에서의 미분계수는 $y'_{x=1}=2$이다.

(2) $y=x^3+x^2-x-1$을 미분하면 $y'=3x^2+2x-1$이며, $x=1$에서의 미분계수는 $y'_{x=1}=4$이다.

(3) $f(x)=\sqrt{x+1}$을 미분하면 $f'(x)=\dfrac{1}{2\sqrt{x+1}}$이며, $x=1$에서의 미분계수는 $f'(1)=\dfrac{1}{2\sqrt{2}}$이다.

(4) $f(x)=\dfrac{1}{2x+1}$을 미분하면 $f'(x)=-\dfrac{2}{(2x+1)^2}$이며, $x=1$에서의 미분계수는 $f'(1)=-\dfrac{2}{25}$이다.

예제 2 [예제 1]을 이용하여 문제 해결

(1) $y=x^2+1$에서 $x=1$을 대입하면 $y=x^2+1$ 위의 한점 (1,2)을 구한 후 [예제 1]의 (1)에 의하여 접선의 기울기는 $y'_{x=1}=2$이다.
따라서 $x=1$에서의 접선의 방정식은 $y-2=2(x-1)$이므로
정리하면, $y=2x$이다.

(2) $y=x^3+x^2-x-1$에서 $x=1$을 대입하면 $y=x^3+x^2-x-1$ 위의 한점 (1,0)을 구한 후 [예제 1]의 (2)에 의하여 접선의 기울기는 $y'_{x=1}=4$이다.
따라서 $x=1$에서의 접선의 방정식은 $y-0=4(x-1)$이므로
정리하면, $y=4x-4$이다.

(3) $f(x)=\sqrt{x+1}$에서 $x=1$을 대입하면 $f(x)=\sqrt{x+1}$ 위의 한점 $(1,\sqrt{2})$을 구한 후 [예제 1]의 (3)에 의하여 접선의 기울기는 $f'(1)=\dfrac{1}{2\sqrt{2}}$이다.
따라서 $x=1$에서의 접선의 방정식은
$y-\sqrt{2}=\dfrac{1}{2\sqrt{2}}(x-1)=\dfrac{2}{2\sqrt{2}}x-\dfrac{1}{2\sqrt{2}}$이므로
정리하면, $y=\dfrac{1}{2\sqrt{2}}x-\dfrac{5\sqrt{2}}{4}$이다.

(4) $f(x)=\dfrac{1}{2x+1}$에서 $x=1$을 대입하면 $f(x)=\dfrac{1}{2x+1}$ 위의 한점 $(1,\dfrac{1}{3})$을

구한 후 [예제 1]의 (4)에 의하여 접선의 기울기는 $f'(1)=-\frac{2}{25}$이다.

따라서 $x=1$에서의 접선의 방정식은 $y-\frac{1}{3}=-\frac{2}{25}(x-1)=-\frac{2}{25}x+\frac{2}{25}$

이므로 정리하면, $y=-\frac{2}{25}x-\frac{31}{75}$이다.

예제 3 (1) 직선 $y=2x+1$의 기울기가 2이므로 수직인 직선의 기울기는 $-\frac{1}{2}$이다.

(2) 한 점 $(2,3)$을 지나고 기울기가 3인 직선에 수직인 직선의 기울기는 $-\frac{1}{3}$이므로

직선의 방정식은 $y-3=-\frac{1}{3}(x-2)$이므로 $y=-\frac{1}{3}x+\frac{11}{3}$이다.

예제 4 [예제 1]을 이용하여 문제 해결

(1) $y=x^2+1$에서 $x=1$을 대입하면 $y=x^2+1$ 위의 한점 (1,2)을 구한 후 [예제 1]의 (1)에 의하여 접선의 기울기는 $y'_{x=1}=2$이므로

법선의 기울기는 $-\frac{1}{2}$이다.

따라서 $x=1$에서의 법선의 방정식은 $y-2=-\frac{1}{2}(x-1)=-\frac{1}{2}x+\frac{1}{2}$이므로

정리하면, $y=-\frac{1}{2}x+\frac{5}{2}$이다.

(2) $y=x^3+x^2-x-1$에서 $x=1$을 대입하면 $y=x^3+x^2-x-1$ 위의 한점 (1,0)을 구한 후 [예제 1]의 (2)에 의하여 접선의 기울기는 $y'_{x=1}=4$이므로

법선의 기울기는 $-\frac{1}{4}$이다.

따라서 $x=1$에서의 법선의 방정식은 $y-0=-\frac{1}{4}(x-1)$이므로

정리하면, $y=-\frac{1}{4}x+\frac{1}{4}$이다.

(3) $f(x)=\sqrt{x+1}$에서 $x=1$을 대입하면 $f(x)=\sqrt{x+1}$ 위의 한점 $(1,\sqrt{2})$을

구한 후 [예제 1]의 (3)에 의하여 접선의 기울기는 $f'(1)=\frac{1}{2\sqrt{2}}$이므로

법선의 기울기는 $-2\sqrt{2}$이다. 따라서 $x=1$에서의 접선의 방정식은

$y-\sqrt{2}=-2\sqrt{2}(x-1)=-2\sqrt{2}x+2\sqrt{2}$이므로

정리하면, $y=-2\sqrt{2}x+3\sqrt{2}$이다.

(4) $f(x)=\frac{1}{2x+1}$에서 $x=1$을 대입하면 $f(x)=\frac{1}{2x+1}$ 위의 한점 $(1,\frac{1}{3})$을

구한 후 [예제 1]의 (4)에 의하여 접선의 기울기는 $f'(1) = -\frac{2}{25}$ 이므로 법선의 기울기는 $\frac{25}{2}$ 이다.

따라서 $x = 1$ 에서의 접선의 방정식은 $y - \frac{1}{3} = \frac{25}{2}(x-1) = \frac{25}{2}x - \frac{25}{2}$ 이므로 정리하면, $y = \frac{25}{2}x - \frac{73}{6}$ 이다.

예제 5 (1) $3^3 = 27,\ 3^4 = 81,\ 3^5 = 243$

(2) $4^2 = 16,\ 4^3 = 64,\ 4^4 = 256$

(3) $(81)^{\frac{1}{4}} = (3^4)^{\frac{1}{4}} = 3,\ (81)^{\frac{3}{4}} = (3^4)^{\frac{3}{4}} = 3^3 = 27$

(4) $(64)^{\frac{1}{3}} = (4^3)^{\frac{1}{3}} = 4,\ (64)^{\frac{2}{3}} = (4^3)^{\frac{2}{3}} = 4^2 = 16$

예제 6 (1) $f(x) = x^4$라 하면, $f'(x) = 4x^3$이 된다.

$$(3.2)^4 = f(3.2) = f(3+0.2) \fallingdotseq f(3) + f'(3)(0.2)$$

① $f(3) = 3^4 = 81$
② $f'(3) = 4(3)^3 = 108$

$$(3.2)^4 \fallingdotseq f(3) + f'(3)(0.2) = 81 + 108(0.2) = 81 + 21.6 = 102.6$$

〈참고〉 실제 값과 비교 $(3.2)^4 = 104.86$

(2) $f(x) = x^3$라 하면, $f'(x) = 3x^2$이 된다.

$$(4.1)^3 = f(4.1) = f(4+0.1) \fallingdotseq f(4) + f'(4)(0.1)$$

① $f(4) = 4^3 = 64$
② $f'(4) = 4(3)^2 = 36$

$$(4.1)^3 \fallingdotseq f(4) + f'(4)(0.1) = 64 + 36(0.1) = 64 + 3.6 = 67.6$$

〈참고〉 실제 값과 비교 $(4.1)^3 = 68.9$

예제 7 (1) $f(x) = x^{\frac{3}{4}}$라 하면, $f'(x) = \frac{3}{4}x^{-\frac{1}{4}}$이 된다.

$$(79)^{\frac{3}{4}} = f(79) = f(81-2) \fallingdotseq f(81) + f'(81)(-2)$$

$$① \ f(81)=81^{\frac{3}{4}}=(3^4)^{\frac{3}{4}}=3^3=27$$

$$② \ f'(81)=\frac{3}{4}(81)^{-\frac{1}{4}}=\frac{3}{4}(3^4)^{-\frac{1}{4}}=\frac{3}{4}3^{-1}=\frac{3}{4}\frac{1}{3}=\frac{1}{4}$$

$$(83)^{\frac{3}{4}}=f(83)=f(81+2)\fallingdotseq f(81)+f'(81)(2)$$

$$=27+\frac{1}{4}(2)=27+\frac{1}{2}=27.5$$

(2) $f(x)=x^{\frac{3}{4}}$라 하면, $f'(x)=\frac{3}{4}x^{-\frac{1}{4}}$이 된다.

$$(83)^{\frac{3}{4}}=f(83)=f(81+2)\fallingdotseq f(81)+f'(81)(2)$$

$$① \ f(81)=81^{\frac{3}{4}}=(3^4)^{\frac{3}{4}}=3^3=27$$

$$② \ f'(81)=\frac{3}{4}(81)^{-\frac{1}{4}}=\frac{3}{4}(3^4)^{-\frac{1}{4}}=\frac{3}{4}3^{-1}=\frac{3}{4}\frac{1}{3}=\frac{1}{4}$$

$$(83)^{\frac{3}{4}}=f(83)=f(81+2)\fallingdotseq f(81)+f'(81)(2)$$

$$=27+\frac{1}{4}(-2)=27-\frac{1}{2}=26.5$$

예제 9 (1) $y=\ln x$의 $x=1$에서의 n차 *Taylor* 다항식의 기본적인 식은

$$\ln x=f(1)+f'(1)(x-1)+\frac{f''(1)}{2!}(x-1)^2+\frac{f^{(3)}(1)}{3!}(x-1)^3+\cdots$$

$$=\sum_{k=0}^{\infty}\frac{f^{(k)}(1)}{k!}(x-1)^k$$

이므로 이 식을 완성하기 위하여 하나하나 구하여야 한다.

① $f(1)=\ln 1=0$

② $f'(x)=\frac{1}{x}$ $\qquad f'(1)=1$

③ $f''(x)=-\frac{1}{x^2}$ $\qquad f''(1)=-1$

④ $f^{(3)}(x)=\frac{2}{x^3}$ $\qquad f^{(3)}(1)=2$

⋮

따라서 $y=\ln x$의 $x=1$에서의 n차 *Taylor* 다항식은 다음과 같이 전개된다.

$$\ln x = 0 + (x-1) - \frac{1}{2!}(x-1)^2 + \frac{2}{3!}(x-1)^3 + \cdots$$
$$= (x-1) - \frac{1}{2}(x-1)^2 + \frac{1}{3}(x-1)^3 - \cdots$$

(2) $y = e^x$의 $x = 1$ 에서의 n차 *Taylor* 다항식의 기본적인 식은

$$e^x = f(1) + f'(1)(x-1) + \frac{f''(1)}{2!}(x-1)^2 + \frac{f^{(3)}(1)}{3!}(x-1)^3 + \cdots$$
$$= \sum_{k=0}^{\infty} \frac{f^{(k)}(1)}{k!}(x-1)^k$$

이므로 이 식을 완성하기 위하여 하나하나 구하여야 한다.

① $f(1) = e^1 = e$
② $f'(x) = e^x$ $\quad f'(1) = e$
③ $f''(x) = e^x$ $\quad f''(1) = e$
④ $f^{(3)}(x) = e^x$ $\quad f^{(3)}(1) = e$
⋮

따라서 $y = e^x$의 $x = 1$에서의 n차 *Taylor* 다항식은 다음과 같이 전개된다.

$$e^x = e + e(x-1) + \frac{e}{2!}(x-1)^2 + \frac{e}{3!}(x-1)^3 + \cdots$$
$$= e\left[1 + (x-1) + \frac{1}{2!}(x-1)^2 + \frac{1}{3!}(x-1)^3 + \cdots\right]$$

예제 10 (1) $y = e^x$의 $x = 0$ 에서의 n차 *Taylor* 다항식의 기본적인 식은

$$e^x = f(0) + f'(0)x + \frac{f''(0)}{2!}x^2 + \frac{f^{(3)}(0)}{3!}x^3 + \cdots = \sum_{k=0}^{\infty} \frac{f^{(k)}(0)}{k!}x^k$$

이므로 이 식을 완성하기 위하여 하나하나 구하여야 한다.

① $f(0) = e^0 = 1$
② $f'(x) = e^x$ $\quad f'(0) = 1$
③ $f''(x) = e^x$ $\quad f''(0) = 1$
④ $f^{(3)}(x) = e^x$ $\quad f^{(3)}(0) = 1$
⋮

따라서 $y = e^x$의 $x = 0$에서의 n차 *Taylor* 다항식은 다음과 같이 전개된다.

$$e^x = 1 + x + \frac{1}{2!}x^2 + \frac{1}{3!}x^3 + \cdots$$

(2) $y=\sin x$의 $x=0$에서의 n차 *Taylor* 다항식의 기본적인 식은

$$\sin x = f(0)+f'(0)x+\frac{f''(0)}{2!}x^2+\frac{f^{(3)}(0)}{3!}x^3+\cdots=\sum_{k=0}^{\infty}\frac{f^{(k)}(0)}{k!}x^k$$

이므로 이 식을 완성하기 위하여 하나하나 구하여야 한다.

① $f(0)=\sin 0=0$
② $f'(x)=\cos x \qquad f'(0)=1$
③ $f''(x)=-\sin x \qquad f''(0)=0$
④ $f^{(3)}(x)=-\cos x \qquad f^{(3)}(0)=-1$
⑤ $f^{(4)}(x)=\sin x \qquad f^{(4)}(0)=0$
⋮

따라서 $y=\sin x$의 $x=0$에서의 n차 *Taylor* 다항식은 다음과 같이 전개된다.

$$\sin x = 0+x+\frac{0}{2!}x^2+\frac{-1}{3!}x^3+\frac{0}{4!}x^4+\frac{1}{5!}x^5+\cdots$$
$$= x-\frac{1}{3!}x^3+\frac{1}{5!}x^5+\cdots$$

(3) $y=\cos x$의 $x=0$에서의 n차 *Taylor* 다항식의 기본적인 식은

$$\cos x = f(0)+f'(0)x+\frac{f''(0)}{2!}x^2+\frac{f^{(3)}(0)}{3!}x^3+\cdots=\sum_{k=0}^{\infty}\frac{f^{(k)}(0)}{k!}x^k$$

이므로 이 식을 완성하기 위하여 하나하나 구하여야 한다.

① $f(0)=\cos 0=1$
② $f'(x)=-\sin x \qquad f'(0)=0$
③ $f''(x)=-\cos x \qquad f''(0)=-1$
④ $f^{(3)}(x)=\sin x \qquad f^{(3)}(0)=0$
⑤ $f^{(4)}(x)=\cos x \qquad f^{(4)}(0)=1$
⋮

따라서 $y=\cos x$의 $x=0$에서의 n차 *Taylor* 다항식은 다음과 같이 전개된다.

$$\cos x = 1+0x+\frac{-1}{2!}x^2+\frac{0}{3!}x^3+\frac{1}{4!}x^4+\cdots = 1-\frac{1}{2!}x^2+\frac{1}{4!}x^4+\cdots$$

예제 11 (1) $\displaystyle\lim_{x\to 0}\frac{\sin x}{x}=\lim_{x\to 0}\frac{x-\frac{1}{3!}x^3+\frac{1}{5!}x^5+\cdots}{x}=\lim_{x\to 0}\left(1-\frac{1}{3!}x^2+\frac{1}{5!}x^4+\cdots\right)=1$

(2) $\lim_{x\to0}\frac{1-\cos x}{x} = \lim_{x\to0}\frac{1-(1-\frac{1}{2!}x^2+\frac{1}{4!}x^4+\cdots)}{x}$

$= \lim_{x\to0}(\frac{1}{2!}x-\frac{1}{4!}x^3+\cdots)=0$

(3) $\lim_{x\to0}\frac{e^x-1}{x} = \lim_{x\to0}\frac{(1+x+\frac{1}{2!}x^2+\cdots)-1}{x}$

$= \lim_{x\to0}(1+\frac{1}{2!}x+\frac{1}{3!}x^2+\cdots)=1$

예제 12 (1) $f(x)=x^4$라 하면, $f'(x)=4x^3$, $f''(x)=12x^2$이 된다.

$$(3.2)^4 = f(3.2) = f(3+0.2) \fallingdotseq f(3)+f'(3)(0.2)+\frac{f''(3)}{2!}(0.2)^2$$

① $f(3)=3^4=81$

② $f'(3)=4(3)^3=108$

③ $f''(3)=12(3)^2=108$

$$(3.2)^4 \fallingdotseq f(3)+f'(3)(0.2)=81+108(0.2)+54(0.04)$$
$$=81+21.6+2.16=104.76$$

〈**참고**〉 실제 값과 비교 $(3.2)^4=104.86$

(2) $f(x)=x^3$라 하면, $f'(x)=3x^2$, $f''(x)=6x$이 된다.

$$(4.1)^3 = f(4.1) = f(4+0.1) \fallingdotseq f(4)+f'(4)(0.1)+\frac{f''(4)}{2!}(0.1)^2$$

① $f(4)=4^3=64$

② $f'(4)=4(3)^2=36$

③ $f''(4)=6(4)=24$

$$(4.1)^3 \fallingdotseq f(4)+f'(4)(0.1)=64+36(0.1)+12(0.01)$$
$$=64+3.6+0.12=67.72$$

〈**참고**〉 실제 값과 비교 $(4.1)^3=68.9$

예제 13 (1) 함수 $y=x^2-3x+2$는 $-1<1$일 때 $f(-1)=6>f(1)=0$이므로 주어진 구간에서 감소함수이다.

(2) 함수 $y = x^3 - x^2 + 2x - 1$는 $1 < 3$일 때 $f(1) = 1 < f(3) = 23$이므로 주어진 구간에서 증가함수이다.

예제 14 (1) $f'(x) = 2x - 2$이므로 $f'(1) = 0$이다. 따라서 임계점은 $x = 1$이다.

(2) 임계점은 $f'(x) = 0$인 x값을 구하면 된다.
그런데 $f'(x) = 3x^2 - 2x - 1 = (3x+1)(x-1) = 0$이므로 임계점은 $x = 1$ 또는 $-\dfrac{1}{3}$이다.

(3) $f'(x) = -\dfrac{1}{x^2}$이므로 $x = 0$에서의 미분계수 $f'(0)$가 존재하지 않으므로 임계점은 $x = 0$이다.

(4) $f'(x) = \dfrac{1}{2\sqrt{x}}$이므로 $x = 0$에서의 미분계수 $f'(0)$가 존재하지 않으므로 임계점은 $x = 0$이다.

예제 15 (1) $f(x) = x^2 - 3x + 2$은 $f'(x) = 2x - 2$이므로 $x = 1$에서 미분가능하고, $f'(1) = 0$이다. 또한 $f''(x) = 2 > 0$이므로 $f(1)$에서 극솟값을 갖는다. 따라서 극솟값은 $f(1) = 0$이다.

(2) $f(x) = x^3 - x^2 - x - 1$은 $f'(x) = 3x^2 - 2x - 1 = (3x+1)(x-1)$이므로 $x = 1$ 또는 $-\dfrac{1}{3}$에서 극대값 또는 극솟값을 갖는다.

① $x = 1$인 경우, $x = 1$에서 미분가능하고, $f'(1) = 0$이다.
또한 $f''(x) = 6x - 2$이고 $f''(1) = 4 > 0$이므로 $f(1)$에서 극솟값을 갖는다. 따라서 극솟값은 $f(1) = -2$이다.

② $x = -\dfrac{1}{3}$인 경우, $x = -\dfrac{1}{3}$에서 미분가능하고, $f'(-\dfrac{1}{3}) = 0$이다.
또한 $f''(x) = 6x - 2$이고 $f''(-\dfrac{1}{3}) = -4 < 0$이므로 $f(-\dfrac{1}{3})$에서 극댓값을 갖는다. 따라서 극댓값은 $f(-\dfrac{1}{3}) = -\dfrac{22}{27}$이다.

예제 16 (1) 임계점은 $f'(x) = 0$인 x값을 구하면 된다.
그런데 $f'(x) = 3x^2 - 6x - 9 = 3(x^2 - 2x - 3) = 3(x+3)(x-1) = 0$이므로 임계점은 $x = -3$ 또는 1 이다. 또한 $x = -3$은 주어진 구간 $[-2, 2]$에 포함되지 않으므로 주어진 구간의 양 끝값과 $x = 1$(임계점)에서의 함숫값을 비교하면 된다.

그런데 각각의 함숫값을 구하면 다음과 같다.

$$f(-2)=-8-12+18+2=0$$

$$f(1)=1-3-9+2=-9$$

$$f(2)=8-12-18+2=-20$$

따라서 함수 $f(x)=x^3-3x^2-9x+2$의 최댓값은 0, 최솟값은 -20이다.

(2) 임계점은 $f'(x)=0$인 x값을 구하면 된다.
그런데 $f'(x)=6x^2-30x+36=6(x^2-5x+6)=6(x-5)(x-1)=0$이므로 임계점은 $x=5$ 또는 1 이다. 또한 임계점이 주어진 구간 $[1,5]$에 포함되므로 주어진 구간의 양 끝값과 임계점의 함숫값을 비교하면 된다.
그런데 각각의 함숫값을 구하면 다음과 같다.

$$f(1)=2-15+36=23$$

$$f(5)=250-375+180=55$$

따라서 함수 $f(x)=2x^3-15x^2+36x$의 최댓값은 55, 최솟값은 23이다.

예제 17

(1) $\lim\limits_{x\to 0}\frac{\sin x}{x}=\lim\limits_{x\to 0}\frac{\cos x}{1}=1$

(2) $\lim\limits_{x\to 0}\frac{1-\cos x}{x}=\lim\limits_{x\to 0}\frac{\sin x}{1}=0$

(3) $\lim\limits_{x\to 0}\frac{e^x-1}{x}=\lim\limits_{x\to 0}\frac{e^x}{1}=e^0=1$

(4) $\lim\limits_{x\to 1}\frac{x^3-1}{x^2-1}=\lim\limits_{x\to 1}\frac{3x^2}{2x}=\frac{3}{2}$

(5) $\lim\limits_{x\to \infty}\frac{x^3-1}{x^2+1}=\lim\limits_{x\to \infty}\frac{3x^2}{2x}=\lim\limits_{x\to \infty}\frac{3}{2}x=\infty$

(6) $\lim\limits_{x\to 0}\frac{1-\cos x}{x^2-x}=\lim\limits_{x\to 0}\frac{\sin x}{2x-1}=\lim\limits_{x\to 0}\frac{\cos x}{2}=\frac{1}{2}$

(7) $\lim\limits_{x\to 1}\frac{\ln x}{\sqrt[3]{x}}=\lim\limits_{x\to 1}\frac{\frac{1}{x}}{\frac{1}{3}x^{-\frac{2}{3}}}=\lim\limits_{x\to 1}3\frac{1}{x}x^{\frac{2}{3}}=\lim\limits_{x\to 1}3x^{-1+\frac{2}{3}}=\lim\limits_{x\to 1}3x^{-\frac{1}{3}}=3$

(8) $\lim\limits_{x\to 1}\frac{\ln x}{x-1}=\lim\limits_{x\to 1}\frac{\frac{1}{x}}{1}=1$

(9) $\lim_{x\to\infty}\frac{x^2}{e^x}=\lim_{x\to\infty}\frac{2x}{e^x}=\lim_{x\to\infty}\frac{2}{e^x}=0$

예제 18 **〈참고〉** $e^{\ln A}=A$

(1) $\lim_{x\to 0^+} xlnx=\lim_{x\to 0^+}\frac{\ln x}{\frac{1}{x}}=\lim_{x\to 0^+}\frac{\frac{1}{x}}{-\frac{1}{x^2}}=\lim_{x\to 0^+}(-x)=0$

(2) $\lim_{x\to 0^+}(\frac{1}{x}-\frac{1}{\sin x})=\lim_{x\to 0^+}\frac{\sin x-x}{x\sin x}=\lim_{x\to 0^+}\frac{\cos x-1}{\sin x+x\cos x}$

$$=\lim_{x\to 0^+}\frac{-\sin x}{\cos x+\cos x-x\sin x}=0$$

(3) $\lim_{x\to 0^+}x^x=\lim_{x\to 0^+}e^{\ln x^x}=\lim_{x\to 0^+}e^{x\ln x}=e^0=1$

그런데 $\lim_{x\to 0^+} xlnx=\lim_{x\to 0^+}\frac{\ln x}{\frac{1}{x}}=\lim_{x\to 0^+}\frac{\frac{1}{x}}{-\frac{1}{x^2}}=\lim_{x\to 0^+}(-x)=0$이므로

(4) $\lim_{x\to\infty}(x+1)^{\frac{2}{x}}=\lim_{x\to\infty}e^{\ln(x+1)^{\frac{2}{x}}}=\lim_{x\to\infty}e^{\frac{2}{x}ln(x+1)}=\lim_{x\to\infty}e^{\frac{2\ln(x+1)}{x}}=e^0=1$

그런데 $\lim_{x\to\infty}\frac{2\ln x}{x}=\lim_{x\to\infty}\frac{\frac{2}{x}}{1}=\lim_{x\to\infty}\frac{2}{x}=0$

CHAPTER 07 예제 풀이

예제 1 (1) $\frac{d}{dx}[\int x^2 dx] = \frac{d}{dx}(\frac{1}{3}x^3 + C) = x^2$

(2) $\int [\frac{d}{dx}x^2]\, dx = \int 2x\, dx = x^2 + C$

예제 2 (1) $\int 3\, dx = 3x + C$

(2) $\int x^2\, dx = \frac{1}{3}x^3 + C$

(3) $\int x^5\, dx = \frac{1}{6}x^6 + C$

(4) $\int \sqrt{x}\, dx = \int x^{\frac{1}{2}} dx = \frac{1}{\frac{1}{2}+1}x^{\frac{1}{2}+1} + C = \frac{2}{3}x^{\frac{3}{2}} + C = \frac{2}{3}x\sqrt{x} + C$

(5) $\int x^{-5}\, dx = \frac{1}{-5+1}x^{-5+1} + C = -\frac{1}{4}x^{-4} + C = -\frac{1}{4x^4} + C$

(6) $\int \frac{1}{x^2}\, dx = \int x^{-2} dx = \frac{1}{-2+1}x^{-2+1} + C = -x^{-1} + C = -\frac{1}{x} + C$

예제 3 (1) $\int (2x-3)\, dx = 2\int x dx - \int 3 dx = x^2 - 3x + C$

(2) $\int (3x^2 - 2x)\, dx = 3\int x^2 dx - 2\int x dx = x^3 - x^2 + C$

(3) $\int (4x^3 - 3x + 5)\, dx = x^4 - \frac{3}{2}x^2 + 5x + C$

(4) $\int (4\sqrt{x^3} - 3\sqrt{x})\, dx = 4\int x^{\frac{3}{2}} dx - 3\int x^{\frac{1}{2}} dx$

$$= 4\frac{1}{\frac{3}{2}+1}x^{\frac{3}{2}+1} - 3\frac{1}{\frac{1}{2}+1}x^{\frac{1}{2}+1} + C$$

$$= \frac{8}{5}x^{\frac{3}{2}} - 2x^{\frac{3}{2}} + C$$

예제 4 (1) $\int (3x+1)^3 3\, dx$에서 $t = 3x+1$라 하면, $\frac{dt}{dx} = 3$이므로 $3dx = dt$이다.

따라서 $\int(3x+1)^3 3\,dx = \int t^3 dt = \frac{1}{4}t^4 + C$이고, $t=3x+1$이므로

$\int(3x+1)^3 3\,dx = \frac{1}{4}(3x+1)^4 + C$이다.

(2) $\int(3x+1)^3\,dx$에서 $t=3x+1$라 하면, $\frac{dt}{dx}=3$이므로 $dx=\frac{1}{3}dt$이다.

따라서 $\int(3x+1)^3\,dx = \int t^3\frac{1}{3}dt = \frac{1}{3}\int t^3 dt = \frac{1}{3}\frac{1}{4}t^4 + C$이고,

$t=3x+1$이므로 $\int(3x+1)^3\,dx = \frac{1}{12}(3x+1)^4 + C$ 이다.

(3) $\int(x^2+1)^3 2x\,dx$에서 $t=x^2+1$라 하면, $\frac{dt}{dx}=2x$이므로 $2xdx=dt$이다.

따라서 $\int(x^2+1)^3 2x\,dx = \int t^3 dt = \frac{1}{4}t^4 + C$이고, $t=x^2+1$이므로

$\int(x^2+1)^3 2x\,dx = \frac{1}{4}(x^2+1)^4 + C$ 이다.

(4) $\int(x^2+1)^3 x\,dx$에서 $t=x^2+1$라 하면, $\frac{dt}{dx}=2x$이므로 $xdx=\frac{1}{2}dt$이다.

따라서 $\int(x^2+1)^3 x\,dx = \int t^3\frac{1}{2}dt = \frac{1}{2}\int t^3 dt = \frac{1}{2}\frac{1}{4}t^4 + C$이고,

$t=x^2+1$이므로 $\int(x^2+1)^3 x\,dx = \frac{1}{8}(x^2+1)^4 + C$이다.

예제 5 (1) $\int\frac{3}{3x+1}dx$에서 $t=3x+1$라 하면, $\frac{dt}{dx}=3$이므로 $3dx=dt$이다.

따라서 $\int\frac{3}{3x+1}dx = \int\frac{1}{t}dt = \ln|t| + C$이고 $t=3x+1$이므로

$\int\frac{3}{3x+1}dx = \ln|3x+1| + C$이다.

(2) $\int\frac{1}{3x+1}dx$에서 $t=3x+1$라 하면, $\frac{dt}{dx}=3$이므로 $dx=\frac{1}{3}dt$이다.

따라서 $\int\frac{1}{3x+1}dx = \int\frac{1}{t}\frac{1}{3}dt = \frac{1}{3}\int\frac{1}{t}dt = \frac{1}{3}ln|t| + C$이고

$t=3x+1$이므로 $\int\frac{1}{3x+1}dx = \frac{1}{3}\ln|3x+1| + C$이다.

(3) $\int\frac{2x}{x^2+1}dx$에서 $t=x^2+1$라 하면, $\frac{dt}{dx}=2x$이므로 $2xdx=dt$이다.

따라서 $\int\frac{2x}{x^2+1}dx = \int\frac{1}{t}dt = \ln|t| + C$이고 $t=x^2+1$이므로

$\int \frac{2x}{x^2+1}dx = \ln|x^2+1| + C = \ln(x^2+1) + C$ 이다. ($\because x^2+1>0$)

(4) $\int \frac{x}{x^2+1}dx$ 에서 $t = x^2+1$라 하면, $\frac{dt}{dx} = 2x$이므로 $xdx = \frac{1}{2}dt$이다.

따라서 $\int \frac{x}{x^2+1}dx = \int \frac{1}{t}\frac{1}{2}dt = \frac{1}{2}\int \frac{1}{t}dt = \frac{1}{2}\ln|t| + C$이고

$t = x^2+1$이므로 $\int \frac{x}{x^2+1}dx = \frac{1}{2}\ln|x^2+1| + C = \frac{1}{2}ln(x^2+1) + C$이다.

($\because x^2+1>0$)

예제 6 (1) $\int 3e^{3x+1}dx$ 에서 $t = 3x+1$라 하면, $\frac{dt}{dx} = 3$이므로 $3dx = dt$이다.

따라서 $\int 3e^{3x+1}dx = \int e^{3x+1}3dx = \int e^t dt = e^t + C$ 이며, $t = 3x+1$이므로 $\int 3e^{3x+1}dx = e^{3x+1} + C$ 이다.

(2) $\int e^{3x+1}dx$ 에서 $t = 3x+1$라 하면, $\frac{dt}{dx} = 3$이므로 $dx = \frac{1}{3}dt$이다.

따라서 $\int e^{3x+1}dx = \int e^t \frac{1}{3}dx = \frac{1}{3}\int e^t dt = \frac{1}{3}e^t + C$이며, $t = 3x+1$이므로 $\int e^{3x+1}dx = \frac{1}{3}e^{3x+1} + C$ 이다.

(3) $\int 2xe^{x^2+1}dx$ 에서 $t = x^2+1$라 하면, $\frac{dt}{dx} = 2x$이므로 $2xdx = dt$이다.

따라서 $\int 2xe^{x^2+1}dx = \int e^{x^2+1}2xdx = \int e^t dt = e^t + C$ 이고 $t = x^2+1$이므로 $\int 2xe^{x^2+1}dx = e^{x^2+1} + C$ 이다.

(4) $\int xe^{x^2+1}dx$ 에서 $t = x^2+1$라 하면, $\frac{dt}{dx} = 2x$이므로 $xdx = \frac{1}{2}dt$이다.

따라서 $\int xe^{x^2+1}dx = \int e^{x^2+1}xdx = \int e^t \frac{1}{2}dt = \frac{1}{2}\int e^t dt = \frac{1}{2}e^t + C$

이고 $t = x^2+1$이므로 $\int 2xe^{x^2+1}dx = \frac{1}{2}e^{x^2+1} + C$ 이다.

(5) $\int 3^x \ln 3\, dx$ 에서 $t = 3^x$라 하면 $\ln t = \ln 3^x = x(\ln 3)$이므로 양변을 미분하면

$\frac{1}{t}dt = (\ln 3)\, dx$이다.

따라서 $\int 3^x \ln 3\, dx = \int t\frac{1}{t}dt = \int dt = t + C$이고 $t = 3^x$이므로

$\int 3^x \ln 3\, dx = 3^x + C$ 이다.

(6) $\int 3^x\, dx$에서 $t = 3^x$라 하면 $\ln t = \ln 3^x = x(\ln 3)$이므로 양변을 미분하면 $\frac{1}{t}dt = (\ln 3)\,dx$이고 $dx = \frac{1}{t}\frac{1}{\ln 3}dt$ 이다.

따라서 $\int 3^x\, dx = \int t\frac{1}{t}\frac{1}{\ln 3}dt = \frac{1}{\ln 3}\int dt = \frac{1}{\ln 3}t + C$이고 $t = 3^x$이므로 $\int 3^x dx = \frac{1}{\ln 3}3^x + C$ 이다.

예제 7 (1) $\int e^{-x}dx$에서 $t = -x$라 하면, $\frac{dt}{dx} = -1$이므로 $dx = -dt$이다.

따라서 $\int e^{-x}dx = \int e^t(-dt) = -\int e^t dt = -e^t + C$이며, $t = -x$이므로 $\int e^{-x}dx = -e^{-x} + C$ 이다.

(2) $\int (e^x + e^{-x})\,dx = e^x - e^{-x} + C$

(3) $\int (e^x - e^{-x})\,dx = e^x + e^{-x} + C$

(4) $\int \frac{e^x - e^{-x}}{e^x + e^{-x}}dx$에서 $t = e^x + e^{-x}$라 하면, $\frac{dt}{dx} = e^x - e^{-x}$이므로 $(e^x - e^{-x})dx = dt$ 이다.

따라서 $\int \frac{e^x - e^{-x}}{e^x + e^{-x}}dx = \int \frac{1}{t}dt = \ln|t| + C$ 이며, $t = e^x + e^{-x}$이므로 $\int \frac{e^x - e^{-x}}{e^x + e^{-x}}dx = \ln|e^x + e^{-x}| + C = \ln(e^x + e^{-x}) + C$ 이다.

예제 8 $[I_9]$ $\int \frac{1}{ax+b}dx = \frac{1}{a}\ln|ax+b| + C$를 적용

(1) $\int \tan x dx = \int \frac{\sin x}{\cos x}dx$이므로 $t = \cos x$라 하면, $\frac{dt}{dx} = -\sin x$이고 $\sin x dx = -dt$이다. 따라서

$$\int \tan x dx = \int \frac{\sin x}{\cos x}dx = \int \frac{1}{t}(-dt) = -\int \frac{1}{t}dt = -\ln|t| + C$$

이다. 그러므로

$$\int \tan x dx = -\ln|\cos x| + C = \ln\left|\frac{1}{\cos x}\right| + C = \ln|\sec x| + C$$ 이다.

(2) $\int \csc x dx$의 부정적분은 2가지 방법으로 해결할 수 있다.

① $\csc x = \csc x \times \dfrac{\csc x + \cot x}{\csc x + \cot x} = \dfrac{\csc^2 x + \csc x \cot x}{\csc x + \cot x}$이고

$(\csc x + \cot x)' = -\csc x \cot x - \csc^2 x = -(\csc x \cot x + \csc^2 x)$이므로

$$\int \csc x dx = \int \frac{\csc x(\csc x + \cot x)}{\csc x + \cot x}dx = \int \frac{\csc^2 x + \csc x \cot x}{\csc x + \cot x}dx$$
$$= -\int \frac{-(\csc^2 x + \csc x \cot x)}{\csc x + \cot x}dx = -\ln|\csc x + \cot x| + C$$

another solusion

② $\displaystyle\int \csc x dx = \int \frac{1}{\sin x}dx = \int \frac{\sin x}{\sin^2 x}dx = \int \frac{\sin x}{1-\cos^2 x}dx$이므로

$t = \cos x$라 하면, $\dfrac{dt}{dx} = -\sin x$이고 $\sin x dx = -dt$이다. 따라서

$$\int \csc x dx = \int \frac{1}{1-t^2}(-dt) = \int \frac{1}{t^2-1}dt = \int \frac{1}{(t-1)(t+1)}dt$$
$$= \int \frac{1}{2}\left(\frac{1}{t-1} - \frac{1}{t+1}\right)dt = \frac{1}{2}\int \left(\frac{1}{t-1} - \frac{1}{t+1}\right)dt$$
$$= \frac{1}{2}(\ln|t-1| - \ln|t+1|) + C = \frac{1}{2}\ln\left|\frac{t-1}{t+1}\right| + C$$

그러므로 $\displaystyle\int \csc x dx = \frac{1}{2}\ln\left|\frac{\cos x - 1}{\cos x + 1}\right| + C$이다.

(3) $\int \sec x dx$의 부정적분은 2가지 방법으로 해결할 수 있다.

① $\sec x = \sec x \times \dfrac{\sec x + \tan x}{\sec x + \tan x} = \dfrac{\sec^2 x + \sec x \tan x}{\sec x + \tan x}$이고

$(\sec x + \tan x)' = \sec x \tan x + \sec^2 x$이므로

$$\int \sec x dx = \int \frac{\sec x(\sec x + \tan x)}{\sec x + \tan x}dx = \int \frac{\sec^2 x + \sec x \tan x}{\sec x + \tan x}dx$$
$$= \ln|\sec x + \tan x| + C$$

another solusion

② $\displaystyle\int \sec x dx = \int \frac{1}{\cos x}dx = \int \frac{\cos x}{\cos^2 x}dx = \int \frac{\cos x}{1-\sin^2 x}dx$이므로

$t = \sin x$라 하면, $\dfrac{dt}{dx} = \cos x$이고 $\cos x dx = dt$이다. 따라서

$$\int \sec x dx = \int \frac{1}{1-t^2} dt = \int \frac{-1}{t^2-1} dt = -\int \frac{1}{(t-1)(t+1)} dt$$

$$= -\int \frac{1}{2}\left(\frac{1}{t-1} - \frac{1}{t+1}\right) dt = \frac{1}{2}\int \left(\frac{1}{t+1} - \frac{1}{t-1}\right) dt$$

$$= \frac{1}{2}(\ln|t+1| - \ln|t-1|) + C = \frac{1}{2}\ln\left|\frac{t+1}{t-1}\right| + C$$

그러므로 $\int \sec x dx = \frac{1}{2}\ln\left|\frac{\sin x+1}{\sin x-1}\right| + C$이다.

(4) $\int \cot x dx = \int \frac{\cos x}{\sin x} dx$ 이므로 $t = \sin x$라 하면, $\frac{dt}{dx} = \cos x$이고 $\cos x dx = dt$이다.

따라서 $\int \cot x dx = \int \frac{\cos x}{\sin x} dx = \int \frac{1}{t} dt = \int \frac{1}{t} dt = \ln|t| + C$ 이다.

그러므로 $\int \cot x dx = \ln|\sin x| + C$ 이다.

예제 9 (1) $\int \sin x \cos x\, dx$에서 $t = \sin x$라 하면, $\frac{dt}{dx} = \cos x$이고 $\cos x dx = dt$이다.

따라서 $\int \sin x \cos x\, dx = \int t\, dt = \frac{1}{2}t^2 + C$이다.

그러므로 $\int \sin x \cos x\, dx = \frac{1}{2}\sin^2 x + C$이다.

(2) $\int \sin^2 x \cos x\, dx$에서 $t = \sin x$라 하면, $\frac{dt}{dx} = \cos x$이고 $\cos x dx = dt$이다.

따라서 $\int \sin^2 x \cos x\, dx = \int t^2\, dt = \frac{1}{3}t^3 + C$이다.

그러므로 $\int \sin^2 x \cos x\, dx = \frac{1}{3}\sin^3 x + C$이다.

(3) $\int \tan x \sec^2 x dx$에서 $t = \tan x$라 하면, $\frac{dt}{dx} = \sec^2 x$이고 $\sec^2 x dx = dt$이다.

따라서 $\int \tan x \sec^2 x dx = \int t\, dt = \frac{1}{2}t^2 + C$

그러므로 $\int \tan x \sec^2 x dx = \frac{1}{2}\tan^2 x + C$이다.

(4) $\int \cot x \csc^2 x dx$에서 $t = \cot x$라 하면, $\frac{dt}{dx} = -\csc^2 x$이고 $\csc^2 x dx = -dt$이다. 따라서 $\int \cot x \csc^2 x dx = \int t(-dt) = -\frac{1}{2}t^2 + C$

그러므로 $\int \cot x csc^2 x dx = -\frac{1}{2}cot^2 x + C$이다.

(5) $\sin^2 x = \frac{1-\cos(2x)}{2}$에서 $\sin^2(\frac{x}{2}) = \frac{1-\cos x}{2}$이다. 따라서

$\int \sin^2(\frac{x}{2})dx = \int \frac{1-\cos x}{2}dx = \frac{1}{2}\int(1-\cos x)dx = \frac{1}{2}(x-\sin x)+C$

이다.

(6) $\cos^2 x = \frac{1+\cos(2x)}{2}$에서 $\cos^2(\frac{x}{2}) = \frac{1+\cos x}{2}$이다. 따라서

$\int \cos^2(\frac{x}{2})dx = \int \frac{1+\cos x}{2}dx = \frac{1}{2}\int(1+\cos x)dx = \frac{1}{2}(x+\sin x)+C$

이다.

예제 10 (1) $\int 2\sin(2x)dx$에서 $t=2x$라 하면, $\frac{dt}{dx}=2$이므로 $2dx = dt$이다.

따라서 $\int 2\sin(2x)dx = \int \sin(2x)2dx = \int \sin t\,dt = -\cos t + C$이다.

그러므로 $\int 2\sin(2x)dx = -\cos(2x)+C$이다.

(2) $\int \sin(2x)dx$에서 $t=2x$라 하면, $\frac{dt}{dx}=2$이므로 $dx = \frac{1}{2}dt$이다.

따라서 $\int \sin(2x)dx = \int \sin t\frac{1}{2}dt = \frac{1}{2}\int \sin t\,dt = -\frac{1}{2}\cos t + C$이다.

그러므로 $\int \sin(2x)dx = -\frac{1}{2}\cos(2x)+C$이다.

another solusion

$\int \sin(2x)dx = \int 2\sin x cos x\,dx$에서 $t=\sin x$라 하면, $\frac{dt}{dx} = \cos x$이고

$\cos x dx = dt$이다.

따라서 $\int \sin(2x)dx = \int 2\sin x cos x\,dx = \int 2t\,dt = t^2 + C$이다.

그러므로 $\int \sin(2x)dx = \sin^2 x + C$이다.

(3) $\int 2\cos(2x)dx$에서 $t=2x$라 하면, $\frac{dt}{dx}=2$ 이므로 $2dx = dt$이다.

따라서 $\int 2\cos(2x)dx = \int \cos(2x)2dx = \int \cos t\,dt = \sin t + C$이다.

그러므로 $\int 2\cos(2x)dx = \sin(2x)+C$이다.

(4) $\int \cos(2x)dx$에서 $t=2x$라 하면, $\frac{dt}{dx}=2$이므로 $dx=\frac{1}{2}dt$이다.

따라서 $\int \cos(2x)dx = \int \cos t \frac{1}{2}dt = \frac{1}{2}\int \cos t\,dt = \frac{1}{2}\sin t + C$이다.

그러므로 $\int \cos(2x)dx = \frac{1}{2}\sin(2x) + C = \sin x \cos x + C$이다.

(5) $\int \tan(2x)dx$에서 $t=2x$라 하면, $\frac{dt}{dx}=2$이므로 $dx=\frac{1}{2}dt$이다. 따라서

$\int \tan(2x)dx = \int \tan t \frac{1}{2}dt = \frac{1}{2}\int \tan t\,dt = \frac{1}{2}\ln|\sec t + \tan t| + C$이다.

그러므로 $\int \tan(2x)dx = \frac{1}{2}\ln|\sec(2x) + \tan(2x)| + C$ 이다.

(6) $\int \cot(2x)dx$에서 $t=2x$라 하면, $\frac{dt}{dx}=2$이므로 $dx=\frac{1}{2}dt$이다. 따라서

$\int \cot(2x)dx = \int \cot t \frac{1}{2}dt = \frac{1}{2}\int \cot t\,dt = -\frac{1}{2}\ln|\csc t + \cot t| + C$이다.

그러므로 $\int \cot(2x)dx = -\frac{1}{2}\ln|\csc(2x) + \cot(2x)| + C$이다.

예제 11 (1) $\int \sin^2 x dx = \int \frac{1-\cos(2x)}{2}dx = \frac{1}{2}\int [1-\cos(2x)]dx$이고

[예제 10] (4)에 의하여 $\int \cos(2x)dx = \frac{1}{2}sin(2x) + C = \sin x cos x + C$이다.

따라서 $\int \sin^2 x dx = \frac{1}{2}\int [1-\cos(2x)]dx = \frac{1}{2}\left(x - \frac{1}{2}\sin(2x)\right) + C$이다.

(2) $\int \cos^2 x dx = \int \frac{1+\cos(2x)}{2}dx = \frac{1}{2}\int [1+\cos(2x)]dx$이고

[예제 10] (4)에 의하여 $\int \cos(2x)dx = \frac{1}{2}sin(2x) + C = \sin x \cos x + C$이다.

따라서 $\int \cos^2 x dx = \frac{1}{2}\int [1+\cos(2x)]dx = \frac{1}{2}\left(x + \frac{1}{2}sin(2x)\right) + C$이다.

(3) 제곱 공식에서 $1+\tan^2 x = \sec^2 x$은 $\tan^2 x = \sec^2 x - 1$이다.

따라서 $\int \tan^2 x dx = \int (\sec^2 x - 1)dx = \tan x - x + C$ ($\because$ $[I_{16}]$에 의함)

(4) $\int \csc^2 x dx = -\cot x + C$ ($\because$ $[I_{19}]$에 의함)

(5) $\int \sec^2 x dx = \tan x + C$ ($\because$ $[I_{16}]$에 의함)

(6) 제곱 공식에서 $1+\cot^2 x = \csc^2 x$은 $\cot^2 x = \csc^2 x - 1$이다.

따라서 $\int \cot^2 x dx = \int (\csc^2 x - 1)dx = -\cot x - x + C$ ($\because [I_{19}]$에 의함)

예제 12 (1) $\int \sin^3 x dx = \int \sin^2 x \sin x dx = \int (1-\cos^2 x)\sin x dx$

$$= \int (\sin x - \cos^2 x \sin x)dx$$

$$= \int \sin x dx + \int \cos^2 x(-\sin x)dx = -\cos x + \frac{1}{3}\cos^3 x + C$$

따라서 $\int \sin^3 x dx = -\cos x + \frac{1}{3}\cos^3 x + C$ 이다.

another solusion $\sin^2 x + \cos^2 x = 1$이므로 $\cos^2 x = 1 - \sin^2 x$이다.

$$\int \sin^3 x dx = -\cos x + \frac{1}{3}cos^3 x + C = -\cos x + \frac{1}{3}cos^2 x \cos x + C$$

$$= -\cos x + \frac{1}{3}(1-\sin^2 x)\cos x + C$$

$$= -\frac{1}{3}\sin^2 x \cos x - \cos x + C$$

(2) $\int \cos^3 x dx = \int \cos^2 x \cos x dx = \int (1-\sin^2 x)\cos x dx$

$$= \int (\cos x - \sin^2 x \cos x)dx$$

$$= \int \cos x dx - \int \sin^2 x \cos x)dx = \sin x - \frac{1}{3}\sin^3 x + C$$

따라서 $\int \cos^3 x dx = \sin x - \frac{1}{3}sin^3 x + C$이다.

another solusion $\sin^2 x + \cos^2 x = 1$이므로 $\sin^2 x = 1 - \cos^2 x$이다.

$$\int \cos^3 x dx = \sin x - \frac{1}{3}\sin^3 x + C = \sin x - \frac{1}{3}\sin^2 x \sin x + C$$

$$= \sin x - \frac{1}{3}(1-\cos^2 x)\sin x + C = \frac{1}{3}cos^2 x \sin x + \sin x + C$$

(3) $\int \tan^3 x dx = \int \tan^2 x \tan x dx = \int (\sec^2 x - 1)\tan x dx$

$$= \int (\sec^2 x \tan x - \tan x)dx$$

$$= \int \tan x \sec^2 x dx - \int \tan x dx = \frac{1}{2}\tan^2 x + \ln|\cos x| + C$$

따라서 $\int \tan^3 x dx = \frac{1}{2}\tan^2 x + \ln|\cos x| + C$이다.

another solusion

$$\int \tan^3 x dx = \frac{1}{2}\tan^2 x + \ln|\cos x| + C$$

$$= \frac{1}{2}\tan^2 x - \ln\left|\frac{1}{\cos x}\right| + C = \frac{1}{2}\tan^2 x - \ln|\sec x| + C$$

(4) $\int \cot^3 x dx = \int \cot^2 x \cot x dx = \int (\csc^2 x - 1)\cot x dx$

$$= \int (\csc^2 x \cot x - \cot x) dx$$

$$= \int \cot x \csc^2 x dx - \int \cot x dx = -\frac{1}{2}\cot^2 x - \ln|\sin x| + C$$

따라서 $\int \cot^3 x dx = -\frac{1}{2}\cot^2 x - \ln|\sin x| + C$ 이다.

another solusion

$$\int \cot^3 x dx = -\frac{1}{2}\cot^2 x - \ln|\sin x| + C$$

$$= -\frac{1}{2}\cot^2 x + \ln\left|\frac{1}{\sin x}\right| + C = -\frac{1}{2}\cot^2 x + \ln|\csc x| + C$$

예제 13 (1) $\int \frac{1}{\sqrt{4-x^2}} dx$에서 $x = 2\sin\theta$ $(-\frac{\pi}{2} < \theta < \frac{\pi}{2})$라고 하면,

① $\sqrt{4-x^2} = \sqrt{4-4\sin^2\theta} = \sqrt{4(1-\sin^2\theta)} = \sqrt{4\cos^2\theta} = 2\cos\theta$

② $\frac{dx}{d\theta} = 2\cos\theta$, $dx = 2\cos\theta\, d\theta$

③ $x = 2\sin\theta$, $\sin\theta = \frac{x}{2}$, $\theta = \sin^{-1}\left(\frac{x}{2}\right)$ 이다.

따라서 $\int \frac{1}{\sqrt{4-x^2}} dx = \int \frac{1}{2\cos\theta} 2\cos\theta\, d\theta = \int d\theta = \theta + C$

$$= \theta + C = \sin^{-1}\left(\frac{x}{2}\right) + C \text{이다.}$$

(2) $\int \frac{1}{\sqrt{9-x^2}} dx$에서 $x = 3\sin\theta$ $(-\frac{\pi}{2} < \theta < \frac{\pi}{2})$라고 하면,

① $\sqrt{9-x^2} = \sqrt{9-9\sin^2\theta} = \sqrt{9(1-\sin^2\theta)} = \sqrt{9\cos^2\theta} = 3\cos\theta$

② $\frac{dx}{d\theta} = 3\cos\theta$, $dx = 3\cos\theta\, d\theta$

③ $x = 3\sin\theta$, $\sin\theta = \dfrac{x}{3}$, $\theta = \sin^{-1}\left(\dfrac{x}{3}\right)$이다.

따라서 $\displaystyle\int \frac{1}{\sqrt{9-x^2}}dx = \int \frac{1}{3\cos\theta}3\cos\theta\, d\theta = \int d\theta = \theta + C$

$$= \sin^{-1}\left(\frac{x}{3}\right) + C \text{이다.}$$

예제 14 (1) $\int \sqrt{1-x^2}\,dx$에서 $x = \sin\theta$ $(-\frac{\pi}{2} < \theta < \frac{\pi}{2})$라고 하면,

① $\sqrt{1-x^2} = \sqrt{1-\sin^2\theta} = \sqrt{\cos^2\theta} = \cos\theta$

② $\dfrac{dx}{d\theta} = \cos\theta$, $dx = \cos\theta\, d\theta$

③ $x = \sin\theta$, $\sin\theta = x$, $\theta = \sin^{-1}x$이다.

따라서

$$\int \sqrt{1-x^2}\,dx = \int \cos\theta(\cos\theta\, d\theta) = \int \cos^2\theta\, d\theta = \int \frac{1+\cos 2\theta}{2}d\theta$$
$$= \frac{1}{2}\int (1+\cos(2\theta))\, d\theta = \frac{1}{2}\left(\theta + \frac{1}{2}sin(2\theta)\right) + C$$
$$= \frac{1}{2}(\theta + \sin\theta\cos\theta) + C = \frac{1}{2}\left(\sin^{-1}x + x\sqrt{1-x^2}\right) + C$$

이다. 그러므로 $\int \sqrt{1-x^2}\,dx = \frac{1}{2}\left(\sin^{-1}x + x\sqrt{1-x^2}\right) + C$이다.

(2) $\int \sqrt{4-x^2}\,dx$에서 $x = 2\sin\theta$ $(-\frac{\pi}{2} < \theta < \frac{\pi}{2})$라고 하면,

① $\sqrt{4-x^2} = \sqrt{4-4\sin^2\theta} = \sqrt{4(1-\sin^2\theta)} = \sqrt{4\cos^2\theta} = 2\cos\theta$

② $\dfrac{dx}{d\theta} = 2\cos\theta$, $dx = 2\cos\theta\, d\theta$

③ $x = 2\sin\theta$, $\sin\theta = \dfrac{x}{2}$, $\theta = \sin^{-1}\left(\dfrac{x}{2}\right)$이다.

따라서

$$\int \sqrt{4-x^2}\,dx = \int 2\cos\theta(2\cos\theta\, d\theta) = 4\int \cos^2\theta\, d\theta = 4\int \frac{1+\cos 2\theta}{2}d\theta$$
$$= 2\int (1+\cos(2\theta))\, d\theta = 2\left(\theta + \frac{1}{2}\sin(2\theta)\right) + C$$
$$= 2(\theta + \sin\theta\cos\theta) + C = 2\left(\sin^{-1}\left(\frac{x}{2}\right) + \frac{x}{2}\frac{\sqrt{1-x^2}}{2}\right) + C$$

이다. 그러므로 $\int \sqrt{4-x^2}\,dx = 2\left(\sin^{-1}\left(\frac{x}{2}\right)+\frac{x\sqrt{1-x^2}}{4}\right)+C$ 이다.

예제 15 (1) $\int \frac{1}{4+x^2}dx$ 에서 $x=2\tan\theta$ 라고 하면,

① $4+x^2=4+4\tan^2\theta=4(1+\tan^2\theta)=4\sec^2\theta$

② $\frac{dx}{d\theta}=2\sec^2\theta$, $dx=2\sec^2\theta\,d\theta$

③ $x=2\tan\theta$, $\tan\theta=\frac{x}{2}$, $\theta=\tan^{-1}\left(\frac{x}{2}\right)$ 이다.

따라서 $\int \frac{1}{4+x^2}dx=\int \frac{1}{4\sec^2\theta}(2\sec^2\theta\,d\theta)=\frac{1}{2}\int d\theta=\frac{1}{2}\theta+C$ 이다.

그러므로 $\int \frac{1}{4+x^2}dx=\frac{1}{2}\tan^{-1}\left(\frac{x}{2}\right)+C$이다.

(2) $\int \frac{1}{9+x^2}dx$ 에서 $x=3\tan\theta$ 라고 하면,

① $9+x^2=9+9\tan^2\theta=9(1+\tan^2\theta)=9\sec^2\theta$

② $\frac{dx}{d\theta}=3\sec^2\theta$, $dx=3\sec^2\theta\,d\theta$

③ $x=3\tan\theta$, $\tan\theta=\frac{x}{3}$, $\theta=\tan^{-1}\left(\frac{x}{3}\right)$이다.

따라서 $\int \frac{1}{9+x^2}dx=\int \frac{1}{9\sec^2\theta}(3\sec^2\theta\,d\theta)=\frac{1}{3}\int d\theta=\frac{1}{3}\theta+C$ 이다.

그러므로 $\int \frac{1}{9+x^2}dx=\frac{1}{3}\tan^{-1}\left(\frac{x}{3}\right)+C$이다.

예제 16 (1) $\int \sqrt{1+x^2}\,dx$ 에서 $x=\tan\theta$ 라고 하면,

① $\sqrt{1+x^2}=\sqrt{1+\tan^2\theta}=\sqrt{\sec^2\theta}=\sec\theta$

② $\frac{dx}{d\theta}=\sec^2\theta$, $dx=\sec^2\theta\,d\theta$

③ $x=\tan\theta$, $\tan\theta=x$, $\theta=\tan^{-1}x$ 이다.

따라서 $\int \sqrt{1+x^2}\,dx=\int \sec\theta(\sec^2\theta)d\theta=\int \sec^3\theta\,d\theta$ 이다.

그러므로 위와 같은 치환 적분으로 문제를 해결할 수 없기에 부분적분에서 다루도록 하겠다.

(2) $\int \sqrt{4+x^2}\,dx$에서 $x=2\tan\theta$라고 하면,

① $\sqrt{4+x^2}=\sqrt{4+4\tan^2\theta}=\sqrt{4\sec^2\theta}=2\sec\theta$

② $\dfrac{dx}{d\theta}=2\sec^2\theta$, $dx=2\sec^2\theta\,d\theta$

③ $x=2\tan\theta$, $\tan\theta=\dfrac{x}{2}$, $\theta=\tan^{-1}\left(\dfrac{x}{2}\right)$이다.

따라서 $\int\sqrt{4+x^2}\,dx=\int 2\sec\theta(2\sec^2\theta)d\theta=4\int\sec^3\theta\,d\theta$ 이다.
그러므로 위와 같은 치환 적분으로 문제를 해결할 수 없기에 부분적분에서 다루도록 하겠다.

예제 17 $[I_9]$ $\int\dfrac{1}{ax+b}dx=\dfrac{1}{a}\ln|ax+b|+C$를 적용

(1) $\int\dfrac{1}{2x+1}dx=\dfrac{1}{2}\int\dfrac{2}{2x+1}dx=\dfrac{1}{2}\ln|2x+1|+C$

(2) $\int\dfrac{7}{3x+5}dx=\dfrac{7}{3}\int\dfrac{3}{3x+5}dx=\dfrac{7}{3}\ln|3x+5|+C$

(3) $\int\dfrac{x-1}{2x+1}dx=\int\left(\dfrac{1}{2}-\dfrac{\frac{3}{2}}{2x+1}\right)dx=\int\dfrac{1}{2}dx-\dfrac{3}{2}\int\dfrac{1}{2x+1}dx$

$=\dfrac{1}{2}x-\dfrac{3}{4}\int\dfrac{2}{2x+1}dx=\dfrac{1}{2}x-\dfrac{3}{4}\ln|2x+1|+C$

(4) $\int\dfrac{3x-1}{x+1}dx=\int\left(3-\dfrac{4}{x+1}\right)dx=\int 3dx-4\int\dfrac{1}{x+1}dx$

$=3x-4\ln|x+1|+C$

(5) $\int\dfrac{3x-1}{2x+1}dx=\int\left(\dfrac{3}{2}-\dfrac{\frac{5}{2}}{3x-1}\right)dx=\int\dfrac{3}{2}dx-\dfrac{5}{2}\int\dfrac{1}{3x-1}dx$

$=\dfrac{3}{2}x-\dfrac{5}{6}\int\dfrac{3}{3x-1}dx=\dfrac{3}{2}x-\dfrac{5}{6}\ln|3x-1|+C$

(6) $\int\dfrac{cx+d}{ax+b}dx=\int\left(\dfrac{c}{a}-\dfrac{d-\frac{bc}{a}}{ax+b}\right)dx=\int\dfrac{c}{a}dx-\left(d-\dfrac{bc}{a}\right)\int\dfrac{1}{ax+b}dx$

$=\dfrac{c}{a}x-\left(\dfrac{ad-bc}{a}\right)\dfrac{1}{a}\int\dfrac{a}{ax+b}dx$

$=\dfrac{c}{a}x-\dfrac{ad-bc}{a^2}\ln|ax+b|+C$

예제 18 $\int \frac{1}{(ax+p)^2}dx$에서 $t=ax+b$라 하면, $\frac{dt}{dx}=a$이므로 $dx=\frac{1}{a}dt$이다.

따라서 $\int \frac{1}{(ax+p)^2}dx=\int \frac{1}{t^2}\frac{1}{a}dt=\frac{1}{a}\int t^{-2}dt=\frac{1}{a}\left(-\frac{1}{t}\right)+C=-\frac{1}{at}+C$

이다. 그러므로 $\int \frac{1}{(ax+p)^2}dx=-\frac{1}{a(ax+p)}+C$ 이다.

예제 19 (1) $\int \frac{1}{x^2-2x+1}dx=\int \frac{1}{(x-1)^2}dx$에서 $t=x-1$이라 하면,

$\frac{dt}{dx}=1$이므로 $dx=dt$이다. 따라서

$$\int \frac{1}{x^2-2x+1}dx=\int \frac{1}{(x-1)^2}dx=\int \frac{1}{t^2}dt=\int t^{-2}dt=-\frac{1}{t}+C$$ 이다.

그러므로 $\int \frac{1}{x^2-2x+1}dx=-\frac{1}{x-1}+C$ 이다.

(2) $\int \frac{1}{4x^2-4x+2}dx=\int \frac{1}{2(x^2-2x+1)}dx=\frac{1}{2}\int \frac{1}{(x-1)^2}dx$

$$=-\frac{1}{2(x-1)}+C$$

(3) $\int \frac{1}{x^2-4x+4}dx=\int \frac{1}{(x-2)^2}dx=-\frac{1}{x-2}+C$

(4) $\int \frac{1}{a(x-p)^n}dx=\frac{1}{a}\int \frac{1}{(x-p)^n}dx=\frac{1}{a}\int (x-p)^{-n}dx$에서

$t=x-p$이라 하면, $\frac{dt}{dx}=1$이므로 $dx=dt$이다.

따라서 $\int \frac{1}{a(x-p)^n}dx=\frac{1}{a}\int t^{-n}dt=\frac{1}{a}\frac{1}{-(n-1)}t^{-(n-1)}+C$

$$=-\frac{1}{a(n-1)t^{n-1}}+C$$ 이다.

그러므로 $\int \frac{1}{a(x-p)^n}dx=-\frac{1}{a(n-1)(x-p)^{n-1}}+C$ 이다.

(5) $\int \frac{1}{4x^2+4x+1}dx=\int \frac{1}{(2x+1)^2}dx=\int (2x+1)^{-2}dx$

$$=\frac{1}{2}\int (2x+1)^{-2}2\,dx$$

$$=\frac{1}{2}\frac{1}{-2+1}(2x+1)^{-2+1}+C=-\frac{1}{2(2x+1)}+C$$

(6) $\int \frac{1}{9x^2-6x+1}dx = \int \frac{1}{(3x-1)^2}dx = \int (3x-1)^{-2}dx$

$$= \frac{1}{3}\int (3x-1)^{-2}3\,dx$$

$$= \frac{1}{3}\frac{1}{-2+1}(3x-1)^{-2+1} + C = -\frac{1}{3(3x-1)} + C$$

예제 21 (1) $\frac{1}{x(x+1)} = \frac{1}{(x+1)-x}(\frac{1}{x} - \frac{1}{x+1}) = \frac{1}{x} - \frac{1}{x+1}$

(2) $\frac{1}{x(x-1)} = \frac{1}{x-(x-1)}(\frac{1}{x-1} - \frac{1}{x}) = \frac{1}{x-1} - \frac{1}{x}$

(3) $\frac{1}{x^2+2x} = \frac{1}{x(x+2)} = \frac{1}{(x+2)-x}(\frac{1}{x} - \frac{1}{x+2}) = \frac{1}{2}(\frac{1}{x} - \frac{1}{x+2})$

(4) $\frac{1}{x^2-1} = \frac{1}{(x-1)(x+1)} = \frac{1}{(x+1)-(x-1)}(\frac{1}{x-1} - \frac{1}{x+1})$

$$= \frac{1}{2}(\frac{1}{x-1} - \frac{1}{x+1})$$

(5) $\frac{1}{4x^2-1} = \frac{1}{(2x-1)(2x+1)} = \frac{1}{(2x+1)-(2x-1)}(\frac{1}{2x-1} - \frac{1}{2x+1})$

$$= \frac{1}{2}(\frac{1}{2x-1} - \frac{1}{2x+1})$$

(6) $\frac{1}{x^2-x-6} = \frac{1}{(x-3)(x+2)} = \frac{1}{(x+2)-(x-3)}(\frac{1}{x-3} - \frac{1}{x+2})$

$$= \frac{1}{5}(\frac{1}{x-3} - \frac{1}{x+2})$$

예제 22 $[I_9]$ $\int \frac{1}{ax+b}dx = \frac{1}{a}\ln|ax+b| + C$를 적용

(1) $\int \frac{1}{x(x+1)}dx = \int (\frac{1}{x} - \frac{1}{x+1})dx = \ln|x| - \ln|x+1| + C$

$$= \ln\left|\frac{x}{x+1}\right| + C$$

(2) $\int \frac{1}{x(x-1)}dx = \int (\frac{1}{x-1} - \frac{1}{x})dx = \ln|x-1| - \ln|x| + C$

$$= \ln\left|\frac{x-1}{x}\right| + C$$

(3) $\int \frac{1}{x^2+2x}dx = \int \frac{1}{x(x+2)}dx = \frac{1}{2}\int (\frac{1}{x} - \frac{1}{x+2})dx$

$$= \frac{1}{2}(\ln|x| - \ln|x+2|) + C = \frac{1}{2}\ln\left|\frac{x}{x+2}\right| + C$$

(4) $\int \frac{1}{x^2-1}dx = \int \frac{1}{(x-1)(x+1)}dx = \frac{1}{2}\int (\frac{1}{x-1} - \frac{1}{x+1})dx$

$= \frac{1}{2}(\ln|x-1| - \ln|x+1|) + C \ = \frac{1}{}ln\left|\frac{x-1}{x+1}\right| + C$

(5) $\int \frac{1}{4x^2-1}dx = \int \frac{1}{(2x-1)(2x+1)}dx = \frac{1}{2}\int (\frac{1}{2x-1} - \frac{1}{2x+1})dx$

$= \frac{1}{4}\int (\frac{2}{2x-1} - \frac{2}{2x+1})dx$

$= \frac{1}{4}(\ln|2x-1| - \ln|2x+1|) + C = \frac{1}{4}\ln\left|\frac{2x-1}{2x+1}\right| + C$

(6) $\int \frac{1}{x^2-x-6}dx = \int \frac{1}{(x-3)(x+2)}dx = \frac{1}{5}\int (\frac{1}{x-3} - \frac{1}{x+2})dx$

$= \frac{1}{5}(\ln|x-3| - \ln|x+2|) + C = \frac{1}{5}\ln\left|\frac{x-3}{x+2}\right| + C$

예제 24 $[I_{28}]$ $\int \frac{1}{a^2+x^2}dx = \frac{1}{a}\tan^{-1}\left(\frac{x}{a}\right) + C$를 적용

(1) $\int \frac{1}{x^2+1}dx = \int \frac{1}{1+x^2}dx = \tan^{-1}x + C$

(2) $\int \frac{1}{x^2+4}dx = \int \frac{1}{4+x^2}dx = \frac{1}{2}\tan^{-1}\left(\frac{x}{2}\right) + C$

(3) $\int \frac{1}{x^2+2x+2}dx = \int \frac{1}{(x+1)^2+1}dx$에서 $x+1=t$이라 하면

① $(x+1)^2+1 = t^2+1$

② $x+1=t$이므로 $\frac{dx}{dt} = 1$, $dx = dt$이다.

따라서 $\int \frac{1}{x^2+2x+2}dx = \int \frac{1}{(x+1)^2+1}dx = \int \frac{1}{t^2+1}dt$

$= \tan^{-1}t + C = \tan^{-1}(x+1) + C$이다.

그러므로 $\int \frac{1}{x^2+2x+2}dx = \tan^{-1}t + C = \tan^{-1}(x+1) + C$이다.

(4) $\int \frac{1}{4x^2+4x+5}dx = \int \frac{1}{(2x+1)^2+4}dx$에서 $2x+1=t$이라 하면

① $(2x+1)^2+4 = t^2+4$

② $2x+1=t$이므로 $\frac{2dx}{dt} = 1$, $dx = \frac{1}{2}dt$이다.

따라서 $\int \frac{1}{4x^2+4x+5}dx = \int \frac{1}{(2x+1)^2+4}dx= \frac{1}{2}\int \frac{1}{t^2+4}\,dt$

$$= \frac{1}{2}\frac{1}{2}\tan^{-1}(\frac{t}{2})+ C= \frac{1}{4}\tan^{-1}(\frac{2x+1}{2})+ C$$

이다. 그러므로 $\int \frac{1}{4x^2+4x+5}dx= \frac{1}{4}\tan^{-1}(\frac{2x+1}{2})+ C$이다.

예제 26 $[I_8]$ $\int \frac{f'(x)}{f(x)}\,dx = \ln|f(x)|+ C$

$[I_{28}]$ $\int \frac{1}{a^2+x^2}dx = \frac{1}{a}\tan^{-1}\left(\frac{x}{a}\right)+ C$를 이용

(1) $\int \frac{x}{x^2+1}dx = \frac{1}{2}\int \frac{2x}{x^2+1}dx = \frac{1}{2}ln(x^2+1)+ C$

(2) $\int \frac{x+1}{x^2+4}dx = \int \frac{x}{x^2+4}dx + \int \frac{1}{x^2+4}dx$

$$= \frac{1}{2}\ln(x^2+1)+ \frac{1}{2}\tan^{-1}(\frac{x}{2})+ C$$

(3) $\int \frac{x^2}{x^2+1}dx = \int \frac{x^2+1-1}{x^2+1}dx = \int 1- \frac{1}{x^2+1}dx = x-\tan^{-1}x+ C$

(4) $\int \frac{x^2+1}{x^2+4}dx = \int \frac{x^2+4-3}{x^2+4}dx = \int 1- \frac{3}{x^2+4}dx$

$$= x- \frac{3}{2}\tan^{-1}(\frac{x}{2})+ C$$

예제 27 (1) $\int \frac{x}{x^2+4}dx$에서 $[I_8]$ $\int \frac{f'(x)}{f(x)}\,dx = \ln|f(x)|+ C$을 이용하면,

$\int \frac{x}{x^2+4}dx = \frac{1}{2}\int \frac{2x}{x^2+4}dx = \frac{1}{2}ln(x^2+4)+ C$ 이다.

(2) $\int \frac{x}{(x^2+4)^2}dx$에서 $t = x^2+4$이라 하면, $\frac{dt}{dx}= 2x$이고 $x\,dx = \frac{1}{2}dt$이다.

따라서 $\int \frac{x}{(x^2+4)^2}dx = \int \frac{1}{t^2}\frac{1}{2}dt = \frac{1}{2}\int t^{-2}dt$

$$= \frac{1}{2}(-t^{-1})+ C= -\frac{1}{2t}+ C$$이다.

그러므로 $\int \frac{x}{(x^2+4)^2}dx=- \frac{1}{2(x^2+4)}+ C$이다.

(3) $\int \frac{2x}{(x^2+4)^5}dx = \int (x^2+4)^{-5}(2x)dx = \frac{1}{-5+1}(x^2+4)^{-5+1}+C$

$$=-\frac{1}{4}(x^2+4)^{-4}+C=-\frac{1}{4(x^2+4)^4}+C$$

(4) $\int \frac{x}{(x^2+4)^n}dx = \int (x^2+4)^{-n}x\,dx = \frac{1}{2}\int (x^2+4)^{-n}(2x)dx$

$$=\frac{1}{2}\frac{1}{-n+1}(x^2+4)^{-n+1}+C$$

$$=-\frac{1}{2(n-1)}(x^2+4)^{-(n-1)}+C$$

$$=-\frac{1}{2(n-1)(x^2+4)^{n-1}}+C$$

예제 28 (1) $\int \frac{x^2}{(x^2+4)^2}dx$에서 $x=2\tan\theta$이라 하면

① $x^2+4=4\tan^2\theta+4=4\sec^2\theta$

② $x=2\tan\theta$이므로 $\frac{dx}{d\theta}=2\sec^2\theta$, $dx=2\sec^2\theta\,d\theta$

③ $x=2\tan\theta$이므로 $\tan\theta=\frac{x}{2}$, $\theta=\tan^{-1}(\frac{x}{2})$ 이다.

또한 $x=2\tan\theta$이므로 $\tan\theta=\frac{x}{2}$, $\sin\theta=\frac{x}{\sqrt{x^2+4}}$, $\cos\theta=\frac{2}{\sqrt{x^2+4}}$이다. 따라서

$$\int \frac{x^2}{(x^2+4)^2}dx = \int \frac{4\tan^2\theta}{16\sec^4\theta}2\sec^2\theta\,d\theta = \frac{1}{2}\int \frac{\tan^2\theta}{\sec^2\theta}d\theta$$

$$=\frac{1}{2}\int \frac{\frac{\sin^2\theta}{\cos^2\theta}}{\frac{1}{\cos^2\theta}}d\theta=\frac{1}{2}\int \sin^2\theta\,d\theta=\frac{1}{2}\int \frac{1-\cos 2\theta}{2}d\theta$$

$$=\frac{1}{4}\int (1-\cos 2\theta)\,d\theta=\frac{1}{4}(\theta-\frac{1}{2}\sin 2\theta)+C$$

$$=\frac{1}{4}(\theta-\sin\theta\cos\theta)+C \text{ 이다.}$$

그러므로 $\int \frac{x^2}{(x^2+4)^2}dx=\frac{1}{4}(\tan^{-1}(\frac{x}{2})-\frac{x}{\sqrt{x^2+4}}\frac{2}{\sqrt{x^2+4}})+C$

(2) $\int \frac{x^2}{(x^2+4)^3}dx$에서 $x=2\tan\theta$이라 하면

① $x^2+4=4\tan^2\theta+4=4\sec^2\theta$

② $x=2\tan\theta$이므로 $\frac{dx}{d\theta}=2\sec^2\theta$, $dx=2\sec^2\theta\, d\theta$

③ $x=2\tan\theta$이므로 $\tan\theta=\frac{x}{2}$, $\theta=\tan^{-1}(\frac{x}{2})$이다.

또한 $x=2\tan\theta$이므로 $\tan\theta=\frac{x}{2}$, $\sin\theta=\frac{x}{\sqrt{x^2+4}}$, $\cos\theta=\frac{2}{\sqrt{x^2+4}}$이다. 따라서

$$\int \frac{x^2}{(x^2+4)^3}dx=\int \frac{4\tan^2\theta}{64\sec^6\theta}2\sec^2\theta\, d\theta=\frac{1}{8}\int \frac{\tan^2\theta}{\sec^4\theta}d\theta$$

$$=\frac{1}{8}\int \frac{\frac{\sin^2\theta}{\cos^2\theta}}{\frac{1}{\cos^4\theta}}d\theta=\frac{1}{8}\int \sin^2\theta\cos^2\theta\, d\theta$$

$$=\frac{1}{8}\int \sin^2\theta(1-\sin^2\theta)\, d\theta=\frac{1}{8}\int(\sin^2\theta-\sin^4\theta)d\theta$$

이므로 이 문제를 해결하기 위해서는 $\int \sin^4 x dx$의 문제를 풀 수 있어야 한다.

예제 29 (1) $\int \frac{1}{x^2+4}dx=\frac{1}{2}tan^{-1}(\frac{x}{2})+C$

(2) $\int \frac{1}{(x^2+4)^2}dx$에서 $\frac{1}{x^2+4}=\frac{x^2+4}{(x^2+4)^2}=\frac{x^2}{(x^2+4)^2}+\frac{4}{(x^2+4)^2}$이므로 $\frac{4}{(x^2+4)^2}=\frac{1}{x^2+4}-\frac{x^2}{(x^2+4)^2}$이고, $\frac{1}{(x^2+4)^2}=\frac{1}{4}(\frac{1}{x^2+4}-\frac{x^2}{(x^2+4)^2})$이다. 따라서

$$\int \frac{1}{(x^2+4)^2}dx=\frac{1}{4}\int(\frac{1}{x^2+4}-\frac{x^2}{(x^2+4)^2})dx$$

$$=\frac{1}{4}[\frac{1}{2}\tan^{-1}(\frac{x}{2})-\frac{1}{4}\tan^{-1}(\frac{x}{2})+\frac{x}{2(x^2+4)}]+C$$

$$\int \frac{1}{(x^2+4)^2}dx=\frac{1}{16}\tan^{-1}(\frac{x}{2})+\frac{x}{8(x^2+4)}+C$$

(3) $\int \frac{1}{(x^2+4)^3}dx$에서 $\frac{1}{(x^2+4)^2} = \frac{x^2+4}{(x^2+4)^3} = \frac{x^2}{(x^2+4)^3} + \frac{4}{(x^2+4)^3}$이므로

$\frac{4}{(x^2+4)^3} = \frac{1}{(x^2+4)^2} - \frac{x^2}{(x^2+4)^3}$이고,

$\frac{1}{(x^2+4)^3} = \frac{1}{4}(\frac{1}{(x^2+4)^2} - \frac{x^2}{(x^2+4)^3})$이다.

따라서 $\int \frac{1}{(x^2+4)^3}dx = \frac{1}{4}\int (\frac{1}{(x^2+4)^2} - \frac{x^2}{(x^2+4)^3})dx$이다.

그런데 $\int \frac{1}{(x^2+4)^2}dx = \frac{1}{16}\tan^{-1}(\frac{x}{2}) + \frac{x}{8(x^2+4)} + C$이고

$\int \frac{x^2}{(x^2+4)^3}dx$은 [예제 28] (2)의 문제를 풀 수 있어야 한다.

예제 30

(1) $x\,dx = d(\frac{1}{2}x^2)$

(2) $x^2\,dx = d(\frac{1}{3}x^3)$

(3) $\sin x\,dx = d(-\cos x)$

(4) $\cos x dx = d(\sin x)$

(5) $e^x dx = d(e^x)$

(6) $\sec^2 x dx = d(\tan x)$

예제 31

(1) $\int x\sin x\,dx = \int x\,d(-\cos x) = -x\cos x - \int -\cos x\,dx$

$= -x\cos x + \int \cos x dx = -x\cos x + \sin x + C$

(2) $\int xe^x\,dx = \int x\,d(e^x) = xe^x - \int e^x dx = xe^x - e^x + C$

(3) $\int x\sec^2 x\,dx = \int x\,d(\tan x) = x\tan x - \int \tan x dx = x\tan x - \int \frac{\sin x}{\cos x}dx$

$= x\tan x + \ln|\cos x| + C$

(4) $\int x\ln x\,dx = \int \ln x\,d(\frac{1}{2}x^2) = \frac{1}{2}x^2\ln x - \int \frac{1}{2}x^2 d(\ln x)$

$= \frac{1}{2}x^2\ln x - \int \frac{1}{2}x^2\frac{1}{x}dx = \frac{1}{2}x^2\ln x - \frac{1}{2}\int x dx$

$= \frac{1}{2}x^2\ln x - \frac{1}{4}x^2 + C$

예제 32

(1) $d(x^2) = 2xdx$

(2) $d(x^3) = 3x^2dx$

(3) $d(\sin x) = \cos x\,dx$

(4) $d(\cos x) = -\sin x\,dx$

(5) $d(e^x) = e^x\,dx$

(6) $d(\ln x) = \frac{1}{x}dx$

예제 33 (1) $\int x^2 \sin x\, dx = x^2(-\cos x) - (2x)(\sin x) + 2(-\cos x) + C$

$$= -x^2\cos x - 2x\sin x - 2\cos x + C$$

(2) $\int x^2 e^x\, dx = x^2(e^x) - (2x)(e^x) + 2(e^x) + C = x^2e^x - 2xe^x + 2e^x + C$

(3) $\int x^2 \ln x\, dx = \int \ln x\, d(\frac{1}{3}x^3) = \frac{1}{3}x^3\ln x - \int \frac{1}{3}x^3 d(\ln x)$

$$= \frac{1}{3}x^3\ln x - \int \frac{1}{3}x^3\frac{1}{x}dx = \frac{1}{3}x^3\ln x - \frac{1}{3}\int x^2 dx$$

$$= \frac{1}{3}x^3\ln x - \frac{1}{9}x^3 + C$$

another solusion

$\int x^2 \ln x\, dx$에서 put $\ln x = t$이라 하면, $x = e^t$이고 $x^2 = e^{2t}$이다.

또한, $dx = e^t dt$이므로

$\int x^2\ln x\, dx = \int e^{2t}te^t dt = \int te^{3t}dt = t(\frac{1}{3}e^{3t}) - 1\frac{1}{9}e^{3t} + C$이다.

따라서 $\int x^2 \ln x\, dx = \ln x \frac{1}{3}x^3 - \frac{1}{9}x^3 + C = \frac{1}{3}x^3\ln x - \frac{1}{9}x^3 + C$

예제 34 (1) $\int e^x \sin x\, dx = \int \sin x\, d[e^x] = e^x\sin x - \int e^x d[\sin x]$

$$= e^x\sin x - \int e^x\cos x dx = e^x\sin x - \int \cos x d[e^x]$$

$$= e^x\sin x - \left\{e^x\cos x - \int e^x d(\cos x)\right\}$$

$\int e^x \sin x\, dx = \int \sin x\, d[e^x] = e^x\sin x - \int e^x d[\sin x]$

$$= e^x\sin x - \left\{e^x\cos x - \int e^x d(\cos x)\right\}$$

$2\int e^x \sin x\, dx = e^x\sin x - e^x\cos x$

$\int e^x \sin x\, dx = \frac{1}{2}e^x(\sin x - \cos x) + C$

(2) $\int e^x \cos x\, dx = \int \cos x\, d[e^x] = e^x\cos x - \int e^x d[\cos x]$

$$= e^x\cos x + \int e^x \sin x dx$$

$$= e^x\cos x + \int \sin x d[e^x]$$

$$= e^x\cos x + \left\{e^x\sin x - \int e^x d(\sin x)\right\}$$

$$\int e^x \cos x\,dx = \int \cos x\,d[e^x] = e^x \cos x - \int e^x d[\cos x]$$

$$= e^x \cos x + \left\{e^x \sin x - \int e^x d(\sin x)\right\}$$

$$2\int e^x \cos x\,dx = e^x \sin x + e^x \cos x$$

$$\int e^x \sin x\,dx = \frac{1}{2}e^x(\sin x + \cos x) + C$$

(3) $$\int \sin^2 x\,dx = \int \sin x \sin x\,dx = \int \sin x\,d(-\cos x)$$

$$= -\sin x \cos x + \int \cos x\,d(\sin x)$$

$$= -\sin x \cos x + \int \cos^2 x\,dx$$

$$= -\sin x \cos x + \int (1 - \sin^2 x)\,dx$$

$$= -\sin x \cos x + \int 1dx - \int \sin^2 x\,dx$$

$$\int \sin^2 x\,dx = -\sin x \cos x + \int 1dx - \int \sin^2 x\,dx$$

$$2\int \sin^2 x\,dx = -\sin x \cos x + x = x - \sin x \cos x$$

$$\int \sin^2 x\,dx = \frac{1}{2}(x - \sin x \cos x) + C$$

(4) $$\int \cos^2 x\,dx = \int \cos x \cos x\,dx = \int \cos x\,d(\sin x)$$

$$= \sin x \cos x - \int \sin x\,d(\cos x)$$

$$= \sin x \cos x + \int \sin^2 x\,dx$$

$$= \sin x \cos x + \int (1 - \cos^2 x)\,dx$$

$$= \sin x \cos x + \int 1dx - \int \cos^2 x\,dx$$

$$\int \cos^2 x\,dx = \sin x \cos x + \int 1dx - \int \cos^2 x\,dx$$

$$2\int \cos^2 x\,dx = \sin x \cos x + x = x + \sin x \cos x$$

$$\int \cos^2 x\,dx = \frac{1}{2}(x + \sin x \cos x) + C$$

(5) $$\int \sin^3 x\,dx = \int \sin^2 x \sin x\,dx = \int \sin^2 x\,d(-\cos x)$$

$$= -\sin^2 x \cos x + \int \cos x\,d(\sin^2 x)$$

$$=-\sin^2 x\cos x+\int\cos^2 x\, 2\sin x dx$$

$$=-\sin^2 x\cos x+2\int(1-\sin^2 x)\sin x\, dx$$

$$=-\sin^2 x\cos x+2[\int\sin x dx-\int\sin^3 x\, dx]$$

$$=-\sin^2 x\cos x+2\int\sin x dx-2\int\sin^3 x\, dx$$

$$\int\sin^3 x\, dx=-\sin^2 x cos x+2\int\sin x dx-2\int\sin^3 x\, dx$$

$$3\int\sin^3 x\, dx=-\sin^2 x cos x+2\int\sin x dx$$

$$\int\sin^3 x\, dx=-\frac{1}{3}\sin^2 x\cos x+\frac{2}{3}\int\sin x dx$$

$$=-\frac{1}{3}\sin^2 x\cos x-\frac{2}{3}\cos x+C$$

(6) $\int\cos^3 x\, dx=\int\cos^2 x\cos x\, dx=\int\cos^2 x\, d(\sin x)$

$$=\cos^2 x\sin x-\int\sin x d(\cos^2 x)$$

$$=\cos^2 x\sin x-\int\cos x\, 2(-\sin^2 x)dx$$

$$=\sin^2 x\cos x+2\int\cos x(1-\cos^2 x)\, dx$$

$$=\sin^2 x cos x+2[\int(\cos x-\cos^3 x)dx]$$

$$=\sin^2 x\cos x+2\int\cos x dx-2\int\cos^3 x\, dx$$

$$\int\cos^3 x\, dx=\sin^2 x\cos x+2\int\cos x dx-2\int\cos^3 x\, dx$$

$$\int\cos^3 x\, dx=\sin^2 x\cos x+2\int\cos x dx$$

$$\int\cos^3 x\, dx=\frac{1}{3}\cos^2 x sin x+\frac{2}{3}\int\cos x dx=\frac{1}{3}\cos^2 x\sin x+\frac{2}{3}\sin x+C$$

(7) $\int\csc^3 x\, dx=\int\csc x\csc^2 x\, dx=\int\csc x\, d[-\cot x]$

$$=-\csc x\cot x+\int\cot x\, d[\csc x]$$

$$=-\csc x\cot x+\int\cot x\csc x(-\cot x)dx$$

$$=-\csc x cot x-\int\cot^2 x csc x\, dx$$

$$=-\csc x\cot x-\int(\csc^2 x-1)\csc x\, dx$$

$$=-\csc x\cot x-\int(\csc^3 x-\csc x)\,dx$$

$$=-\csc x\cot x-\int\csc^3 x dx+\int\csc x\,dx$$

$$\int\csc^3 x\,dx=-\csc x\cot x-\int\csc^3 x dx+\int\csc x\,dx$$

$$2\int\csc^3 x\,dx=-\csc x\cot x+\int\csc x\,dx=-\csc x\cot x-\ln|\csc x+\cot x|$$

$$\int\csc^3 x\,dx=-\frac{1}{2}(\csc x\cot x+\ln|\csc x+\cot x|)+C$$

(8) $\int\sec^3 x\,dx=\int\sec x\sec^2 x\,dx=\int\sec x\,d[\tan x]$

$$=\sec x\tan x+\int\tan x\,d[\sec x]$$

$$=\sec x\tan x-\int\tan x\sec x(\tan x)dx$$

$$=\sec x\tan x-\int\tan^2 x\sec x\,dx$$

$$=\sec x\tan x-\int(\sec^2 x-1)\sec x\,dx$$

$$=\sec x\tan x-\int(\sec^3 x-\sec x)\,dx$$

$$=\sec x\tan x-\int\sec^3 x dx+\int\sec x\,dx$$

$$\int\sec^3 x\,dx=\sec x\tan x-\int\sec^3 x dx+\int\sec x\,dx$$

$$2\int\sec^3 x\,dx=\sec x\tan x+\int\sec x\,dx=\sec x\tan x+\ln|\sec x+\tan x|$$

$$\int\sec^3 x\,dx=\frac{1}{2}(\sec x\tan x+\ln|\sec x+\tan x|)+C$$

예제 35 (1) $\int\sqrt{1+x^2}\,dx$에서 $x=\tan\theta$라고 하면,

① $\sqrt{1+x^2}=\sqrt{1+\tan^2\theta}=\sqrt{\sec^2\theta}=\sec\theta$

② $\frac{dx}{d\theta}=\sec^2\theta$, $dx=\sec^2\theta\,d\theta$

③ $x=\tan\theta$, $\tan\theta=x$, $\theta=\tan^{-1}x$ 이다.

따라서 $\int\sqrt{1+x^2}\,dx=\int\sec\theta(\sec^2\theta)d\theta=\int\sec^3\theta\,d\theta$ 이다.

그런데 $\int\sec^3 x\,dx=\frac{1}{2}(\sec x\tan x+\ln|\sec x+\tan x|)+C$이므로

$$\int \sqrt{1+x^2}\,dx = \int \sec^3\theta\,d\theta = \frac{1}{2}(\sec\theta\tan\theta + \ln|\sec\theta+\tan\theta|) + C$$

$$= \frac{1}{2}(x\sqrt{1+x^2} + \ln|x+\sqrt{1+x^2}|) + C$$ 이다.

(2) $\int \sqrt{4+x^2}\,dx$ 에서 $x = 2\tan\theta$ 라고 하면,

① $\sqrt{4+x^2} = \sqrt{4+4\tan^2\theta} = \sqrt{4\sec^2\theta} = 2\sec\theta$

② $\frac{dx}{d\theta} = 2\sec^2\theta$, $dx = 2\sec^2\theta\,d\theta$

③ $x = 2\tan\theta$, $\tan\theta = \frac{x}{2}$, $\theta = \tan^{-1}\left(\frac{x}{2}\right)$ 이다.

따라서 $\int \sqrt{4+x^2}\,dx = \int 2\sec\theta(2\sec^2\theta)d\theta = 4\int \sec^3\theta\,d\theta$ 이다.

그런데 $\int \sec^3 x\,dx = \frac{1}{2}(\sec x\tan x + \ln|\sec x+\tan x|) + C$ 이므로

$$\int \sqrt{4+x^2}\,dx = 4\int \sec^3\theta\,d\theta = 2(\sec\theta\tan\theta + \ln|\sec\theta+\tan\theta|) + C$$

$$= 2\left(\frac{x}{2}\frac{\sqrt{4+x^2}}{2} + \ln\left|\frac{x}{2} + \frac{\sqrt{4+x^2}}{2}\right|\right) + C$$

$$= 2\left(\frac{x}{2}\frac{\sqrt{4+x^2}}{2} + \ln\left|\frac{x}{2} + \frac{\sqrt{4+x^2}}{2}\right|\right) + C$$

$$= \frac{1}{2}x\sqrt{4+x^2} + 2\ln|x+\sqrt{4+x^2}| + C$$

$$= \frac{1}{2}(x\sqrt{4+x^2} + 4\ln|x+\sqrt{4+x^2}|) + C$$ 이다.

예제 36 (1) $\int \sin^{-1}x\,dx = x\sin^{-1}x - \int x\,d(\sin^{-1}x)$

$$= x\sin^{-1}x - \int x\frac{1}{\sqrt{1-x^2}}\,dx$$

$$= x\sin^{-1}x - \int \frac{x}{\sqrt{1-x^2}}dx$$

$$= x\sin^{-1}x - \int x(1-x^2)^{-\frac{1}{2}}\,dx$$

$$= x\sin^{-1}x + \frac{1}{2}\int(-2x)(1-x^2)^{-\frac{1}{2}}dx$$

$$= x\sin^{-1}x + \frac{1}{2}\frac{1}{-\frac{1}{2}+1}(1-x^2)^{-\frac{1}{2}+1} + C$$

$$= x\sin^{-1}x + (1-x^2)^{\frac{1}{2}} + C = x\sin^{-1}x + \sqrt{1-x^2} + C$$

(2) $\int \tan^{-1}x\,dx = x\tan^{-1}x - \int x\,d(\tan^{-1}x)$

$$= x\tan^{-1}x - \int x\frac{1}{1+x^2}\,dx$$

$$= x\tan^{-1}x - \int \frac{x}{1+x^2}\,dx$$

$$= x\tan^{-1}x - \frac{1}{2}\int \frac{2x}{1+x^2}\,dx$$

$$= x\tan^{-1}x - \frac{1}{2}\ln(x^2+1) + C$$

(3) $\int \ln x\,dx = x\ln x - \int x\,d(\ln x) = x\ln x - \int x\frac{1}{x}dx = x\ln x - \int 1\,dx$

$\int \ln x\,dx = x\ln x - x + C$

(4) $\int (\ln x)^2 dx = x(\ln x)^2 - \int x\,d[(\ln x)^2]$

$$= x(\ln x)^2 - \int x 2\ln x\frac{1}{x}\,dx$$

$$= x(\ln x)^2 - 2\int \ln x\,dx$$

$$= x(\ln x)^2 - 2[x\ln x - x] + C$$

예제 37 (1) $\int \frac{1}{4+x^2}dx = \frac{1}{2}\tan^{-1}(\frac{x}{2}) + C$

(2) $\int \frac{x}{(x^2+4)^2}dx = -\frac{1}{2(x^2+4)} + C$

(3) $\int \frac{x^2}{(x^2+4)^2}dx = \int x\frac{x}{(x^2+4)^2}dx = \int x d[-\frac{1}{2(x^2+4)}]$

$$= -\frac{x}{2(x^2+4)} + \int \frac{1}{2(x^2+4)}dx$$

$$= -\frac{x}{2(x^2+4)} + \frac{1}{2}\int \frac{1}{x^2+4}dx$$

$$= -\frac{x}{2(x^2+4)} + \frac{1}{4}\tan^{-1}(\frac{x}{2}) + C$$

$$\int \frac{x^2}{(x^2+4)^2}dx = -\frac{x}{2(x^2+4)} + \frac{1}{4}\tan^{-1}(\frac{x}{2}) + C$$

예제 38 (1) $\int \frac{x}{(x^2+4)^3}dx = \frac{1}{2}\int \frac{2x}{(x^2+4)^3}dx = \frac{1}{2}\int (x^2+4)^{-3}(2x)dx$

$$= \frac{1}{2}\frac{1}{-3+1}(x^2+4)^{-3+1} + C = -\frac{1}{4}(x^2+4)^{-2} + C$$

$$= -\frac{1}{4(x^2+4)^2} + C$$

(2) $\int \frac{x^2}{(x^2+4)^3}dx = \int x\frac{x}{(x^2+4)^3}dx = \int x\, d\left[-\frac{1}{4(x^2+4)^2}\right]$

$$= -\frac{x}{4(x^2+4)^2} + \int \frac{1}{4(x^2+4)}dx$$

$$= -\frac{x}{4(x^2+4)} + \frac{1}{4}\int \frac{1}{(x^2+4)^2}dx$$

그런데 [예제 22]에서 $\int \frac{1}{(x^2+4)^2}dx = \frac{1}{16}\tan^{-1}(\frac{x}{2}) + \frac{x}{8(x^2+4)} + C$ 이므로

$$\int \frac{x^2}{(x^2+4)^3}dx = -\frac{x}{4(x^2+4)} + \frac{1}{4}\int \frac{1}{(x^2+4)^2}dx$$

$$= -\frac{x}{4(x^2+4)} + \frac{1}{4}\left[\frac{1}{16}\tan^{-1}\left(\frac{x}{2}\right) + \frac{x}{8(x^2+4)}\right] + C$$

$$= -\frac{7x}{32(x^2+4)} + \frac{1}{64}\tan^{-1}\left(\frac{x}{2}\right) + C$$

$$\int \frac{x^2}{(x^2+4)^3}dx = -\frac{7x}{32(x^2+4)} + \frac{1}{64}\tan^{-1}\left(\frac{x}{2}\right) + C$$

(3) $\int \frac{1}{(x^2+4)^3}dx$ 에서 $\frac{1}{(x^2+4)^2} = \frac{x^2+4}{(x^2+4)^3} = \frac{x^2}{(x^2+4)^3} + \frac{4}{(x^2+4)^3}$ 이므로

$\frac{4}{(x^2+4)^3} = \frac{1}{(x^2+4)^2} - \frac{x^2}{(x^2+4)^3}$ 이고,

$\frac{1}{(x^2+4)^3} = \frac{1}{4}(\frac{1}{(x^2+4)^2} - \frac{x^2}{(x^2+4)^3})$ 이다.

따라서 $\int \frac{1}{(x^2+4)^3}dx = \frac{1}{4}\int (\frac{1}{(x^2+4)^2} - \frac{x^2}{(x^2+4)^3})dx$ 이다.

또한 $\int \frac{1}{(x^2+4)^2}dx = \frac{1}{16}tan^{-1}(\frac{x}{2}) + \frac{x}{8(x^2+4)} + C$ 이고

$$\int \frac{x^2}{(x^2+4)^3}dx = -\frac{7x}{32(x^2+4)} + \frac{1}{64}\tan^{-1}\left(\frac{x}{2}\right) + C \text{ 이다.}$$

그러므로 $\int \frac{1}{(x^2+4)^3}dx = \frac{1}{4}\int (\frac{1}{(x^2+4)^2} - \frac{x^2}{(x^2+4)^3})dx$

$$= \frac{1}{4}\left(\frac{11x}{32(x^2+4)} + \frac{3}{64}\tan^{-1}\left(\frac{x}{2}\right)\right) + C \text{ 이다.}$$

CHAPTER 08 예제 풀이

예제 1 (1) $\int_1^2 3\,dx = [3x]_1^2 = 6-2=4$

(2) $\int_0^2 5\,dx = [5x]_0^2 = 10$

예제 2 (1) $\int_0^1 x^2\,dx = [\frac{1}{3}x^3]_0^1 = \frac{1}{3}$

(2) $\int_1^2 \sqrt{x}\,dx = \int_1^2 x^{\frac{1}{2}}dx = [\frac{2}{3}x^{\frac{3}{2}}]_1^2 = \frac{2}{3}(2\sqrt{2}-1)$

(3) $\int_1^2 x^{-5}dx = [\frac{1}{-5+1}x^{-5+1}]_1^2 = \left[-\frac{1}{4}x^{-4}\right]_1^2 = -\frac{1}{4}(\frac{1}{16}-1) = \frac{15}{64}$

(4) $\int_1^2 \frac{1}{x^2}dx = \int_1^2 x^{-2}dx = \left[\frac{1}{-2+1}x^{-2+1}\right]_1^2 = [-x^{-1}]_1^2 = -(\frac{1}{2}-1) = \frac{1}{2}$

예제 3 (1) $\int_0^1 (4x^3-3x+5)\,dx = [x^4 - \frac{3}{2}x^2+5x]_0^1 = 1-\frac{3}{2}+5 = \frac{9}{2}$

(2) $\int_0^4 (5\sqrt{x^3}-3\sqrt{x})\,dx = [2x^{\frac{5}{2}} - 2x^{\frac{3}{2}}]_0^4 = 2(32-8) = 48$

(3) $\int_0^{\frac{\pi}{4}} \sin x dx = [-\cos x]_o^{\frac{\pi}{4}} = -(\frac{\sqrt{2}}{2}-1) = 1-\frac{\sqrt{2}}{2}$

(4) $\int_0^{\frac{\pi}{4}} \cos x dx = [\sin x]_0^{\frac{\pi}{4}} = \sin\left(\frac{\pi}{4}\right) = \frac{\sqrt{2}}{2}$

예제 4 (1) $\int_0^1 (x+1)^3\,dx = \left[\frac{1}{4}(x+1)^4\right]_0^1 = \frac{1}{4}(16-1) = \frac{15}{4}$

another solution $x+1=t$라 하면,

$x=0$이면, $t=1$이고, $x=1$이면, $t=2$이다.

또한, $\frac{dt}{dx}=1$이므로 $dx=dt$이다.

따라서 $\int_0^1 (x+1)^3dx = \int_1^2 t^3dt = [\frac{1}{4}t^4]_1^2 = \frac{1}{4}(16-1) = \frac{15}{4}$이다.

(2) $\int_{1}^{2}(2x-3)^3\,dx = \frac{1}{2}[\frac{1}{4}(2x-3)^4]_1^2 = \frac{1}{8}(1-1) = 0$

$another\ solution$ $2x-3=t$라 하면,

$x=1$이면, $t=-1$이고, $x=2$이면, $t=1$이다.

또한, $\frac{dt}{dx}=2$이므로 $dx=\frac{1}{2}dt$이다.

따라서 $\int_{1}^{2}(2x-3)^3dx = \frac{1}{2}\int_{-1}^{1}t^3dt = \frac{1}{2}[\frac{1}{4}t^4]_{-1}^{1} = \frac{1}{8}(1-1) = 0$이다.

(3) $\int_{1}^{2}\frac{1}{(x-4)^2}dx = \int_{1}^{2}(x-4)^{-2}dx = [-\frac{1}{x-4}]_1^2 = \frac{1}{2}-\frac{1}{3} = \frac{1}{6}$

$another\ solution$ $x-4=t$라 하면,

$x=1$이면, $t=-3$이고, $x=2$이면, $t=-2$이다.

또한, $\frac{dt}{dx}=1$이므로 $dx=dt$이다.

따라서 $\int_{1}^{2}\frac{1}{(x-4)^2}dx = \int_{1}^{2}(x-4)^{-2}dx = \int_{-3}^{-2}t^{-2}dt$

$= \left[-\frac{1}{t}\right]_{-3}^{-2} = \frac{1}{2}-\frac{1}{3} = \frac{1}{6}$이다.

(4) $\int_{0}^{1}\frac{1}{(2x+1)^3}dx = \int_{0}^{1}(2x+1)^{-3}dx = \frac{1}{2}\int_{0}^{1}(2x+1)^{-3}2dx$

$= \frac{1}{2}\left[\frac{1}{-3+1}(2x+1)^{-2}\right]_0^1 = -\frac{1}{4}[(2x+1)^{-2}]_0^1$

$= -\frac{1}{4}(\frac{1}{9}-1) = \frac{2}{9}$

$another\ solution$ $2x+1=t$라 하면,

$x=0$이면, $t=1$이고, $x=1$이면, $t=3$이다.

또한, $\frac{dt}{dx}=2$이므로 $dx=\frac{1}{2}dt$이다.

따라서 $\int_{0}^{1}\frac{1}{(2x+1)^3}dx = \int_{0}^{1}(2x+1)^{-3}dx = \frac{1}{2}\int_{1}^{3}t^{-3}dt$

$= \frac{1}{2}\left[\frac{1}{-3+1}t^{-2}\right]_1^3 = -\frac{1}{4}[t^{-2}]_1^3$

$= -\frac{1}{4}(\frac{1}{9}-1) = \frac{2}{9}$

예제 5 (1) $\int_0^1 (x^2+1)^3 x dx = \frac{1}{2}\int_0^1 (x^2+1)^3 2\,dx = \frac{1}{2}[\frac{1}{4}(x^2+1)^4]_0^1$

$$= \frac{1}{8}(16-1) = \frac{15}{8}$$

another solution $x^2+1=t$라 하면,

$x=0$이면, $t=1$이고, $x=1$이면, $t=2$이다.

또한, $\frac{dt}{dx}=2x$이므로 $xdx=\frac{1}{2}dt$이다.

따라서 $\int_0^1 (x^2+1)^3 x dx = \frac{1}{2}\int_1^2 t^3 dt = \frac{1}{2}[\frac{1}{4}t^4]_1^2 = \frac{1}{8}(16-1) = \frac{15}{8}$이다.

(2) $\int_0^1 (2x^2+1)^3 x dx = \frac{1}{4}\int_0^1 (2x^2+1)^3 4x dx = \frac{1}{4}[\frac{1}{4}(2x+1)^4]_0^1$

$$= \frac{1}{16}(81-1) = 5$$

another solution $2x^2+1=t$라 하면,

$x=0$이면, $t=1$이고, $x=1$이면, $t=3$이다.

또한, $\frac{dt}{dx}=4x$이므로 $xdx=\frac{1}{4}dt$이다.

따라서 $\int_0^1 (2x^2+1)^3 x dx = \frac{1}{4}\int_1^3 t^3 dt = \frac{1}{4}[\frac{1}{4}t^4]_1^3 = \frac{1}{16}(81-1) = 5$이다.

(3) $\int_0^1 \frac{x}{x^2+1} dx = \frac{1}{2}\int_0^1 \frac{2x}{x^2+1} dx = [\frac{1}{2}\ln(x^2+1)]_0^1 = \frac{1}{2}\ln 2 = \ln\sqrt{2}$

another solution $x^2+1=t$라 하면,

$x=0$ 이면, $t=1$이고, $x=1$ 이면, $t=2$이다.

또한, $\frac{dt}{dx}=2x$ 이므로 $xdx=\frac{1}{2}dt$ 이다.

따라서 $\int_0^1 \frac{x}{x^2+1} dx = \frac{1}{2}\int_1^2 \frac{1}{t} dt = \frac{1}{2}[\ln t]_1^2 = \frac{1}{2}ln 2 = \ln\sqrt{2}$

(4) $\int_0^1 \frac{x}{(x^2-4)^2} dx = \frac{1}{2}\int_0^1 2x(x^2-4)^{-2} dx = \frac{1}{2}[-\frac{1}{x^2-4}]_0^1$

$$= \frac{1}{2}(\frac{1}{3}-\frac{1}{4}) = \frac{1}{24}$$

another solution $x^2-4=t$라 하면,

$x=0$이면, $t=-4$이고, $x=1$이면, $t=-3$이다.

또한, $\frac{dt}{dx}=2x$이므로 $xdx=\frac{1}{2}dt$이다.

따라서 $\int_{0}^{1} \frac{x}{(x^2-4)^2} dx = \frac{1}{2}\int_{-4}^{-3} t^{-2} dt = \frac{1}{2}[-\frac{1}{t}]_{-4}^{-3} = \frac{1}{2}(\frac{1}{3} - \frac{1}{4}) = \frac{1}{24}$

이다.

(5) $\int_{1}^{2} \frac{\ln x}{x} dx = \int_{1}^{2} \ln x \frac{1}{x} dx = [\frac{1}{2}(\ln x)^2]_1^2 = \frac{1}{2}(\ln 2)^2$

another solution $\ln x = t$라 하면,

$x=1$이면, $t=0$이고, $x=2$이면, $t=\ln 2$이다.

또한, $\frac{dt}{dx} = \frac{1}{x}$이므로 $\frac{1}{x}dx = dt$이다.

따라서 $\int_{1}^{2} \frac{\ln x}{x} dx = \int_{1}^{2} \ln x \frac{1}{x} dx = \int_{0}^{\ln 2} t dt = \left[\frac{1}{2}t^2\right]_0^{\ln 2} = \frac{1}{2}(\ln 2)^2$

(6) $\int_{0}^{\frac{\pi}{4}} \sin x \cos x dx = [\frac{1}{2}\sin^2 x]_0^{\frac{\pi}{4}} = \frac{1}{2}(\frac{1}{2}) = \frac{1}{4}$

another solution $\sin x = t$라 하면,

$x=0$이면, $t=0$이고, $x=\frac{\pi}{4}$이면, $t=\frac{\sqrt{2}}{2}$이다.

또한, $\frac{dt}{dx} = \cos x$이므로 $\cos x dx = dt$이다.

따라서 $\int_{0}^{\frac{\pi}{4}} \sin x cos x dx = \int_{0}^{\frac{\sqrt{2}}{2}} t dt = \left[\frac{1}{2}t^2\right]_0^{\frac{\sqrt{2}}{2}} = \frac{1}{4}$

(7) $\int_{0}^{\frac{\pi}{4}} \sin^2 x \cos x dx = [\frac{1}{3}\sin^3 x]_0^{\frac{\pi}{4}} = \frac{1}{3}(\frac{\sqrt{2}}{2})^3 = \frac{\sqrt{2}}{12}$

another solution $\sin x = t$라 하면,

$x=0$이면, $t=0$이고, $x=\frac{\pi}{4}$이면, $t=\frac{\sqrt{2}}{2}$이다.

또한, $\frac{dt}{dx} = \cos x$이므로 $\cos x dx = dt$이다.

따라서 $\int_{0}^{\frac{\pi}{4}} \sin^2 x \cos x dx = \int_{0}^{\frac{\sqrt{2}}{2}} t^2 dt = \left[\frac{1}{3}t^3\right]_0^{\frac{\sqrt{2}}{2}} = \frac{1}{3}\left(\frac{\sqrt{2}}{2}\right)^3 = \frac{\sqrt{2}}{12}$

(8) $\int_{0}^{\frac{\pi}{4}} \tan x \sec^2 x dx = [\frac{1}{2}(\tan x)^2]_0^{\frac{\pi}{4}} = \frac{1}{2}$

another solution $\tan x = t$라 하면,

$x=0$이면, $t=0$이고, $x=\frac{\pi}{4}$이면, $t=1$이다.

또한, $\frac{dt}{dx} = \sec^2 x$ 이므로 $\sec^2 x dx = dt$ 이다.

따라서 $\int_0^{\frac{\pi}{4}} \tan x \sec^2 x dx = \int_0^1 t\, dt = \left[\frac{1}{2}t^2\right]_0^1 = \frac{1}{2}$

예제 6 (1) $\int_1^2 \frac{2}{x} dx = \int_1^2 2\frac{1}{x} dx = \int_1^2 2x^{-1} dx = [2\ln x]_1^2 = 2\ln 2$

(2) $\int_1^4 \frac{5}{x} dx = \int_1^4 5x^{-1} dx = [5\ln x]_1^4 = 5\ln 4 = 10\ln 2$

예제 7 (1) $\int_2^3 \frac{1}{2x-3} dx = \int_2^3 (2x-3)^{-1} dx = \frac{1}{2}\int_2^3 (2x-3)^{-1} 2dx$

$$= [\frac{1}{2}\ln(2x-3)]_2^3 = \frac{1}{2}\ln 3$$

another solution $2x-3=t$ 라 하면,

$x=2$ 이면, $t=1$ 이고, $x=3$ 이면, $t=3$ 이다.

또한, $\frac{dt}{dx} = 2$ 이므로 $dx = \frac{1}{2}dt$ 이다.

따라서 $\int_2^3 \frac{1}{2x-3} dx = \frac{1}{2}\int_1^3 \frac{1}{t} dt = \frac{1}{2}[\ln t]_1^3 = \frac{1}{2}\ln 3$

(2) $\int_0^1 \frac{5x}{x^2+1} dx = \frac{5}{2}\int_0^1 \frac{2x}{x^2+1} dx = [\frac{5}{2}\ln(x^2+1)]_0^1 = \frac{5}{2}\ln 2$

another solution $x^2+1=t$ 라 하면,

$x=0$ 이면, $t=1$ 이고, $x=1$ 이면, $t=2$ 이다.

또한, $\frac{dt}{dx} = 2x$ 이므로 $xdx = \frac{1}{2}dt$ 이다.

따라서 $\int_0^1 \frac{5x}{x^2+1} dx = 5\int_0^1 \frac{x}{x^2+1} dx = 5\int_1^2 \frac{1}{t}\frac{1}{2} dt = \frac{5}{2}\int_1^2 \frac{1}{t} dt$

$$= \frac{5}{2}[\ln t]_1^2 = \frac{5}{2}\ln 2$$

(3) $\int_0^{\frac{\pi}{4}} \tan x dx = \int_0^{\frac{\pi}{4}} \frac{\sin x}{\cos x} dx = -\int_0^{\frac{\pi}{4}} \frac{-\sin x}{\cos x} dx$

$$= [-\ln \cos x]_0^{\frac{\pi}{4}} = -\ln\frac{\sqrt{2}}{2} = -\ln\frac{\sqrt{2}}{2}$$

another solution $\cos x = t$ 라 하면,

$x=0$이면, $t=1$이고, $x=\frac{\pi}{4}$이면, $t=\frac{\sqrt{2}}{2}$이다.

또한, $\frac{dt}{dx}=-\sin x$이므로 $\sin x dx=-dt$이다. 따라서

$$\int_0^{\frac{\pi}{4}}\tan x dx=\int_0^{\frac{\pi}{4}}\frac{\sin x}{\cos x}dx=-\int_1^{\frac{\sqrt{2}}{2}}\frac{1}{t}dt=-[\ln t]_1^{\frac{\sqrt{2}}{2}}=-\ln\frac{\sqrt{2}}{2}$$

(4) $\int_{\frac{\pi}{4}}^{\frac{\pi}{2}}\cot x dx=\int_{\frac{\pi}{4}}^{\frac{\pi}{2}}\frac{\cos x}{\sin x}dx=[\ln\sin x]_{\frac{\pi}{4}}^{\frac{\pi}{2}}=-\ln\frac{\sqrt{2}}{2}$

another solution $\sin x=t$라 하면,

$x=\frac{\pi}{4}$이면, $t=\frac{\sqrt{2}}{2}$이고, $x=\frac{\pi}{2}$이면, $t=1$이다.

또한, $\frac{dt}{dx}=\cos x$이므로 $\cos x dx=dt$이다.

따라서 $\int_{\frac{\pi}{4}}^{\frac{\pi}{2}}\cot x dx=\int_{\frac{\pi}{4}}^{\frac{\pi}{2}}\frac{\cos x}{\sin x}dx=\int_{\frac{\sqrt{2}}{2}}^{1}\frac{1}{t}dt=[\ln t]_{\frac{\sqrt{2}}{2}}^{1}=-\ln\frac{\sqrt{2}}{2}$

(5) $\int_0^{\frac{\pi}{4}}\sec x dx=\int_0^{\frac{\pi}{4}}\frac{\sec x(\sec x+\tan x)}{\sec x+\tan x}dx=[\ln(\sec x+\tan x)]_0^{\frac{\pi}{4}}$

$=\ln(\sqrt{2}+1)$

another solution $\sec x+\tan x=t$라 하면,

$x=0$이면, $t=1$이고, $x=\frac{\pi}{4}$이면, $t=\sqrt{2}+1$이다.

또한, $\frac{dt}{dx}=\sec x\tan x+\sec^2 x$이므로 $(\sec x\tan x+\sec^2 x)dx=dt$이다.

따라서 $\int_0^{\frac{\pi}{4}}\sec x dx=\int_0^{\frac{\pi}{4}}\frac{\sec x(\sec x+\tan x)}{\sec x+\tan x}dx=\int_1^{\sqrt{2}+1}\frac{1}{t}dt$

$=[\ln t]_1^{\sqrt{2}+1}=\ln(\sqrt{2}+1)$

(6) $\int_{\frac{\pi}{4}}^{\frac{\pi}{2}}\csc x dx=\int_{\frac{\pi}{4}}^{\frac{\pi}{2}}\frac{\csc x(\csc x+\cot x)}{\csc x+\cot x}dx$

$=-\int_{\frac{\pi}{4}}^{\frac{\pi}{2}}\frac{-\csc x(\csc x+\cot x)}{\csc x+\cot x}dx$

$=-\ln(\csc x+\cot x)]_{\frac{\pi}{4}}^{\frac{\pi}{2}}=\ln(\sqrt{2}+1)$

another solution $\csc x + \cot x = t$라 하면,

$x = \frac{\pi}{4}$이면, $t = \sqrt{2}+1$이고, $x = \frac{\pi}{2}$이면, $t = 1$이다.

또한, $\frac{dt}{dx} = -\csc x \cot x - \csc^2 x$이므로 $-(\csc x \cot x + \csc^2 x)dx = dt$이다.

따라서 $\int_{\frac{\pi}{4}}^{\frac{\pi}{2}} \csc x dx = \int_{\frac{\pi}{4}}^{\frac{\pi}{2}} \frac{\csc x(\csc x + \cot x)}{\csc x + \cot x} dx$

$$= -\int_{\frac{\pi}{4}}^{\frac{\pi}{2}} \frac{-\csc x(\csc x + \cot x)}{\csc x + \cot x} dx$$

$$= -\int_{\sqrt{2}+1}^{1} \frac{1}{t} dt = -[\ln t]_{\sqrt{2}+1}^{1} = \ln(\sqrt{2}+1)$$

예제 8 (1) $\int_0^1 e^x dx = [e^x]_0^1 = e-1$

(2) $\int_{-1}^1 e^x dx = [e^x]_{-1}^1 = e - e^{-1} = \frac{e^2-1}{e}$

예제 9 (1) $\int_0^1 e^{-x} dx = -\int_0^1 e^{-x}(-1)dx = [-e^{-x}]_0^1 = -(e^{-1}-1) = 1 - \frac{1}{e} = \frac{e-1}{e}$

another solution *Hint* $-x = t$라 하면,

(2) $\int_0^1 e^{2x+1} dx = \frac{1}{2}\int_0^1 e^{2x+1} 2dx = [\frac{1}{2}e^{2x+1}]_0^1 = \frac{1}{2}(e^3 - e) = \frac{1}{2}e(e^2 - e)$

another solution *Hint* $2x+1 = t$라 하면,

(3) $\int_0^1 xe^{x^2+1} dx = \frac{1}{2}\int_0^1 2xe^{x^2+1} dx = [\frac{1}{2}e^{x^2+1}]_0^1 = \frac{1}{2}(e^2 - e) = \frac{1}{2}e(e-1)$

another solution *Hint* $x^2+1 = t$라 하면,

(4) $\int_0^1 \frac{e^x + e^{-x}}{2} dx = [\frac{1}{2}(e^x - e^{-x})]_0^1 = \frac{1}{2}\left\{\left(e - \frac{1}{e}\right) - (1-1)\right\} = \frac{e^2-1}{2e}$

(5) $\int_0^{\frac{\pi}{2}} \cos x e^{\sin x} dx = [e^{\sin x}]_0^{\frac{\pi}{2}} = e - 1$

another solution *Hint* $\sin x = t$라 하면,

(6) $\int_1^2 \frac{e^{\ln x}}{x} dx = \int_1^2 e^{\ln x}\frac{1}{x} dx = [e^{\ln x}]_1^2 = e^{\ln 2} - 1 = 2 - 1 = 1$

another solution *Hint* $\ln x = t$라 하면,

예제 10 (1) $\int_0^1 3^x dx = [3^x \ln 3]_0^1 = \ln 3(3-1) = 2\ln 3$

(2) $\int_{-1}^1 5^x dx = [5^x \ln 5]_{-1}^1 = \ln 5(5-\frac{1}{5}) = \frac{24}{5}\ln 5$

예제 11 (1) $\int_0^1 3^{-x} dx = -\int_0^3 3^{-x}(-1)dx = [-3^x \ln 3]_0^1 = -\ln 3(3-1) = -2\ln 3$

another solution *Hint* $-x = t$라 하면,

(2) $\int_0^1 3^{2x+1} dx = \frac{1}{2}\int_0^1 3^{2x+1} 2dx = [\frac{1}{2}3^{2x+1}]_0^1 = \frac{1}{2}(3^3-3) = 12$

another solution *Hint* $2x+1 = t$라 하면,

(3) $\int_0^1 x3^{x^2+1} dx = \frac{1}{2}\int_0^1 2x3^{x^2+1} dx = [\frac{1}{2}3^{x^2+1}\ln 3]_0^1$

$= \frac{1}{2}\ln 3(e^2-e) = \frac{\ln 3}{2}e(e-1)$

another solution *Hint* $x^2+1 = t$라 하면,

(4) $\int_0^1 \frac{3^x+3^{-x}}{2} dx = [\frac{\ln 3}{2}(3^x-3^{-x})]_0^1 = \frac{\ln 3}{2}\left\{\left(3-\frac{1}{3}\right)-(1-1)\right\} = \frac{8\ln 3}{6}$

(5) $\int_0^{\frac{\pi}{2}} \cos x 3^{\sin x} dx = [\ln 3 3^{\sin x}]_0^{\frac{\pi}{2}} = \ln 3(3-1) = 2\ln 3$

another solution *Hint* $\sin x = t$라 하면,

(6) $\int_1^2 \frac{3^{\ln x}}{x} dx = \int_1^2 3^{\ln x}\frac{1}{x} dx = [\ln 3 3^{\ln x}]_1^2 = \ln 3(e^{\ln 2}-1)$

$= \ln 3(e^{\ln 2}-1) = \ln 3$

another solution *Hint* $\ln x = t$라 하면,

예제 12 (1) $\int_0^1 \frac{1}{\sqrt{1-x^2}} dx = [\sin^{-1}x]_0^1 = \sin^{-1}1 - \sin^{-1}0 = \frac{\pi}{2}$

another solution $x = \sin t$라 하면,

① $x=0$이면, $t=0$이고, $x=1$이면, $t=\frac{\pi}{2}$이다.

② $\sqrt{1-x^2} = \sqrt{1-\sin^2 t} = \sqrt{\cos^2 t} = \cos t$

③ $\frac{dx}{dt} = \cos t$, $dx = \cos t dt$

따라서 $\int_0^1 \frac{1}{\sqrt{1-x^2}}dx = \int_0^{\frac{\pi}{2}} \frac{1}{\cos t}\cos t dt = \int_0^{\frac{\pi}{2}} dt = [t]_0^{\frac{\pi}{2}} = \frac{\pi}{2}$

(2) $\int_0^1 \frac{1}{\sqrt{4-x^2}}dx = [\sin^{-1}\left(\frac{x}{2}\right)]_0^1 = \sin^{-1}\left(\frac{1}{2}\right) - \sin^{-1}0 = \frac{\pi}{6}$

another solution $x = 2\sin t$라 하면,

① $x = 0$이면, $t = 0$이고, $x = 1$이면, $t = \frac{\pi}{6}$이다.

② $\sqrt{4-x^2} = \sqrt{4-4\sin^2 t} = \sqrt{4(1-\sin^2 t)} = \sqrt{4\cos^2 t} = 2\cos t$

③ $\frac{dx}{dt} = 2\cos t$, $dx = 2\cos t dt$

따라서 $\int_0^1 \frac{1}{\sqrt{4-x^2}}dx = \int_0^{\frac{\pi}{6}} \frac{1}{2\cos t} 2\cos t dt = \int_0^{\frac{\pi}{6}} dt = [t]_0^{\frac{\pi}{6}} = \frac{\pi}{6}$

(3) $\int_0^1 \sqrt{1-x^2}\,dx = [\frac{1}{2}\left(\sin^{-1}x + x\sqrt{1-x^2}\right)]_0^1$

$= \frac{1}{2}\{(\sin^{-1}1 + 0) - (0+0)\} = \frac{\pi}{4}$

another solution $x = \sin t$라 하면,

① $x = 0$이면, $t = 0$이고, $x = 1$이면, $t = \frac{\pi}{2}$이다.

② $\sqrt{1-x^2} = \sqrt{1-\sin^2 t} = \sqrt{\cos^2 t} = \cos t$

③ $\frac{dx}{dt} = \cos t$, $dx = \cos t dt$

따라서 $\int_0^1 \sqrt{1-x^2}\,dx = \int_0^{\frac{\pi}{2}} \cos t \cos t dt = \int_0^{\frac{\pi}{2}} \cos^2 t\, dt$

$= \int_0^{\frac{\pi}{2}} \frac{1+\cos 2t}{2} dt = \frac{1}{2}\int_0^{\frac{\pi}{2}} 1 + \cos 2t\, dt$

$= \frac{1}{2}\left[t + \frac{1}{2}sin(2t)\right]_0^{\frac{\pi}{2}} = \frac{\pi}{4}$

(4) $\int_0^1 \sqrt{4-x^2}\,dx = \left[2\left(\sin^{-1}\left(\frac{x}{2}\right) + \frac{x\sqrt{4-x^2}}{4}\right)\right]_0^1 = 2\left(\frac{\pi}{6} + \frac{\sqrt{3}}{4}\right)$

another solution $x = 2\sin t$라 하면,

① $x = 0$이면, $t = 0$이고, $x = 1$이면, $t = \frac{\pi}{6}$이다.

② $\sqrt{4-x^2}=\sqrt{4-4\sin^2 t}=\sqrt{4(1-\sin^2 t)}=\sqrt{4\cos^2 t}=2\cos t$

③ $\dfrac{dx}{dt}=2\cos t,\ dx=2\cos t dt$

따라서 $\displaystyle\int_0^1\sqrt{4-x^2}\,dx=\int_0^{\frac{\pi}{6}}2\cos t\,2\cos t dt=4\int_0^{\frac{\pi}{6}}\cos^2 t dt$

$$=4\int_0^{\frac{\pi}{6}}\frac{1+\cos(2t)}{2}dt=2\int_0^{\frac{\pi}{6}}1+\cos(2t)\,dt$$

$$=2\left[t+\frac{1}{2}\sin(2t)\right]_0^{\frac{\pi}{6}}=2\left(\frac{\pi}{6}+\frac{1}{2}\sin\left(\frac{\pi}{3}\right)\right)$$

$$=2\left(\frac{\pi}{6}+\frac{\sqrt{3}}{4}\right)$$

예제 13 (1) $\displaystyle\int_0^1\frac{1}{1+x^2}dx=[\tan^{-1}x]_0^1=\tan^{-1}1-\tan^{-1}0=\frac{\pi}{4}$

another solution $x=\tan t$라 하면,

① $x=0$이면, $t=0$이고, $x=1$이면, $t=\dfrac{\pi}{4}$이다.

② $1+x^2=1+\tan^2 t=\sec^2 t$

③ $\dfrac{dx}{dt}=\sec^2 t,\ dx=\sec^2 t dt$

따라서 $\displaystyle\int_0^1\frac{1}{1+x^2}dx=\int_0^{\frac{\pi}{4}}\frac{1}{\sec^2 t}\sec^2 t\,dt=\int_0^{\frac{\pi}{4}}dt=[t]_0^{\frac{\pi}{4}}=\frac{\pi}{4}$

(2) $\displaystyle\int_0^2\frac{1}{4+x^2}dx=\left[\frac{1}{2}\tan^{-1}\left(\frac{x}{2}\right)\right]_0^2=\frac{1}{2}(\tan^{-1}1-\tan^{-1}0)=\frac{\pi}{8}$

another solution $x=2\tan t$라 하면,

① $x=0$이면, $t=0$이고, $x=2$이면, $t=\dfrac{\pi}{4}$이다.

② $4+x^2=4+4\tan^2 t=4(1+\tan^2 t)=4\sec^2 t$

③ $\dfrac{dx}{dt}=2\sec^2 t,\ dx=2\sec^2 t dt$

따라서 $\displaystyle\int_0^2\frac{1}{4+x^2}dx=\int_0^{\frac{\pi}{4}}\frac{1}{4\sec^2 t}2\sec^2 t\,dt=\frac{1}{2}\int_0^{\frac{\pi}{4}}dt=\frac{1}{2}[t]_0^{\frac{\pi}{4}}=\frac{\pi}{8}$

(3) $\displaystyle\int_0^1\sqrt{1+x^2}\,dx=\frac{1}{2}\left[(x\sqrt{1+x^2}+\ln|x+\sqrt{1+x^2}|)\right]_0^1$

$$=\frac{1}{2}(\sqrt{2}+\ln(1+\sqrt{2}))$$

another solution $x=\tan t$라 하면,

① $x=0$이면, $t=0$이고, $x=1$이면, $t=\frac{\pi}{4}$이다.

② $1+x^2=1+\tan^2 t=\sec^2 t$, $\sqrt{1+x^2}=\sqrt{\sec^2 t}=\sec t$

③ $\frac{dx}{dt}=\sec^2 t$, $dx=\sec^2 t dt$

따라서 $\int_0^1 \sqrt{1+x^2}\,dx=\int_0^{\frac{\pi}{4}} \sec t \sec^2 t dt=\int_0^{\frac{\pi}{4}} \sec^3 t dt$ 이다.

또한,
$$\begin{aligned}\int \sec^3 x\,dx &= \int \sec x \sec^2 x\,dx=\int \sec x\,d[\tan x]\\ &=\sec x\tan x+\int \tan x\,d[\sec x]\\ &=\sec x\tan x-\int \tan x\sec x(\tan x)dx\\ &=\sec x\tan x-\int \tan^2 x\sec x\,dx\\ &=\sec x\tan x-\int(\sec^2 x-1)\sec x\,dx\\ &=\sec x\tan x-\int(\sec^3 x-\sec x)\,dx\\ &=\sec x\tan x-\int \sec^3 x dx+\int \sec x\,dx\end{aligned}$$

$\int \sec^3 x\,dx=\sec x\tan x-\int \sec^3 x dx+\int \sec x\,dx$

$2\int \sec^3 x\,dx=\sec x tan x+\int \sec x\,dx=\sec x\tan x+\ln|\sec x+\tan x|$

$\int \sec^3 x\,dx=\frac{1}{2}(\sec x\tan x+\ln|\sec x+\tan x|)+C$ 이다.

그러므로
$$\begin{aligned}\int_0^1 \sqrt{1+x^2}\,dx &= \int_0^{\frac{\pi}{4}} \sec t\sec^2 t dt=\int_0^{\frac{\pi}{4}} \sec^3 t dt\\ &=\frac{1}{2}[\sec t\tan t+\ln|\sec t+\tan t|]_0^{\frac{\pi}{4}}\\ &=\frac{1}{2}(\sqrt{2}+\ln(1+\sqrt{2}))\end{aligned}$$

(4)
$$\begin{aligned}\int_0^1 \sqrt{4+x^2}\,dx &= \frac{1}{2}[(x\sqrt{4+x^2}+4\ln|x+\sqrt{4+x^2}|)]_0^1\\ &=\frac{1}{2}(\sqrt{5}+4\ln(1+\sqrt{5}))\end{aligned}$$

another solution *Hint* $x=2\tan t$라 하면,

예제 14 (1) $\int_0^{\frac{\pi}{2}} x\sin x dx = \int_0^{\frac{\pi}{2}} xd(-\cos x) = [-x\cos x]_0^{\frac{\pi}{2}} + \int_0^{\frac{\pi}{2}} \cos x dx$

$$= [-x\cos x]_0^{\frac{\pi}{2}} + [\sin x]_0^{\frac{\pi}{2}}$$

$$= (-\frac{\pi}{2}\cos\frac{\pi}{2} - 0) + (\sin\frac{\pi}{2} - 0) = 1$$

(2) $\int_0^{\frac{\pi}{2}} x\cos x dx = \int_0^{\frac{\pi}{2}} xd(\sin x) = [x\sin x]_0^{\frac{\pi}{2}} - \int_0^{\frac{\pi}{2}} \sin x dx$

$$= [x\sin x]_0^{\frac{\pi}{2}} - [\cos x]_0^{\frac{\pi}{2}}$$

$$= \left(\frac{\pi}{2}\sin\left(\frac{\pi}{2}\right) - 0\right) - (0 - \cos(0)) = \frac{\pi}{2} + 1$$

(3) $\int_0^1 xe^x dx = \int_0^1 xd(e^x) = [xe^x]_0^1 - \int_0^1 e^x dx$

$$= (e-0) - [e^x]_0^1 = e - (e-1) = 1$$

(4) $\int_1^2 x\ln x dx = \int_1^2 \ln x\, d(\frac{1}{2}x^2) = [\frac{1}{2}x^2\ln x]_1^2 - \frac{1}{2}\int_1^2 x^2 d(\ln x)$

$$= 2\ln 2 - \frac{1}{2}\int_1^2 x^2\frac{1}{x}dx = 2\ln 2 - \frac{1}{2}\int_1^2 xdx$$

$$= 2\ln 2 - \frac{1}{2}\left[\frac{1}{2}x^2\right]_1^2 = 2\ln 2 - \frac{1}{2}(2 - \frac{1}{2}) = 2\ln 2 - \frac{3}{4}$$

(5) $\int_0^{\frac{\pi}{2}} \sin^2 x dx = \int_0^{\frac{\pi}{2}} \sin x d(-\cos x) = [-\sin x cos x]_0^{\frac{\pi}{2}} + \int_0^{\frac{\pi}{2}} \cos x d(\sin x)$

$$= \int_0^{\frac{\pi}{2}} \cos^2 x dx = \int_0^{\frac{\pi}{2}} (1 - \sin^2 x)dx$$

$$= \int_0^{\frac{\pi}{2}} dx - \int_0^{\frac{\pi}{2}} \sin^2 x dx = \frac{\pi}{2} - \int_0^{\frac{\pi}{2}} \sin^2 x dx$$

따라서 $2\int_0^{\frac{\pi}{2}} \sin^2 x dx = \frac{\pi}{2}$ 이므로 $\int_0^{\frac{\pi}{2}} \sin^2 x dx = \frac{\pi}{4}$ 이다.

(6) $\int_0^{\frac{\pi}{2}} \cos^2 x dx = \int_0^{\frac{\pi}{2}} \cos x d(\sin x) = [\sin x\cos x]_0^{\frac{\pi}{2}} - \int_0^{\frac{\pi}{2}} \sin x d(\cos x)$

$$= \int_0^{\frac{\pi}{2}} \sin^2 x dx = \int_0^{\frac{\pi}{2}} (1 - \cos^2 x)dx$$

$$= \int_0^{\frac{\pi}{2}} dx - \int_0^{\frac{\pi}{2}} \cos^2 x dx = \frac{\pi}{2} - \int_0^{\frac{\pi}{2}} \cos^2 x dx$$

따라서 $2\int_0^{\frac{\pi}{2}} \cos^2 x dx = \frac{\pi}{2}$ 이므로 $\int_0^{\frac{\pi}{2}} \cos^2 x dx = \frac{\pi}{4}$ 이다.

(7) $\int_0^{\frac{\pi}{2}} \sin^3 x dx = \int_0^{\frac{\pi}{2}} \sin^2 x d(-\cos x)$

$$= [-\sin^2 x cosx]_0^{\frac{\pi}{2}} + \int_0^{\frac{\pi}{2}} \cos x d(\sin^2 x)$$

$$= 0 + \int_0^{\frac{\pi}{2}} 2\sin x \cos^2 x dx = 2\int_0^{\frac{\pi}{2}} \sin x (1-\sin^2 x) dx$$

$$= 2\int_0^{\frac{\pi}{2}} \sin x dx - 2\int_0^{\frac{\pi}{2}} \sin^3 x dx$$

따라서 $3\int_0^{\frac{\pi}{2}} \sin^3 x dx = 2\int_0^{\frac{\pi}{2}} \sin x dx = 2[-\cos x]_0^{\frac{\pi}{2}} = 2$ 이므로

$\int_0^{\frac{\pi}{2}} \sin^3 x dx = \frac{2}{3}$ 이다.

(8) $\int_0^{\frac{\pi}{2}} \cos^3 x dx = \int_0^{\frac{\pi}{2}} \cos^2 x d(\sin x) = [\sin x \cos^2 x]_0^{\frac{\pi}{2}} - \int_0^{\frac{\pi}{2}} \sin x d(\cos^2 x)$

$$= 0 + \int_0^{\frac{\pi}{2}} 2\sin^2 x \cos x dx = 2\int_0^{\frac{\pi}{2}} (1-\cos^2 x)\cos x dx$$

$$= 2\int_0^{\frac{\pi}{2}} \cos x dx - 2\int_0^{\frac{\pi}{2}} \cos^3 x dx$$

따라서 $3\int_0^{\frac{\pi}{2}} \cos^3 x dx = 2\int_0^{\frac{\pi}{2}} \cos x dx = 2[\sin x]_0^{\frac{\pi}{2}} = 2$ 이므로

$\int_0^{\frac{\pi}{2}} \cos^3 x dx = \frac{2}{3}$ 이다.

예제 15 (1) $\int_1^2 \ln x\, dx = [x \ln x]_1^2 - \int_1^2 x d(\ln x) = (2\ln 2 - 2) - \int_1^2 x \frac{1}{x} dx$

$$= 2\ln 2 - 2 - [x]_1^2 = 2\ln 2 - 3$$

(2) $\int_0^1 \sin^{-1}x dx = [x\sin^{-1}x]_0^1 - \int_0^1 x d(\sin^{-1}x) = \frac{\pi}{2} - \int_0^1 \frac{x}{\sqrt{1-x^2}} dx$

$= \frac{\pi}{2} + \frac{1}{2}\int_0^1 (-2x)(1-x^2)^{\frac{1}{2}} dx$

$= \frac{\pi}{2} + [(1-x^2)^{\frac{3}{2}}]_0^1 = \frac{\pi}{2} - 1$

(3) $\int_0^1 \tan^{-1}x dx = [x\tan^{-1}x]_0^1 - \int_0^1 x d(\tan^{-1}x) = \frac{\pi}{4} - \int_0^1 \frac{x}{1+x^2} dx$

$= \frac{\pi}{4} - \frac{1}{2}\int_0^1 \frac{2x}{1+x^2} dx = \frac{\pi}{4} - \frac{1}{2}[\ln(1+x^2)]_0^1 = \frac{\pi}{4} - \frac{\ln 2}{2}$

예제 16 (1) $\int_1^2 \frac{1}{x(x+1)} dx = \int_1^2 \left(\frac{1}{x} - \frac{1}{x+1}\right) dx = [\ln|x| - \ln|x+1|)]_1^2 = \left[\ln\left|\frac{x}{x+1}\right|\right]_1^2$

$= \ln\frac{2}{3} - \ln\frac{1}{2} = \ln\frac{2}{3} + \ln 2 = \ln\frac{4}{3}$

(2) $\int_2^3 \frac{1}{x(x-1)} dx = \int_2^3 \frac{1}{(x-1)x} dx = \int_2^3 \left(\frac{1}{x-1} - \frac{1}{x}\right) dx$

$= [\ln|x-1| - \ln|x|]_2^3$

$= [\ln\left|\frac{x-1}{x}\right|]_2^3 = \ln\frac{2}{3} - \ln\frac{1}{2} = \ln\frac{2}{3} + \ln 2 = \ln\frac{4}{3}$

(3) $\int_1^2 \frac{1}{x^2+2x} dx = \int_1^2 \frac{1}{x(x+2)} dx = \frac{1}{2}\int_1^2 \left(\frac{1}{x} - \frac{1}{x+2}\right) dx$

$= \frac{1}{2}[\ln|x| - \ln|x+2|]_1^2$

$= \frac{1}{2}((\ln 2 - \ln 4) - (0 - \ln 3)) = \frac{1}{2}\ln\frac{3}{2}$

(4) $\int_2^3 \frac{1}{x^2-1} dx = \int_2^3 \frac{1}{(x-1)(x+1)} dx = \frac{1}{2}\int_2^3 \left(\frac{1}{x-1} - \frac{1}{x+1}\right) dx$

$= \frac{1}{2}[(\ln|x-1| - \ln|x+1|)]_2^3$

$= \frac{1}{2}[(\ln 2 - \ln 4) - (0 - \ln 3)] = \frac{1}{2}\ln\frac{3}{2}$

(5) $\int_1^2 \frac{1}{4x^2-1} dx = \int_1^2 \frac{1}{(2x-1)(2x+1)} dx = \frac{1}{2}\int_1^2 \left(\frac{1}{2x-1} - \frac{1}{2x+1}\right) dx$

$= \frac{1}{4}[(\ln|2x-1| - \ln|2x+1|)]_1^2$

$$= \frac{1}{4}[(\ln 3 - \ln 7) - (0 - \ln 3)] = \frac{1}{4}\ln\frac{9}{7}$$

(6) $\displaystyle\int_4^5 \frac{1}{x^2 - x - 6}dx = \int_4^5 \frac{1}{(x-3)(x+2)}dx = \frac{1}{5}\int_4^5\left(\frac{1}{x-3} - \frac{1}{x+2}\right)dx$

$$= \frac{1}{5}[(\ln|x-3| - \ln|x+2|)]_4^5$$

$$= \frac{1}{5}[(\ln 2 - \ln 7) - (0 - \ln 6)] = \frac{1}{5}\ln\frac{12}{7}$$

예제 17 (1) $\displaystyle\int_0^1 \frac{x^2}{x^2+1}dx = \int_0^1 \frac{x^2+1-1}{x^2+1}dx = \int_0^1\left(1 - \frac{1}{x^2+1}\right)dx$

$$= [x - \tan^{-1}x]_0^1 = (1 - \tan^{-1}1) = 1 - \frac{\pi}{4}$$

〈참고〉 $\displaystyle\int \frac{1}{x^2+1}dx = \tan^{-1}x + C$

(2) $\displaystyle\int_0^2 \frac{x^2+1}{x^2+4}dx = \int_0^2 \frac{x^2+4-3}{x^2+4}dx = \int_0^2\left(1 - \frac{3}{x^2+4}\right)dx$

$$= \left[x - \frac{3}{2}\tan^{-1}\left(\frac{x}{2}\right)\right]_0^2 = 2 - \frac{3}{2}\tan^{-1}1 = 2 - \frac{3}{8}\pi$$

〈참고〉 $\displaystyle\int \frac{1}{x^2+4}dx = \frac{1}{2}\tan^{-1}\left(\frac{x}{2}\right) + C$

(3) $\displaystyle\int_0^1 \frac{x}{(x^2+4)^2}dx = \frac{1}{2}\int_0^1 \frac{2x}{(x^2+4)^2}dx = \frac{1}{2}\int_0^1 (x^2+4)^{-2}2x\,dx$

$$= \frac{1}{2}\left[\frac{1}{-2+1}(x^2+4)^{-1}\right]_0^1 = -\frac{1}{2}[(x^2+4)^{-1}]_0^1$$

$$= -\frac{1}{2}\left(\frac{1}{5} - \frac{1}{4}\right) = \frac{1}{40}$$

예제 18 (1) $\displaystyle\lim_{n\to\infty}\sum_{k=1}^{n}(1+\frac{2k}{n})^2\frac{2}{n}$ 에서 정적분의 정의와 비교하면

$1 + \dfrac{2k}{n} = x$, $\dfrac{2}{n} = dx$, 구간 $a = 1$, $b - a = 2$이므로 $b = 3$이다.

따라서 $\displaystyle\lim_{n\to\infty}\sum_{k=1}^{n}(1+\frac{2k}{n})^2\frac{2}{n} = \int_1^3 x^2dx = [\frac{1}{3}x^3]_1^3 = \frac{1}{3}(27-1) = \frac{26}{3}$ 이다.

(2) $\lim_{n\to\infty}\sum_{k=1}^{n}(1+\frac{2k}{n})^2\frac{1}{n}$에서 정적분의 정의와 비교하면

$1+\frac{2k}{n}=x$라고 하면 $\frac{2}{n}=dx$이어야 한다.

그런데 주어진 문제에서 $\frac{1}{n}$이므로 $\frac{1}{n}=\frac{2}{n}\frac{1}{2}$으로 변형을 해 주어야 한다.

또한 구간 $a=1$, $b-a=2$이므로 $b=3$이다.

따라서 $\lim_{n\to\infty}\sum_{k=1}^{n}(1+\frac{2k}{n})^2\frac{1}{n}=\lim_{n\to\infty}\sum_{k=1}^{n}(1+\frac{2k}{n})^2\frac{2}{n}\frac{1}{2}=\int_1^3 x^2dx\frac{1}{2}$

$$=\frac{1}{2}\int_1^3 x^2dx=\frac{13}{3}\text{이다.}$$

(3) $\lim_{n\to\infty}\sum_{k=1}^{n}(1+\frac{k}{n})^2\frac{2}{n}=\lim_{n\to\infty}\sum_{k=1}^{n}(1+\frac{k}{n})^2\frac{1}{n}\times 2=\int_1^2 x^2dx\,2$

$$=2\int_1^2 x^2dx=2[\frac{1}{3}x^3]_1^2=\frac{2}{3}(8-1)=\frac{14}{3}\text{ 이다.}$$

(4) $\lim_{n\to\infty}\sum_{k=1}^{n}(1+\frac{2k}{n})^2\frac{3}{n}=\lim_{n\to\infty}\sum_{k=1}^{n}(1+\frac{2k}{n})^2\frac{2}{n}\frac{3}{2}=\frac{3}{2}\int_1^3 x^2dx$

$$=\frac{3}{2}[\frac{1}{3}x^3]_1^3=\frac{1}{2}(27-1)=13$$

(5) $\lim_{n\to\infty}\sum_{k=1}^{n}(1+\frac{3k}{n})^2\frac{2}{n}=\lim_{n\to\infty}\sum_{k=1}^{n}(1+\frac{3k}{n})^2\frac{3}{n}\frac{2}{3}=\frac{2}{3}\int_1^3 x^2dx$

$$=\frac{2}{3}[\frac{1}{3}x^3]_1^3=\frac{2}{9}(27-1)=\frac{26}{3}$$

(6) $\lim_{n\to\infty}\sum_{k=1}^{n}(2+\frac{3k}{n})^2\frac{4}{n}=\lim_{n\to\infty}\sum_{k=1}^{n}(2+\frac{3k}{n})^2\frac{3}{n}\frac{4}{3}=\frac{4}{3}\int_2^5 x^2dx$

$$=\frac{4}{3}[\frac{1}{3}x^3]_2^5=\frac{4}{9}(125-8)=\frac{468}{9}$$

예제 19 (1) $\int_1^2 3\,dx$에서 $\int_1^2 3\,dx=3\int_1^2 1dx$이고 $1=x^0$이다.

또한 $a=1$, $b=2$ 이므로 $b-a=1$이다.

따라서 $\int_1^2 3\,dx=3\int_1^2 1dx=3\lim_{n\to\infty}\sum_{k=1}^{n}(1+\frac{k}{n})^0\frac{1}{n}=\lim_{n\to\infty}\sum_{k=1}^{n}(1+\frac{k}{n})^0\frac{3}{n}$

이다.

(2) $\int_2^5 x^2\,dx$에서 $a=2$, $b=5$이므로 $b-a=3$이다.

따라서 $\int_2^5 x^2 dx = \lim_{n\to\infty}\sum_{k=1}^{n}(2+\frac{3k}{n})^2\frac{3}{n}$ 이다.

(3) $\int_1^3 x^5 dx$ 에서 $a=1$, $b=3$ 이므로 $b-a=2$ 이다.

따라서 $\int_1^3 x^5 dx = \lim_{n\to\infty}\sum_{k=1}^{n}(1+\frac{2k}{n})^5\frac{2}{n}$ 이다.

(4) $\int_1^2 (2x+1)dx$ 에서 $2\int_1^2 x\,dx + \int_1^2 1dx$ 이고, $a=1$, $b=2$ 이므로 $b-a=1$ 이다.

그런데 $2\int_1^2 x\,dx = 2\lim_{n\to\infty}\sum_{k=1}^{n}(1+\frac{k}{n})^1\frac{1}{n} = \lim_{n\to\infty}\sum_{k=1}^{n}(1+\frac{k}{n})\frac{2}{n}$ 이며,

$\int_1^2 1\,dx = \lim_{n\to\infty}\sum_{k=1}^{n}(1+\frac{k}{n})^0\frac{1}{n}$ 이므로

$$\begin{aligned}\int_1^2 (2x+1)\,dx &= \lim_{n\to\infty}\sum_{k=1}^{n}(1+\frac{k}{n})\frac{2}{n} + \lim_{n\to\infty}\sum_{k=1}^{n}(1+\frac{k}{n})^0\frac{1}{n}\\ &= \lim_{n\to\infty}\sum_{k=1}^{n}\left((1+\frac{k}{n})\frac{2}{n}+(1+\frac{k}{n})^0\frac{1}{n}\right)\text{이다.}\end{aligned}$$

예제 20 (1) $\int_1^2 3\,dx = \lim_{n\to\infty}\sum_{k=1}^{n}(1+\frac{k}{n})^0\frac{3}{n}$ 이므로, 정적분의 정의와 비교하면

$\frac{k}{n}=x$, $\frac{1}{n}=dx$ 이므로

$$\begin{aligned}\int_1^2 3\,dx &= \lim_{n\to\infty}\sum_{k=1}^{n}(1+\frac{k}{n})^0\frac{3}{n} = \lim_{n\to\infty}\sum_{k=1}^{n}(1+\frac{k}{n})^0 3\frac{1}{n}\\ &= \int_0^1 (1+x)^0 3dx = \int_0^1 3dx\text{이다.}\end{aligned}$$

(2) $\int_2^5 x^2 dx = \lim_{n\to\infty}\sum_{k=1}^{n}(2+\frac{3k}{n})^2\frac{3}{n}$ 정적분의 정의와 비교하면

$\frac{k}{n}=x$, $\frac{1}{n}=dx$ 이므로

$$\begin{aligned}\int_2^5 x^2\,dx &= \lim_{n\to\infty}\sum_{k=1}^{n}(2+\frac{3k}{n})^2\frac{3}{n} = \lim_{n\to\infty}\sum_{k=1}^{n}(2+3\frac{k}{n})^2 3\frac{1}{n}\\ &= 3\int_0^1 (2+3x)^2 dx\text{이다.}\end{aligned}$$

(3) $\int_1^3 x^5\,dx = \lim_{n\to\infty}\sum_{k=1}^{n}(1+\frac{2k}{n})^5\frac{2}{n}$ 이므로, 정적분의 정의와 비교하면

$\frac{k}{n}=x$, $\frac{1}{n}=dx$ 이므로

$$\int_1^3 x^5\,dx = \lim_{n\to\infty}\sum_{k=1}^{n}(1+\frac{2k}{n})^5\frac{2}{n} = \lim_{n\to\infty}\sum_{k=1}^{n}(1+2\frac{k}{n})^5 2\frac{1}{n}$$

$$= \int_0^1 (1+2x)^5 2\,dx = 2\int_0^1 (1+2x)^5 dx \text{ 이다.}$$

(4) $\int_1^2 (2x+1)\,dx = \lim_{n\to\infty}\sum_{k=1}^{n}\left((1+\frac{k}{n})\frac{2}{n}+(1+\frac{k}{n})^0\frac{1}{n}\right)$ 이므로, 정적분의 정의와 비교하면 $\frac{k}{n}=x$, $\frac{1}{n}=dx$ 이므로

$$\int_1^2 (2x+1)\,dx = \int_0^1 ((1+x)2dx+(1+x)^0 dx) = \int_0^1 (2(1+x)+1)\,dx$$

$$= \int_0^1 (2x+3)\,dx \text{ 이다.}$$

예제 21 (1) $\int_1^1 x^2 dx = [\frac{1}{3}x^3]_1^1 = \frac{1}{3}(1-1) = 0$

(2) $\int_{\frac{\pi}{2}}^{\frac{\pi}{2}} \cos x\,dx = [\sin x]_{\frac{\pi}{2}}^{\frac{\pi}{2}} = \sin(\frac{\pi}{2}) - \sin(\frac{\pi}{2}) = 0$

예제 22 (1) 주어진 구간 $[-1, 0]$에서 $f(x) = x < 0$이다.

따라서 $\int_{-1}^0 x\,dx = [\frac{1}{2}x^2]_{-1}^0 = \frac{1}{2}(0-1) = -\frac{1}{2}$ 이다.

(2) 주어진 구간 $[1, 2]$에서 $f(x) = x > 0$이다.

따라서 $\int_1^2 x\,dx = [\frac{1}{2}x^2]_1^2 = \frac{1}{2}(4-1) = \frac{3}{2}$ 이다.

예제 23 (1) $\int_1^2 x\,dx = [\frac{1}{2}x^2]_1^2 = \frac{1}{2}(4-1) = \frac{3}{2}$

(2) $\int_2^1 x\,dx = [\frac{1}{2}x^2]_2^1 = \frac{1}{2}(1-4) = -\frac{3}{2}$

예제 24 (1) $\int_0^2 3x^2dx = [x^3]_0^2 = 8$

(2) $\int_0^1 3x^2dx = [x^3]_0^1 = 1$

따라서 $\int_0^2 3x^2dx = \int_0^1 3x^2dx + \int_1^2 3x^2dx$ 이다.

(3) $\int_1^2 3x^2dx = [x^3]_1^2 = (8-1) = 7$

예제 26 (1) $\int_{-1}^1 3x^2dx = [x^3]_{-1}^{1} = (1-(-1)) = 2$

(2) $\int_0^1 3x^2dx = [x^3]_0^1 = (1-0) = 1$

〈참고〉 $f(x) = 3x^2$ 이 우함수이므로 $\int_{-1}^1 3x^2dx = 2\int_0^1 3x^2dx$ 이다.

(3) $\int_{-1}^1 (5x^4+2)dx = 2\int_0^1 (5x^4+2)\,dx$ ($\because$ $5x^4+2$는 우함수)

$= 2[x^5]_0^1 = 2(1-0) = 2$

(4) $\int_{-\frac{\pi}{2}}^{\frac{\pi}{2}} \cos x dx = 2\int_0^{\frac{\pi}{2}} \cos x\, dx$ ($\because$ $\cos x$는 우함수)

$= 2[\sin x]_0^{\frac{\pi}{2}} = 2(\sin(\frac{\pi}{2}) - \sin 0) = 2(1-0) = 2$

예제 30 (1) $\int_{-1}^1 xdx = [\frac{1}{2}x^2]_{-1}^{1} = \frac{1}{2}[x^2]_{-1}^{1} = \frac{1}{2}(1-1) = 0$ ($\because$ x는 기함수)

(2) $\int_{-1}^1 3xdx = 0$ ($\because$ x는 기함수이고 3은 우함수이므로 $3x$는 기함수)

(3) $\int_{-1}^1 (5x^3+2x)dx = 0$ ($\because$ x^3은 기함수이고 5는 우함수이므로 $5x^3$은 기함수이며 x는 기함수이고 2는 우함수이므로 $2x$는 기함수이다. 따라서 $5x^3+2x$는 기함수)

(4) $\int_{-\frac{\pi}{2}}^{\frac{\pi}{2}} \sin x dx = 0$ ($\because$ $\sin x$는 기함수)

예제 31 (1) $\frac{f(b)-f(a)}{b-a}=\frac{f(2)-f(1)}{2-1}=\frac{1}{1}=1$이고 $f'(x)=2x-2$이므로

$f'(c)=2c-2$이다.

따라서 미분의 평균값정리를 만족하므로 $f'(c)=2c-2=1$이다.

그러므로 $2c=3$이므로 $c=\frac{3}{2}\in[1,2]$이다.

(2) $\frac{f(b)-f(a)}{b-a}=\frac{f(3)-f(1)}{3-1}=\frac{\frac{1}{3}-1}{2}=-\frac{1}{3}$이고 $f'(x)=-\frac{1}{x^2}$이므로

$f'(c)=-\frac{1}{c^2}$ 이다.

따라서 미분의 평균값정리를 만족하므로 $f'(c)=-\frac{1}{c^2}=-\frac{1}{3}$이다.

그러므로 $c^2=3$이고 $c=\pm\sqrt{3}$이지만 $c=\sqrt{3}\in[1,3]$이다.

예제 32 (1) 적분의 평균값정리를 만족하므로 $\int_1^2 3x^2dx=f(c)(2-1)=f(c)$이다.

그런데 $\int_1^2 3x^2dx=[x^3]_1^2=8-1=7$이고 $f(c)=3c^2$이므로

$3c^2=7$이며, $c=\pm\sqrt{\frac{7}{3}}$이다. 따라서 $c=\sqrt{\frac{7}{3}}\in[1,2]$이다.

(2) 적분의 평균값정리를 만족하므로 $\int_0^3(x^2-2x)dx=f(c)(3-0)=3f(c)$이다.

그런데 $\int_0^3(x^2-2x)dx=[\frac{1}{3}x^3-x^2]_0^3=9-4=5$이고

$f(c)=c^2-2c$이므로 $3f(c)=3c^2-6c=5$이므로 $3c^2-3c-5=0$이다.

따라서 $c=\frac{3\pm\sqrt{29}}{6}$ 이므로 $c=\frac{3+\sqrt{29}}{6}\in[0,3]$이다.

예제 33 (1) 0 (2) 0

(3) ∞ (4) $-\infty$

예제 34 (1) ∞ (2) 0

(3) 0 (4) ∞

예제 35 (1) ∞ (2) $-\infty$

(3) $-\infty$ (4) ∞

예제 36

(1) $\int_1^{\infty} e^{-x}dx = \lim_{a\to\infty}\int_1^{a} e^{-x}dx$

$= \lim_{a\to\infty}[-e^{-x}]_1^a$

$= \lim_{a\to\infty}-(e^{-a}-e^{-1})$

$= e^{-1} = \frac{1}{e}$

$(\because \lim_{a\to\infty} e^{-a} = \lim_{a\to\infty}\frac{1}{e^a} = 0)$

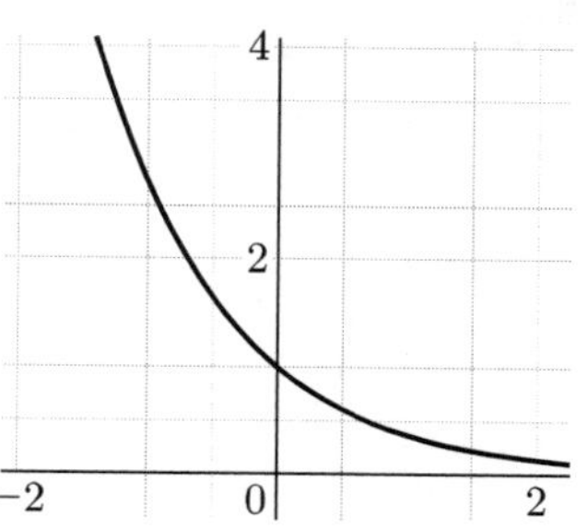

(2) $\int_1^{\infty}\frac{1}{x}dx = \lim_{a\to\infty}\int_1^{a}\frac{1}{x}dx$

$= \lim_{a\to\infty}[\ln x]_1^a$

$= \lim_{a\to\infty}(\ln a - 0) = \infty$

$(\because \lim_{a\to\infty}\ln a = \infty)$

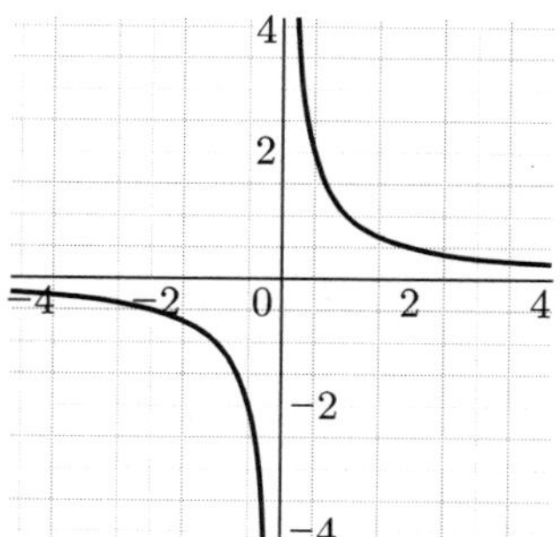

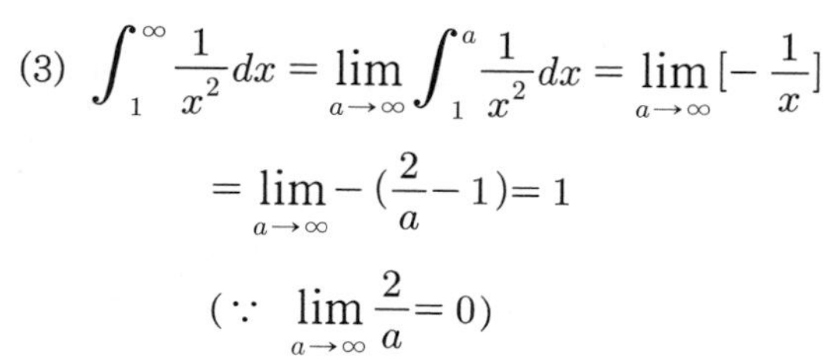

(3) $\int_1^{\infty}\frac{1}{x^2}dx = \lim_{a\to\infty}\int_1^{a}\frac{1}{x^2}dx = \lim_{a\to\infty}[-\frac{1}{x}]_1^a$

$= \lim_{a\to\infty}-(\frac{2}{a}-1)=1$

$(\because \lim_{a\to\infty}\frac{2}{a}=0)$

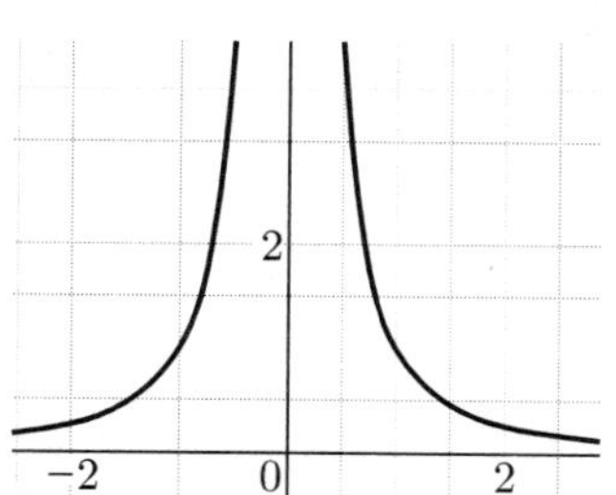

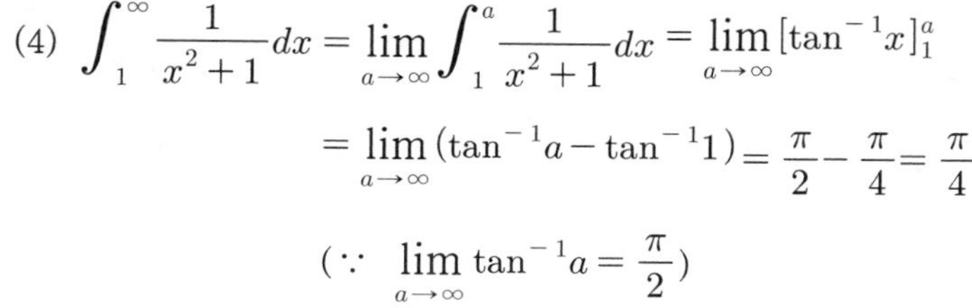

(4) $\int_1^{\infty}\frac{1}{x^2+1}dx = \lim_{a\to\infty}\int_1^{a}\frac{1}{x^2+1}dx = \lim_{a\to\infty}[\tan^{-1}x]_1^a$

$= \lim_{a\to\infty}(\tan^{-1}a - \tan^{-1}1) = \frac{\pi}{2}-\frac{\pi}{4}=\frac{\pi}{4}$

$(\because \lim_{a\to\infty}\tan^{-1}a = \frac{\pi}{2})$

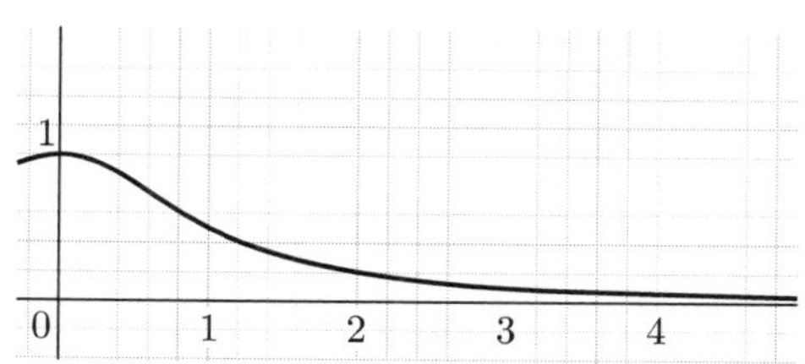

예제 37

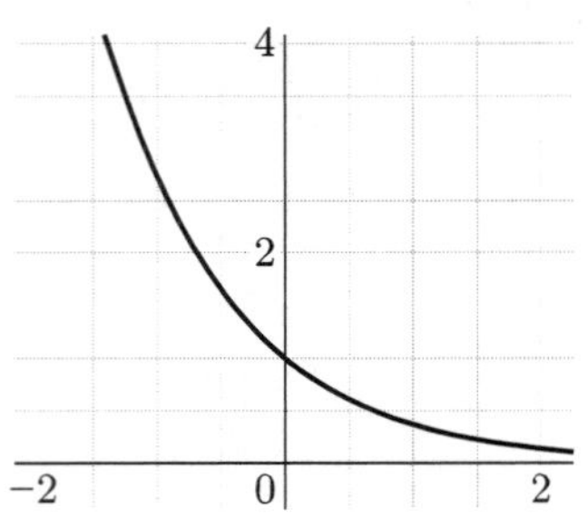

(1) $\int_{-\infty}^{0} e^{-x}dx = \lim_{a\to-\infty}\int_{a}^{0} e^{-x}dx$

$= \lim_{a\to-\infty}[-e^{-x}]_a^0$

$= \lim_{a\to-\infty} -(1-e^{-a}) = -\infty$

$(\because \lim_{a\to-\infty} e^{-a} = \lim_{a\to-\infty}\frac{1}{e^{a}} = -\infty)$

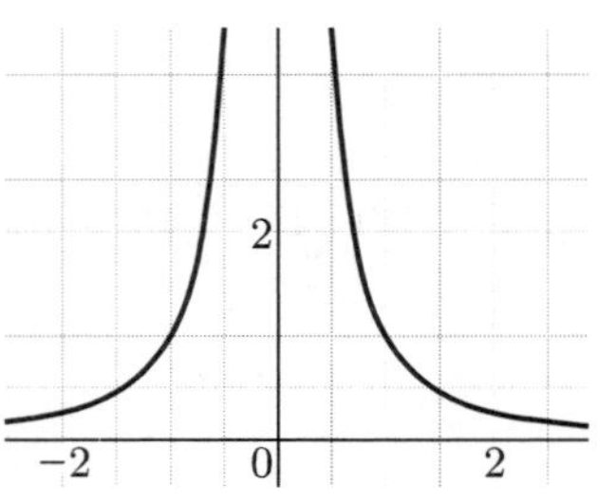

(2) $\int_{-\infty}^{-1}\frac{1}{x^2}dx = \lim_{a\to-\infty}\int_{a}^{-1}\frac{1}{x^2}dx$

$= \lim_{a\to-\infty}[-\frac{1}{x}]_a^{-1}$

$= \lim_{a\to-\infty} -(-1-\frac{1}{a}) = 1$

$(\because \lim_{a\to-\infty}\frac{1}{a} = 0)$

예제 38

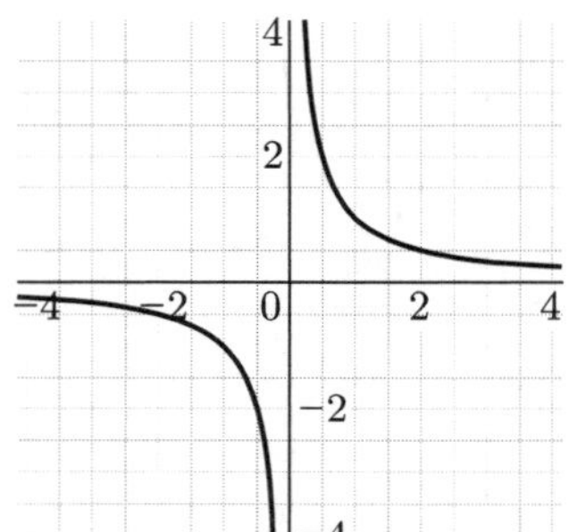

(1) $\int_{0}^{1}\frac{1}{x}dx = \lim_{a\to0^+}\int_{a}^{1}\frac{1}{x}dx$

$= \lim_{a\to0^+}[\ln|x|]_a^1$

$= \lim_{a\to0^+}(\ln|a|-0) = -\infty$

$(\because \lim_{a\to0^+}\ln a = -\infty)$

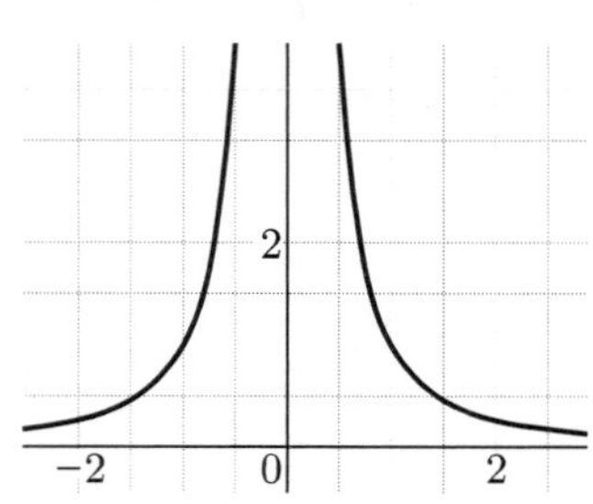

(2) $\int_{0}^{1}\frac{1}{x^2}dx = \lim_{a\to0+}\int_{a}^{1}\frac{1}{x^2}dx = \lim_{a\to0^+}[-\frac{1}{x}]_a^1$

$= \lim_{a\to0^+} -(1-\frac{2}{a}) = \infty$

$(\because \lim_{a\to0^+}\frac{2}{a} = \infty)$

(3) $\displaystyle\int_{-1}^{0}\frac{1}{x^2}dx=\lim_{a\to 0^-}\int_{-1}^{a}\frac{1}{x^2}dx$

$\displaystyle=\lim_{a\to 0^-}[-\frac{1}{x}]_{-1}^{a}$

$\displaystyle=\lim_{a\to 0^+}-(\frac{2}{a}+1)=\infty$

$\displaystyle(\because\ \lim_{a\to 0^-}\frac{2}{a}=-\infty)$

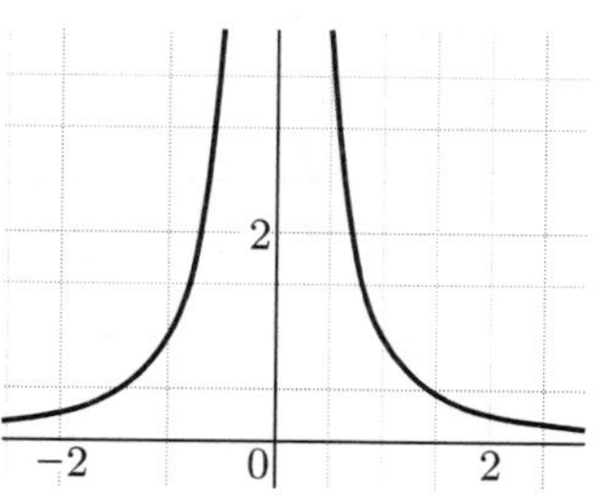

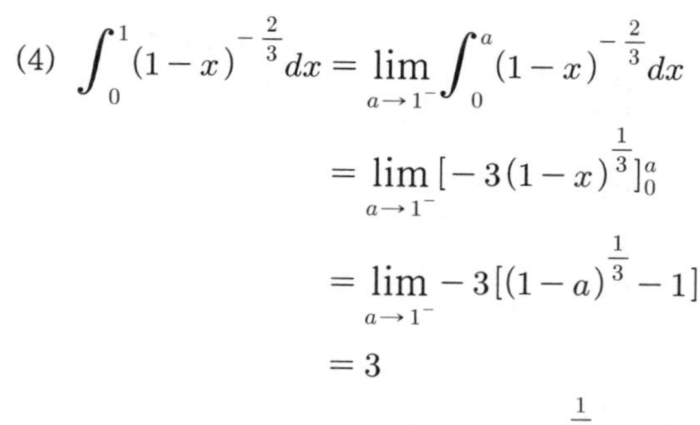

(4) $\displaystyle\int_{0}^{1}(1-x)^{-\frac{2}{3}}dx=\lim_{a\to 1^-}\int_{0}^{a}(1-x)^{-\frac{2}{3}}dx$

$\displaystyle=\lim_{a\to 1^-}[-3(1-x)^{\frac{1}{3}}]_{0}^{a}$

$\displaystyle=\lim_{a\to 1^-}-3[(1-a)^{\frac{1}{3}}-1]$

$=3$

$\displaystyle(\because\ \lim_{a\to 1^-}(1-a)^{\frac{1}{3}}=0)$

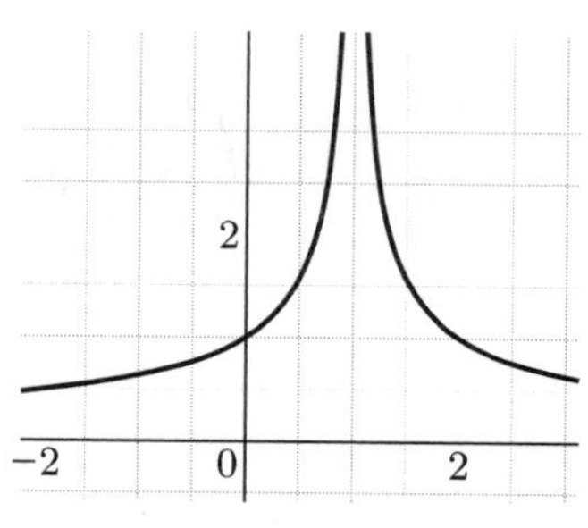

예제 39 (1) $f(x)=\dfrac{1}{x^2}$은 $x=0$에서 불연속함수이므로 다음과 같이 표현할 수 있다.

$$\int_{-1}^{1}\frac{1}{x^2}dx=\int_{-1}^{0}\frac{1}{x^2}dx+\int_{0}^{1}\frac{1}{x^2}dx$$

그런데

① $\displaystyle\int_{-1}^{0}\frac{1}{x^2}dx=\lim_{a\to 0^-}\int_{-1}^{a}\frac{1}{x^2}dx=\lim_{a\to 0^-}[-\frac{1}{x}]_{-1}^{a}=\lim_{a\to 0^-}-(\frac{2}{a}+1)=\infty$ 이고

② $\displaystyle\int_{0}^{1}\frac{1}{x^2}dx=\lim_{a\to 0+}\int_{a}^{1}\frac{1}{x^2}dx=\lim_{a\to 0^+}[-\frac{1}{x}]_{a}^{1}=\lim_{a\to 0^+}-(1-\frac{2}{a})=\infty$ 이므로

$\displaystyle\int_{-1}^{1}\frac{1}{x^2}dx=\infty$ 이다.

$[Notice]$ 오답 사례

$$\int_{-1}^{1}\frac{1}{x^2}dx=\int_{-1}^{1}x^{-2}dx=[-\frac{1}{x}]_{-1}^{1}=-1+1=0$$

(2) $f(x)=\dfrac{1}{(x-3)^2}$은 $x=3$에서 불연속함수이므로 다음과 같이 표현할 수 있다.

$$\int_1^4 \frac{1}{(x-3)^2}dx = \int_1^3 \frac{1}{(x-3)^2}dx + \int_3^4 \frac{1}{(x-3)^2}dx$$

① $\displaystyle\int_1^3 \frac{1}{(x-3)^2}dx = \lim_{a\to 3^-}\int_1^a \frac{1}{(x-3)^2}dx$

$\displaystyle= \lim_{a\to 3^-}[-\frac{1}{x-3}]_1^a$

$\displaystyle= \lim_{a\to 3^-}-(\frac{2}{a-3}+\frac{1}{2})$

$= \infty$

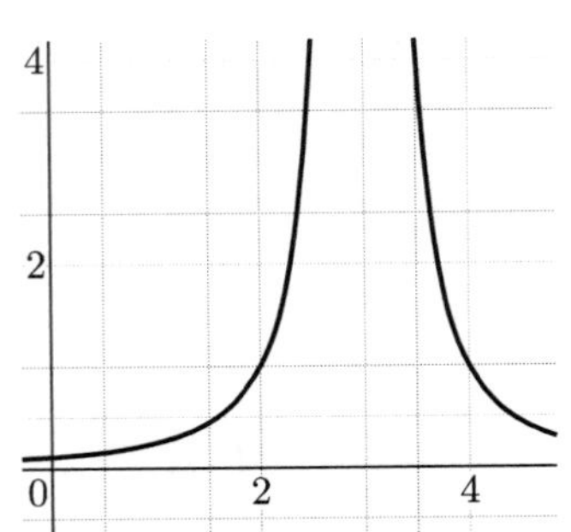

② $\displaystyle\int_3^4 \frac{1}{(x-3)^2}dx = \lim_{a\to 3^+}\int_a^4 \frac{1}{(x-3)^2}dx$

$\displaystyle= \lim_{a\to 3^+}[-\frac{1}{x-3}]_a^4$

$\displaystyle= \lim_{a\to 3^+}-(1-\frac{1}{a-3}) = \infty$

$\displaystyle\int_1^4 \frac{1}{(x-3)^2}dx = \infty$ 이다.

예제 40 넓이는 +의 값

(1) 주어진 구간 $[2,3]$에서 $y = x^2-2x > 0$이다.

따라서 $\displaystyle S = \int_2^3 y\,dx = \int_2^3 (x^2-2x)dx$

$\displaystyle= [\frac{1}{3}x^3 - x^2]_2^3$

$\displaystyle= (9-9)-(\frac{8}{3}-4) = \frac{4}{3}$이다.

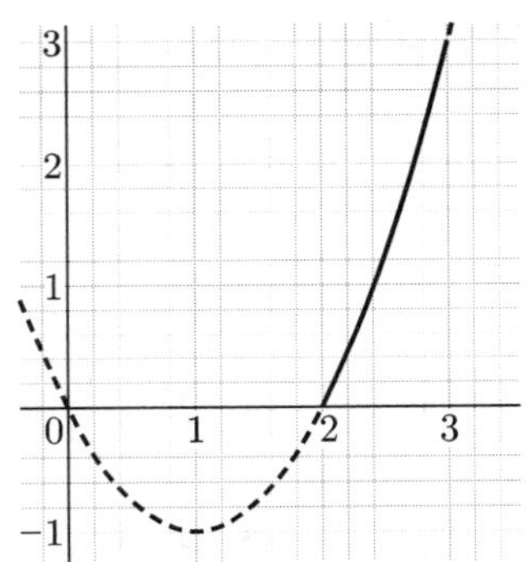

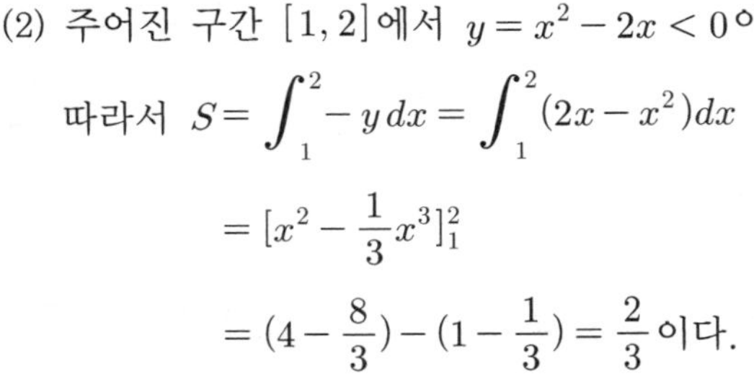

(2) 주어진 구간 $[1,2]$에서 $y = x^2-2x < 0$이다.

따라서 $\displaystyle S = \int_1^2 -y\,dx = \int_1^2 (2x-x^2)dx$

$\displaystyle= [x^2 - \frac{1}{3}x^3]_1^2$

$\displaystyle= (4-\frac{8}{3})-(1-\frac{1}{3}) = \frac{2}{3}$이다.

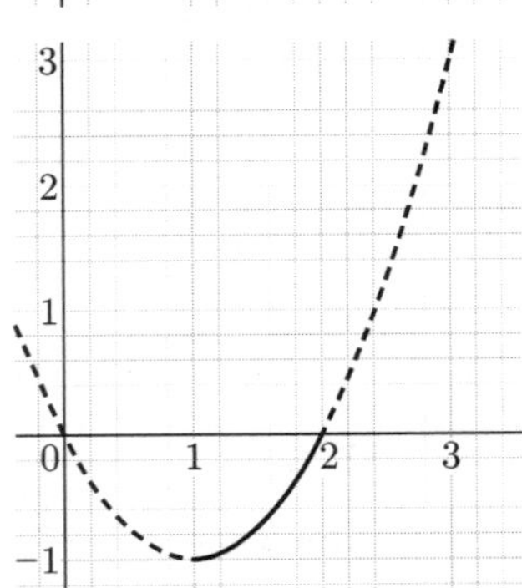

(3) 주어진 구간 $[1, 3]$에 대하여

구간 $[1, 2]$에서 $y = x^2 - 2x < 0$이고,

구간 $[2, 3]$에서 $y = x^2 - 2x > 0$이므로

$S = \int_1^3 y\,dx = \int_1^2 -y\,dx + \int_2^3 y\,dx$이다.

따라서 $S = \int_1^3 y\,dx = \int_1^2 -y\,dx + \int_2^3 y\,dx$

$= \frac{4}{3} + \frac{2}{3} = 2$이다.

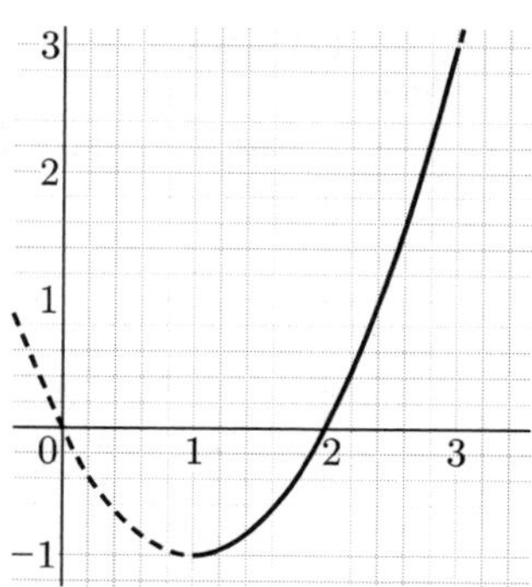

(4) 주어진 구간 $[-1, 1]$에 대하여

구간 $[-1, 0]$에서 $y = x^2 - 2x > 0$이고,

구간 $[0, 1]$에서 $y = x^2 - 2x < 0$이므로

$S = \int_{-1}^1 y\,dx = \int_{-1}^0 y\,dx + \int_0^1 -y\,dx$이다.

또한, $\int_{-1}^0 y\,dx = \int_{-1}^0 (x^3 + x^2 - 2x)dx$

$= [\frac{1}{4}x^4 + \frac{1}{3}x^3 - x^2]_{-1}^{0}$

$= 0 - (\frac{1}{4} - \frac{1}{3} - 1) = \frac{5}{4}$이고,

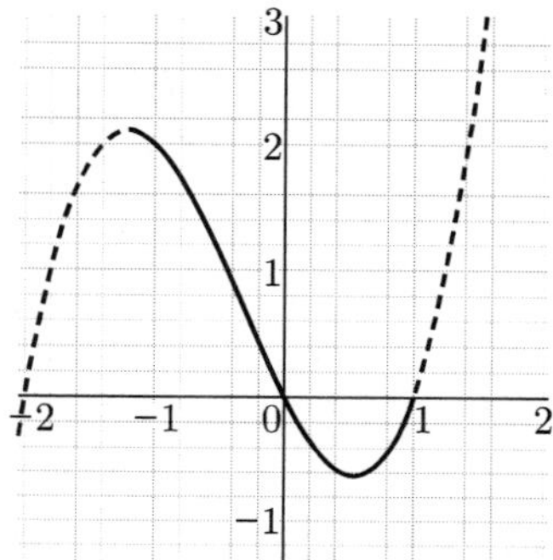

$\int_0^1 y\,dx = \int_0^1 -(x^3 + x^2 - 2x)dx = -[\frac{1}{4}x^4 + \frac{1}{3}x^3 - x^2]_0^1$

$= -(\frac{1}{4} - \frac{1}{3} - 1) = \frac{5}{4}$이므로

$S = \int_{-1}^1 y\,dx = \int_{-1}^0 y\,dx + \int_0^1 -y\,dx = \frac{5}{4} + \frac{5}{4} = \frac{5}{2}$이다.

예제 41

(1) 주어진 구간 $[2, 3]$에서 $x = y^2 - 2y > 0$이다.

따라서 $S = \int_2^3 x\,dy = \int_2^3 (y^2 - 2y)dy$

$= [\frac{1}{3}y^3 - y^2]_2^3$

$= (9 - 9) - (\frac{8}{3} - 4) = \frac{4}{3}$이다.

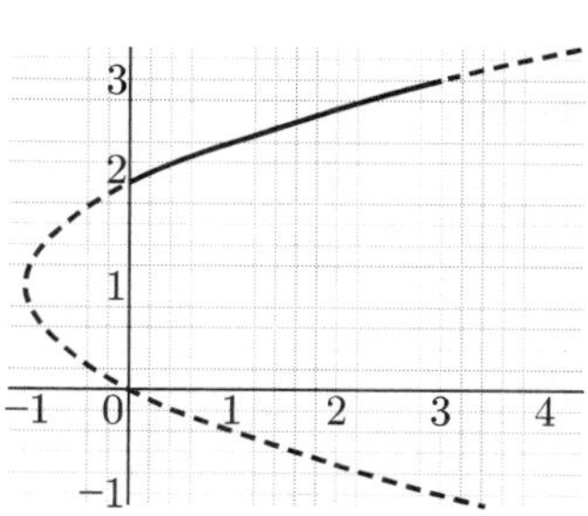

(2) 주어진 구간 $[1,2]$에서 $x=y^2-2y<0$이다.

따라서 $S=\int_1^2 -x\,dy=\int_1^2 (2y-y^2)dy$

$=[y^2-\frac{1}{3}y^3]_1^2$

$=(4-\frac{8}{3})-(1-\frac{1}{3})=\frac{2}{3}$이다.

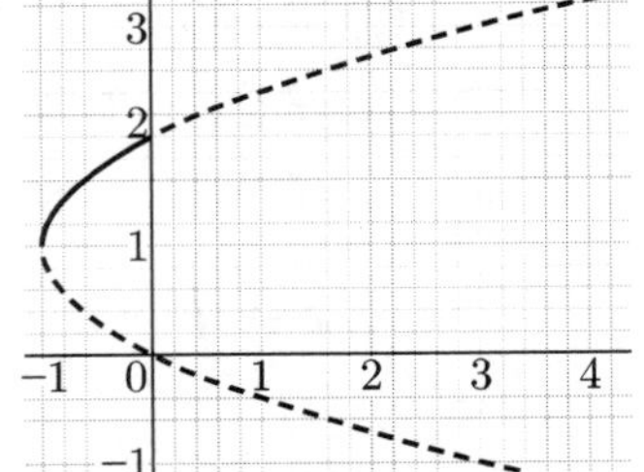

(3) 주어진 구간 $[1,3]$에 대하여

구간 $[1,2]$에서 $x=y^2-2y<0$이고,

구간 $[2,3]$에서 $x=y^2-2y>0$이므로

$S=\int_1^3 x\,dy=\int_1^2 -x\,dy+\int_2^3 x\,dy$이다.

따라서 $S=\int_1^3 x\,dy=\int_1^2 -x\,dy+\int_2^3 x\,dy$

$=\frac{4}{3}+\frac{2}{3}=2$이다.

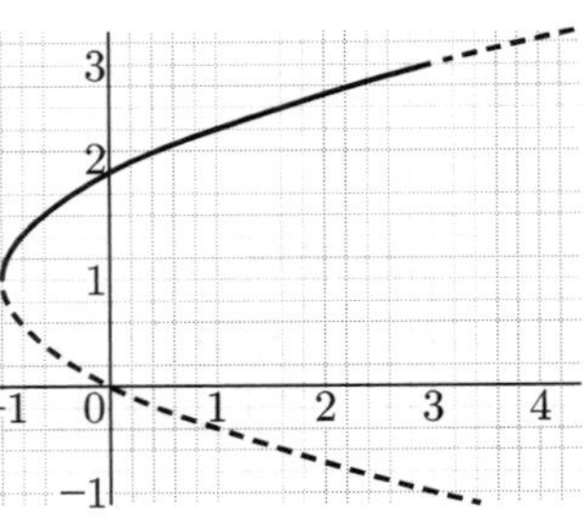

예제 42 첫째, 주어진 포물선과 직선의 교점을 구한다.

$$x^2=x \Rightarrow x^2-x=0 \Rightarrow x(x-1)=0 \Rightarrow x=0,1 \Rightarrow [0,1]$$

둘째, 구간 $[0,1]$에서 주어진 포물선과 직선의 대소 비교

$$x=\frac{1}{2} \text{ 대입 } y=x^2=(\frac{1}{2})^2=\frac{1}{4} < y=x=\frac{1}{2} \Rightarrow x \ge x^2$$

셋째, 둘러싸인 부분의 넓이(S)

$$S=\int_0^1 (x-x^2)dx=[\frac{1}{2}x^2-\frac{1}{3}x^3]_0^1=\frac{1}{2}-\frac{1}{3}=\frac{1}{6}$$

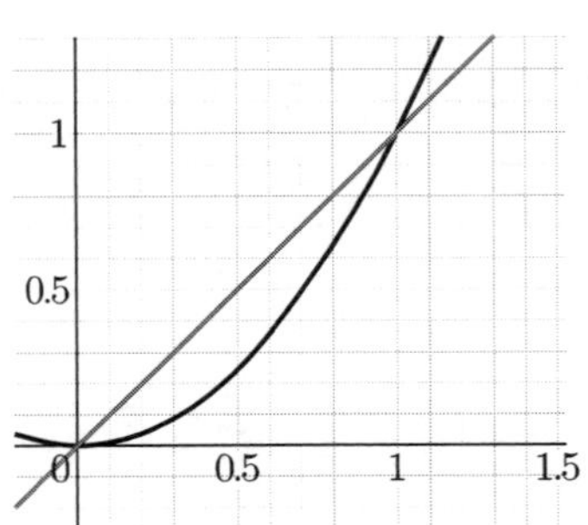

예제 43 (1) 첫째, 주어진 포물선과 직선의 교점을 구한다.

$$x^2 = \sqrt{x} \Rightarrow x^4 - x = 0 \Rightarrow x(x^3-1) = 0 \Rightarrow x = 0,1 \Rightarrow [0,1]$$

둘째, 구간 $[0,1]$에서 주어진 포물선과 직선의 대소 비교

$$x = \frac{1}{2} \text{ 대입 } y = x^2 = (\frac{1}{2})^2 = \frac{1}{4} < y = \sqrt{x} = \sqrt{\frac{1}{2}} = \frac{\sqrt{2}}{2} \Rightarrow \sqrt{x} \geq x^2$$

셋째, 둘러싸인 부분의 넓이(S)

$$S = \int_0^1 (\sqrt{x} - x^2)dx = \int_0^1 (x^{\frac{1}{2}} - x^2)dx = [\frac{2}{3}x^{\frac{3}{2}} - \frac{1}{3}x^3]_0^1$$
$$= \frac{2}{3} - \frac{1}{3} = \frac{1}{3}$$

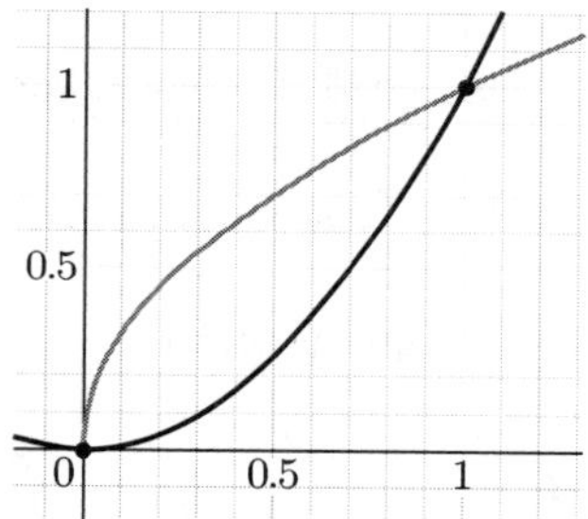

(2) 첫째, 주어진 구간에서 포물선의 교점을 구한다.

$$x = \sqrt{x} \Rightarrow x^2 - x = 0 \Rightarrow x(x-1) = 0 \Rightarrow x = 0,1 \Rightarrow [0,1]$$

둘째, 구간 $[0, \frac{\pi}{2}]$에서 주어진 포물선과 직선의 대소 비교

$$x = \frac{1}{2} \text{대입 } y = x = \frac{1}{2} < y = \sqrt{x} = \sqrt{\frac{1}{2}} = \frac{\sqrt{2}}{2} \Rightarrow \sqrt{x} \geq x$$

셋째, 둘러싸인 부분의 넓이(S)ㅁ

$$S = \int_0^1 (\sqrt{x} - x)dx = \int_0^1 (x^{\frac{1}{2}} - x)dx = [\frac{2}{3}x^{\frac{3}{2}} - \frac{1}{2}x^2]_0^1$$
$$= \frac{2}{3} - \frac{1}{2} = \frac{1}{6}$$

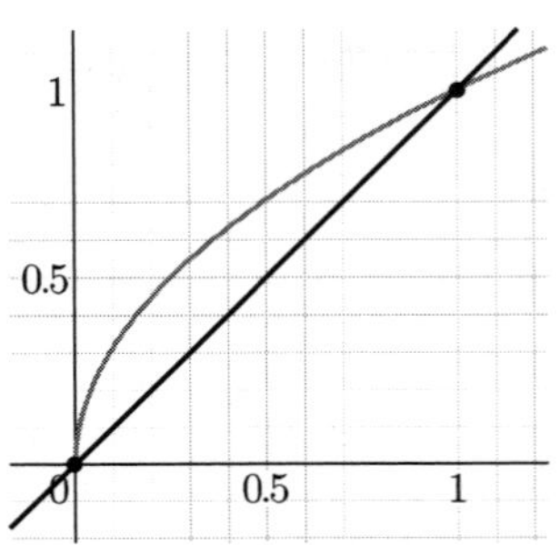

(3) 첫째, 주어진 포물선과 직선의 교점을 구한다.

$$\sin x = \cos x \Rightarrow x = \frac{\pi}{4}$$

둘째, 구간 $[0, \frac{\pi}{2}]$에서 주어진 포물선과 직선의 대소 비교

① 구간 $[0, \frac{\pi}{4}]$에서 $\sin x < \cos x \Rightarrow \cos x - \sin x > 0$

② 구간 $[\frac{\pi}{4}, \frac{\pi}{2}]$에서 $\sin x > \cos x \Rightarrow \sin x - \cos x > 0$

셋째, 둘러싸인 부분의 넓이(S)

$$S = \int_0^{\frac{\pi}{4}} (\cos x - \sin x)dx + \int_{\frac{\pi}{4}}^{\frac{\pi}{2}} (\sin x - \cos x)dx \text{ 이다.}$$

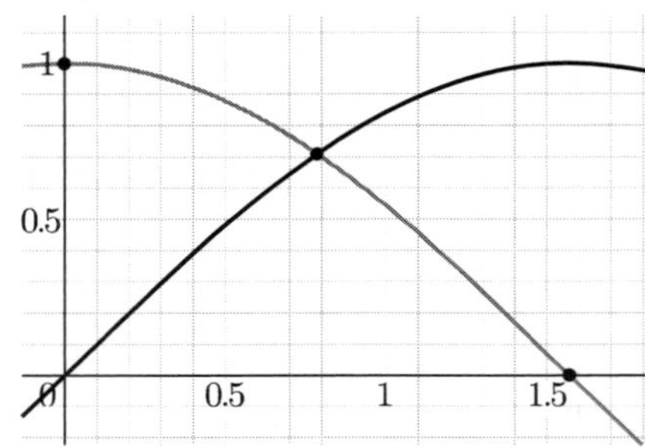

그런데

① $\int_0^{\frac{\pi}{4}} (\cos x - \sin x)dx = [\sin x + \cos x]_0^{\frac{\pi}{4}}$

$$= (\sin(\frac{\pi}{4}) + \cos(\frac{\pi}{4})) - (\sin 0 + \cos 0)$$

$$= \frac{\sqrt{2}}{2} + \frac{\sqrt{2}}{2} - 1 = \sqrt{2} - 1$$

② $\int_{\frac{\pi}{4}}^{\frac{\pi}{2}}(\sin x-\cos x)dx=[-\cos x-\sin x]_{\frac{\pi}{4}}^{\frac{\pi}{2}}$

$$=(-0-\sin(\frac{\pi}{2}))+(\cos(\frac{\pi}{4})+\sin(\frac{\pi}{4})$$

$$=-1+\frac{\sqrt{2}}{2}+\frac{\sqrt{2}}{2}=\sqrt{2}-1\text{이다.}$$

따라서 $S=\int_0^{\frac{\pi}{4}}(\cos x-\sin x)dx+\int_{\frac{\pi}{4}}^{\frac{\pi}{2}}(\sin x-\cos x)dx=2\sqrt{2}-2$이다.

예제 44

(1) $0\le x\le 2\pi$ 구간은 그림과 같다.
따라서 구하는 넓이 S는 다음과 같다.

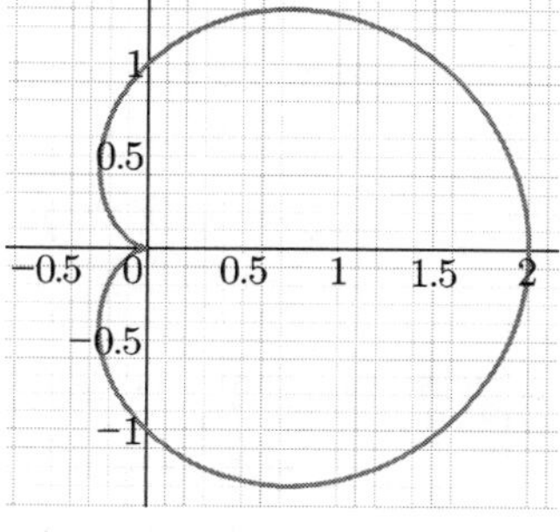

$$S=\int_0^{2\pi}\frac{1}{2}r^2\,d\theta=\int_0^{2\pi}\frac{1}{2}(1+\cos\theta)^2d\theta$$

$$=\int_0^{2\pi}\frac{1}{2}(1+2\cos\theta+\cos^2\theta)\,d\theta$$

$$=\frac{1}{2}\int_0^{2\pi}(1+2\cos\theta+\frac{1+\cos 2\theta}{2})d\theta$$

$$=\frac{1}{2}\int_0^{2\pi}(\frac{3}{2}+2\cos\theta+\frac{1}{2}\cos 2\theta)d\theta$$

$$=\frac{1}{2}[\frac{3}{2}\theta+2\sin\theta+\frac{1}{4}\sin 2\theta]_0^{2\pi}$$

$$=\frac{6}{4}\pi=\frac{3}{2}\pi$$

(2) $0\le x\le 2\pi$ 구간은 그림과 같다.
따라서 구하는 넓이 S는 다음과 같다.

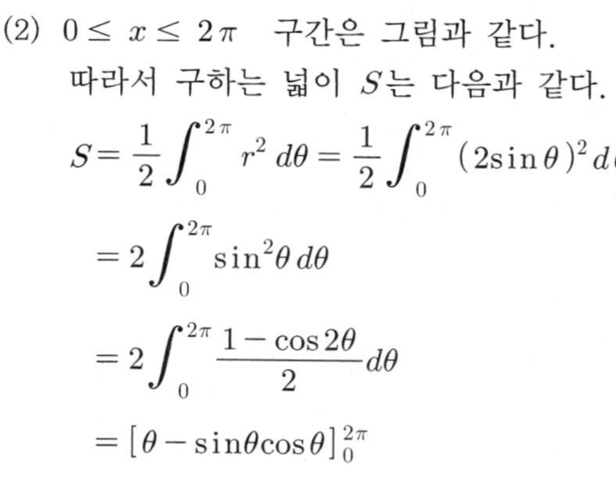

$$S=\frac{1}{2}\int_0^{2\pi}r^2\,d\theta=\frac{1}{2}\int_0^{2\pi}(2\sin\theta)^2d\theta$$

$$=2\int_0^{2\pi}\sin^2\theta\,d\theta$$

$$=2\int_0^{2\pi}\frac{1-\cos 2\theta}{2}d\theta$$

$$=[\theta-\sin\theta\cos\theta]_0^{2\pi}$$

$$=(2\pi-0)-(0)=2\pi$$

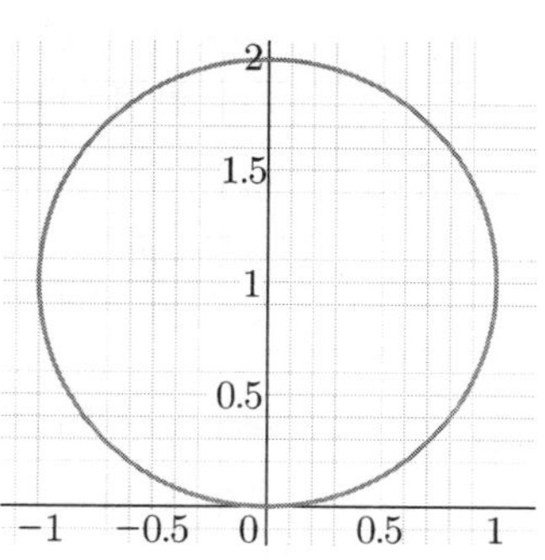

예제 45 문제로부터 단면의 넓이 $S(x)=2\sqrt{x}$ 이므로, 구하는 부피는 다음과 같다.

$$V=\int_0^3 2\sqrt{x}\,dx=[x^{-\frac{1}{2}}]_0^3=\frac{1}{\sqrt{3}}$$

예제 46 첫째, x축에 수직인 평면[$S(x)$]으로 자르면, $S(x)$는 원이 된다는 것을 알 수 있다.

둘째, 구간 $[0,h]$에서 임의의 점 x에서의 단면의 넓이를 $S(x)$라 하고, $x=h$에서의 넓이를 S라 하면, $S=\pi r^2$임을 알 수 있다.

따라서 닮은비를 이용하여 넓이의 비는 길이의 제곱의 비와 같으므로

$$S(x):S=x^2:h^2 \;\Rightarrow\; S(x)=\frac{x^2}{h^2}S=\frac{x^2}{h^2}\pi r^2=\frac{\pi r^2}{h^2}x^2$$

셋째, 구하는 부피는 다음과 같다.

$$V=\int_a^b S(x)dx=\int_0^h \frac{\pi r^2}{h^2}x^2dx=\frac{\pi r^2}{h^2}\int_0^h x^2dx=\frac{1}{3}\pi r^2 h$$

예제 47 (1) 주어진 문제에서 구간은 $[0,2]$이며, 수직인 평면으로 자른 단면적은 원이고, 구간 $[0,2]$의 임의의 점을 x라 하면, 반지름의 길이가 x이므로 넓이 $S(x)=\pi x^2$이다. 따라서

$$V=\int_a^b S(x)dx=\int_0^2 \pi x^2dx=\pi[\frac{1}{3}x^3]_0^2=\frac{8}{3}\pi$$

이다.

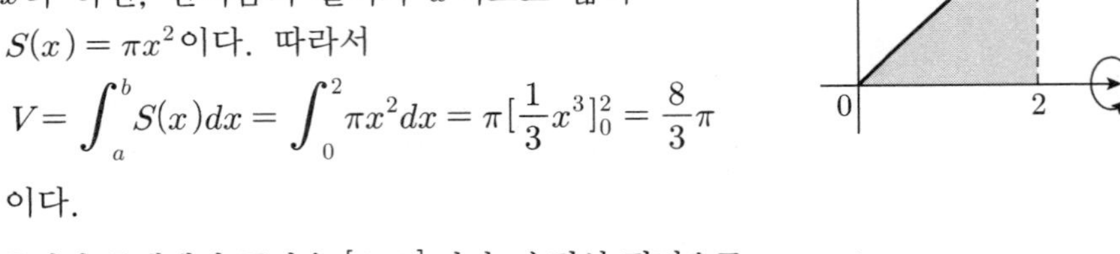

(2) 주어진 문제에서 구간은 $[0,1]$이며, 수직인 평면으로 자른 단면적은 원이고, 구간 $[0,1]$의 임의의 점을 x라 하면, 반지름의 길이가 x^2이므로 넓이 $S(x)=\pi(x^2)^2$이다. 따라서

$$V=\int_a^b S(x)dx=\int_0^1 \pi x^4dx=\pi[\frac{1}{5}x^5]_0^1=\frac{1}{5}\pi$$ 이다.

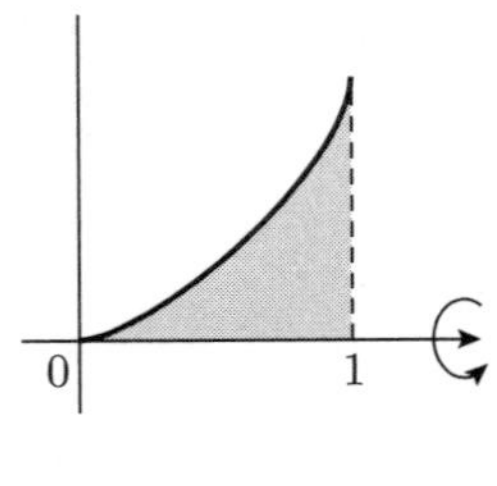

(3) 주어진 문제에서 구간은 $[0,1]$이며, 수직인 평면으로 자른 단면적은 원이고, 구간 $[0,1]$의 임의의 점을 x라 하면, 반지름의 길이가 $\sqrt{x}$ 이므로 넓이 $S(x)=\pi(\sqrt{x})^2$이다. 따라서

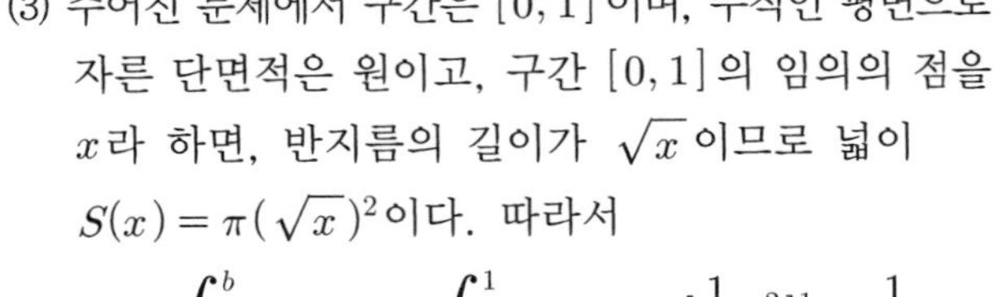

$$V=\int_a^b S(x)dx=\int_0^1 \pi x dx=\pi[\frac{1}{2}x^2]_0^1=\frac{1}{2}\pi$$ 이다.

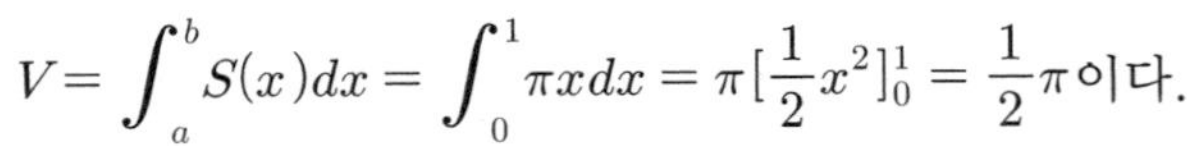

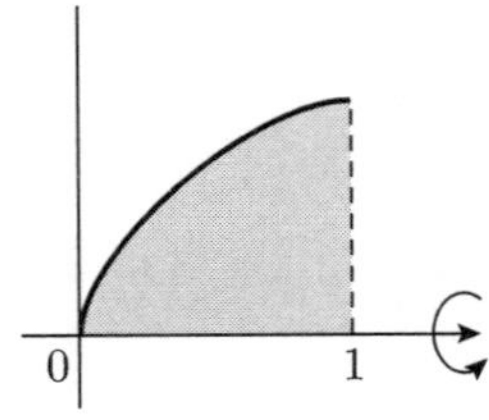

예제 48 (1) $x=\sqrt{2}t^2$에서 $f'(t)=\frac{dx}{dt}=2\sqrt{2}t$이며, $y=\frac{1}{3}t^3-2t$에서

$g'(t)=\frac{dy}{dt}=t^2-2$이다.

또한, $f'(t)$, $g'(t)$는 구간 $[0,1]$에서 연속이고, $f'(t)\neq 0$, $g'(t)\neq 0$이다.

그러므로 $L=\int_0^1\sqrt{[f'(t)]^2+[g'(t)]^2}\,dt=\int_0^1\sqrt{(2\sqrt{2}t)^2+(t^2-2)^2}\,dt$

$$=\int_0^1\sqrt{8t^2+t^4-4t^2+4}\,dt=\int_0^1\sqrt{(t^2+2)^2}\,dt$$

$$=\int_0^1(t^2+2)dt=[\frac{1}{3}t^3+2t]_0^1=\frac{1}{3}+2=\frac{7}{3}$$

(2) $x=3\sin t$에서 $f'(t)=\frac{dx}{dt}=3\cos t$이며, $y=2-3\cos t$에서 $g'(t)=3\sin t$

이다.

또한, $f'(t)$, $g'(t)$는 구간 $[0,\pi]$에서 연속이고, $f'(t)\neq 0$, $g'(t)\neq 0$이다.

따라서 $L=\int_0^\pi\sqrt{[f'(t)]^2+[g'(t)]^2}\,dt=\int_0^\pi\sqrt{(3\cos t)^2+(3\sin t)^2}\,dt$

$$=\int_0^\pi\sqrt{9\cos^2+9\sin^2 t}\,dt=\int_0^\pi 3\,dt=3\pi\text{이다.}$$

(3) $x=4e^{\frac{t}{2}}$에서 $f'(t)=\frac{dx}{dt}=2e^{\frac{t}{2}}$이며, $y=e^t-t$에서 $g'(t)=e^t-1$이다.

또한, $f'(t)$, $g'(t)$는 구간 $[0,3]$에서 연속이고, $f'(t)\neq 0$, $g'(t)\neq 0$ 이다.

따라서 $L=\int_0^3\sqrt{[f'(t)]^2+[g'(t)]^2}\,dt=\int_0^3\sqrt{(2e^{\frac{t}{2}})^2+(e^t-1)^2}\,dt$

$$=\int_0^3\sqrt{4e^t+(e^t)^2-2e^t+1}\,dt=\int_0^3\sqrt{(e^t+1)^2}\,dt$$

$$=\int_0^3(e^t+1)dt=[e^t+t]_0^3=(e^3+3)-(1)=e^3+2\text{이다.}$$

예제 50 (1) $y=\ln(\cos x)$에서 $y'=\frac{-\sin x}{\cos x}=-\tan x$이다.

따라서 곡선의 길이(L)는

$$L=\int_a^b\sqrt{1+[f'(x)]^2}\,dx=\int_0^{\frac{\pi}{4}}\sqrt{1+(-\tan x)^2}\,dx$$

$$=\int_0^{\frac{\pi}{4}}\sqrt{1+\tan^2 x}\,dx=\int_0^{\frac{\pi}{4}}\sec x\,dx$$

$$= [\ln(\sec x + \tan x)]_0^{\frac{\pi}{4}} = \ln(\sec(\frac{\pi}{4}) + \tan(\frac{\pi}{4}))$$

$= \ln(\sqrt{2}+1)$이다.

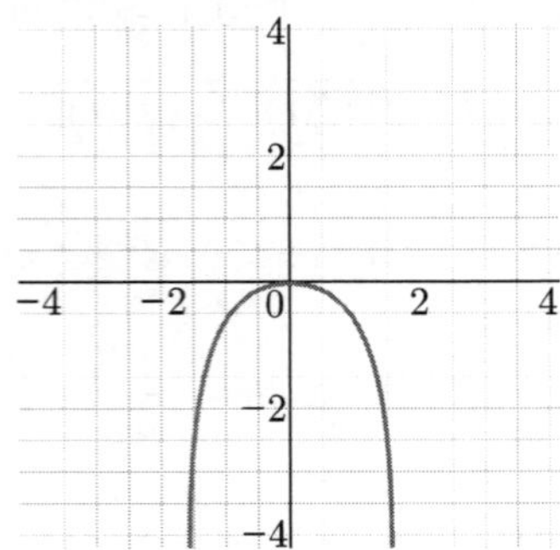

(2) $y = \dfrac{e^x + e^{-x}}{2}$에서 $y' = \dfrac{e^x - e^{-x}}{2}$이다.

따라서 곡선의 길이(L)는

$$L = \int_a^b \sqrt{1+[f'(x)]^2}\,dx = \int_0^2 \sqrt{1+\left(\frac{e^x - e^{-x}}{2}\right)^2}\,dx$$

$$= \int_0^2 \sqrt{1+\frac{e^{2x}-2+e^{-2x}}{4}}\,dx = \int_0^2 \sqrt{\frac{4+e^{2x}-2+e^{-2x}}{4}}\,dx$$

$$= \int_0^2 \sqrt{\left(\frac{e^x+e^{-x}}{2}\right)^2}\,dx = \int_0^2 \frac{e^x+e^{-x}}{2}\,dx = \frac{1}{2}\int_0^2 (e^x + e^{-x})\,dx$$

$$= \frac{1}{2}[e^x - e^{-x}]_0^2 = \frac{1}{2}[(e^2 - e^{-2}) - (1-1)] = \frac{e^4-1}{2e^2}$$

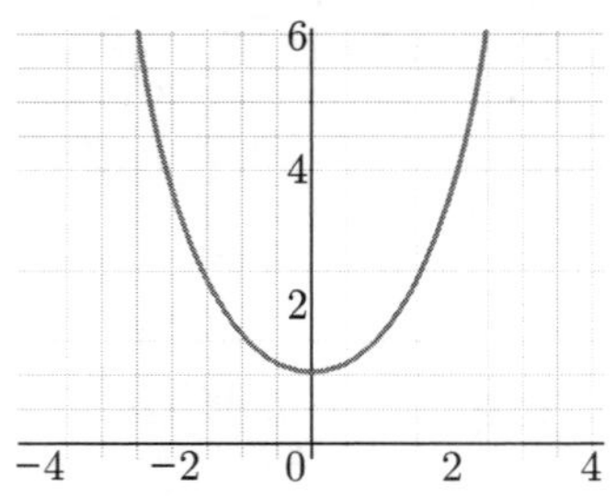

예제 51 (1) $r = 2\sin\theta$의 구간은 $[0, 2\pi]$이고, $f'(\theta) = 2\cos\theta$이므로

$$[f(\theta)]^2 + [f'(\theta)]^2 = (2\sin\theta)^2 + (2\cos\theta)^2 = 4(\sin^2\theta + \cos^2\theta) = 4$$

따라서 곡선의 길이는 다음과 같다.

$$L=\int_{\alpha}^{\beta}\sqrt{[f(\theta)]^2+[f'(\theta)]^2}\,d\theta=\int_{0}^{2\pi}\sqrt{4}\,d\theta=\int_{0}^{2\pi}2d\theta=4\pi \text{이다.}$$

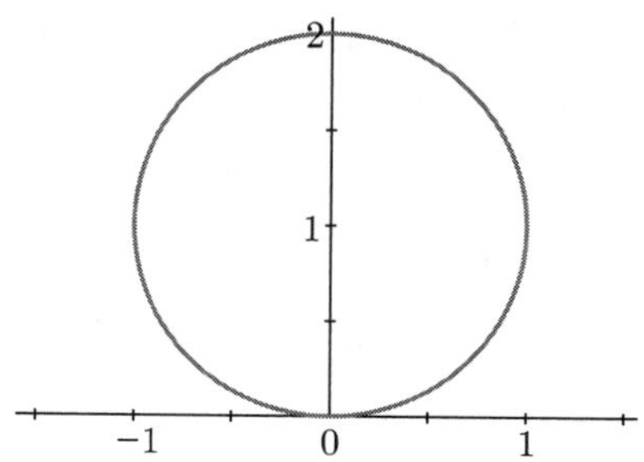

(2) 심장형 $r=1+\cos\theta$의 구간은 $[0,2\pi]$이고, $f'(\theta)=-\sin\theta$이므로

$$\begin{aligned}[f(\theta)]^2+[f'(\theta)]^2&=(1+\cos\theta)^2+(-\sin\theta)^2=1+2\cos\theta+\cos^2\theta+\sin^2\theta\\&=2+2\cos\theta=2(1+\cos\theta)=2\left[2\cos^2\left(\frac{\theta}{2}\right)\right]\\&=4\cos^2\left(\frac{\theta}{2}\right)=\left[2\cos\left(\frac{\theta}{2}\right)\right]^2\end{aligned}$$

따라서 곡선의 길이는 다음과 같다.

$$L=\int_{\alpha}^{\beta}\sqrt{[f(\theta)]^2+[f'(\theta)]^2}\,d\theta=\int_{0}^{2\pi}\sqrt{\left[2\cos\left(\frac{\theta}{2}\right)\right]^2}\,d\theta=\int_{0}^{2\pi}2\cos\left(\frac{\theta}{2}\right)d\theta$$

$$=2\int_{0}^{2\pi}\cos\left(\frac{\theta}{2}\right)d\theta=4\int_{0}^{\pi}\cos\left(\frac{\theta}{2}\right)d\theta=4\left[2\sin\left(\frac{\theta}{2}\right)\right]_{0}^{\pi}=8 \text{이다.}$$

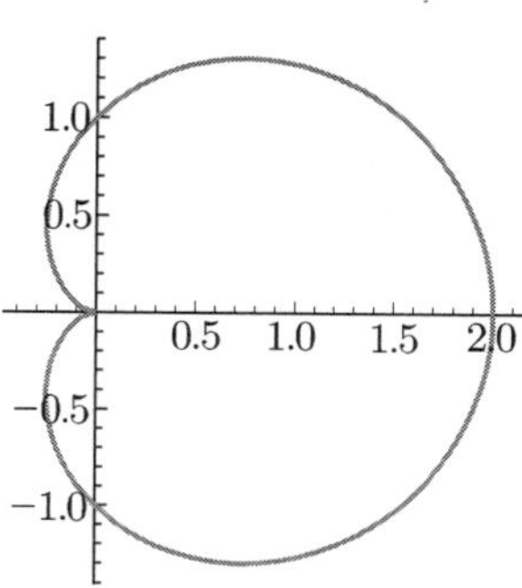

CHAPTER 09 예제 풀이

예제 1 (1) $f(0,0)=0^2+0^2=0$, $f(1,-1)=1^2+(-1)^2=2$

(2) $dom(f)=R\times R=R^2$

($\because$ $f(x,y)=x^2+y^2$은 x와 y의 모든 실수에 대하여 값을 가지므로)

치역 : $R\cup\{0\}=[0,\infty)$

($\because$ $x,y\in R$이므로 $x^2, y^2 \geq 0$이고 $x^2+y^2\geq 0$)

예제 2 $dom(f)=\{(x,y)\in R^2 \mid x\geq 0, y\in R\}$

($\because f(x,y)=\sqrt{x}\,y^2$에서 y의 모든 실수에 대하여 값을 가지지만 $\sqrt{x}$에서 $x\geq 0$인 실수 범위에 대하여 값을 갖기 때문이다.)

치역 : $R\cup\{0\}=[0,\infty)$

($\because$ $x,y\in R$이므로 $y^2\geq 0$이고, $\sqrt{x}\geq 0$이므로 $\sqrt{x}\,y^2\geq 0$)

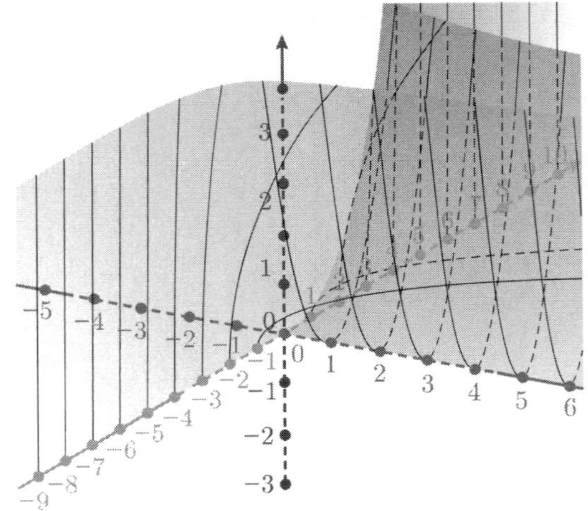

예제 3 (1) $dom(f)$: $D=\{(x,y)\in R^2 \mid x^2+y^2\leq 9\}$

($\because f(x,y)=\sqrt{9-x^2-y^2}$에서 $9-x^2-y^2\geq 0$이므로 $x^2+y^2\leq 9$이다. 즉 원점을 중심으로 반지름이 3인 원의 내부임)

치역 : $[0, 3]$

($\because$ $x,y\in R$이므로 $f(x,y)=\sqrt{9-x^2-y^2}\geq 0$이고, $x^2+y^2\leq 9=3^2$이므로)

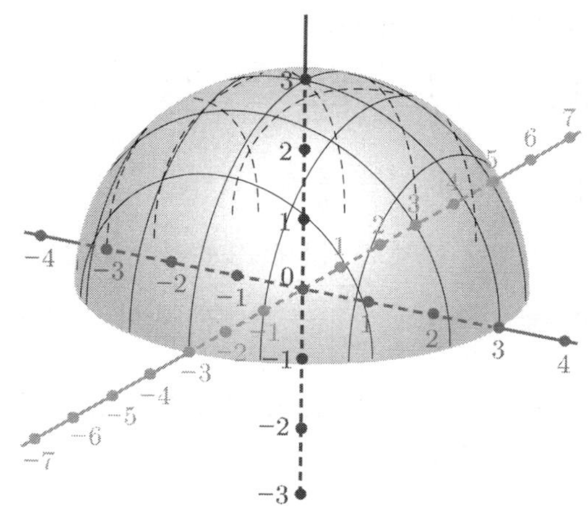

(2) 그래프 : $x^2+y^2+z^2=9$

$z=f(x,y)=\sqrt{9-x^2-y^2}$ 에서 양변을 제곱하면 $z^2=9-x^2-y^2$이고,

$x^2+y^2+z^2=9$이므로

원점 (0,0,0)를 중심으로 반지름이 3인 구의 형태가 된다.

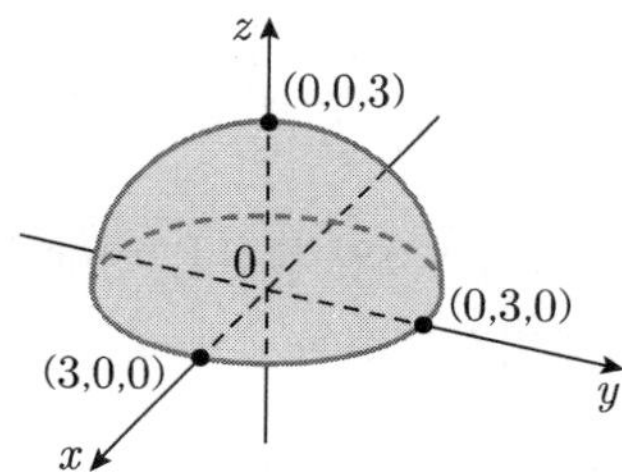

예제 4 (1) $\lim_{(x,y)\to(1,2)}(x^2+3y^2)=\lim_{(x,y)\to(1,2)}x^2+\lim_{(x,y)\to(1,2)}3y^2=1+12=13$

(2) (x,y)가 $(0,0)$으로 가까워지는 경로와 관계없이 $f(x,y)$가 같은 값으로 가까워질 때 극한값은 존재한다.

① 경로 $x=0$인 극한을 생각하면, $\lim_{(x,y)\to(0,0)}\frac{x-y}{x+y}=\lim_{(x,y)\to(0,0)}\frac{-y}{y}=-1$

② 경로 $y=0$인 극한을 생각하면, $\lim_{(x,y)\to(0,0)}\frac{x-y}{x+y}=\lim_{(x,y)\to(0,0)}\frac{x}{x}=1$

따라서 ①, ②에 의하여 $\lim_{(x,y)\to(0,0)}\frac{x-y}{x+y}$은 극한값이 존재하지 않는다.

또한 다음 경로도 생각할 수 있다.

③ 경로 $x=0$ & $y=0$인 극한을 생각하면, 직선 $y=mx$라고 하면, $(0,0)$에

한없이 가까워지므로

$$\lim_{(x,y)\to(0,0)} \frac{x-y}{x+y} = \lim_{(x,y)\to(0,0)} \frac{x-mx}{x+mx} = \lim_{(x,y)\to(0,0)} \frac{x(1-m)}{x(1+m)} = \frac{1-m}{1+m} \text{ 이다.}$$

따라서 $\lim_{(x,y)\to(0,0)} \frac{x-y}{x+y}$ 은 m(기울기)의 값에 따라 여러 가지 극한값이 나올 수 있는 관계로 극한값은 존재하지 않는다.

그러므로 $\lim_{(x,y)\to(0,0)} \frac{x-y}{x+y}$ 은 극한값이 존재하지 않는다.

(3) (x,y)가 $(0,0)$으로 가까워지는 경로에 관계없이 $f(x,y)$가 같은 값으로 가까워질 때 극한은 존재한다.

① 경로 $x=0$인 극한을 생각하면, $\lim_{(x,y)\to(0,0)} \frac{xy^2}{x^2+y^4} = \lim_{(x,y)\to(0,0)} \frac{0}{0+y^4} = 0$

② 경로 $y=0$인 극한을 생각하면, $\lim_{(x,y)\to(0,0)} \frac{xy^2}{x^2+y^4} = \lim_{(x,y)\to(0,0)} \frac{0}{x^2+0} = 0$

③ 경로 $x=0$ & $y=0$인 극한을 생각하면, 직선 $y=mx$라고 하면, $(0,0)$에 한없이 가까워지므로

$$\lim_{(x,y)\to(0,0)} \frac{xy^2}{x^2+y^4} = \lim_{(x,y)\to(0,0)} \frac{m^2x^3}{x^2+m^4x^4} = \lim_{(x,y)\to(0,0)} \frac{m^2x}{1+m^4x^2} = 0$$

이다.

④ 경로 $x=0$ & $y=0$인 극한을 생각하면, 직선 $x=ay^2$라고 하면, $(0,0)$에 한없이 가까워지므로

$$\lim_{(x,y)\to(0,0)} \frac{xy^2}{x^2+y^4} = \lim_{(x,y)\to(0,0)} \frac{ay^4}{a^2y^4+y^4} = \lim_{(x,y)\to(0,0)} \frac{ay^4}{(a+1)y^4} = \frac{a}{a+1}$$

따라서 $\lim_{(x,y)\to(0,0)} \frac{xy^2}{x^2+y^4}$ 은 a의 값에 따라 여러 가지 극한값이 나올 수 있는 관계로 극한값은 존재하지 않는다.

그러므로 $\lim_{(x,y)\to(0,0)} \frac{xy^2}{x^2+y^4}$ 은 극한값이 존재하지 않는다.

(4) (x,y)가 $(0,0)$으로 가까워지는 경로에 관계없이 $f(x,y)$가 같은 값으로 가까워질 때 극한은 존재한다.

① 경로 $x=0$인 극한을 생각하면, $\lim_{(x,y)\to(0,0)} \frac{xy^2}{x^2+y^2} = \lim_{(x,y)\to(0,0)} \frac{0}{0+y^2} = 0$

② 경로 $y=0$인 극한을 생각하면, $\lim_{(x,y)\to(0,0)} \frac{xy^2}{x^2+y^4} = \lim_{(x,y)\to(0,0)} \frac{0}{x^2+0} = 0$

③ 경로 $x=0$ & $y=0$인 극한을 생각하면, 직선 $y=mx$라고 하면, $(0,0)$에

한없이 가까워지므로

$$\lim_{(x,y)\to(0,0)} \frac{xy^2}{x^2+y^2} = \lim_{(x,y)\to(0,0)} \frac{m^2x^3}{x^2+m^2x^2} = \lim_{(x,y)\to(0,0)} \frac{m^2x}{1+m^2} = 0 \text{이다.}$$

그러므로 $\lim_{(x,y)\to(0,0)} \frac{xy^2}{x^2+y^2} = 0$ 이다.

예제 6 (1) $f_x(x,y) = \lim_{h\to 0} \frac{f(x+h,y)-f(x,y)}{h} = \lim_{h\to 0} \frac{(x+h)^2+y-(x^2+y)}{h}$

$$= \lim_{h\to 0} \frac{x^2+2xh+h^2+y-x^2-y}{h} = \lim_{h\to 0} \frac{2xh+h^2}{h}$$

$$= \lim_{h\to 0}(2x+h) = 2x$$

따라서 $f_x(x,y) = 2x$ 이다.

(2) $f_y(x,y) = \lim_{h\to 0} \frac{f(x,y+h)-f(x,y)}{h} = \lim_{h\to 0} \frac{x^2+(y+h)-(x^2+y)}{h}$

$$= \lim_{h\to 0} \frac{x^2+y+h-x^2-y}{h} = \lim_{h\to 0} \frac{h}{h} = 1$$

따라서 $f_y(x,y) = 1$ 이다.

예제 7 (1) $f(x,y) = x^2+xy+y^2$ 에서

$f_x(x,y) = 2x+y$ 이므로 $f_x(1,2) = 2+2 = 4$ 이고

$f_y(x,y) = x+2y$ 이므로 $f_y(1,2) = 1+4 = 5$ 이다.

(2) $z = \sqrt{x^2+y^2}$ 에서

$f_x = \frac{\partial z}{\partial x} = \frac{x}{\sqrt{x^2+y^2}}$ 이므로 $f_x(1,2) = \frac{1}{\sqrt{5}}$ 이고

$f_y = \frac{\partial z}{\partial y} = \frac{y}{\sqrt{x^2+y^2}}$ 이므로 $f_y(1,2) = \frac{2}{\sqrt{5}}$ 이다.

(3) $f(x,y) = \frac{x^2-y^2}{x^2+y^2}$ 에서

$f_x = \frac{\partial z}{\partial x} = \frac{x}{\sqrt{x^2+y^2}}$ 이므로 $f_x(1,2) = \frac{1}{\sqrt{5}}$ 이고

$f_y = \frac{\partial z}{\partial y} = \frac{y}{\sqrt{x^2+y^2}}$ 이므로 $f_y(1,2) = \frac{2}{\sqrt{5}}$ 이다.

(4) $z = \ln(xy)$ 에서

$f_x = \frac{\partial z}{\partial x} = \frac{y}{xy}$ 이므로 $f_x(1,2) = 1$ 이고

$f_y = \frac{\partial z}{\partial y} = \frac{x}{xy}$ 이므로 $f_y(1,2) = \frac{1}{2}$ 이다.

예제 8 (1) $f(x,y) = \sin x\, e^y$ 에서 $f_x = \cos x$ 이고, $f_y = e^y$ 이다.

(2) $z = \sin(x^2+y^2)$ 에서 $z = x^2+y^2$ 이라 하면, $f(x,y) = \sin z$ 이고 $z_x = 2x$, $z_y = 2y$ 이다.

따라서 $f_x = \sin z\, z_x = \sin(x^2+y^2)(2x)$ 이고

$f_y = \sin z\, z_y = \sin(x^2+y^2)(2y)$ 이다.

(3) $f(x,y) = e^{x^2+y^2}$ 에서 $z = x^2+y^2$ 이라 하면, $f(x,y) = e^z$ 이고 $z_x = 2x$ $z_y = 2y$ 이다.

따라서 $f_x = e^z z_x = e^{x^2+y^2}(2x)$ 이고 $f_y = e^z z_y = e^{x^2+y^2}(2y)$ 이다.

(4) $z = \tan^{-1}\left(\frac{y}{x}\right)$ 에서 $\tan z = \frac{y}{x}$ 이며, 양변을 x 에 대하여 편 미분하면

$\sec^2 z\, z_x = \frac{\partial}{\partial x}\left(\frac{y}{x}\right) = -\frac{y}{x^2}$ 이다.

따라서 $z_x = \frac{-\frac{y}{x^2}}{\sec^2 z} = -\frac{\frac{y}{x^2}}{1+\tan^2 z} = -\frac{\frac{y}{x^2}}{1+\left(\frac{y}{x}\right)^2} = -\frac{y}{x^2+y^2}$ 이다.

마찬가지로 $z = \tan^{-1}\left(\frac{y}{x}\right)$ 에서 $\tan z = \frac{y}{x}$ 이며, 양변을 y 에 대하여 편 미분하면

$\sec^2 z\, z_y = \frac{\partial}{\partial y}\left(\frac{y}{x}\right) = \frac{1}{x}$ 이다.

따라서 $z_y = \frac{\frac{1}{x}}{\sec^2 z} = -\frac{\frac{1}{x}}{1+\tan^2 z} = -\frac{\frac{1}{x}}{1+\left(\frac{y}{x}\right)^2} = \frac{x}{x^2+y^2}$ 이다.

예제 9 (1) 편도함수는 $z_x = \frac{\partial z}{\partial x} = \frac{2x}{x^2+y^2}$, $z_y = \frac{\partial z}{\partial y} = \frac{2y}{x^2+y^2}$ 이다.

따라서 2계 편도함수는 다음과 같다.

$$z_{xx} = \frac{\partial}{\partial x}\left(\frac{\partial z}{\partial x}\right) = \frac{\partial}{\partial x}\left(\frac{2x}{x^2+y^2}\right) = \frac{2(x^2+y^2)-2x(2x)}{(x^2+y^2)^2} = \frac{2(y^2-x^2)}{(x^2+y^2)}$$

$$z_{xy} = \frac{\partial}{\partial y}(\frac{\partial z}{\partial x}) = \frac{\partial}{\partial y}(\frac{2x}{x^2+y^2}) = \frac{0-2x(2y)}{(x^2+y^2)^2} = -\frac{4xy}{(x^2+y^2)}$$

$$z_{yx} = \frac{\partial}{\partial x}(\frac{\partial z}{\partial y}) = \frac{\partial}{\partial x}(\frac{2y}{x^2+y^2}) = \frac{0-2y(2x)}{(x^2+y^2)^2} = -\frac{4xy}{(x^2+y^2)}$$

$$z_{yy} = \frac{\partial}{\partial y}(\frac{\partial z}{\partial y}) = \frac{\partial}{\partial y}(\frac{2y}{x^2+y^2}) = \frac{2(x^2+y^2)-2y(2y)}{(x^2+y^2)^2} = \frac{2(x^2-y^2)}{(x^2+y^2)}$$

$z = x^2y - y^3 + \ln x$

(2) 편도함수는 $z_x = \frac{\partial z}{\partial x} = 2xy + \frac{1}{x}$, $z_y = \frac{\partial z}{\partial y} = x^2 - 3y^2$이다.

따라서 2계 편도함수는 다음과 같다.

$$z_{xx} = \frac{\partial}{\partial x}(\frac{\partial z}{\partial x}) = \frac{\partial}{\partial x}(2xy + \frac{1}{x}) = 2y - \frac{1}{x^2}$$

$$z_{xy} = \frac{\partial}{\partial y}(\frac{\partial z}{\partial x}) = \frac{\partial}{\partial y}(2xy + \frac{1}{x}) = 2x$$

$$z_{yx} = \frac{\partial}{\partial x}(\frac{\partial z}{\partial y}) = \frac{\partial}{\partial x}(x^2 - 3y^2) = 2x$$

$$z_{yy} = \frac{\partial}{\partial y}(\frac{\partial z}{\partial y}) = \frac{\partial}{\partial y}(x^2 - 3y^2) = -6y$$

예제 10 편도함수는 $f_x = 2xy\cos(x^2y)$, $f_y = x^2\cos(x^2y)$이다.
따라서 2계 편도함수는 다음과 같다.

$$f_{xx} = \frac{\partial}{\partial x}(2xy)\cos(x^2y) + 2xy\frac{\partial}{\partial x}[\cos(x^2y)] = 2y\cos(x^2y) - 4x^2y^2\sin(x^2y)$$

$$f_{xy} = \frac{\partial}{\partial y}(2xy)\cos(x^2y) + 2xy\frac{\partial}{\partial y}[\cos(x^2y)] = 2x\cos(x^2y) - 2x^3y\sin(x^2y)$$

$$f_{yx} = \frac{\partial}{\partial x}(x^2)\cos(x^2y) + x^2\frac{\partial}{\partial x}[\cos(x^2y)] = 2x\cos(x^2y) - 2x^3y\sin(x^2y)$$

$$f_{yy} = \frac{\partial}{\partial y}(x^2)\cos(x^2y) + x^2\frac{\partial}{\partial y}[\cos(x^2y)] = -x^4y\sin(x^2y)$$

예제 11 첫째, 주어진 포물선과 직선의 교점을 구한다.

$$x^2 = x \Rightarrow x^2 - x = 0 \Rightarrow x(x-1) = 0 \Rightarrow x = 0,1 \Rightarrow [0,1]$$

둘째, 구간 $[0,1]$에서 주어진 포물선과 직선의 대소 비교

$$x=\frac{1}{2} \text{ 대입 } y=x^2=(\frac{1}{2})^2=\frac{1}{4} < y=x=\frac{1}{2} \Rightarrow x \geq x^2$$

셋째, 둘러싸인 부분의 넓이(S)

$$S=\int_0^1 (x-x^2)dx=[\frac{1}{2}x^2-\frac{1}{3}x^3]_0^1=\frac{1}{2}-\frac{1}{3}=\frac{1}{6}$$

예제 12 (1) $\int_0^1\int_{x^2}^x dydx=\int_0^1(x-x^2)dx=[\frac{1}{2}x^2-\frac{1}{3}x^3]_0^1=\frac{1}{6}$

(2) $\int_0^1\int_0^x xy\,dydx=\int_0^1[\frac{1}{2}xy^2]_0^x dx=\frac{1}{2}\int_0^1 x^3dx=\frac{1}{2}[\frac{1}{4}x^4]_0^1=\frac{1}{8}$

(3)
$$\begin{aligned}\int_0^1\int_{x^2}^x(x+y)dydx&=\int_0^1[xy+\frac{1}{2}y^2]_{x^2}^x dx\\&=\int_0^1\left(x^2+\frac{1}{2}x^2\right)-\left(x^3+\frac{1}{2}x^4\right)dx\\&=\int_0^1\left(\frac{3}{2}x^2-x^3-\frac{1}{2}x^4\right)dx\\&=[\frac{1}{2}x^3-\frac{1}{4}x^4-\frac{1}{10}x^5]_0^1=\frac{1}{2}-\frac{1}{4}-\frac{1}{10}=\frac{3}{20}\end{aligned}$$

(4)
$$\begin{aligned}\int_{-1}^1\int_0^{y+1}xy\,dxdy&=\int_{-1}^1[\frac{1}{2}x^2y]_0^{y+1}dy=\frac{1}{2}\int_{-1}^1(y+1)^2y\,dy\\&=\frac{1}{2}\int_{-1}^1(y^2+2y+1)ydy=\frac{1}{2}\int_{-1}^1(y^3+2y^2+y)dy\\&=\int_0^1 2y^2dy=[\frac{2}{3}y^3]_0^1=\frac{2}{3}\end{aligned}$$

(5)
$$\begin{aligned}\int_1^{\ln 2}\int_0^y e^{x+y}dxdy&=\int_1^{\ln 2}[e^{x+y}]_0^y dy=\int_1^{\ln 2}(e^{2y}-e^y)dy\\&=[\frac{1}{2}e^{2y}-e^y]_1^{\ln 2}=(\frac{1}{2}e^{2\ln 2}-e^{\ln 2})-(\frac{1}{2}e^2-e)\\&=e-\frac{1}{2}e^2\end{aligned}$$

(6)
$$\begin{aligned}\int_0^1\int_0^1 x^ny^ndydx&=\int_0^1[\frac{1}{n+1}x^ny^{n+1}]_0^1dx=\frac{1}{n+1}\int_0^1 x^n\,dx\\&=\frac{1}{n+1}[\frac{1}{n+1}x^{n+1}]_0^1=\frac{1}{(n+1)^2}\end{aligned}$$

예제 13 $\int_R\int (xy+\cos x)\,dA = \int_0^{\frac{\pi}{2}}\int_0^{x}(xy+\cos x)dydx$

$$= \int_0^{\frac{\pi}{2}}[\frac{1}{2}xy^2+y\cos x]_0^x dx = \int_0^{\frac{\pi}{2}}(\frac{1}{2}x^3+x\cos x)dx$$

$$where \int x\cos x\,dx = \int xd(\sin x) = x\sin x - \int \sin x dx = x\sin x + \cos x + C$$

$$= [\frac{1}{8}x^4]_0^{\frac{\pi}{2}} + [x\sin x + \cos x]_0^{\frac{\pi}{2}} = \frac{\pi^4}{108}+\frac{\pi}{2}-1$$

예제 14 $\begin{cases} x = \ u-v \\ y = 2u-v \end{cases} \Leftrightarrow \begin{pmatrix} x \\ y \end{pmatrix} = \begin{pmatrix} 1 & -1 \\ 2 & -1 \end{pmatrix}\begin{pmatrix} u \\ v \end{pmatrix}$ 이므로 $\frac{\partial(x,y)}{\partial(u,v)} = \begin{vmatrix} 1 & -1 \\ 2 & -1 \end{vmatrix} = -1+2 = 1$이다.

또한, 영역 D는 $y=x$, $y=x+1$, $y=2x$, $y=2x-2$로 둘러싸인 평행사변형에 대한 (x,y) 교점이 각각 $(0,0),(2,2),(3,4),(1,2)$이고 (u,v)의 교점을 구하면 $(0,0),(0,-2)$, $(1,-2),(1,0)$이므로 영역 D^*의 u축의 범위는 $0\le u\le 1$이며, v축의 범위는 $-2\le v\le 0$이다. 따라서

$$\int_D\int xy\,dxdy = \int_{D^*}\int (u-v)(2u-v)\left|\frac{\partial(x,y)}{\partial(u,v)}\right|dudv$$

$$= \int_{-2}^{0}\int_0^1 (u-v)(2u-v)\,1\,dudv$$

$$= \int_{-2}^{0}\int_0^1 (2u^2-3uv+v^2)dudv$$

$$= \int_{-2}^{0}[\frac{2}{3}u^3-\frac{3}{2}u^2v+uv^2]_0^1 dv = \int_{-2}^{0}(\frac{2}{3}-\frac{3}{2}v+v^2)\,dv$$

$$= [\frac{2}{3}v-\frac{3}{4}v^2+\frac{1}{3}v^3]_{-2}^{0} = 0-(-\frac{4}{3}-3-\frac{8}{3}) = 7$$

예제 15 $\begin{cases} x = r\cos\theta \\ y = r\sin\theta \end{cases} \Leftrightarrow x^2+y^2 = r^2$이다.

또한 $x^2+y^2\ge a^2$, $x^2+y^2\le b^2$은 제1 사분면에 있는 원의 방정식이므로

반지름 r의 범위는 $a\le r\le b$이고 $0\le\theta\le\frac{\pi}{2}$이다.

따라서 $\int_D\int e^{x^2+y^2}dxdy = \int_0^{\frac{\pi}{2}}\int_a^b e^{r^2}r\,drd\theta = \int_0^{\frac{\pi}{2}}\frac{1}{2}[e^{r^2}]_a^b d\theta$

$$= \frac{1}{2}\int_0^{\frac{\pi}{2}} e^{b^2}-e^{a^2}d\theta = \frac{\pi}{4}(e^{b^2}-e^{a^2})$$

예제 16 (1) $\int_0^\infty e^{-x}dx = \lim_{a\to\infty}\int_0^a e^{-x}dx = \lim_{a\to\infty}[-e^{-x}]_0^a = \lim_{a\to\infty} -(e^{-a}-e^{-0}) = 1$

(2) $\int_0^\infty e^{-x^2}xdx = \lim_{a\to\infty}\int_0^a e^{-x^2}xdx = \lim_{a\to\infty}[-\frac{1}{2}e^{-x^2}]_0^a$

$$= \lim_{a\to\infty}(-\frac{1}{2}e^{-a^2}+\frac{1}{2}) = \frac{1}{2}$$

예제 17 (1) $I=\int_0^\infty e^{-x^2}dx$이라 하고, xy 평면 위의 영역 D를 $D=[0,\infty)\times[0,\infty)$라고 하면,

$$I^2 = \int_0^\infty e^{-x^2}dx\int_0^\infty e^{-y^2}dy = \int_0^\infty\int_0^\infty e^{-(x^2+y^2)}dydx$$
$$= \int_D\int e^{-(x^2+y^2)}dxdy \text{이다.}$$

따라서 $\begin{cases}x=r\cos\theta\\ y=r\sin\theta\end{cases}$라고 하면, $x^2+y^2=r^2$이고, $\frac{\partial(x,y)}{\partial(r,\theta)}=r$이다.

또한 반지름 r의 범위는 $0<r<\infty$이고 θ는 제1 사분면에 있는 관계로 $0\le\theta\le\frac{\pi}{2}$이다.

따라서 $I^2=\int_D\int e^{-(x^2+y^2)}dxdy=\int_0^{\frac{\pi}{2}}\int_0^\infty e^{-r^2}r\,drd\theta=\int_0^{\frac{\pi}{2}}\frac{1}{2}d\theta=\frac{\pi}{4}$

이다. ($\because$ [예제 16]에서 $\int_0^\infty e^{-x^2}xdx=\frac{1}{2}$)

그러므로 $I=\int_0^\infty e^{-x^2}dx=\frac{\sqrt{\pi}}{2}$이다.

another solusion

$\int_0^\infty e^{-x^2}dx=\lim_{a\to\infty}\int_0^a e^{-x^2}dx$이므로 $I(a)=\int_0^a e^{-x^2}dx$ (단, $a>0$)이라 하고, xy 평면 위의 영역 D를 $D=[0,a]\times[0,a]$라고 하면,

$$(I(a))^2=\int_0^a e^{-x^2}dx\int_0^a e^{-y^2}dy=\int_0^a\int_0^a e^{-(x^2+y^2)}dydx$$
$$=\int_D\int e^{-(x^2+y^2)}dxdy \text{이다.}$$

또한, $\begin{cases}x=r\cos\theta\\ y=r\sin\theta\end{cases}$라고 하면, $x^2+y^2=r^2$이고, $\frac{\partial(x,y)}{\partial(r,\theta)}=r$이다.

그리고 $a>0$이므로 반지름 r의 범위는 $0<r<a$이고 $0\le\theta\le\frac{\pi}{2}$이므로

$$(I(a))^2 = \int_D\int e^{-(x^2+y^2)}dxdy = \int_0^{\frac{\pi}{2}}\int_0^a e^{-r^2} r\,drd\theta = \int_0^{\frac{\pi}{2}} \frac{1}{2}[-e^{-r^2}]_0^a d\theta$$

$$= \frac{1}{2}\int_0^{\frac{\pi}{2}}(-e^{-a^2}+1)d\theta = \frac{1}{2}[-e^{-a^2}\theta+\theta]_0^{\frac{\pi}{2}} = -\frac{\pi}{4}e^{-a^2}+\frac{\pi}{4}$$ 이다.

따라서 $\lim_{a\to\infty}(I(a))^2 = \lim_{a\to\infty}\left(-\frac{\pi}{4}e^{-a^2}+\frac{\pi}{4}\right) = \lim_{a\to\infty}\left(-\frac{\pi}{4e^{a^2}}+\frac{\pi}{4}\right) = \frac{\pi}{4}$

그러므로 $\int_0^a e^{-x^2}dx = \frac{\sqrt{\pi}}{2} = \frac{\sqrt{\pi}}{2}$ 이다.

(2) $\int_{-\infty}^{\infty} e^{-x^2}dx = 2\int_0^{\infty} e^{-x^2}dx = \sqrt{\pi}$ 이다.

CHAPTER 01 연습문제 해답

1-1. (1) 사칙연산 중 어느 연산에 닫혀있는지를 구하는 문제이므로 임의의 $x,y\in B$에 대하여 x,y는 다음과 같이 표현할 수 있다.

$$x=3n+1,\ y=3m+1 \quad n,m\in Z(\text{정수})$$

$$x+y=3n+1+3m+1=3(n+m)+2\in 3Z+2,\ x+y\notin 3Z+1$$

$$x-y=3n+1-3m-1=3(n-m)\in 3Z,\ x-y\notin 3Z+1$$

$$xy=(3n+1)(3m+1)=3(3nm+n+m)+1\in 3Z+1,\ xy\in 3Z+1$$

$$x\div y=\frac{3n+1}{3m+1}\notin 3Z+1,\ x\div y\notin 3Z+1$$

그러므로 집합 B는 사칙연산 중 “×”에만 닫혀있다.

(2) 임의의 $x,y\in B$에 대하여 x,y는 다음과 같이 표현할 수 있다.

$$x=3n+2,\ y=3m+2 \quad n,m\in Z(\text{정수})$$

$$x+y=3n+2+3m+2=3(n+m+1)+1\in 3Z+1,\ x+y\notin 3Z+2$$

$$x-y=3n+2-3m-2=3(n-m)\in 3Z,\ x-y\notin 3Z+2$$

$$xy=(3n+2)(3m+2)=3(3nm+2n+2m+1)+1\in 3Z+1, xy\notin 3Z+2$$

$$x\div y=\frac{3n+1}{3m+1}\notin 3Z+2,\ x\div y\notin 3Z+2$$

그러므로 집합 C는 사칙연산에 닫혀있지 않다.

1-2. $A=\{-1,0,1\}$이므로 다음과 같은 표를 구하여 구하면 된다.
그러므로 집합 $A=\{-1,0,1\}$는 “×”에 닫혀있다.

1-3. $a^*b=\frac{3}{2}$이므로 $\frac{a+b}{2a+b}=\frac{3}{2}$이다. 따라서 $2a+2b=6a+3b$이므로 $4a=-b$이다.

그러므로 $b^*a=\frac{b+a}{2b+a}=\frac{-4a+a}{-8a+a}=\frac{-3a}{-7a}=\frac{3}{7}$이다.

1-4. (1) 먼저 연산 ★에 대한 3의 항등원을 c라고 하면 $3\star c=3$이므로,

$3\star c=(3+2)(c+2)-2=3$이고, $5c+8=3$이므로 항등원은 $c=-1$이다.

따라서 연산 ★에 대한 3의 역원을 d라고 하면 $3\star d=-1$이므로,

$3\star d=(3+2)(d+2)-2=-1$이고, $5d+8=-1$이므로 $d=-\dfrac{9}{5}$이다.

그러므로 연산 ★에 대한 3의 역원은 $-\dfrac{9}{5}$이다.

(2) 먼저 연산 △에 대한 3의 항등원을 c라고 하면 $3\triangle c=3$이므로,

$3\triangle c=6c+2(3+c)+1=3$이고, $8c+7=3$이므로 항등원은 $c=-\dfrac{1}{2}$이다.

따라서 연산 △에 대한 3의 역원을 d라고 하면 $3\triangle d=-\dfrac{1}{2}$이므로,

$3\triangle d=6d+2(3+d)+1=-\dfrac{1}{2}$이고, $8d+7=-\dfrac{1}{2}$이므로 $d=-\dfrac{15}{16}$이다.

그러므로 연산 △에 대한 3의 역원은 $-\dfrac{15}{16}$이다.

1-5. $|a|+a=0$를 만족하므로 $|a|=-a$가 되어야 하므로 $a<0$이다.

따라서 $\sqrt{a^2}=|a|=-a$이고 $|3a|=-3a$이므로

$\sqrt{a^2}+3a-|3a|=-a+3a+3a=5a$가 된다.

1-6. (1) 예제 18의 (3)에 의하여 $|a||b|=|ab|$이며, $ab\le|ab|$이므로, $ab\le|a||b|$이다.

(2) 양변을 제곱하여 차를 구하면

$$(|a|+|b|)^2-(|a+b|)^2=a^2+2|a||b|+b^2-(a^2+2ab+b^2)$$

$=2(|a||b|-ab)\ge 0$ 1-6의 (1)에 의하여

따라서 $(|a|+|b|)^2-(|a+b|)^2\ge 0$이고,

$$[(|a|+|b|)-(|a+b|)](|a|+|b|+|a+b|)\ge 0$$

이므로 $[(|a|+|b|)-(|a+b|)]\ge 0$ 이다.

그러므로 $|a|+|b|\ge|a+b|$ 이다.

(3) 위의 (2)번과 마찬가지 방법으로 $|a|+|b|\ge|a-b|$ 이다.

1-7. (1) x가 3의 배수이면 x^2은 3의 배수이다. (직접증명)

x가 3의 배수이므로 $x=3k$ (단 $k\in Z$)이다.

따라서 $x^2=(3k)^2=9k^2=3(3k^2)\in 3Z$이므로 x^2은 3의 배수이다.

(2) x^2이 3의 배수이면 x가 3의 배수이다. (대우증명)

주어진 명제에 대하여 직접증명이 어려운 관계로 "대우"를 이용하여 다음과 같이 증명하면 된다.

대우 : x가 3의 배수가 아니면 x^2은 3의 배수가 아니다.

〈증명〉 x가 3의 배수가 아니므로 다음 2가지 경우로 나누어 생각하면 된다.

첫째, $x\in 3Z+1$인 경우, $x=3k+1$ (단 $k\in Z$)

$x^2=(3k+1)^2=9k^2+6k+1=3k(3k+2)+1\in 3Z+1$이므로

x^2은 3의 배수가 아니다.

둘째, $x\in 3Z+2$인 경우, $x=3k+2$ (단 $k\in Z$)

$x^2=(3k+2)^2=9k^2+12k+4=3k(3k+4)+1\in 3Z+1$이므로

x^2은 3의 배수가 아니다.

따라서 대우는 "참" 이다.

그러므로 x^2이 3의 배수이면 x가 3의 배수이다.

1-8. **〈증명〉**

(1) $\sqrt{3}$을 무리수가 아니라고 가정하면,

$\sqrt{3}$은 유리수가 되며, 유리수의 정의에 의하여

$\sqrt{3}=\dfrac{q}{p}$ (단, $p,q\in Z$, $p\neq 0$, p,q는 서로 소)라 하면,

$\sqrt{3}\,p=q$이며, 양변을 제곱하면 $3p^2=q^2$이므로 q^2은 3의 배수이다.

따라서 연습문제 1-7에 의하여, q는 3의 배수이다. ⋯ ①

q가 3의 배수이므로 $q=3k$ (단, $k\in Z$)라 하면, $3p^2=q^2=(3k)^2=9k^2$이고

$p^2=3k^2$이므로 p^2은 3의 배수이다.

또한, 연습문제 1-7에 의하여, p는 3의 배수이다. ⋯ ②

따라서 ①과 ②에 의하여 p와 q는 3의 배수가 되어, p,q가 서로 소라는 조건에 모순된다.

그러므로 $\sqrt{3}$을 무리수가 아니라고 가정하면, 모순이므로 $\sqrt{3}$은 무리수이다.

CHAPTER 02 연습문제 해답

2-1. (1) $(a+b)^4 = {}_4C_0a^4b^0 + {}_4C_1a^3b + {}_4C_2a^2b^2 + {}_4C_3ab^3 + {}_4C_4a^0b^4$

$$= a^4 + 4a^3b + 6a^2b^2 + 4ab^3 + b^4$$

(2) $(a+b)^5 = {}_5C_0a^5b^0 + {}_5C_1a^4b + {}_5C_2a^3b^2 + {}_5C_3a^2b^3 + {}_5C_4a^1b^4 + {}_5C_5ab^5$

$$= a^5 + 5a^4b + 10a^3b^2 + 10a^2b^3 + 5ab^4 + b^5$$

2-2. (1) $x^2 + y^2 + z^2 = (x+y+z)^2 - 2(xy+yz+zx) = p^2 - 2q$

(2) $x^3 + y^3 + z^3 = (x+y+z)(x^2+y^2+z^2-xy-yz-zx) + 3xyz$

$$= (x+y+z)\{(x+y+z)^2 - 3(xy+yz+zx)\} + 3xyz$$

$$= p(p^2-3q) + 3r = p^3 - 3pq + 3r$$

(3) $x^2y^2 + y^2z^2 + z^2x^2 = (xy+yz+zx)^2 - 2xyz(x+y+z) = q^2 - 2pr$

(4) $x^4 + y^4 + z^4 = (x^2)^2 + (y^2)^2 + (z^2)^2 = (x^2+y^2+z^2)^2 - 2(x^2y^2 + y^2z^2 + z^2x^2)$

$$= (p^2-2q)^2 - 2(q^2-2pr) = p^4 - 4p^2q + 2q^2 + 4pr$$

2-3. (1) $a^2 - ac + ab - bc = a(a-c) + b(a-c) = (a+b)(a-c)$

(2) $x^2 - 2x - 5 = x^2 - 2x + 1 - 6 = (x-1)^2 - (\sqrt{6})^2$

$$= (x-1+\sqrt{6})(x-1-\sqrt{6})$$

(3) $2x^2 - x - 4 = 2(x^2 - \frac{1}{2}x) - 4 = 2(x^2 - \frac{1}{2}x + \frac{1}{16} - \frac{1}{16}) - 4$

$$= 2(x-\frac{1}{4})^2 - \frac{1}{8} - 4 = 2(x-\frac{1}{2})^2 - \frac{33}{8}$$

$$= \left\{\sqrt{2}(x-\frac{1}{2})\right\}^2 - (\sqrt{\frac{33}{8}})^2$$

$$= \left\{\sqrt{2}(x-\frac{1}{2}) + \sqrt{\frac{33}{8}}\right\}\left\{\sqrt{2}(x-\frac{1}{2}) - \sqrt{\frac{33}{8}}\right\}$$

$$= (\sqrt{2}x - \frac{2\sqrt{2}-\sqrt{66}}{4})(\sqrt{2}x - \frac{2\sqrt{2}+\sqrt{66}}{4})$$

(4) $2x^2 + (5y+1)x + (2y^2-y-1) = 2x^2 + (5y+1)x + (2y+1)(y-1)$

$$= \{2x + (y-1)\}\{x + (2y+1)\}$$
$$= (2x + y - 1)(x + 2y + 1)$$

(5) $6x^2 + 5xy + y^2 - x + y - 2$을 x에 대한 내림차순으로 정리하면

$$= 6x^2 + (5y-1)x + y^2 + y - 2$$
$$= 6x^2 + (5y+1)x + (y-1)(y+2) = (2x + y + 1)(3x + y - 2)$$

(6) $x^2 + y^2 - z^2 + 2xy = x^2 + 2xy + y^2 - z^2 = (x+y)^2 - z^2$

$$= (x + y - z)(x + y + z)$$

(7) $x^4 - 6x^2 + 1 = x^4 - 2x^2 + 1 - 4x^2 = (x^2-1)^2 - (2x)^2$

$$= (x^2 - 1 - 2x)(x^2 - 1 + 2x) = (x^2 - 2x - 1)(x^2 + 2x - 1)$$

(8) $(x^2 + 4x + 3)(x^2 + 12x + 35) + 15 = (x+1)(x+3)(x+5)(x+7) + 15$

$$= (x+1)(x+7)(x+3)(x+5) + 15$$
$$= (x^2 + 8x + 7)(x^2 + 8x + 15) + 15$$

$x^2 + 8x = A$라 하면 $= (A+7)(A+15) + 15 = A^2 + 22A + 105 + 15$

$$= A^2 + 22A + 120 = (A+10)(A+12)$$
$$= (x^2 + 8x + 10)(x^2 + 8x + 12)$$

(9) $x^3 + 3x^2 - 5x + 1 = f(x)$라 하면 $f(1) = 0$이므로 $f(x)$는 $(x-1)$로 나누어 떨어진다. 따라서 $f(x) = x^3 + 3x^2 - 5x + 1 = (x-1)(x^2 + 4x - 1)$이다.

그러므로 $x^3 + 3x^2 - 5x + 1 = (x-1)(x^2 + 4x - 1)$로 인수 분해된다.

(10) $2x^4 + 5x^3 - 5x - 2 = f(x)$라 하면 $f(1) = 0$이므로 $f(x)$는 $(x-1)$로 나누어 떨어진다. 따라서 $f(x) = 2x^4 + 5x^3 - 5x - 2 = (x-1)(2x^3 + 7x^2 + 7x + 2)$가 되며, $g(x) = 2x^3 + 7x^2 + 7x + 2$라 하면 $g(x)$는 $(x+1)$로 나누어 떨어지므로 $g(x) = 2x^3 + 7x^2 + 7x + 2 = (x+1)(2x^2 + 5x + 2) = (x+1)(2x+1)(x+2)$ 이다.

그러므로 $f(x) = 2x^4 + 5x^3 - 5x - 2 = (x-1)(2x^3 + 7x^2 + 7x + 2)$

$= (x-1)g(x) = (x-1)(x+1)(2x+1)(x+2)$로 인수분해된다.

2-4. (1) $\sqrt{3 - \sqrt{8}} = \sqrt{3 - 2\sqrt{2}} = \sqrt{2} - 1$

(2) $\sqrt{2 - \sqrt{3}} = \sqrt{\dfrac{4 - 2\sqrt{3}}{2}} = \dfrac{\sqrt{4 - 2\sqrt{3}}}{\sqrt{2}} = \dfrac{\sqrt{3} - 1}{\sqrt{2}} = \dfrac{\sqrt{6} - \sqrt{2}}{2}$

2-5. (1) $2x^3-x^2-13x-6=f(x)$라 하면 $f(3)=0$이므로 $f(x)$는 $(x-3)$로 나누어 떨어진다. 따라서

$f(x)=2x^3-x^2-13x-6=(x-3)(2x^2+5x+2)=(x-3)(2x+1)(x+2)$

이고, $f(x)=0$이므로 $f(x)=(x-3)(2x+1)(x+2)=0$이 된다.

그러므로 방정식의 해는 $3, -\frac{1}{2}, -2$ 이다.

(2) $2x^4+5x^3-5x-2=f(x)$라 하면 $f(1)=0$ 이므로 $f(x)$는 $(x-1)$로 나누어 떨어진다. 또한 $f(2)=0$ 이므로 $f(x)$는 $(x-2)$로 나누어 떨어진다.

따라서 $f(x)=2x^4+5x^3-5x-2=(x-1)(x-2)(2x^2+7x-1)=0$이 된다.

그러므로 방정식의 해는 $1, 2$ 이다.

(3) $x^4-13x^2+4=0$에서 왼쪽의 식을 인수 분해하면,

$x^4-4x^2+4-9x^2=(x^2-2)^2-(3x)^2=(x^2-2+3x)(x^2-2-3x)$이다.

따라서 $(x^2-2+3x)(x^2-2-3x)=(x^2+3x-2)(x^2-3x-2)=0$이며,

$x^2+3x-2=0, x^2-3x-2=0$이다.

그런데 두 식 $x^2+3x-2=0, x^2-3x-2=0$을 만족하는 근이 존재하지 않으므로 방정식의 해는 없다.

(4) $x^4-5x^3+8x^2-5x+1=0$에서 양변을 x^2으로 나누면,

$x^2-5x+8-\frac{5}{x}+\frac{1}{x^2}=0$ 이고, $x^2+\frac{1}{x^2}-5(x+\frac{1}{x})+8=0$ 이다.

따라서, $(x+\frac{1}{x})^2-5(x+\frac{1}{x})+6=(x+\frac{1}{x}-2)(x+\frac{1}{x}-3)=0$이므로

$$(x^2+1-2x)(x^2+1-3x)=(x^2-2x+1)(x^2-3x+1)$$
$$=(x-1)^2(x^2-3x+1)=0$$이다.

그런데 $x^2-3x+1=0$를 만족하는 해가 없으므로 $(x-1)^2=0$이므로 방정식의 해는 1 이다.

2-6. (1) $x-y=2$이므로 $y=x-2$를 2번째 식에 대입하면, $x^2+(x-2)^2=34$이며, 정리하면 $x^2-2x-15=0$이므로 $(x-5)(x+3)=0$이다.

따라서 $x=5$ 또는 -3이 되므로 $y=3$ 또는 1이다.

그러므로 연립방정식의 해는 $(5, 3)$ 또는 $(-3, 1)$이다.

(2) 최고차항의 계수를 삭제하기 위하여 양변에 각각 3과 2를 곱한 후 차를 구하면

$$6y^2 - 15x + 9y = 27$$

$$6y^2 + 4x - 10y = 8$$

$-19x + 19y = 19$이므로 $-x + y = 1$이고, $y = x + 1$이다.

윗 식에 대입하면, $2(x+1)^2 - 5x + 3(x+1) = 9$이고, 정리하면 $x^2 + x - 2 = 0$가 되며 $(x+2)(x-1) = 0$이므로 $x = -2$ 또는 1이 된다.
따라서 $y = x + 1$에 대입하면, $y = -1$ 또는 2가 된다.
그러므로 연립방정식의 해는 $(-2, -1)$ 또는 $(1, 2)$이다.

2-7. $x^2 + bx + c = 0$의 두 근이 α, β이므로 근과 계수와의 관계에 의하여 $\alpha + \beta = -b$, $\alpha\beta = c$임을 알 수 있다.

(1) $-\alpha, -\beta$을 두 근으로 하는 이차방정식은 $(x+\alpha)(x+\beta) = 0$이므로
좌변을 전개하면 $(x+\alpha)(x+\beta) = x^2 + (\alpha+\beta)x + \alpha\beta$이므로
$-\alpha, -\beta$을 두 근으로 하는 이차방정식은 $x^2 - bx + c = 0$이다.

(2) $\frac{1}{\alpha}, \frac{1}{\beta}$을 두 근으로 하는 이차방정식은 $(x - \frac{1}{\alpha})(x - \frac{1}{\beta}) = 0$이므로

좌변을 전개하면 $(x - \frac{1}{\alpha})(x - \frac{1}{\beta}) = x^2 - (\frac{1}{\alpha} + \frac{1}{\beta})x + \frac{1}{\alpha}\frac{1}{\beta}$

$$= x^2 - \frac{\alpha+\beta}{\alpha\beta}x + \frac{1}{\alpha\beta} = x^2 + \frac{b}{c}x + \frac{1}{c}$$

이므로 $\frac{1}{\alpha}, \frac{1}{\beta}$을 두 근으로 하는 이차방정식은 $x^2 + \frac{b}{c}x + \frac{1}{c} = 0$이다.

(3) $2\alpha - 1, 2\beta - 1$을 두 근의 합은 $(2\alpha - 1) + (2\beta - 1) = 2(\alpha + \beta) - 2 = -2(b+1)$이고, $2\alpha - 1, 2\beta - 1$을 두 근의 곱은
$(2\alpha - 1)(2\beta - 1) = 4\alpha\beta - 2(\alpha+\beta) + 1 = -4b - 2c + 1 = -(4b + 2c - 1)$이다.
그러므로 $2\alpha - 1, 2\beta - 1$을 두 근으로 하는 이차방정식은
$x^2 + 2(b+1)x - (4b + 2c - 1) = 0$이다.

CHAPTER 03 연습문제 해답

3-1. (1) 정의역 $X=[0,2]$, 공역 $Y=[-2,4]$, 치역 $[-1,3]$

(2) 단사함수이고, 전사함수가 아니므로 전단사함수가 아니다.

3-2. (1) $(f+g)(x)=f(x)+g(x)=x+2+x^2-1=x^2+x+1$

(2) $(f-g)(x)=f(x)-g(x)=x+2-(x^2-1)=-x^2+x+3$

(3) $(f\times g)(x)=f(x)g(x)=(x+2)(x^2-1)=x^3+2x^2-x-2$

(4) $(\frac{f}{g})(x)=\frac{f(x)}{g(x)}=\frac{x+2}{x^2-1}$

3-3. $f(\frac{x-1}{3})=2x+1$이므로 $t=\frac{x-1}{3}$이라 하면, $3t=x-1$이므로 $x=3t+1$이다.

따라서 $f(\frac{x-1}{3})=f(t)=2(3t+1)+1=6t+3$이 된다.

그러므로 $f(\frac{3x+1}{2})=6\frac{3x+1}{2}+3=9x+6$이다.

3-4. (1) $f(\frac{1}{2})=\frac{\frac{1}{2}}{1+\frac{1}{2}}=\frac{\frac{1}{2}}{\frac{3}{2}}=\frac{1}{3}$이므로 $f\circ f(\frac{1}{2})=f(\frac{1}{3})=\frac{\frac{1}{3}}{1+\frac{1}{3}}=\frac{1}{4}$이다.

(2) $f(\frac{1}{10})=\frac{\frac{1}{10}}{1+\frac{1}{10}}=\frac{\frac{1}{10}}{\frac{11}{10}}=\frac{1}{11}$이고, $f\circ f(\frac{1}{10})=f(\frac{1}{11})=\frac{\frac{1}{11}}{1+\frac{1}{11}}=\frac{1}{12}$

이다. 그러므로 $f^{20}(\frac{1}{10})=\frac{1}{29}$

3-5. [예제 7]에 의하여, 세 실변수함수 f,g,h의 정의역과 치역은 다음과 같다.
또한, $g\circ f(x)$, $f(g(x))$, $g\circ h(x)$, $h(g(x))$, $f\circ h(x)$는 성립하며, $h(f(x))$는 성립하지 않는다.

(1) $g\circ f\circ h(x)=g(f(h(x)))$이며, $f(h(x))$가 성립하고, $f(h(x))$의 치역 R 함수 g의 정의역이 R이므로 $g\circ f\circ h(x)=g(f(h(x)))$은 성립한다.
그러므로 $g\circ f\circ h(x)=g(f(h(x)))=g(3\sqrt{x+1}+1)=(3\sqrt{x+1}+1)^2-2$
이다.

(2) $g(h(f(x)))$에서 $h(f(x))$는 성립하지 않으므로 $g(h(f(x)))$은 구할 수 없다.

(3) $f \circ g \circ h(x) = f(g(h(x)))$이며, $g \circ h(x)$가 성립하고, $g \circ h(x)$의 치역 $[-2, \infty)$ 함수 f의 정의역이 R이므로 $f \circ g \circ h(x) = f(g(h(x)))$은 성립한다.
그러므로 $f \circ g \circ h(x) = f(g(h(x))) = f(x-1) = 3(x-1)+1 = 3x-2$이다.

(4) $f(g(h(x)))$에서 $g \circ h(x)$가 성립하고, $g \circ h(x)$의 치역 $[-2, \infty)$
함수 f의 정의역이 R이므로 $f(g(h(x)))$은 성립한다.
그러므로 $f(g(h(x))) = 3x-2$이다.

3-6. (1) 정의역 $[-2,2]$, 공역 $[-4,5]$, 치역 $[-4,4]$이므로 $f(x)=2x$는 단사 함수이다.
그러나 $f(x)=2x$는 공역과 치역이 다르므로 전사함수가 아니다.

(2) 정의역 $[-2,2]$, 공역 $[0,4]$, 치역 $[0,4]$이므로 공역과 치역이 같으므로 전사함수이다. 그러나 $-2 \neq 2$ 이지만 $f(-2)=4=f(2)$이므로 단사 함수가 아니다.

(3) 정의역 $[0, \frac{\pi}{2}]$, 공역 $[0,1]$, 치역 $[0,1]$이므로 공역과 치역이 같으므로 전사함수이다. 또한 $f(x)=\sin x$는 주어진 범위에서 증가하는 그래프이므로 단사 함수이다.

(4) 정의역 $[0, \frac{\pi}{2}]$, 공역 $[-1,1]$, 치역 $[0,1]$이므로 공역과 치역이 같지 않으므로 전사함 수가 아니다.
그러나 $f(x)=\cos x$는 주어진 범위에서 감소하는 그래프이므로 단사 함수이다.

3-7. (1) $y=-x^2$ $(x \le 0)$에서 x와 y를 바꾸어 쓰면, $x=-y^2$ $(y \le 0)$이므로 $y^2=-x$이다. 따라서 $y=\pm\sqrt{-x}$가 되는데 $y \le 0$ 이므로 $y=-\sqrt{-x}$가 된다.

(2) $y=3(x+2)^2+1$ $(x \le -2)$에서 x와 y를 바꾸어 쓰면, $x=3(y+2)^2+1$ $(y \le -2)$이므로 $3(y+2)^2=x-1$이고 $(y+2)^2=\frac{1}{3}(x-1)$이다.

따라서 $y+2=\pm\sqrt{\frac{1}{3}(x-1)}$가 되는데 $y \le -2$이므로 $y+2=-\sqrt{\frac{1}{3}(x-1)}$이다. 그러므로 $y=-\sqrt{\frac{1}{3}(x-1)}-2$가 된다.

(3) $y=2(x-2)(x+1)$ $(x \le \frac{1}{2})$에서 y를 정리하면 다음과 같다.

$$y=2(x-2)(x+1)=2(x^2-x-2)=2\left\{(x-\frac{1}{2})^2-\frac{9}{4}\right\}=2(x-\frac{1}{2})^2-\frac{9}{2}$$

x와 y를 바꾸어 쓰면,

$x = 2(y - \frac{1}{2})^2 - \frac{9}{2}$, $(y \leq \frac{1}{2})$이고, $2(y - \frac{1}{2})^2 = x + \frac{9}{2}$이므로

$(y - \frac{1}{2})^2 = \frac{1}{2}(x + \frac{9}{2})$.

따라서 $y - \frac{1}{2} = \pm\sqrt{\frac{1}{2}(x + \frac{9}{2})}$가 되는데 $y \leq \frac{1}{2}$이므로

$y - \frac{1}{2} = -\sqrt{\frac{1}{2}(x + \frac{9}{2})}$ 이므로 $y = -\sqrt{\frac{1}{2}(x + \frac{9}{2})} + \frac{1}{2}$이다.

CHAPTER 04 연습문제 해답

4-1. x,y,z가 등비수열이므로 $y^2 = xz$이며 양변에 log를 취하면,

$\log y^2 = \log xz$이며, log의 성질에 따라 $2\log y = \log x + \log z$이다.

따라서 $\log x$, $\log y$, $\log z$ 은 등차수열 이다.

4-2. $n=1$을 대입하면 좌변$= 1^3 = 1$

$$우변= (\frac{1 \cdot 2}{2})^2 = 1$$

따라서 좌변=우변이므로 주어진 식이 성립한다.

$n=k$일 때, 주어진 식이 성립한다고 가정하면

즉, 좌변 $= 1^3 + 2^3 + 3^3 + \cdots\cdots + k^3 = (\frac{k(k+1)}{2})^2 =$ 우변이다.

$n=k+1$일 때,

$$\begin{aligned} 좌변 &= 1^3 + 2^3 + 3^3 + \cdots\cdots + k^3 + (k+1)^3 = (\frac{k(k+1)}{2})^2 + (k+1)^3 \\ &= \frac{k^2(k+1)^2}{4} + (k+1)^3 = \frac{k^2(k+1)^2 + 4(k+1)^3}{4} \\ &= \frac{(k+1)^2(k^2+4(k+1))}{4} = \frac{(k+1)^2(k^2+4k+4)}{4} \\ &= \frac{(k+1)^2(k+2)^2}{4} = (\frac{(k+1)(k+2)}{2})^2 가 되고 \end{aligned}$$

우변 $= (\frac{(k+1)(k+2)}{2})^2$이다.

따라서 $n=k$일 때, 주어진 식이 성립한다고 가정하면

$n=k+1$일 때 좌변과 우변이 같다는 것을 알 수 있다.

그러므로 모든 자연수 n에 대하여 주어진 식이 성립한다는 것을 알 수 있다.

4-3. $1 \cdot 2, 2 \cdot 3, 3 \cdot 4, \cdots\cdots, 10 \cdot 11$의 일반항은 $a_n = n(n+1)$이므로

$$\begin{aligned} 1 \cdot 2 + 2 \cdot 3 + \cdots + 10 \cdot 11 &= \sum_{k=1}^{10} k(k+1) = \sum_{k=1}^{10} (k^2+k) \\ &= \frac{10 \cdot 11 \cdot 21}{6} + \frac{10 \cdot 11}{2} = 385 + 55 = 440 이다. \end{aligned}$$

4-4. (1) $\sum_{n=1}^{\infty}\left(-\frac{1}{2}\right)^n = \lim_{n\to\infty}\sum_{k=1}^{n}\left(-\frac{1}{2}\right)^n = \lim_{n\to\infty}\frac{\left(-\frac{1}{2}\right)\left\{1-\left(-\frac{1}{2}\right)^n\right\}}{1-\left(-\frac{1}{2}\right)} = \frac{-\frac{1}{2}}{\frac{3}{2}} = -\frac{1}{3}$

(2) $\sum_{n=1}^{\infty}3^n = \lim_{n\to\infty}\sum_{k=1}^{n}3^n = \lim_{n\to\infty}\frac{3(3^n-1)}{3-1} = \infty$ (발산)

4-5. (1) $\lim_{n\to\infty} c = c$ (단, c는 임의의 실수)

임의의 양수 p에 대하여 $n \geq K$이면, $|c-c| < p$인 조건을 만족하는 자연수 K가 적어도 하나 존재할 때를 의미하는데, $|c-c| = 0 < p$이므로 자연수 중 어떠한 원소를 택하여도 성립한다는 것을 알 수 있다.

(2) $\lim_{n\to\infty} a_n = \alpha$일 때, $\lim_{n\to\infty} ka_n = k\lim_{n\to\infty} a_n = k\alpha$이다. (단, k는 임의의 실수)

① $k=0$일 때, $ka_n = 0$이므로 $ka_n = 0$는 상수이며, 첫 번째 성질에 의하여 $\lim_{n\to\infty} 0a_n = 0\lim_{n\to\infty} a_n = 0\alpha = 0$임을 알 수 있다.

② $k \neq 0$일 때, 임의의 모든 양수 p에 대하여 $n \geq K$이면, $|ka_n - k\alpha| < p$인 조건을 만족하는 자연수 K 가 적어도 하나 존재한다는 것을 증명하여 보자.

가정에서 $\lim_{n\to\infty} a_n = \alpha$ 이고, $k \neq 0$이며, $|ka_n - k\alpha| < p$이므로

$|ka_n - k\alpha| = |k||a_n - \alpha| < p$이며, $|a_n - \alpha| < \frac{p}{|k|}$이다.

여기에서 $\forall p > 0$이고, $|k| > 0$이기에 $\frac{p}{|k|} > 0$임을 알 수 있다.

따라서 자연수 K를 $K = \frac{p}{|k|}$라 놓으며, 모든 양수 p에 대하여 $n \geq K$이면, $|ka_n - k\alpha| < p$인 조건을 만족하는 자연수 K가 적어도 하나 존재한다는 것을 알 수 있다.

(3) $\lim_{n\to\infty} a_n = \alpha$, $\lim_{n\to\infty} b_n = \beta$일 때, $\lim_{n\to\infty}(a_n + b_n) = \lim_{n\to\infty} a_n + \lim_{n\to\infty} b_n = \alpha + \beta$임을 증명하는 문제는 $\forall p > 0$, $n \geq K$ 이면, $|(a_n + b_n) - (\alpha + \beta)| < p$인 조건을 만족하는 자연수 K가 존재한다는 것을 증명하는 것으로

가정에서 $\lim_{n\to\infty} a_n = \alpha$, $\lim_{n\to\infty} b_n = \beta$이므로, 주어진 양수 $\frac{p}{2}$에 대하여

$\exists K_1 \in N$ such that $n \geq K_1 \rightarrow |a_n - \alpha| < \frac{p}{2}$이고,

$\exists K_2 \in N$ such that $n \geq K_2 \rightarrow |a_n - \alpha| < \frac{p}{2}$가 되는 K_1과 K_2가 존재한다는 것을 알 수 있다.

또한, 삼각부등식에 의하여

$|(a_n + b_n) - (\alpha + \beta)| = |(a_n - \alpha) + (b_n - \beta)| \leq |a_n - \alpha| + |b_n - \beta|$이므로 자연수 K_1과 K_2가 존재하므로, K_1과 K_2 중 큰 값을 K라 하면, $n \geq K$ 일 때,

$$|(a_n + b_n) - (\alpha + \beta)| = |(a_n - \alpha) + (b_n - \beta)| \leq |a_n - \alpha| + |b_n - \beta|$$

$$= \frac{p}{2} + \frac{p}{2} = p$$

임을 알 수 있다.

그러므로, $\forall p > 0$, $n \geq K$ 이면, $|(a_n + b_n) - (\alpha + \beta)| < p$인 조건을 만족하는 자연수 K가 존재한다는 것을 알 수 있다.

$\lim_{n \to \infty} a_n = \alpha$, $\lim_{n \to \infty} b_n = \beta$일 때, $\lim_{n \to \infty} (a_n - b_n) = \lim_{n \to \infty} a_n - \lim_{n \to \infty} b_n = \alpha - \beta$임을 증명하는 문제는 위와 유사한 방법으로 증명된다.

4-6. (1) $\lim_{n \to \infty} \frac{n-1}{2n+3} = \frac{1}{2}$로 수렴하므로 정의에 의하여 모든 양수 p에 대하여 $n \geq K$이면, $|a_n - \alpha| < p$인 조건을 만족하는 자연수 K가 존재한다.

그런데 일반항 a_n은 $a_n = \frac{n-1}{2n+3}$이며, $\lim_{n \to \infty} \frac{n-1}{2n+3} = \frac{1}{2}$로 수렴하므로 $\alpha = \frac{1}{2}$이므로 $|a_n - \alpha| < p$에 대입하여 정리하면 다음과 같다.

$$\left|\frac{n-1}{2n+3} - \frac{1}{2}\right| < \frac{1}{500} \Rightarrow \left|\frac{2(n-1) - (2n+3)}{2(2n+3)}\right| < \frac{1}{500}$$

$$\Rightarrow \left|\frac{2n - 2 - 2n - 3}{2(2n+3)}\right| < \frac{1}{500}$$

$$\Rightarrow \left|\frac{-5}{2(2n+3)}\right| < \frac{1}{500}$$

$$\Rightarrow \frac{5}{2(2n+3)} < \frac{1}{500} \Rightarrow n + 3 > 3500$$

$$\Rightarrow n > 3497$$

$n > 3497$인 자연수는 3498, 3499, 3500, $\cdots$이며, 최소의 자연수 K를 구하는 문제이므로 $K = 3498$이다.

(2) $\lim_{n\to\infty}\frac{5n-2}{3n+1}=\frac{5}{3}$로 수렴하므로 정의에 의하여 모든 양수 p에 대하여 $n \ge K$이면, $|a_n-\alpha|<p$인 조건을 만족하는 자연수 K가 존재한다.

그런데 일반항 a_n은 $a_n=\frac{5n-2}{3n+1}$이며, $\lim_{n\to\infty}\frac{5n-2}{3n+1}=\frac{5}{3}$로 수렴하므로 $\alpha=\frac{5}{3}$이므로 $|a_n-\alpha|<p$에 대입하여 정리하면 다음과 같다.

$$\left|\frac{5n-2}{3n+1}-\frac{5}{3}\right|<\frac{1}{200} \Rightarrow \left|\frac{3(5n-2)-5(3n+1)}{3(3n+1)}\right|<\frac{1}{200}$$

$$\Rightarrow \left|\frac{15n-6-15n-5}{3(3n+1)}\right|<\frac{1}{200}$$

$$\Rightarrow \left|\frac{-11}{3(3n+1)}\right|<\frac{1}{200}$$

$$\Rightarrow \frac{11}{3(3n+1)}<\frac{1}{200} \Rightarrow 3(3n+1)>2200$$

$$\Rightarrow 3n+1>733.33\cdots \Rightarrow 3n>732.33\cdots$$

$$\Rightarrow n>244.1\cdots$$

$n>244.1\cdots$인 자연수는 245, 246, 247, $\cdots$이며, 최소의 자연수 K를 구하는 문제이므로 $K=245$이다.

4-7. (1) $\lim_{x\to 1}\frac{3}{(x-1)^2}=\infty$

(2) $\lim_{x\to 1}\frac{-3}{(x-1)^2}=-\infty$

(3) $\lim_{x\to 1}\frac{1}{|x-1|}=\infty$

4-8. (1) 함수 $f(x)=5x+3$는 $\lim_{x\to -2}f(x)=\lim_{x\to -2}(5x+3)=-7$이므로, 주어진 p값에 대하여 $0\ne|x+2|<q \to |(5x+3)-(-7)|<\frac{1}{300}$인 조건을 만족하는 양수 q가 존재한다.

그런데 $|(5x+3)-(-7)|<\frac{1}{300} \Leftrightarrow |5x+10|<\frac{1}{300} \Leftrightarrow 5|x+2|<\frac{1}{300}$

$\Leftrightarrow |x+2|<\frac{1}{1500}$이므로 양수 q의 최댓값은 $\frac{1}{1500}$이다.

(2) 함수 $f(x)=\dfrac{x+1}{2x+1}$는 $\lim_{x\to 2}f(x)=\lim_{x\to 2}\dfrac{x+1}{2x+1}=\dfrac{3}{5}$이므로, 주어진 p값에 대하여 $0\neq|x-2|<q \to \left|\dfrac{x+1}{2x+1}-\dfrac{3}{5}\right|<\dfrac{1}{500}$인 조건을 만족하는 양수 q가 존재한다. 그런데

$$\left|\frac{x+1}{2x+1}-\frac{3}{5}\right|<\frac{1}{500} \Leftrightarrow \left|\frac{5(x+1)-3(2x+1)}{5(2x+1)}\right|<\frac{1}{500}$$

$$\Leftrightarrow \frac{|x-2|}{5|2x+1|}<\frac{1}{500}\text{이다.}$$

또한 $|x-2|<1$라 하면,

$-1<x-2<1 \Leftrightarrow 1<x<3 \Rightarrow 3<2x+1<7 \Rightarrow |2x+1|<7$이다.

따라서 $5|2x+1|<35 \Rightarrow \dfrac{1}{35}<\dfrac{1}{5|2x+1|} \Rightarrow \dfrac{|x-2|}{35}<\dfrac{|x-2|}{5|2x+1|}<\dfrac{1}{500}$

이므로 $\dfrac{|x-2|}{35}<\dfrac{1}{500} \Rightarrow |x-2|<\dfrac{35}{500} \Rightarrow |x-2|<\dfrac{7}{100}$이다.

그러므로 양수 q의 최댓값은 $q=\min\left\{1,\dfrac{7}{100}\right\}=\dfrac{7}{100}$이다.

4-9. (1) $0\neq|x-1|<q \to |x^2-1|<\dfrac{1}{100}$에서

$|x^2-1|=|(x-1)(x+1)|=|x-1||x+1|$이므로

$0\neq|x-1|<q \to |x-1||x+1|<\dfrac{1}{100}$이다.

또한 $|x-1|<1$라 하면,

$-1<x-1<1 \Leftrightarrow 0<x<2 \Rightarrow 1<x+1<3 \Rightarrow |x+1|<3$이다.

따라서 $|x+1|<3 \Rightarrow |x-1||x+1|<3|x-1|<\dfrac{1}{100}$이므로 $|x-1|<\dfrac{1}{300}$

이다.

그러므로 q의 최솟값은 $q=\min\left\{1,\dfrac{1}{300}\right\}=\dfrac{1}{300}$이다.

(2) $0\neq|x-2|<q \to |2x^2-8|<\dfrac{1}{100}$에서

$|2x^2-8|=2|x^2-4|=2|(x-2)(x+2)|=2|x-2||x+2|$이므로

$0\neq|x-2|<q \to |x-2||x+2|<\dfrac{1}{200}$이다.

또한 $|x-2|<1$ 라 하면,

$-1< x-2<1 \Leftrightarrow 1< x<3 \Rightarrow 3< x+2<5 \Rightarrow |x+2|<5$이다.

따라서 $|x+2|<5 \Rightarrow |x-2||x+2|<5|x-2|<\dfrac{1}{200}$이므로

$|x-2|<\dfrac{1}{1000}$이다.

그러므로 q의 최솟값은 $q=\min\left\{1, \dfrac{1}{1000}\right\}=\dfrac{1}{1000}$이다.

(3) $0 \neq |x+2|<q \rightarrow |5x^2-20|<\dfrac{1}{50}$에서

$|5x^2-20|=5|x^2-4|=5|(x-2)(x+2)|=5|x-2||x+2|$이므로

$0 \neq |x+2|<q \rightarrow |x-2||x+2|<\dfrac{1}{250}$이다.

또한 $|x+2|<1$라 하면,

$-1< x+2<1 \Leftrightarrow -3< x< -1 \Rightarrow -5< x-2< -3 \Rightarrow |x-2|<5$

이다.

따라서 $|x-2|<5 \Rightarrow |x-2||x+2|<5|x+2|<\dfrac{1}{50}$이므로 $|x+2|<\dfrac{1}{250}$

이다.

그러므로 q의 최솟값은 $q=\min\left\{1, \dfrac{1}{250}\right\}=\dfrac{1}{250}$이다.

CHAPTER 05 연습문제 해답

5-1. $f(x)=x^2+2x$이고, $x=-1$에서의 미분계수를 구하는 문제이므로

$$f'(-1)=\lim_{h\to 0}\frac{f(-1+h)-f(-1)}{h}=\lim_{h\to 0}\frac{(-1+h)^2+2(-1+h)+1}{h}$$
$$=\lim_{h\to 0}\frac{h^2}{h}=\lim_{h\to 0}h=0$$

5-2. (1) $y=e^{\sqrt{x}}$에서 $t=\sqrt{x}$이라 하면, $\dfrac{dt}{dx}=\dfrac{1}{2\sqrt{x}}$이고, $y=e^t$이므로 $\dfrac{dy}{dt}=e^t$이다.

따라서 $y'=\dfrac{dy}{dx}=\dfrac{dy}{dt}\dfrac{dt}{dx}=e^t\dfrac{1}{2\sqrt{x}}=e^{\sqrt{x}}\dfrac{1}{2\sqrt{x}}$이다.

그러므로 $y'=\dfrac{1}{2\sqrt{x}}e^{\sqrt{x}}$이다.

(2) $y=e^{\frac{1}{x}}$에서 $t=\dfrac{1}{x}$이라 하면, $\dfrac{dt}{dx}=-\dfrac{1}{x^2}$이고, $y=e^t$이므로 $\dfrac{dy}{dt}=e^t$이다.

따라서 $y'=\dfrac{dy}{dx}=\dfrac{dy}{dt}\dfrac{dt}{dx}=e^t(-\dfrac{1}{x^2})=-e^{\frac{1}{x}}\dfrac{1}{x^2}$이다.

그러므로 $y'=-\dfrac{1}{x^2}e^{\frac{1}{x}}$이다.

(3) $y=\csc^2 x$에서 $t=\csc x$라 하면, $\dfrac{dt}{dx}=-\csc x\cot x$이다.

또한 $y=t^2$이므로 $\dfrac{dy}{dt}=2t$이다.

따라서 $y'=\dfrac{dy}{dx}=\dfrac{dy}{dt}\dfrac{dt}{dx}=-2t\csc x\cot x=-2\csc^2 x\cot x$이다.

(4) $y=\csc^3 x$에서 $t=\csc x$라 하면, $\dfrac{dt}{dx}=-\csc x\cot x$이다.

또한 $y=t^3$이므로 $\dfrac{dy}{dt}=3t^2$이다.

따라서 $y'=\dfrac{dy}{dx}=\dfrac{dy}{dt}\dfrac{dt}{dx}=-3t^2\csc x\cot x=-3\csc^3 x\cot x$이다.

(5) $y=\sec^2 x$에서 $t=\sec x$라 하면, $\dfrac{dt}{dx}=\sec x\tan x$이다.

또한 $y=t^2$이므로 $\dfrac{dy}{dt}=2t$이다.

따라서 $y' = \frac{dy}{dx} = \frac{dy}{dt}\frac{dt}{dx} = 2t\sec x\tan x = 2\sec^2 x\tan x$ 이다.

(6) $y = \sec^3 x$ 에서 $t = \sec x$ 라 하면, $\frac{dt}{dx} = \sec x\tan x$ 이다.

또한 $y = t^3$ 이므로 $\frac{dy}{dt} = 3t^2$ 이다.

따라서 $y' = \frac{dy}{dx} = \frac{dy}{dt}\frac{dt}{dx} = 3t^2\sec x\tan x = 3\sec^3 x\tan x$ 이다.

(7) $y = \cot^2 x$ 에서 $t = \cot x$ 라 하면, $\frac{dt}{dx} = -\csc^2 x$ 이다.

또한 $y = t^2$ 이므로 $\frac{dy}{dt} = 2t$ 이다.

따라서 $y' = \frac{dy}{dx} = \frac{dy}{dt}\frac{dt}{dx} = -2t\csc^2 x = -2\cot x\csc^2 x$ 이다.

(8) $y = \cot^3 x$ 에서 $t = \cot x$ 라 하면, $\frac{dt}{dx} = -\csc^2 x$ 이다.

또한 $y = t^3$ 이므로 $\frac{dy}{dt} = 3t^2$ 이다.

따라서 $y' = \frac{dy}{dx} = \frac{dy}{dt}\frac{dt}{dx} = -3t^2\csc^2 x = -3\cot^2 x\csc^2 x$ 이다.

(9) $y = \sin^{-1}(\frac{x}{2})$ $(-2 \le x \le 2, -\frac{\pi}{2} \le y \le \frac{\pi}{2})$ 에서 $\sin y = \frac{x}{2}$ 이며, 음함수 미분법으로 양변을 미분하면 $\cos y\, y' = \frac{1}{2}$ 이며, $y' = \frac{1}{2\cos y}$ 이다.

그런데 $\sin^2 y + \cos^2 y = 1$ 이고, $\sin y = \frac{x}{2}$ 이므로 $(\frac{x}{2})^2 + \cos^2 y = 1$ 이다.

따라서 $\cos^2 y = 1 - \frac{x^2}{4} = \frac{4-x^2}{4}$ 이므로 $\cos y = \frac{\sqrt{4-x^2}}{2}$ (왜냐하면, $\cos y > 0$)

그러므로 $y' = \frac{1}{2\cos y} = \frac{1}{2\frac{\sqrt{4-x^2}}{2}} = \frac{1}{\sqrt{4-x^2}}$ 이다.

(10) $y = \cos^{-1}(\frac{x}{2})$ $(-2 \le x \le 2, -\frac{\pi}{2} \le y \le \frac{\pi}{2})$ 에서 $\cos y = \frac{x}{2}$ 이며, 음함수 미분법으로 양변을 미분하면 $-\sin y\, y' = \frac{1}{2}$ 이며, $y' = -\frac{1}{2\sin y}$ 이다.

그런데 $\sin^2 y + \cos^2 y = 1$ 이고, $\cos y = \frac{x}{2}$ 이므로 $\sin^2 y + (\frac{x}{2})^2 = 1$ 이다.

따라서 $\sin^2 y = 1 - \frac{x^2}{4} = \frac{4-x^2}{4}$ 이므로 $\sin y = \frac{\sqrt{4-x^2}}{2}$ (왜냐하면, $\sin y > 0$)

그러므로 $y' = -\frac{1}{2\sin y} = -\frac{1}{2\frac{\sqrt{4-x^2}}{2}} = -\frac{1}{\sqrt{4-x^2}}$ 이다.

(11) $y=\tan^{-1}(\frac{x}{2})$ $(-1 \le x \le 1, -\frac{\pi}{2} \le y \le \frac{\pi}{2})$에서 $\tan y = \frac{x}{2}$이며, 음함수 미분법으로 양변을 미분하면 $\sec^2 y y' = \frac{1}{2}$이며, $y' = \frac{1}{2\sec^2 y}$이다.

그런데 $1+\tan^2 y = \sec^2 y$이고, $\tan y = \frac{x}{2}$이므로 $1+(\frac{x}{2})^2 = \sec^2 y$이다.

따라서 $\sec^2 y = 1 + \frac{x^2}{4} = \frac{4+x^2}{4}$이다.

그러므로 $y' = \frac{1}{2\sec^2 y} = \frac{1}{2(\frac{4+x^2}{4})} = \frac{2}{4+x^2} = 2\frac{1}{x^2+4}$이다.

5-3. (1) $y=(x+1)^{\frac{1}{4}}$ $(x>-1)$의 역함수를 구하면, $x=(y+1)^{\frac{1}{4}}$ $(y>-1)$이고 y에 대하여 정리하면, $x^4=y+1$이고, $y=x^4-1$이 된다.

따라서 $[f^{-1}(x)]' = 4x^3$

(2) $y=\sqrt{4-x^2}$ $(0<x<2)$의 역함수를 구하면, $x=\sqrt{4-y^2}$ $(0<y<2)$이고 y에 대하여 정리하면, $x^2=4-y^2$이며, $y^2=4-x^2$, $y=\sqrt{4-x^2}$이 된다.

따라서 $[f^{-1}(x)]' = \frac{-2x}{2\sqrt{4-x^2}} = -\frac{x}{\sqrt{4-x^2}}$

5-4. (1) $x^2-xy+y^2=1$의 양변을 x에 대하여 미분하면, $(x^2-xy+y^2)'=(1)'$이므로 $(x^2)'-(xy)'+(y^2)'=0 \Rightarrow 2x-[(x)'y+x(y)']+2yy'=0$이다.

따라서 $2x-(y+xy')+2yy'=0 \Rightarrow 2x-y-xy'+2yy'=0$

$$\Rightarrow (2x-y)-(x-2y)y'=0$$

$$\Rightarrow (x-2y)y'=2x-y$$

이므로 $y'=\frac{2x-y}{x-2y}$이다.

(2) $x^3+y^3=9xy$의 양변을 x에 대하여 미분하면, $(x^3+y^3)'=(9xy)'$이므로 $(x^3)'+(y^3)'=9(xy)' \Rightarrow 3x^2+3y^2y'=9[(x)'y+x(y)']$이다.

따라서 $3x^2+3y^2y'=9(y+xy')$이고, 약분하면

$x^2+y^2y'=3(y+xy')=3y+3xy'$

$\Rightarrow x^2-3y=(3x-y^2)y'$이므로 $y'=\frac{x^2-3y}{3x-y^2}$이다.

5-5. 수의 체계에 맞게 자연수에서 실수까지 단계적으로 증명한다.

첫째, n이 자연수일 때, 이항전개를 이용하면

$(x+h)^n = x^n + nx^{n-1}h + \dfrac{n(n-1)}{2}x^{n-2}h^2 + \cdots + nxh^{n-1} + h^n$ 이다.

따라서 $(x+h)^n - x^n = x^n + nx^{n-1}h + \dfrac{n(n-1)}{2}x^{n-2}h^2 + \cdots + h^n - x^n$

$= x^n + nx^{n-1}h + \dfrac{n(n-1)}{2}x^{n-2}h^2 + \cdots + h^n$ 이다.

그러므로 $f'(x) = \lim\limits_{h \to 0}\dfrac{f(x+h)-f(x)}{h} = \lim\limits_{h \to 0}\dfrac{(x+h)^n - x^n}{h}$

$= \lim\limits_{h \to 0}\dfrac{nx^{n-1}h + \dfrac{n(n-1)}{2}x^{n-2}h^2 + \cdots + h^n}{h}$

$= \lim\limits_{h \to 0} nx^{n-1} + \dfrac{n(n-1)}{2}x^{n-2}h + \cdots + h^{n-1} = nx^{n-1}$ 이다.

둘째, $n=0$인 경우, $f(x) = nx^{n-1}$에서

① 좌변 $= f(x) = x^n = x^0 = 1$ 이다.

따라서 $f'(x) = \lim\limits_{h \to 0}\dfrac{f(x+h)-f(x)}{h} = \lim\limits_{h \to 0}\dfrac{(x+h)^0 - x^0}{h}$

$= \lim\limits_{h \to 0}\dfrac{1-1}{h} = 0$ 이다.

② 우변 $= nx^{n-1} = 0x^{0-1} = 0$ 이다.

따라서 ①과 ②에 의하여 좌변 = 우변

셋째, $n < 0$인 경우, *put* $n = -m$ (단, m은 자연수)

$f(x) = x^n = x^{-m} = \dfrac{1}{x^m}$ 이다.

따라서 $f'(x) = \left(\dfrac{1}{x^m}\right)' = \dfrac{1'x^m - 1(x^m)'}{(x^m)^2} = \dfrac{-mx^{m-1}}{x^{2m}} = -mx^{m-1}x^{-2m}$

$= -mx^{-m-1} = nx^{n-1}$

넷째, n이 유리수인 경우, *put* $n = \dfrac{q}{p}$ (단, p,q은 정수 & $q \neq 0$)

$y = f(x) = x^n = x^{\frac{q}{p}}$ 이며, $y^p = x^q$이므로 음함수 미분법을 이용하여

$py^{p-1}y' = qx^{q-1}$이다.

따라서 $y' = \dfrac{qx^{q-1}}{py^{p-1}} = \dfrac{q}{p}x^{q-1}y^{1-p} = \dfrac{q}{p}x^{q-1}(x^{\frac{q}{p}})^{1-p} = \dfrac{q}{p}x^{q-1}x^{\frac{q}{p}-q}$

$= \dfrac{q}{p}x^{q-1+\frac{q}{p}-q} = \dfrac{q}{p}x^{\frac{q}{p}-1} = nx^{n-1}$이다.

다섯째, n이 실수인 경우,

$y = f(x) = x^n$ 양변에 절댓값을 주면, $|y| = |x^n|$ 이고, $|ab| = |a||b|$이므로 $|y| = |x^n| = |x|^n$이다. 양변에 자연로그를 취하면, $\ln|y| = \ln|x|^n = n\ln|x|$ 이고, 양변을 음함수로 미분하면 $\dfrac{y'}{y} = \dfrac{n}{x}$이다.

따라서 $y' = \dfrac{n}{x}y = \dfrac{n}{x}x^n = nx^{n-1}$이다.

CHAPTER 06 연습문제 해답

6-1. 직선 $y=ax+b$의 x축의 양의 방향과 이루는 각의 크기를 θ라고 하면, $a=\tan\theta$이며, $c=\tan\left(\frac{\pi}{2}+\theta\right)$이다. 따라서 삼각함수의 덧셈정리를 이용하여 다음과 같이 증명한다.

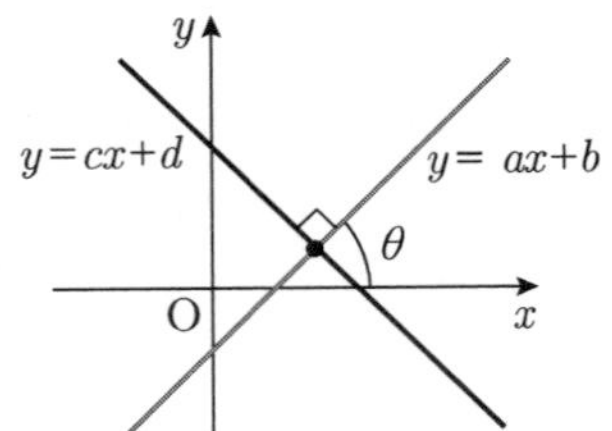

$$ac=\tan\theta\tan\left(\frac{\pi}{2}+\theta\right)=\frac{\sin\theta}{\cos\theta}\frac{\sin\left(\frac{\pi}{2}+\theta\right)}{\cos\left(\frac{\pi}{2}+\theta\right)}$$

$$=\frac{\sin\theta}{\cos\theta}\frac{\sin\left(\frac{\pi}{2}\right)\cos\theta+\cos\left(\frac{\pi}{2}\right)\sin\theta}{\cos\left(\frac{\pi}{2}\right)\cos\theta-\sin\left(\frac{\pi}{2}\right)\sin\theta}=\frac{\sin\theta}{\cos\theta}\frac{\cos\theta}{-\sin\theta}=-1.$$

그러므로 $ac=-1$이다.

6-2. (1) $f(x)=x^{\frac{1}{4}}$라 하면, $f'(x)=\frac{1}{4}x^{-\frac{3}{4}}$이 된다.

$$(15)^{\frac{1}{4}}=f(15)=f(16-1)\fallingdotseq f(16)+f'(16)(-1)$$

① $f(16)=16^{\frac{1}{4}}=(2^4)^{\frac{1}{4}}=2$

② $f'(16)=\frac{1}{4}(16)^{-\frac{3}{4}}=\frac{1}{4}(2^4)^{-\frac{3}{4}}=\frac{1}{4}2^{-3}=\frac{1}{4}\frac{1}{8}\fallingdotseq 0.33$

$$(15)^{\frac{1}{4}}=f(15)=f(16-1)\fallingdotseq f(16)+f'(16)(-1)$$
$$=2+0.33(-1)=2-0.33=1.67$$

(2) $f(x)=x^{\frac{2}{3}}$라 하면, $f'(x)=\frac{2}{3}x^{-\frac{1}{3}}$이 된다.

$$(127)^{\frac{2}{3}}=f(127)=f(125+2)\fallingdotseq f(125)+f'(125)(2)$$

① $f(125)=125^{\frac{2}{3}}=(5^3)^{\frac{2}{3}}=5^2=25$

② $f'(125)=\frac{2}{3}(125)^{-\frac{1}{3}}=\frac{2}{3}(5^3)^{-\frac{1}{3}}=\frac{2}{3}5^{-1}=\frac{2}{3}\frac{1}{5}=\frac{2}{15}\fallingdotseq 0.13$

$$(127)^{\frac{2}{3}} = f(127) = f(125+2) \fallingdotseq f(125) + f'(125)(2)$$
$$= 25 + 0.13(2) = 25 + 0.26 = 25.26$$

6-3. (1) 임계점은 $f'(x)=0$인 x값을 구하면 된다.

그런데 $f'(x) = 6x^2 - 12x = 6x(x-2) = 0$이므로 임계점은 $x=0$ 또는 2이다.
또한 $x=0$은 주어진 구간 $[1, 3]$에 포함되지 않으므로 주어진 구간의 양 끝값과 $x=2$ (임계점)에서의 함숫값을 비교하면 된다.
따라서 각각의 함숫값을 구하면 다음과 같다.

$$f(1) = 2-6 = -4$$
$$f(2) = 16-24 = -8$$
$$f(3) = 54-54 = 0$$

그러므로 함수 $f(x) = 2x^3 - 6x^2$의 최댓값은 0, 최솟값은 -8이다.

(2) 임계점은 $f'(x)=0$인 x값을 구하면 된다.

그런데 $f'(x) = 6x^2 - 18x + 12 = 6(x^2 - 3x + 2) = 6(x-1)(x-2) = 0$이므로
임계점은 $x=1$ 또는 2이며 구간 $[1, 3]$에 포함된다.
따라서 함수의 최댓값 또는 최솟값은 주어진 구간 $[0, 3]$의 양 끝값과 임계점에서의 함숫값을 비교하면 된다.

$$f(0) = -2$$
$$f(1) = 2-9+12-2 = 3$$
$$f(2) = 16-36+24-2 = 2$$
$$f(3) = 54-81+36-2 = 7$$

그러므로 함수 $f(x) = 2x^3 - 9x^2 + 12x - 2$의 최댓값은 7, 최솟값은 -2이다.

6-4. (1) $\lim_{x \to \infty} \frac{e^x}{x^2} = \lim_{x \to \infty} \frac{e^x}{2x} = \lim_{x \to \infty} \frac{e^x}{2} = \infty$

(2) $\lim_{x \to 0} \frac{1-\cos x}{\sin x} \lim_{x \to 0} \frac{\sin x}{\cos x} = \frac{\sin 0}{\cos 0} = \frac{0}{1} = 0$

(3) $\lim_{x \to 0} \frac{x^2}{e^x - 1} = \lim_{x \to 0} \frac{2x}{e^x} = 0$

(4) $\lim_{x \to 0^+} \frac{\ln x}{\csc x} = \lim_{x\to 0^+} \frac{\frac{1}{x}}{-\csc x \cot x} = \lim_{x\to 0^+} - \frac{1}{x \csc x \cot x} = \lim_{x\to 0^+} - \frac{\sin^2 x}{x \cos x}$

$= \lim_{x\to 0^+} \frac{2\sin x \cos x}{\cos x - x\sin x} = 0$

(5) $\lim_{x \to \infty} x\sin(\frac{1}{x}) = \lim_{x\to\infty} \frac{\sin(\frac{1}{x})}{\frac{1}{x}} = \lim_{x\to\infty} \frac{\cos(\frac{1}{x})(-\frac{1}{x^2})}{-\frac{1}{x^2}} = \lim_{x\to\infty} \cos(\frac{1}{x})$

$= \cos 0 = 1$

(6) $\lim_{x \to (\frac{\pi}{4})^-} (1-\tan x)\sec(2x) = \lim_{x\to\frac{\pi}{4^-}} \frac{1-\tan x}{\cos(2x)} = \lim_{x\to\frac{\pi}{4^-}} \frac{-\sec^2 x}{-2\sin(2x)} = \frac{2}{2} = 1$

(7) $\lim_{x \to (\frac{\pi}{2})^-} (\sec x - \tan x) = \lim_{x\to\frac{\pi}{2^-}} (\frac{1}{\cos x} - \frac{\sin x}{\cos x}) = \lim_{x\to\frac{\pi}{2^-}} \frac{1-\sin x}{\cos x}$

$= \lim_{x\to\frac{\pi}{2}} \frac{-\cos x}{-\sin x} = \frac{0}{1} = 0$

(8) $\lim_{x \to 0} (x+1)^{\frac{1}{x}} = \lim_{x\to 0} e^{\ln(x+1)^{\frac{1}{x}}} = \lim_{x\to 0} e^{\frac{1}{x}\ln(x+1)} = \lim_{x\to 0} e^{\frac{\ln(x+1)}{x}} = e^1 = e$

그런데 $\lim_{x\to 0} \frac{\ln(x+1)}{x} = \lim_{x\to 0} \frac{\frac{1}{x+1}}{1} = \lim_{x\to 0} \frac{1}{x+1} = 1$

(9) $\lim_{x \to 0^+} (\frac{1}{x})^x = \lim_{x\to 0^+} e^{\ln(\frac{1}{x})^x} = \lim_{x\to 0^+} e^{x\ln(\frac{1}{x})} = e^0 = 1$

그런데 $\lim_{x \to 0^+} x\ln(\frac{1}{x}) = \lim_{x\to 0^+} \frac{\ln(\frac{1}{x})}{\frac{1}{x}} = \lim_{x\to 0^+} \frac{\frac{-\frac{1}{x^2}}{\frac{1}{x}}}{-\frac{1}{x^2}} = \lim_{x\to 0^+} x = 0$ 이므로

(10) $\lim_{x \to 0^+} (1+\sin(2x))^{\cot x} = \lim_{x\to 0^+} e^{\ln(1+\sin(2x))^{\cot x}} = \lim_{x\to 0^+} e^{\cot x \ln(1+\sin(2x))} = e^2$

그런데 $\lim_{x \to 0^+} \cot x \ln(1+\sin(2x)) = \lim_{x\to 0^+} \frac{\cos x \ln(1+\sin(2x))}{\sin x}$

$= \lim_{x\to 0^+} \frac{-\sin x \ln(1+\sin(2x)) + \cos x \frac{2\cos 2x}{1+\sin 2x}}{\cos x} = 2$

CHAPTER 07 연습문제 해답

7-1. (1) $\int \sqrt{a^2-x^2}\,dx$에서 $x = a\sin\theta \ (-\frac{\pi}{2} < \theta < \frac{\pi}{2})$라고 하면,

① $\sqrt{a^2-x^2} = \sqrt{a^2-a^2\sin^2\theta} = \sqrt{a^2(1-\sin^2\theta)} = \sqrt{a^2\cos^2\theta} = a\cos\theta$

② $\frac{dx}{d\theta} = a\cos\theta$, $dx = a\cos\theta\, d\theta$

③ $x = asin\theta$, $\sin\theta = \frac{x}{a}$, $\theta = \sin^{-1}(\frac{x}{a})$이다.

따라서 $\int \sqrt{a^2-x^2}\,dx = \int a\cos\theta\,(a\cos\theta)d\theta = a^2\int \cos^2\theta\, d\theta$

$$= a^2\int \frac{1+\cos(2\theta)}{2}d\theta$$

$$= \frac{a^2}{2}\int (1+\cos(2\theta))d\theta = \frac{a^2}{2}\left(\theta + \frac{1}{2}sin(2\theta)\right) + C$$

$$= \frac{a^2}{2}(\theta + \sin\theta\cos\theta) + C$$

$$= \frac{a^2}{2}\left(\sin^{-1}\left(\frac{x}{a}\right) + \frac{x}{a}\frac{\sqrt{a^2-x^2}}{a}\right) + C$$

another solusion : 부분적분 방법 이용

$$\int \sqrt{a^2-x^2}\,dx = x\sqrt{a^2-x^2} - \int x\, d\left(\sqrt{a^2-x^2}\right)$$

$$= x\sqrt{a^2-x^2} - \int x\left(\frac{-2x}{2\sqrt{a^2-x^2}}\right)dx$$

$$= x\sqrt{a^2-x^2} - \int \frac{-x^2}{\sqrt{a^2-x^2}}dx$$

$$= x\sqrt{a^2-x^2} - \int \frac{a^2-x^2-a^2}{\sqrt{a^2-x^2}}dx$$

$$= x\sqrt{a^2-x^2} - \int \left(\sqrt{a^2-x^2} - \frac{a^2}{\sqrt{a^2-x^2}}\right)dx$$

$$= x\sqrt{a^2-x^2} - \int \sqrt{a^2-x^2}\,dx + a^2\int \frac{1}{\sqrt{a^2-x^2}}dx$$

따라서 $2\int\sqrt{a^2-x^2}\,dx = x\sqrt{a^2-x^2} + a^2\int\frac{1}{\sqrt{a^2-x^2}}dx$이다.

그런데 $\int\frac{1}{\sqrt{a^2-x^2}}dx = \sin^{-1}\left(\frac{x}{a}\right) + C$이므로

$2\int\sqrt{a^2-x^2}\,dx = x\sqrt{a^2-x^2} + a^2\sin^{-1}\left(\frac{x}{a}\right)$이다.

그러므로 $\int\sqrt{a^2-x^2}\,dx = \frac{1}{2}[x\sqrt{a^2-x^2} + a^2\sin^{-1}\left(\frac{x}{a}\right)] + C$이다.

(2) $\int\frac{1}{x\sqrt{x^2-a^2}}dx$ 에서 $x = a\sec\theta$라고 하면

① $\sqrt{x^2-a^2} = \sqrt{a^2\sec^2\theta - a^2} = \sqrt{a^2(\sec^2\theta-1)} = \sqrt{a^2\tan^2\theta} = a\tan\theta$

② $\frac{dx}{d\theta} = a\sec\theta\tan\theta$, $dx = a\sec\theta\tan\theta\,d\theta$

③ $x = a\sec\theta$, $\sec\theta = \frac{x}{a}$, $\theta = \sec^{-1}(\frac{x}{a})$이다.

따라서 $\int\frac{1}{x\sqrt{x^2-a^2}}dx = \int\frac{1}{a\sec\theta\, a\tan\theta}a\sec\theta\tan\theta\,d\theta = \int\frac{1}{a}d\theta$

$$= \frac{1}{a}\int d\theta = \frac{1}{a}\theta + C = \frac{1}{a}sec^{-1}\left(\frac{x}{a}\right) + C \text{ 이다.}$$

(3) $I_n = \int(\ln x)^n dx = x(\ln x)^n - \int x\,d[(\ln x)^n]$

$$= x(\ln x)^n - \int xn(\ln x)^{n-1}\frac{1}{x}dx$$

$$= x(\ln x)^n - n\int(\ln x)^{n-1}dx$$

$I_n = \int(\ln x)^n dx = x(\ln x)^n - n\int(\ln x)^{n-1}dx = x(\ln x)^n - nI_{n-1}$

(4) $I_1 = \int\sin x\,dx$

$I_2 = \int\sin^2 x\,dx$

$I_3 = \int\sin^3 x\,dx = \int\sin^2 x\sin x\,dx = \int\sin^2 x\,d(-\cos x)$

$$= -\sin^2 x\cos x + \int\cos x\,d(\sin^2 x)$$

$$= -\sin^2 x\cos x + \int\cos^2 x\,2\sin x\,dx$$

$$=-\sin^2 x\cos x+2\int(1-\sin^2 x)\sin x\,dx$$

$$=-\sin^2 x\cos x+2\left[\int \sin x dx-\int \sin^3 x\,dx\right]$$

$$=-\sin^2 x\cos x+2\int \sin x dx-2\int \sin^3 x\,dx$$

$$I_3=\int \sin^3 x\,dx=-\sin^2 x cosx+2\int \sin x dx-2\int \sin^3 x\,dx$$

$$3I_3=3\int \sin^3 x\,dx=-\sin^2 x cosx+2\int \sin x dx$$

$$I_3=\int \sin^3 x\,dx=-\frac{1}{3}sin^2 x cosx+\frac{2}{3}\int \sin x dx=-\frac{1}{3}sin^2 x cosx+\frac{2}{3}I_1$$

$$I_4=\int \sin^4 x\,dx=\int \sin^3 x\sin x\,dx=\int \sin^3 x\,d(-\cos x)$$

$$=-\sin^3 x\cos x+\int \cos x d(\sin^3 x)$$

$$=-\sin^3 x\cos x+\int \cos^2 x\,3\sin^2 x dx$$

$$=-\sin^3 x\cos x+3\int(1-\sin^2 x)\sin^2 x\,dx$$

$$=-\sin^3 x\cos x+3\left[\int \sin^2 x dx-\int \sin^4 x\,dx\right]$$

$$=-\sin^3 x\cos x+3\int \sin^2 x dx-3\int \sin^3 x\,dx$$

$$I_4=\int \sin^4 x\,dx=-\sin^3 x\cos x+3\int \sin^2 x dx-3\int \sin^4 x\,dx$$

$$4I_4=4\int \sin^4 x\,dx=-\sin^3 x\cos x+3\int \sin^2 x dx$$

$$I_3=\int \sin^3 x\,dx=-\frac{1}{4}\sin^3 x\cos x+\frac{3}{4}\int \sin^2 x dx=-\frac{1}{4}\sin^3 x\cos x+\frac{3}{4}I_2$$

I_3, I_4과 유사한 방법으로 I_n을 구할 수 있다.

$$I_n=\int \sin^n x\,dx=-\frac{1}{n}\sin^{n-1}x\cos x+\frac{n-1}{n}I_{n-2},\quad n\geq 3$$

(5) $I_1=\int \cos x\,dx$

$$I_2=\int \cos^2 x\,dx$$

$$I_3=\int \cos^3 x\,dx=\int \cos^2 x\cos x\,dx=\int \cos^2 x\,d(\sin x)$$

$$=\cos^2 x\sin x-\int \sin x d(\cos^2 x)$$

$$= \cos^2 x \sin x - \int \cos x\, 2(-\sin^2 x)dx$$

$$= \sin^2 x \cos x + 2\int \cos x(1-\cos^2 x)\,dx$$

$$= \sin^2 x \cos x + 2[\int (\cos x - \cos^3 x)dx]$$

$$= \sin^2 x \cos x + 2\int \cos x dx - 2\int \cos^3 x\,dx$$

$$I_3 = \int \cos^3 x\,dx = \sin^2 x \cos x + 2\int \cos x dx - 2\int \cos^3 x\,dx$$

$$3I_3 = 3\int \cos^3 x\,dx = \sin^2 x \cos x + 2\int \cos x dx$$

$$I_3 = \int \cos^3 x\,dx = \frac{1}{3} cos^2 x \sin x + \frac{2}{3}\int \cos x dx = \frac{1}{3}\cos^2 x \sin x + \frac{2}{3} I_1$$

I_3과 유사한 방법으로 I_n을 구할 수 있다.

$$I_n = \int \cos^n x\,dx = \frac{1}{n}\cos^{n-1} x \sin x + \frac{n-1}{n} I_{n-2},\ n \geq 3$$

7-2. (1) $\int \frac{1}{\sqrt{x^2-a^2}}dx$에서 $x = a\sec\theta\ (0<\theta<\pi, \theta \neq \frac{\pi}{2})$라고 하면,

① $\sqrt{x^2-a^2} = \sqrt{a^2\sec^2\theta - a^2} = \sqrt{a^2(\sec^2\theta - 1)} = \sqrt{a^2\tan^2\theta} = a\tan\theta$

② $\frac{dx}{d\theta} = asec\theta\tan\theta$, $dx = a\sec\theta\tan\theta\,d\theta$

③ $x = a\sec\theta$, $\sec\theta = \frac{x}{a}$이다.

따라서 $\int \frac{1}{\sqrt{x^2-a^2}}dx = \int \frac{1}{a\tan\theta} a\sec\theta\tan\theta\,d\theta = \int \sec\theta d\theta$이며, [예제 8]

(3)을 이용하면, $\int \frac{1}{\sqrt{x^2-a^2}}dx = \int \sec\theta\,d\theta = \ln|\sec x + \tan x| + C$이다.

그러므로 $\int \frac{1}{\sqrt{x^2-a^2}}dx = \ln\left|\frac{x}{a} + \frac{\sqrt{x^2-a^2}}{a}\right| + C$이다.

(2) $\int \sqrt{x^2-a^2}\,dx$에서 $x = a\sec\theta\ (0<\theta<\pi, \theta \neq \frac{\pi}{2})$라고 하면,

① $\sqrt{x^2-a^2} = \sqrt{a^2\sec^2\theta - a^2} = \sqrt{a^2(\sec^2\theta - 1)} = \sqrt{a^2\tan^2\theta} = a\tan\theta$

② $\frac{dx}{d\theta} = asec\theta\tan\theta$, $dx = asec\theta\tan\theta\,d\theta$

③ $x = asec\theta$, $\sec\theta = \dfrac{x}{a}$ 이다.

따라서 $\int \sqrt{x^2 - a^2}\,dx = \int a^2\tan^2\theta\sec\theta\,d\theta = a^2\int(\sec^2\theta - 1)\sec\theta\,d\theta$

$$= a^2\int\sec^3\theta\,d\theta$$

$-a^2\int\sec\theta\,d\theta$ 이므로 [예제 8] (3)과 [예제 27] (8)을 이용하면,

$$\int\sec\theta\,d\theta = \ln|\sec x + \tan x| + C$$

$$\int\sec^3 x\,dx = \frac{1}{2}(\sec\theta\tan\theta + \ln|\sec\theta + \tan\theta|) + C$$ 이다.

그러므로 $\int \sqrt{x^2 - a^2}\,dx = a^2\left(\int\sec^3\theta\,d\theta - \int\sec\theta\,d\theta\right)$

$$= \frac{a^2}{2}\left(\sec\theta\tan\theta - \frac{1}{2}ln\ |\ \sec\theta + \tan\theta\right) + C$$

$$= \frac{a^2}{2}\left(\frac{x}{a}\frac{\sqrt{x^2 - a^2}}{a} - \frac{1}{2}\ln\left|\frac{x}{a} + \frac{\sqrt{x^2 - a^2}}{a}\right|\right) + C$$

$$= \frac{a^2}{2}\left(\frac{x\sqrt{x^2 - a^2}}{a^2} - \frac{1}{2}\ln\left|\frac{x + \sqrt{x^2 - a^2}}{a}\right|\right) + C$$

CHAPTER 08 연습문제 해답

8-1. 〈증명〉

우변 $\int_{1}^{3} x^2 dx = [\frac{1}{3}x^3]_1^3 = \frac{1}{3}(27-1) = \frac{26}{3}$

좌변 $\lim_{n\to\infty}\sum_{k=1}^{n}(1+\frac{2k}{n})^2\frac{2}{n}$ 에서

$$\sum_{k=1}^{n}(1+\frac{2k}{n})^2 = \sum_{k=1}^{n}(1+\frac{4}{n}k+\frac{4}{n^2}k^2) = \sum_{k=1}^{n}1+\frac{4}{n}\sum_{k=1}^{n}k+\frac{4}{n^2}\sum_{k=1}^{n}k^2$$

$$= n+\frac{4}{n}\frac{n(n+1)}{2}+\frac{4}{n^2}\frac{n(n+1)(2n+1)}{6}$$

$$= 3n+2+\frac{2(n+1)(2n+1)}{3n} = \frac{3n(3n+2)+2(n+1)(2n+1)}{3n}$$

$$= \frac{9n^2+6n+4n^2+6n+2}{3n} = \frac{13n^2+12n+2}{3n}$$

$$\sum_{k=1}^{n}(1+\frac{2k}{n})^2\frac{2}{n} = \frac{13n^2+18n+2}{3n}\frac{2}{n} = \frac{26n^2+36n+4}{3n^2}$$

$$\lim_{n\to\infty}\sum_{k=1}^{n}(1+\frac{2k}{n})^2\frac{2}{n} = \lim_{n\to\infty}\frac{26n^2+36n+4}{3n^2} = \frac{26}{3}$$

따라서 좌변과 우변이 같다.

8-2. (1) $\int_{0}^{\infty} e^{-x^2}xdx = \frac{1}{2}\int_{0}^{\infty} e^{-x^2}2xdx$ 이므로 $x^2 = t$라 하면,

① $x=0$이면 $t=0$, $x=\infty$이면 $t=\infty$이다.

② $\frac{dt}{dx} = 2x$이므로 $2xdx = dt$

따라서 $\int_{0}^{\infty} e^{-x^2}xdx = \frac{1}{2}\int_{0}^{\infty} e^{-x^2}2xdx = \frac{1}{2}\int_{0}^{\infty} e^{-t}dt = \frac{1}{2}\lim_{a\to\infty}\int_{0}^{a} e^{-t}dt$

$$= -\frac{1}{2}\lim_{a\to\infty}[e^{-t}]_0^a = -\frac{1}{2}\lim_{a\to\infty}\left(\frac{1}{e^a}-\frac{1}{e^0}\right) = \frac{1}{2}$$ 이다.

(2) $\int_0^\infty \frac{1}{\sqrt{2\pi}} e^{-\frac{x^2}{2}} dx = \frac{1}{\sqrt{2\pi}} \int_0^\infty e^{-\frac{x^2}{2}} dx$에서 $\frac{x}{\sqrt{2}} = t$라 하면,

① $x = 0$이면 $t = 0$, $x = \infty$이면 $t = \infty$이다.

② $\frac{dt}{dx} = \frac{1}{\sqrt{2}}$이므로 $dx = \sqrt{2}\,dt$

따라서 $\frac{1}{\sqrt{2\pi}} \int_0^\infty e^{-\frac{x^2}{2}} dx = \frac{1}{\sqrt{2\pi}} \sqrt{2} \int_0^\infty e^{-t^2} dt = \frac{1}{\sqrt{\pi}} \frac{\sqrt{\pi}}{2} = \frac{1}{2}$이다.

8-3. $x = t^3$에서 $f'(t) = \frac{dx}{dt} = 3t^2$이며, $y = \frac{3}{2}t^2$에서 $g'(t) = \frac{dy}{dt} = 3t$이다.

또한, $f'(t)$, $g'(t)$는 구간 $[0, \sqrt{3}]$에서 연속이고, $f'(t) \neq 0$, $g'(t) \neq 0$이다.

따라서 $L = \int_0^{\sqrt{3}} \sqrt{[f'(t)]^2 + [g'(t)]^2}\,dt = \int_0^{\sqrt{3}} \sqrt{(3t^2)^2 + (3t)^2}\,dt$

$= \int_0^{\sqrt{3}} \sqrt{9t^4 + 9t^2}\,dt = \int_0^{\sqrt{3}} \sqrt{9t^2(t^2+1)} = \int_0^{\sqrt{3}} 3t\sqrt{t^2+1}\,dt$이다.

$u = t^2 + 1$이라 하면, ① $\sqrt{t^2+1} = \sqrt{u}$

② $u = t^2 + 1 \Rightarrow \frac{du}{dt} = 2t \Rightarrow dt = \frac{1}{2}du$

③ $t = 0$ 일 때, $u = 1$이고 $t = \sqrt{3}$ 일 때, $u = 4$이다.

그러므로 $L = \int_0^{\sqrt{3}} 3t\sqrt{t^2+1}\,dt = 3\int_1^4 \sqrt{u}\frac{1}{2}du = \frac{3}{2}\int_1^4 \sqrt{u}\,du$

$= \frac{3}{2}[\frac{2}{3}u^{\frac{3}{2}}]_1^4 = 7$이다.

8-4. $y = x^2$에서 $y' = 2x$이다. 따라서 곡선의 길이(L)는

$$L = \int_a^b \sqrt{1 + [f'(x)]^2}\,dx = \int_0^1 \sqrt{1 + (2x)^2}\,dx = \int_0^1 \sqrt{1 + 4x^2}\,dx$$

$$= \int_0^1 \sqrt{4(x^2 + \frac{1}{4})}\,dx = 2\int_0^1 \sqrt{x^2 + \left(\frac{1}{2}\right)^2}\,dx$$

$x = \frac{1}{2}\tan\theta$라고 하면,

① $\sqrt{x^2 + \frac{1}{4}} = \sqrt{\frac{1}{4}\tan^2\theta + \frac{1}{4}} = \frac{1}{2}\sqrt{\tan^2\theta + 1} = \frac{1}{2}\sec\theta$

② $x=\frac{1}{2}tan\theta$에서 $\frac{dx}{d\theta}=\frac{1}{2}sec^2\theta$이고 $dx=\frac{1}{2}sec^2\theta\, d\theta$

③ $x=0$이면 $\theta=0$이고, $x=1$이면 $\theta=\frac{\pi}{4}$이다.

$L=2\int_0^1\sqrt{x^2+\left(\frac{1}{2}\right)^2}\,dx=2\int_0^{\frac{\pi}{4}}\frac{1}{4}sec^3\theta\, d\theta=\frac{1}{2}\int_0^{\frac{\pi}{4}}\sec^3\theta\, d\theta$이다.

또한, $\int\sec^3 x\, dx=\frac{1}{2}(\sec x\tan x+\ln|\sec x+\tan x|)+C$이므로

$$L=\frac{1}{2}\int_0^{\frac{\pi}{4}}\sec^3\theta\, d\theta=\frac{1}{4}[\sec\theta\tan\theta+\ln|\sec x+\tan x|]_0^{\frac{\pi}{4}}$$

$=\frac{1}{4}(\sqrt{2}+\ln(\sqrt{2}+1))$이다.

CHAPTER 09 연습문제 해답

9-1. 먼저 $\frac{\partial z}{\partial x}$, $\frac{\partial z}{\partial y}$는 다음과 같다.

$$\frac{\partial z}{\partial x}=12x^2y^2-4x,\quad \frac{\partial z}{\partial y}=8x^3y+21y^2$$

(1) $\frac{\partial^2 z}{\partial x^2}=\frac{\partial}{\partial x}\left(\frac{\partial z}{\partial x}\right)=\frac{\partial}{\partial x}(12x^2y^2-4x)=24xy^2-4$

(2) $\frac{\partial^2 z}{\partial x\partial y}=\frac{\partial}{\partial x}\left(\frac{\partial z}{\partial y}\right)=\frac{\partial}{\partial x}(8x^3y+21y^2)=24x^2y$

(3) $\frac{\partial^2 z}{\partial y\partial x}=\frac{\partial}{\partial y}\left(\frac{\partial z}{\partial x}\right)=\frac{\partial}{\partial y}(12x^2y^2-4x)=24x^2y$

(4) $\frac{\partial^2 z}{\partial y^2}=\frac{\partial}{\partial y}\left(\frac{\partial z}{\partial y}\right)=\frac{\partial}{\partial y}(8x^3y+21y^2)=8x^3y+42y$

9-2. 먼저 $\frac{\partial z}{\partial x}$, $\frac{\partial z}{\partial y}$는 다음과 같다.

$$\frac{\partial z}{\partial x}=-e^{-x}\sin y,\quad \frac{\partial z}{\partial y}=e^{-x}\cos y$$

(1) $\frac{\partial^2 z}{\partial x^2}=\frac{\partial}{\partial x}\left(\frac{\partial z}{\partial x}\right)=\frac{\partial}{\partial x}(-e^{-x}\sin y)=e^{-x}\sin y$이고

$\frac{\partial^2 z}{\partial y^2}=\frac{\partial}{\partial y}\left(\frac{\partial z}{\partial y}\right)=\frac{\partial}{\partial y}(e^{-x}\cos y)=-e^{-x}\sin y$이다.

따라서 $\frac{\partial^2 z}{\partial x^2}+\frac{\partial^2 z}{\partial y^2}=0$이다.

(2) $\frac{\partial^2 z}{\partial x\partial y}=\frac{\partial}{\partial x}\left(\frac{\partial z}{\partial y}\right)=\frac{\partial}{\partial x}(e^{-x}\cos y)=-e^{-x}\cos y$이고

$\frac{\partial^2 z}{\partial y\partial x}=\frac{\partial}{\partial y}\left(\frac{\partial z}{\partial x}\right)=\frac{\partial}{\partial y}(-e^{-x}\sin y)=-e^{-x}\cos y$이다.

따라서 $\frac{\partial^2 z}{\partial x\partial y}=\frac{\partial^2 z}{\partial y\partial x}$이다.

9-3. $p=\dfrac{mRT}{V}$이므로 $p=f(T, V)$인 이 변수 함수이다.

따라서 $\dfrac{\partial p}{\partial V}=-\dfrac{mRT}{V^2}$이고, $\dfrac{\partial p}{\partial T}=\dfrac{mR}{V}$이다.

9-4. t는 $t=2\pi\sqrt{\dfrac{l}{g}}$ 이므로 g, l에 대한 이 변수 함수이다.

따라서 $\dfrac{\partial t}{\partial l}=2\pi\dfrac{\frac{1}{g}}{2\sqrt{\frac{l}{g}}}=\dfrac{\pi}{\sqrt{gl}}$이고, $\dfrac{\partial t}{\partial g}=2\pi\dfrac{-\frac{l}{g^2}}{2\sqrt{\frac{l}{g}}}=-\dfrac{\pi}{g}\sqrt{\dfrac{l}{g}}$ 이다.

9-5. (1) $\displaystyle\int_0^a\int_0^{\frac{y^2}{a}}e^{\frac{x}{y}}dxdy=\int_0^a[e^{\frac{x}{y}}y]_0^{\frac{y^2}{a}}dy=\int_0^a(ye^{\frac{y}{a}}-y)\,dy$

또한, $\displaystyle\int ye^{\frac{y}{a}}dy=\int yd(ae^{\frac{y}{a}})=aye^{\frac{y}{a}}-\int ae^{\frac{y}{a}}dy=aye^{\frac{y}{a}}-a^2e^{\frac{y}{a}}+C$이므로

$$\int_0^a\int_0^{\frac{y^2}{a}}e^{\frac{x}{y}}dxdy=\int_0^a[e^{\frac{x}{y}}y]_0^{\frac{y^2}{a}}dy=\int_0^a(ye^{\frac{y}{a}}-y)\,dy$$

$$=[aye^{\frac{y}{a}}-a^2e^{\frac{y}{a}}-\frac{1}{2}y^2]_0^a$$

$$=(a^2e-a^2e-\frac{1}{2}a^2)-(0-a^2-0)=\frac{1}{2}a^2$$

(2) $\displaystyle\int_y^{\pi}\frac{\sin x}{x}dx$의 적분이 쉽지 않은 관계로 적분 영역을 변경하여 표시하면

$$R=\{(x,y)\mid y\le x\le\pi,\ 0\le y\le\pi\}$$
$$=\{(x,y)\mid 0\le y\le\pi, 0\le x\le y\}\quad(\because y=x)$$

$$\int_0^{\pi}\int_y^{\pi}\frac{\sin x}{x}dxdy=\int_0^{\pi}\int_0^{x}\frac{\sin x}{x}dydx=\int_0^{\pi}[\frac{\sin x}{x}y]_0^x dx$$

$$=\int_0^{\pi}\sin x\,dx=[-\cos x]_0^{\pi}=-(-1-1)=2$$

9-6. (1) $\displaystyle\iint_R 2xy\,dA=\int_0^1\int_y^{2-y}2xy\,dxdy=\int_0^1[x^2y]_y^{2-y}dy=\int_0^1(4y-4y^2)dy$

$$=[2y^2-\frac{4}{3}y^3]_0^1=\frac{2}{3}$$

(2) $\int_{\frac{x}{2}}^{1} e^{y^2}dy$의 적분이 쉽지 않은 관계로 적분 영역을 변경하여 표시하면

$$R=\left\{(x,y)\mid 0\le x\le 2,\ \frac{x}{2}\le y\le 1\right\}$$
$$=\{(x,y)\mid 0\le y\le 1, 0\le x\le 2y\}\quad (\because 2y=x)$$
$$\int\int_R e^{y^2}dA=\int_0^2\int_{\frac{x}{2}}^1 e^{y^2}dydx=\int_0^1\int_0^{2y}e^{y^2}dxdy=\int_0^1[xe^{y^2}]_0^{2y}dx$$
$$=\int_0^1 2ye^{y^2}dy=[e^{y^2}]_0^1=e-1$$

9-7. $y=x^2$이 우함수이고, $\int_{-a}^{a}x^2dx=2\int_0^a x^2dx$이므로 $\int_0^{\infty}f(x)dx=\frac{1}{2}$임을 증명하고자 한다. 또한, $\int_0^{\infty}f(x)dx=\int_0^{\infty}\frac{1}{\sqrt{2\pi}}e^{-\frac{1}{2}x^2}dx=\frac{1}{\sqrt{2\pi}}\int_0^{\infty}e^{-\frac{1}{2}x^2}dx=\frac{1}{2}$ 임을 증명하는 것이므로 결과적으로 $\int_0^{\infty}e^{-\frac{1}{2}x^2}dx=\frac{\sqrt{2\pi}}{2}$임을 보이면 된다.

$I=\int_0^{\infty}e^{-\frac{1}{2}x^2}dx$이라 하고, xy 평면 위의 영역 D를 $D=[0,\infty)\times[0,\infty)$라고 하면,

$$I^2=\int_0^{\infty}e^{-\frac{1}{2}x^2}dx\int_0^{\infty}e^{-\frac{1}{2}y^2}dy=\int_0^{\infty}\int_0^{\infty}e^{-\frac{1}{2}(x^2+y^2)}dydx$$
$$=\int\int_D e^{-\frac{1}{2}(x^2+y^2)}dxdy\text{이다.}$$

따라서 $\begin{cases}x=r\cos\theta\\ y=r\sin\theta\end{cases}$라고 하면, $x^2+y^2=r^2$이고, $\frac{\partial(x,y)}{\partial(r,\theta)}=r$이다.

또한 반지름 r의 범위는 $0<r<\infty$이고 θ는 제1 사분면에 있는 관계로 $0\le\theta\le\frac{\pi}{2}$ 이다.

따라서 $I^2=\int\int_D e^{-\frac{1}{2}(x^2+y^2)}dxdy=\int_0^{\frac{\pi}{2}}\int_0^{\infty}e^{-\frac{1}{2}r^2}r\,drd\theta=\int_0^{\frac{\pi}{2}}d\theta=\frac{\pi}{2}$이다.

$$(\because \int_0^{\infty}e^{-\frac{1}{2}x^2}xdx=[-e^{-\frac{1}{2}x^2}]_0^{\infty}=1)$$

그러므로 $I=\int_0^{\infty}e^{-\frac{1}{2}x^2}dx=\sqrt{\frac{\pi}{2}}=\frac{\sqrt{2\pi}}{2}$이다.

부록 01

1. 수학기호

같다	$=$	비례한다	$\propto$	sine	sin
보다 크다	$>$	계승	$!$	cosine	cos
보다 작다	$<$	비	$:$	tangent	tan
항등	$\equiv$	각	θ	cotangent	cot
부등	$\neq$	총합	$\sum_{n=1}^{j}$	secant	sec
항등이 아니다	$\not\equiv$	극한	$\lim_{x \to \infty}$	cosecant	cosec
근사적으로 같다	$\approx$	상용대수	$\log_{10}$	arc sine	$\arcsin(\mathrm{Sin}^{-1})$
근접	$\rightarrow$	자연대수	$\log_e (\ln)$	arc cosine	$\arccos(\mathrm{Cos}^{-1})$
내지	$\sim$	미분	$\frac{dy}{dx}$, $f'(x)$	arc tangent	$\arctan(\mathrm{Tan}^{-1})$
무한대	∞	적분	$\int$	hyperbolic sine	sinh

2. 단위의 승수

기호	명칭	승수	기호	명칭	승수
T	tera	10^{12}	c	centi	10^{-2}
G	giga	10^{9}	m	mili	10^{-3}
M	mega	10^{6}	μ	micro	10^{-6}
k	kilo	10^{3}	n	nano	10^{-9}
h	hekto	10^{2}	p	pico	10^{-12}
da	deka	10	f	femto	10^{-15}
d	deci	10^{-1}	a	atto	10^{-18}

3. 도량형 환산표

길 이 : 1 kilometer(km) = 1000 meter(m) 1 inch(in) = 2.540 cm

1 meter(m) = 100 centimeter(cm) 1 foot(ft) = 30.48 cm

1 centimeter(cm) = 10^{-2} m 1 mile(mi) = 1.609 km

1 millimeter(mm) = 10^{-3} m 1 mile = 10^{-3} in

1 micron(μ) = 10^{-6} m 1 centimeter = 0.3937 in

1 millimicron(mμ) = 10^{-9} m 1 meter = 39.37 in

1 angstrom( ) = 10^{-10} m 1 kilometer = 0.6214 mile

넓 이 : 1 square meter(m^2) = 10.7 ft^2 1 square mile(mi^2) = 640 acre

1 square foot(ft^2) = 929 cm^2 1 acre = 43.560 ft^2

부 피 : 1 liter(l) = 1000 cm^3 = 1.057 quart(qt) = 61.02 in^3 = 0.03532 ft^3

1 cubic meter(m^3) = 1000l = 35.32 ft^3

1 cubic foot(ft^3) = 7.481 U. S. gal = 0.02832 m^3=28.32l

1 U. S. gallon(gal) = 231 in^3 = 3.785l

1 British gallon = 1.201 U. S. gallon = 277.4 in^3

질 량 : 1 kilogram(kg) = 2.2046 pound(lb) = 0.06852 slug

1 lb = 453.6 gm = 0.03108 slug

1 slug = 32.17 lb = 24.59 kg

4. 그리스 문자

그리스 문자		호 칭		그리스 문자		호 칭	
A	α	alpha	알 파	N	ν	nu	뉴 우
B	β	beta	베 타	Ξ	ξ	xi	크 사 이
Γ	γ	gamma	감 마	O	o	omicron	오미크론
Δ	$\delta(\partial)$	delta	델 타	Π	π	pi	파 이
E	ϵ	epsilon	잎실론	P	ρ	rho	로 오
Z	ζ	zeta	제 타	Σ	σ	sigma	시 그 마
H	η	eta	에 타	T	τ	tau	타 우
Θ	$\theta(\vartheta)$	theta	데 타	Y	υ	upsilon	웁 실 론
I	ι	iota	이오타	Φ	$\phi(\varphi)$	phi	화 이
K	κ	kappa	카 파	X	χ	chi	카 이
Λ	λ	lambda	람 다	Ψ	ψ	psi	프 사 이
M	μ	mu	뮤 우	Ω	ω	omega	오 메 가

부록 02

Ⅰ. 기 하

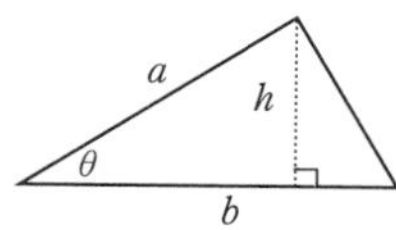

넓이 $= \frac{1}{2}bh$

$= \frac{1}{2}ab\ \sin\theta$

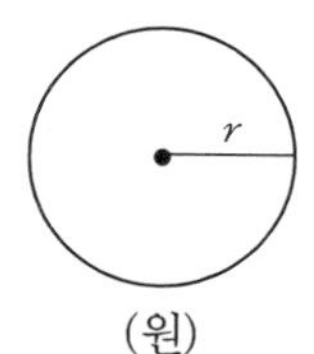

(원)

넓이 $= \pi r^2$

원주 $= 2\pi r$

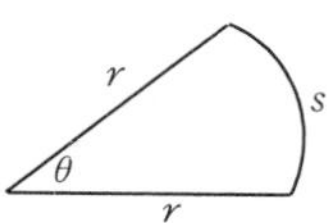

넓이 $= \frac{1}{2}r^2\theta$

$s = r\theta$　　(s : 호)

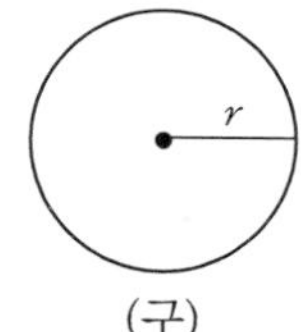

(구)

넓이 $= 4\pi r^2$

부피 $= \frac{4}{3}\pi r^3$

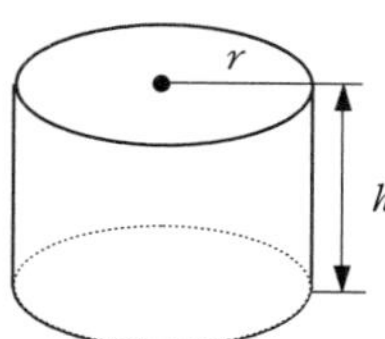

부피 $= \pi r^2 h$

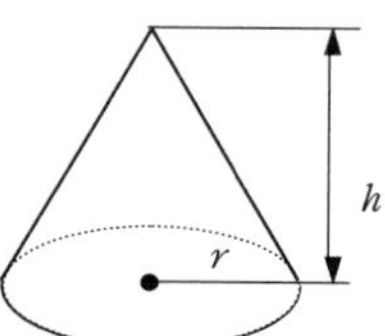

부피 $= \frac{1}{3}\pi r^2 h$

II. 대 수

1. 산술연산

- $a(b+c)=ab+ac$
- $\frac{b}{a}+\frac{d}{c}=\frac{bc+ad}{ac}$
- $\frac{b+c}{a}=\frac{b}{a}+\frac{c}{a}$
- $\frac{\frac{d}{c}}{\frac{b}{a}}=\frac{d}{c}\times\frac{b}{a}=\frac{bd}{ac}$

2. 지수와 추상근 법칙

$a^m \times a^n = a^{m+n}$

$a^m \div a^n = a^{m-n}$

$(a^m)^n = a^{mn}$

$a^{-n} = \frac{1}{a^n}$

$a^{\frac{m}{n}} = \sqrt[n]{a^m}$

$\left(\frac{b}{a}\right)^n = \frac{b^n}{a^n}$

$\sqrt[n]{ab} = \sqrt[n]{a}\sqrt[n]{b}$

$\sqrt[n]{\sqrt[m]{a}} = \sqrt[mn]{a} = \sqrt[n]{\sqrt[m]{a}}$

$\sqrt[n]{\frac{b}{a}} = \frac{\sqrt[n]{b}}{\sqrt[n]{a}}$

3. 로그의 성질

$y = \log_a^x \Leftrightarrow x = a^y$

$\log_a^a = 1$

$\log_a^1 = 0 \ (a > 0,\ a \neq 1)$

$\log_a(xy) = \log_a^x + \log_a^y$

$\log_a \dfrac{x}{y} = \log_a^x - \log_a^y$

$\log_c^a = \log_c^b \times \log_b^a$

$\log_b^a \times \log_a^b = 1$

$\log_{10}^x = 0.4343 \lim x$

$\lim x = 2.3026 \log_{10} x$

4. 항등식

$x^2 - y^2 = (x+y)(x-y)$

$x^3 + y^3 = (x+y)(x^2 - xy + y^2)$

$x^3 - y^3 = (x-y)(x^2 + xy + y^2)$

5. 이항정리

$(x+y)^2 = x^2 + 2xy + y^2$

$(x-y)^2 = x^2 - 2xy + y^2$

$(x+y)^3 = x^3 + 3x^2y + 3xy^2 + y^3$

$(x-y)^3 = x^3 - 3x^2y + 3xy^2 - y^3$

$$(x+y)^n = x^n + nx^{n-1}y + \frac{n(n-1)}{2}x^{n-2}y^2 + \cdots + \binom{n}{k}x^{n-k}y^k + \cdots + nxy^{n-1} + y^n$$

(여기서, $\binom{n}{k} = \dfrac{k(k-1)\cdots(k-n+1)}{n!}$)

6. 근의 공식

2차 방정식 $ax^2+bx+c=0$에서

$$x=\frac{-b\pm\sqrt{b^2-4ac}}{2a}$$

7. 부등식과 절대값

$a<b$이고 $b<c$ 이면 $a<c$

$a<b$이면 $a+c<b+c$

$a<b$이고 $\begin{cases} c>0\text{이면 } ca<cb \\ c<0\text{이면 } ca>cb \end{cases}$

$a>0$에 대하여 $\begin{cases} |x|=a\text{이면 } x=a \text{ 또는 } x=-a \\ |x|<a\text{이면 } -a<x<a \\ |x|>a\text{이면 } x>a \text{ 또는 } x<-a \end{cases}$

8. 급 수

① 등차급수

a를 초항, d를 공차, n을 항수, l을 말항, S를 총합이라 하면

$$l=a+(n-1)d,\qquad S=\frac{1}{2}n(a+l)$$

$$S=a+(a+b)+(a+2d)+\ldots+\{a+(n-1)d\}=\frac{1}{2}n[2a+(n-1)d]$$

② 등비급수

a를 초항, r을 공비, n을 항수, l을 말항, S를 총합이라 하면

$$l=ar^{n-1},\qquad S=a\frac{1-r^n}{1-r}$$

$$S=a+ar+ar^2+\ldots+ar^{n-1}=\frac{a(1-r^n)}{1-r}$$

③ 무한등비급수

a 를 초항, r 을 공비, S 를 총합이라 하면

$$S = a/(1-r)) \quad (\text{단, } r^2 < 1)$$

9. 산술평균, 기하평균, 조화평균

① 산술평균 $x = \frac{1}{n}\sum_{i=1}^{n} x_i$ (예) $\frac{a+b}{2}$

② 기하평균 $\mathrm{gm}(x) = (x_1 \cdot x_2 \ldots x_n)^{1/n}$ (예) $\sqrt{ab}$

③ 조화평균 $\mathrm{hm}(x)$, $\frac{1}{\mathrm{hm}(x)} = \frac{1}{n}\sum_{i=1}^{n}\frac{1}{x_i}$ (예) $\frac{2ab}{a+b}$

Cauchy의 정리 $x \geq \mathrm{gm}(x) \geq \mathrm{hm}(x)$ (예) $\frac{a+b}{2} \geqq \sqrt{ab} \geqq \frac{2ab}{a+b}$

10. 근사치

$|x| \ll 1$ 에 대하여

$(1 \pm x)^2 \fallingdotseq 1 \pm 2x$	$(1 \pm x)^n \fallingdotseq 1 \pm nx$
$\sqrt{1+x} \fallingdotseq 1 + \frac{1}{2}x$	$\frac{1}{\sqrt{1+x}} \fallingdotseq 1 - \frac{1}{2}x$
$e^x \fallingdotseq 1 + x$	$\ln(1+x) \fallingdotseq x$
$\sin x \fallingdotseq 0$	$\sinh x \fallingdotseq x$
$\cos x \fallingdotseq 1$	$\cosh x \fallingdotseq 1 - x$
$\tan x \fallingdotseq x$	$\tanh x \fallingdotseq x$
$\tanh x \fallingdotseq 1$	

11. 삼각함수

(1) 보각의 삼각함수

$\sin(180° \pm \theta) = \mp \sin\theta$

$\cos(180° \pm \theta) = -\cos\theta$

$\tan(180° \pm \theta) = \pm \sin\theta$

(2) 여각의 삼각함수

$\sin(90° \pm \theta) = +\cos\theta$

$\cos(90° \pm \theta) = \mp \sin\theta$

$\tan(90° \pm \theta) = \mp \cot\theta$

$\cot(90° \pm \theta) = \mp \tan\theta$

(3) 같은 각의 삼각함수 사이의 관계

① $\begin{cases} \sin A \operatorname{cosec} A = 1 \\ \cos A \sec A = 1 \\ \tan A \cot A = 1 \end{cases}$

② $\begin{cases} \sin^2 A + \cos^2 A = 1 \\ \sec^2 A = 1 + \tan^2 A \\ \operatorname{cosec}^2 A = 1 + \cot^2 A \end{cases}$

③ $\tan A = \dfrac{\sin A}{\cos A}$

(4) 가법정리

$\sin(A \pm B) = \sin A \cos B \pm \cos A \sin B$

$\cos(A \pm B) = \cos A \cos B \mp \sin A \sin B$

(5) 배각의 공식

$\sin 2A = 2\sin A \cos A$

$\cos 2A = 2\cos^2 A - 1 = 1 - 2\sin^2 A = \cos^2 A - \sin^2 A$

$\tan 2A = \dfrac{2\tan A}{1 - \tan^2 A}$

(6) 반각의 공식

$\sin \dfrac{A}{2} = \pm \sqrt{\dfrac{1 - \cos A}{2}}$

$\cos \dfrac{A}{2} = \pm \sqrt{\dfrac{1 + \cos A}{2}}$

$$\tan\frac{A}{2} = \pm\sqrt{\frac{1-\cos A}{1+\cos A}} = \frac{1-\cos A}{\sin A} = \frac{\sin A}{1+\cos A}$$

(7) 합을 곱으로 고치는 공식

$$\sin A + \sin B = 2\sin\frac{1}{2}(A+B)\cos\frac{1}{2}(A-B)$$

$$\sin A - \sin B = 2\cos\frac{1}{2}(A+B)\sin\frac{1}{2}(A-B)$$

$$\cos A + \cos B = 2\cos\frac{1}{2}(A+B)\cos\frac{1}{2}(A-B)$$

$$\cos A - \cos B = -2\sin\frac{1}{2}(A+B)\sin\frac{1}{2}(A-B)$$

(8) 곱을 합으로 고치는 공식

$$\sin A\cos B = \frac{1}{2}\{\sin(A+B)+\sin(A-B)\}$$

$$\cos A\sin B = \frac{1}{2}\{\sin(A+B)-\sin(A-B)\}$$

$$\sin A\sin B = \frac{1}{2}\{\cos(A-B)-\cos(A+B)\}$$

$$\cos A\cos B = \frac{1}{2}\{\cos(A-B)+\cos(A+B)\}$$

(9) 반각 및 2배각에 관한 공식

① $\begin{cases} \sin A = 2\sin\frac{A}{2}\cos\frac{A}{2} \\ \cos A = \cos^2\frac{A}{2} - \sin^2\frac{A}{2} \end{cases}$

② $\begin{cases} 2\sin^2 A = 1-\cos 2A \\ 2\cos^2 A = 1+\cos 2A \end{cases}$ $\begin{cases} 2\sin^2\frac{A}{2} = 1-\cos A \\ 2\cos^2\frac{A}{2} = 1+\cos A \end{cases}$

(10) 상수를 갖는 같은 각의 정현과 여현의 합을 단항식으로 만드는 법

$a\cos A + b\sin A = \sqrt{a^2+b^2}\cos(A-\theta)$ (단, $\theta = \tan^{-1}\frac{b}{a}$)

(11) 삼각형의 두 변 a, b와 그 사이각 θ를 알고 맞변 P를 구하는 공식

$$P = \sqrt{a^2 + b^2 - 2ab\cos\theta}$$

(12) 호도법

$$1[\text{rad}] = \frac{360°}{2\pi} = 57°17'45'' = 3437'45''$$

(13) 삼각함수와 지수함수의 관계

$$\sin x = \frac{1}{2j}(e^{jx} - e^{-jx}) \qquad \cos x = \frac{1}{2}(e^{jx} + e^{-jx})$$

$$\tan x = -j\frac{e^{2jx} - 1}{e^{2jx} + 1} = \frac{1}{j}\frac{e^{jx} - e^{-jx}}{e^{jx} + e^{-jx}}$$

$$e^{jx} = \cos x + j\sin x \qquad e^{-jx} = \cos x - j\sin x$$

(14) 특수각의 삼각함수

각도	sin	cos	tan	cot	sec	cosec	라디안
0°	0	1	0		1		0
30°	$\frac{1}{2}$	$\frac{\sqrt{3}}{2}$	$\frac{\sqrt{3}}{3}$	$\sqrt{3}$	$\frac{2\sqrt{3}}{3}$	2	$\frac{1}{6}\pi$
45°	$\frac{\sqrt{2}}{2}$	$\frac{\sqrt{2}}{2}$	1	1	$\sqrt{2}$	$\sqrt{2}$	$\frac{1}{4}\pi$
60°	$\frac{\sqrt{3}}{2}$	$\frac{1}{2}$	$\sqrt{3}$	$\frac{\sqrt{3}}{3}$	2	$\frac{2\sqrt{3}}{3}$	$\frac{1}{3}\pi$
90°	1	0		0		1	$\frac{1}{2}\pi$
180°	0	−1	0		−1		π
270°	−1	0		0		−1	$\frac{3}{2}\pi$
360°	0	1	0		1		2π

(15) 역삼각함수의 공식

$a > 0$ 이면

$\sin^{-1}(-a) = -\sin^{-1}a,\quad \cot^{-1}(-a) = \pi - \tan^{-1}(1/a)$

$\cos^{-1}(-a) = \pi - \cos^{-1}a,\quad \sec^{-1}(-a) = \cos^{-1}(1/a) - \pi$

$\tan^{-1}(-a) = -\tan^{-1}a,\quad \mathrm{cosec}^{-1}(-a) = \sin^{-1}(1/a) - \pi$

$\sin^{-1}a = \cos^{-1}\sqrt{1-a^2},\quad \cos^{-1}a = \sin^{-1}\sqrt{1-a^2}$

$a > 0,\quad b > 0$ 이면

$\sin^{-1}a - \sin^{-1}b = \sin^{-1}(a\sqrt{1-b^2} - b\sqrt{1-a^2})$

$\tan^{-1}a - \tan^{-1}b = \tan^{-1}(a-b)/(1+ab)$

12. 쌍곡선함수

$\sinh(-x) = -\sinh x\quad \sinh(0) = 0\quad \sinh(\pm\infty) = \pm\infty$

$\cosh(-x) = \cosh x\quad \cosh(0) = 1\quad \cosh(\pm\infty) = +\infty$

$\tanh(-x) = -\tanh x\quad \tanh(0) = 0\quad \tanh(\pm\infty) = \pm 1$

$\cosh^2 x - \sinh^2 x = 1\quad \sinh 2x = 2\sinh x\cosh x$

$1 - \tanh^2 x = \mathrm{sech}\,\mathrm{x}\quad \cosh 2x = \cosh^2 x + \sinh^2 x$

$1 - \coth^2 x = -\mathrm{cosech}^2 x\quad \tanh 2x = \dfrac{2\tanh x}{1+\tanh^2 x}$

$\sinh(x \pm y) = \sinh x\cosh y \pm \cosh x\sinh y$

$\cosh(x \pm y) = \cosh x\cosh y \pm \sinh x\sinh y$

$$\tanh(x \pm y) = \frac{\tanh x \pm \tanh y}{1 \pm \tanh x\tanh y}$$

$$\sinh x + \sinh y = 2\sinh\frac{x+y}{2}\cosh\frac{x-y}{2}$$

$$\sinh x - \sinh y = 2\cosh\frac{x+y}{2}\sinh\frac{x-y}{2}$$

$$\cosh x + \cosh y = 2\cosh\frac{x+y}{2}\cosh\frac{x-y}{2}$$

$$\cosh x - \cosh y = 2\sinh\frac{x+y}{2}\sinh\frac{x-y}{2}$$

$$\sinh x \sinh y = \frac{1}{2}[\cosh(x+y) - \cosh(x-y)]$$

$$\cosh x \cosh y = \frac{1}{2}[\cosh(x+y) + \cosh(x-y)]$$

$$\sinh x \cosh y = \frac{1}{2}[\sinh(x+y) + \sinh(x-y)]$$

$$\sinh\frac{x}{2} = \sqrt{\frac{1}{2}(\cosh x - 1)} \quad \cosh\frac{x}{2} = \sqrt{\frac{1}{2}(\cosh x + 1)}$$

$$\tanh\frac{x}{2} = \frac{\cosh x - 1}{\sinh x} = \frac{\sinh x}{\cosh x + 1}$$

$$\sinh x = \frac{1}{2}(e^{x} - e^{-x}) \qquad \cosh x = \frac{1}{2}(e^{x} + e^{-x})$$

$$e^{x} = \cosh x + \sinh x \qquad e^{-x} = \cosh x - \sinh x$$

13. 삼각함수와 쌍곡선함수

$$\sinh jx = j\sin x \qquad \sinh x = -j\sin jx$$

$$\cosh jx = \cos x \qquad \cosh x = \cos jx$$

$$\tanh jx = j\tan x \qquad \tanh x = -j\tan jx$$

$$\sinh(x \pm jy) = \sinh x \cos y \pm j\cosh x \sin y = \pm j\sin(y \mp jx)$$

$$\cosh(x \pm jy) = \cosh x \cos y \pm j\sinh x \sin y = \cos(y \mp jx)$$

$$\sin(x \pm jy) = \sin x \cosh y \pm j\cos x \sinh y = \pm j\sinh(y \mp jx)$$

$$\cos(x \pm jy) = \cos x \cosh y \pm j\sin x \sinh y = \cosh(y \mp jx)$$

14. 역쌍곡선함수

$$\sinh^{-1} x = \cosh^{-1}\sqrt{x^2+1} = \log(x + \sqrt{x^2+1}) = \int \frac{dx}{\sqrt{x^2+1}}$$

$$\cosh^{-1} x = \sinh^{-1}\sqrt{x^2-1} = \log(x + \sqrt{x^2-1}) = \int \frac{dx}{\sqrt{x^2-1}}$$

$$\tanh^{-1} x = \frac{1}{2}log\frac{1+x}{1-x} = \int \frac{dx}{1-x^2} \qquad (x^2 < 1)$$

$$\coth^{-1} x = \frac{1}{2}log\frac{x+1}{x-1} = \int \frac{dx}{1-x^2} \qquad (x^2 > 1)$$

15. 미분공식

(1) $\frac{dc}{dx} = 0$ $(c$:상수$)$

(2) $\frac{d}{dx}(cu) = c\frac{du}{dx}$ $(c$:상수$)$

(3) $\frac{d}{dx}(u \pm v) = \frac{du}{dx} \pm \frac{dv}{dx}$

(4) $\frac{d}{dx}(uv) = v\frac{du}{dx} + u\frac{dv}{dx}$

(5) $\frac{d}{dx}\left(\frac{u}{v}\right) = \frac{v\frac{du}{dx} - u\frac{dv}{dx}}{v^2}$

(6) $\frac{dy}{dx} = \frac{dy}{du} \cdot \frac{du}{dx}$

(7) $y = x^m$ $\quad y' = mx^{m-1}$

(8) $y = e^x$ $\quad y' = e^x$

(9) $y = a^x$ $\quad y' = a^x \log a$

(10) $y = \log x$ $\quad y' = \frac{1}{x}$

(11) $y = \sin x$ $\quad y' = \cos x$

(12) $y = \cos x$ $\quad y' = -\sin x$

(13) $y = \tan x$ $\quad y' = \frac{1}{\cos^2 x} = \sec^2 x$

(14) $y = \cot x$ $\quad y' = -\frac{1}{\sin^2 x} = -\operatorname{cosec}^2 x$

(15) $y = \sec x$ $\quad y' = \sec x \cdot \tan x$

(16) $y = \operatorname{cosec} x$ $\quad y' = -\operatorname{cosec} x \tan x$

(17) $y = \sin ax$ $\quad y' = a\cos ax$

(18) $y = \cos ax$ $\quad y' = -a\sin ax$

(19) $y = \sin^{-1} x$ $\quad y' = \pm\frac{1}{\sqrt{1-x^2}}$

$$\begin{pmatrix} +: & 2\pi n - \frac{\pi}{2} < y < 2\pi n + \frac{\pi}{2} \\ -: & 2\pi n + \frac{\pi}{2} < y < 2\pi n + \frac{3\pi}{2} \end{pmatrix}$$

(20) $y = \cos^{-1}x$ $\qquad y' = \mp \dfrac{1}{\sqrt{1-x^2}}$

$$\begin{pmatrix} -: \ 2\pi n < y < (2n+1)\pi \\ +: \ (2n+1)\pi < y < (2n+2)\pi \end{pmatrix}$$

(21) $y = \tan^{-1}x$ $\qquad y' = \dfrac{1}{1+x^2}$

(22) $y = \sinh x$ $\qquad y' = \cosh x$

(23) $y = \cosh x$ $\qquad y' = \sinh x$

(24) $y = \tanh x$ $\qquad y' = \mathrm{sech}^2 x$

(25) $y = \cosh^{-1}x$ $\qquad y' = -\mathrm{cosech}^2 x$

(26) $y = \sinh^{-1}x$ $\qquad y' = \dfrac{1}{\sqrt{1+x^2}}$

(27) $y = \cosh^{-1}x$ $\qquad y' = \pm\dfrac{1}{\sqrt{x^2-1}} \quad (x^2 > 1)$

(28) $y = \tanh^{-1}x$ $\qquad y' = \dfrac{1}{1-x^2} \quad (1 > x^2)$

(29) $y = \coth^{-1}x \, y' = -\dfrac{1}{x^2-1} \quad (x^2 > 1)$

16. 적분공식(적분상수는 생략함)

(1) $\int a\,dx = ax$

(2) $\int a \cdot f(x)\,dx = a\int f(x)dx$

(3) $\int \phi(y)\,dx = \int \dfrac{\phi(y)}{y'}dy, \quad y' = dy/x$

(4) $\int (u+v)dx = \int u\,dx + \int v\,dx$

(5) $\int u\,dv = uv - \int v\,du$

(6) $\int u\dfrac{dv}{dx}dx = uv - \int v\dfrac{du}{dx}dx$

(7) $\int x^n\,dx = x^{n+1}/n+1, \ (n \neq -1)$

(8) $\int \dfrac{f'(x)\,dx}{f(x)} = \log f(x), \quad [df(x) = f'(x)\,dx]$

(9) $\int \frac{dx}{x} = \log x$

(10) $\int \frac{f'(x)\,dx}{2\sqrt{f(x)}} = \sqrt{f(x)}$, $[df(x) = f'(x)\,dx]$

(11) $\int e^x\,dx = e^x$

(12) $\int e^{ax}\,dx = e^{ax}/a$

(13) $\int b^{ax}\,dx = \frac{b^{ax}}{a\log b}$

(14) $\int \log x\,dx = x\log x - x$

(15) $\int a^x \log a\,dx = a^x$

(16) $\int \frac{dx}{a^2+x^2} = \frac{1}{a}tan^{-1}\left(\frac{x}{a}\right)$, 또는 $-\frac{1}{a}\cot^{-1}\left(\frac{x}{a}\right)$

(17) $\int \frac{dx}{a^2-x^2} = \frac{1}{a}tanh^{-1}\left(\frac{x}{a}\right)$, 또는 $\frac{1}{2a}\log\left(\frac{a+x}{a-x}\right)$

(18) $\int \frac{dx}{x^2-a^2} = -\frac{1}{a}coth^{-1}\left(\frac{x}{a}\right)$, 또는 $\frac{1}{2a}\log\left(\frac{x-a}{x+a}\right)$

(19) $\int \frac{dx}{a^2-x^2} = \sin^{-1}\left(\frac{x}{a}\right)$, 또는 $-\cos^{-1}\left(\frac{x}{a}\right)$

(20) $\int \frac{dx}{x^2 \pm a^2} = \log(x+\sqrt{x^2 \pm a^2})$

(21) $\int \frac{dx}{x\sqrt{x^2-a^2}} = \frac{1}{a}cos^{-1}\left(\frac{a}{x}\right)$

(22) $\int \frac{dx}{x\sqrt{a^2 \pm x^2}} = -\frac{1}{a}log\left(\frac{a+\sqrt{a^2 \pm x^2}}{x}\right)$

(23) $\int \frac{dx}{x\sqrt{a+bx}} = \frac{2}{\sqrt{-a}}tan^{-1}\sqrt{\frac{a+bx}{-a}}$, 또는 $\frac{-2}{\sqrt{a}}\tanh^{-1}\sqrt{\frac{a+bx}{a}}$

$(a+bx)$ 형식

(24) $\int (a+bx)^n\,dx = \frac{(a+bx)^{n+1}}{(n+1)b} \quad (n \neq -1)$

(25) $\int x(a+bx)^n\,dx = \frac{1}{b^2(n+2)}(a+bx)^{n+2} - \frac{a}{b^2(n+1)}(a+bx)^{n+1}$

($n = -1$ 또는 -2 제외)

(26) $\int x^2(a+bx)^n dx = \frac{1}{b^3}\left[\frac{(a+bx)^{n+3}}{n+3} - 2a\frac{(a+bx)^{n+2}}{n+2} + a^2\frac{(a+bx)^{n+1}}{n+1}\right]$

(27) $\int x^m(a+bx)^n dx = \frac{x^{m+1}(a+bx)^n}{m+n+1} + \frac{an}{m+n+1}\int x^m(a+bx)^{n-1}dx$

(28) $\int \frac{dy}{a+bx} = \frac{1}{b}\log(a+bx)$

(29) $\int \frac{dx}{(a+bx)^2} = -\frac{1}{b(a+bx)}$

(30) $\int \frac{dx}{(a+bx)^3} = -\frac{1}{2b(a+bx)^2}$

(31) $\int \frac{x\,dx}{(a+bx)^2} = \frac{1}{b^2}[a+bx-a\log(a+bx)]$

(32) $\int \frac{x\,dx}{(a+bx)^2} = \frac{1}{b^2}\left[\log(a+bx)+\frac{a}{a+bx}\right]$

(33) $\int \frac{x\,dx}{(a+bx)^3} = \frac{1}{b^2}\left[-\frac{1}{a+bx}+\frac{a}{2(a+bx)^2}\right]$

(34) $\int \frac{x^2dx}{a+bx} = \frac{1}{b^3}\left[\frac{1}{2}(a+bx)^2 - 2a(a+bx)+a^2\log(a+bx)\right]$

(35) $\int \frac{x^2dx}{(a+bx)^2} = \frac{1}{b^3}\left[a+bx-2a\log(a+bx)-\frac{a^2}{a+bx}\right]$

(36) $\int \frac{x^2dx}{(a+bx)^3} = \frac{1}{b^3}\left[\log(a+bx)+\frac{2a}{(a+bx)}-\frac{a^2}{2(a+bx)^2}\right]$

(37) $\int \frac{dx}{x(a+bx)} = -\frac{1}{a}\log\frac{a+bx}{x}$

(38) $\int \frac{dx}{x(a+bx)^2} = \frac{1}{a(a+bx)} - \frac{1}{a^2}\log\frac{a+bx}{x}$

(39) $\int \frac{dx}{x^2(a+bx)} = -\frac{1}{ax}+\frac{b}{a^2}\log\frac{a+bx}{x}$

(40) $\int \frac{dx}{x^2(a+bx)^2} = -\frac{a+2bx}{a^2x(a+bx)}+\frac{2b}{a^3}\log\frac{a+bx}{x}$

$c^2 \pm x^2$, x^2-c^2 형식

(41) $\int \frac{dx}{c^2+x^2} = \frac{1}{c}\tan^{-1}\frac{x}{c}$, 또는 $\frac{1}{c}\sin^{-1}\frac{x}{\sqrt{c^2+x^2}}$

(42) $\int \frac{dx}{c^2-x^2} = \frac{1}{2c}log\frac{c+x}{c-x}$, 또는 $\frac{1}{c}\tanh^{-1}\left(\frac{x}{c}\right)$

(43) $\int \frac{dx}{x^2-c^2} = \frac{1}{2c}\log\frac{x-c}{x+c}$, 또는 $-\frac{1}{c}\coth^{-1}\left(\frac{x}{c}\right)$

$x+bx$ 및 $a'+b'x$ 형식

(44) $\int \frac{dx}{(a+bx)(a'+b'x)} = \frac{1}{ab'-a'b}\cdot\log\left(\frac{a'+b'x}{a+bx}\right)$

(45) $\int x\frac{dx}{(a+bx)(a'+b'x)} = \frac{1}{ab'-a'b}\cdot\left[\frac{a}{b}\log(a+bx)-\frac{a'}{b'}log(a'+b'x)\right]$

(46) $\int \frac{dx}{(a+bx)^2(a'+b'x)} = \frac{1}{ab'-a'b}\left(\frac{1}{a+bx}+\frac{b'}{ab'-a'b}\log\frac{a'+b'x}{a+bx}\right)$

(47) $\int \frac{x\,dx}{(a+bx)^2(a'+b'x)} = \frac{-a}{b(ab'-a'b)(a+bx)}-\frac{a'}{(ab'-a'b)^2}\log\frac{a'+b'x}{a+bx}$

(48) $\int \frac{x^2dx}{(a+bx)^2(a'+b'x)} = \frac{a^2}{b^2(ab'-a'b)(a+bx)}+\frac{1}{(ab'-a'b)^2}$

$\cdot\left[\frac{a'^2}{b'}\log(a'+b'x)+\frac{a(ab'-2a'b)}{b^2}\log(a+bx)\right]$

(49) $\int \frac{dx}{(a+bx)^n(a'+b'x)^m} = \frac{1}{(m-1)(ab'-a'b)}$

$\cdot\left\{\frac{1}{(a+bx)^{n-1}(a'+b'x)^{m-1}}-(m+n-2)b\int\frac{dx}{(a+bx)^n(a'+b'x)^{m-1}}\right\}$

$\sqrt{a+bx}$, $\sqrt{a'+b'x}$ 형식

$u=a+bx, v=a'+b'x$ 및 $k=ab'-a'b$ 라 두면

(50) $\int \sqrt{uv}\,dx = \frac{k+2bv}{4bb'}\sqrt{uv}-\frac{k^2}{8bb'}\int\frac{dx}{\sqrt{uv}}$

(51) $\int \frac{dx}{v\sqrt{u}} = \frac{1}{\sqrt{kb'}}\log\frac{b'\sqrt{u}-\sqrt{kb'}}{b'\sqrt{u}+\sqrt{kb'}} = \frac{2}{\sqrt{-kb'}}tan^{-1}\frac{b\sqrt{u}}{\sqrt{-kb'}}$

(52) $\int \frac{dx}{\sqrt{uv}} = \frac{2}{\sqrt{bb'}}\log(\sqrt{bb'u}+b\sqrt{v}) = \frac{2}{\sqrt{-bb'}}tan^{-1}\sqrt{\frac{-b'u}{bv}}$

또는 $\frac{2}{\sqrt{bb'}}tan^{-1}\sqrt{\frac{b'u}{v}} = \frac{1}{\sqrt{-bb'}}sin^{-1}\frac{2bb'x+a'b+ab'}{k}$

(53) $\int \frac{x\,dx}{\sqrt{uv}} = \frac{\sqrt{uv}}{bb'}-\frac{ab'+a'b}{2bb'}\int\frac{dx}{\sqrt{uv}}$

(54) $\int \frac{dx}{v\sqrt{uv}} = -\frac{2\sqrt{u}}{k\sqrt{v}}$

(55) $\int \frac{\sqrt{v}\ dx}{\sqrt{u}} = \frac{1}{b}\sqrt{uv} - \frac{k}{2b}\int \frac{dx}{\sqrt{uv}}$

(56) $\int v^m \sqrt{u}\ dx = \frac{1}{(2m+3)b'}\left(2v^{m+1} + k\int \frac{v^m dx}{\sqrt{u}}\right)$

(57) $\int \frac{dx}{v^m \sqrt{u}} = -\frac{1}{(m-1)k}\left\{\frac{\sqrt{u}}{v^{m-1}} + \left(m-\frac{3}{2}\right)b\int \frac{dx}{v^{m-1}\sqrt{u}}\right\}$

$(a+bx^n)$ 형식

(58) $\int \frac{dx}{a+bx^2} = \frac{1}{\sqrt{ab}}\tan^{-1}\frac{x\sqrt{ab}}{a}$

(59) $\int \frac{dx}{a+bx^2} = \frac{1}{2\sqrt{-ab}} log \frac{a+x\sqrt{-ab}}{a-x\sqrt{-ab}}$ 또는 $\frac{1}{\sqrt{-ab}}\tanh^{-1}\frac{x\sqrt{-ab}}{a}$

(60) $\int \frac{x\ dx}{a+bx^2} = \frac{1}{2b}\log\left(x^2+\frac{a}{b}\right)$

(61) $\int \frac{x^2 dx}{a+bx^2} = \frac{x}{b} - \frac{a}{b}\int \frac{dx}{a+bx^2}$

(62) $\int \frac{dx}{(a+bx^2)^2} = \frac{x}{2a(a+bx^2)} + \frac{1}{2a}\int \frac{dx}{a+bx^2}$

(63) $\int \frac{dx}{(a+bx^2)^{m+1}} = \frac{1}{2ma}\frac{x}{(a+bx^2)^m} + \frac{2m-1}{2ma}\int \frac{dx}{(a+bx^2)^m}$

(64) $\int \frac{x\ dx}{(a+bx^2)^{m+1}} = \frac{1}{2}\int \frac{dz}{(a+bz)^{m+1}}\quad (z=x^2)$

(65) $\int \frac{x^2 dx}{(a+bx^2)^{m+1}} = \frac{-x}{2mb(a+bx^2)^m} + \frac{1}{2mb}\int \frac{dx}{(a+bx^2)^m}$

(66) $\int \frac{dx}{x^2(a+bx^2)^{m+1}} = \frac{1}{a}\int \frac{dx}{x^2(a+bx^2)^m} - \frac{b}{a}\int \frac{dx}{(a+bx^2)^{m+1}}$

(67) $\int \frac{dx}{x(a+bx^2)} = \frac{1}{2a} log \frac{x^2}{a+bx^2}$

(68) $\int \frac{dx}{x^2(a+bx^2)} = -\frac{1}{ax} - \frac{b}{a}\int \frac{dx}{a+bx^2}$

(69) $\int \frac{dx}{a+bx^3} = \frac{k}{3a}\left[\frac{1}{2}\log\frac{(k+x)^2}{k^2-kx+x^2} + \sqrt{3}\tan^{-1}\frac{2x-k}{k\sqrt{3}}\right](bk^3=a)$

(70) $\int \frac{x\ dx}{a+bx^3} = \frac{1}{3bk}\left[\frac{1}{2}\log\frac{k^2-kx+x^2}{(k+x)^2} + \sqrt{3}\tan^{-1}\frac{2x-k}{k\sqrt{3}}\right](bk^3=a)$

(71) $\int \frac{dx}{(a+bx^n)} = \frac{1}{an} log \frac{x^n}{a+bx^n}$

(72) $\int \frac{dx}{(a+bx^n)^{m+1}} = \frac{1}{a}\int \frac{dx}{(a+bx^n)^m} - \frac{b}{a}\int \frac{x^n dx}{(a+bx^n)^{m+1}}$

(73) $\int \frac{x^m dx}{(a+bx^n)^{p+1}} = \frac{1}{b}\int \frac{x^{m-n}dx}{(a+bx^n)^p} - \frac{a}{b}\int \frac{x^{m-n}dx}{(a+bx^n)^{p+1}}$

(74) $\int \frac{dx}{x^m(a+bx^n)^{p+1}} = \frac{1}{a}\int \frac{dx}{x^m(a+bx^n)^p} - \frac{b}{a}\int \frac{dx}{x^{m-n}(a+bx^n)^{p+1}}$

(75) $\int x^m(a+bx^n)^p dx = \frac{x^{m-n+1}(a+bx^n)^{p+1}}{b(np+m+1)}$

$- \frac{a(m-n+1)}{b(np+m+1)}\int x^{m-n}(a+bx^n)^p dx$

(76) $\int x^m(a+bx^n)^p dx = \frac{x^{m+1}(a+bx^n)^p}{np+m+1} + \frac{anp}{np+m+1}\int x^m(a+bx^n)^{p-1}dx$

(77) $\int x^{m-1}(a+bx^n)^p dx = \frac{1}{b(m+np)}[x^{m-n}(a+bx^n)^{p+1}$

$-(m-n)a\int x^{m-n-1}(a+bx^n)^p dx]$

(78) $\int x^{m-1}(a+bx^n)^p dx = \frac{1}{m+np}[x^m(a+bx^n)^p + npa\int x^{m-1}(a+bx^n)^{p-1}dx]$

(79) $\int x^{m-1}(a+bx^n)^p dx = \frac{1}{ma}[x^m(a+bx^n)$

$-(m+np+n)b\int x^{m+n-1}(a+bx^n)^p dx]$

(80) $\int x^{m-1}(a+bx^n)^p dx = \frac{1}{an(p+1)}[-x^m(a+bx^n)^{p+1}$

$+(m+np+n)\int x^{m-1}(a+bx^n)^{p+1}dx]$

$(a+bx+cx^2)$ 형식

$X = a+bx+cx^2$ 및 $q = 4ac-b^2$ 라 두면

(81) $\int \frac{dx}{X} = \frac{2}{\sqrt{q}} tan^{-1}\frac{2cx+b}{\sqrt{q}}$

(82) $\int \frac{dx}{X} = \frac{-2}{\sqrt{-q}} tanh^{-1}\frac{2cx+b}{\sqrt{-q}}$

(83) $\frac{dx}{X} = \frac{1}{\sqrt{-q}} log\frac{2cx+b-\sqrt{-q}}{2cx+b+\sqrt{-q}}$

(84) $\int \frac{dx}{X^2} = \frac{2cx+b}{qX} + \frac{2c}{q}\int \frac{dx}{X}$

(85) $\int \frac{dx}{X^3} = \frac{2cx+b}{q}\left(\frac{1}{2X^2} + \frac{3c}{qX}\right) + \frac{6c^2}{q^2}\int \frac{dx}{X}$

(86) $\int \frac{dx}{X^{n+1}} = \frac{2cx+b}{nqX^n} + \frac{2(2n-1)c}{qn}\int \frac{dx}{X^n}$

(87) $\int \frac{x\,dx}{X} = \frac{1}{2c} log\, X - \frac{b}{2c}\int \frac{dx}{X}$

(88) $\int \frac{x\,dx}{X^2} = -\frac{bx+2a}{qX} - \frac{b}{q}\int \frac{dx}{X}$

(89) $\int \frac{x\,dx}{X^{n+1}} = -\frac{2a+bx}{nqX^n} - \frac{b(2n-1)}{nq}\int \frac{dx}{X^n}$

(90) $\int \frac{x^2}{X}dx = \frac{x}{c} - \frac{b}{2c^2}\log X + \frac{b^2-2ac}{2c^2}\int \frac{dx}{X}$

(91) $\int \frac{x^2}{X^2}dx = \frac{(b^2-2ac)x+ab}{cqX} + \frac{2a}{q}\int \frac{dx}{X}$

(92) $\int \frac{x^m dx}{X^{n+1}} = -\frac{x^{m-1}}{(2n-m+1)cX^n} - \frac{n-m+1}{2n-m+1}\cdot\frac{b}{c}\int \frac{x^{m-1}dx}{X^{n+1}}$

$+\frac{m-1}{2n-m+1}\cdot\frac{a}{c}\int \frac{x^{m-2}dx}{X^{n+1}}$

(93) $\int \frac{dx}{xX} = \frac{b}{2a}\log\frac{x^2}{X} - \frac{b}{2a}\int \frac{dx}{X}$

(94) $\int \frac{dx}{x^2X} = \frac{b}{2a^2}\log\frac{X}{x^2} - \frac{1}{ax} + \left(\frac{b^2}{2a^2} - \frac{c}{a}\right)\int \frac{dx}{X}$

(95) $\int \frac{dx}{xX^n} = \frac{1}{2a(n-1)X^{n-1}} - \frac{b}{2a}\int \frac{dx}{X^n} + \frac{1}{a}\int \frac{dx}{xX^{n-1}}$

(96) $\int \frac{dx}{x^m X^{n+1}} = -\frac{1}{(m-1)ax^{m-1}X^n} - \frac{n+m-1}{m-1}\cdot\frac{b}{a}\int \frac{dx}{x^{m-1}X^{n+1}}$

$-\frac{2n+m-1}{m-1}\cdot\frac{c}{a}\int \frac{dx}{x^{m-2}X^{n+1}}$

$\sqrt{a+bx}$ 형식

(97) $\int \sqrt{a+bx}\,dx = \frac{2}{3b}\sqrt{(a+bx)^3}$

(98) $\int x\sqrt{a+bx}\,dx = -\frac{2(2a-3bx)\sqrt{(a+bx)^3}}{15b^2}$

(99) $\int x^2 \sqrt{a+bx}\, dx = \frac{2(8a^2 - 12abx + 15b^2x^2)\sqrt{(a+bx)^3}}{105b^3}$

(100) $\int \frac{\sqrt{a+bx}}{x} dx = 2\sqrt{a+bx} + a\int \frac{dx}{x\sqrt{a+bx}}$

(101) $\int \frac{dx}{\sqrt{a+bx}} = \frac{2\sqrt{a+bx}}{b}$

(102) $\int \frac{x\, dx}{\sqrt{a+bx}} = -\frac{2(2a-bx)}{3b^2}\sqrt{a+bx}$

(103) $\int \frac{x^2 dx}{\sqrt{a+bx}} = \frac{2(8a^2 - 4abx + 3b^2x^2)}{15b^3}\sqrt{a+bx}$

(104) $\int \frac{x^m dx}{\sqrt{a+bx}} = \frac{2x^m\sqrt{a+bx}}{(2m+1)b} - \frac{2ma}{(2m+1)b}\int \frac{x^{m-1}dx}{\sqrt{a+bx}}$

(105) $\int \frac{dx}{x\sqrt{a+bx}} = \frac{1}{\sqrt{a}} log\left(\frac{\sqrt{a+bx} - \sqrt{a}}{\sqrt{a+bx} + \sqrt{a}}\right)$

(106) $\int \frac{dx}{x\sqrt{a+bx}} = \frac{-2}{\sqrt{a}} tanh^{-1}\sqrt{\frac{a+bx}{a}}$

(107) $\int \frac{dx}{x^2\sqrt{a+bx}} = -\frac{\sqrt{a+bx}}{ax} - \frac{b}{2a}\int \frac{dx}{x\sqrt{a+bx}}$

(108) $\int \frac{dx}{x^n\sqrt{a+bx}} = -\frac{\sqrt{a+bx}}{(n-1)\,ax^{n-1}} - \frac{(2n-3)b}{(2n-2)a}\int \frac{dx}{x^{n-1}\sqrt{a+bx}}$

(109) $\int (a+bx)^{\pm n/2} dx = \frac{2(a+bx)^{\frac{2\pm n}{2}}}{b(2\pm n)}$

(110) $\int x(a+bx)^{\pm n/2} dx = \frac{2}{b^2}\left[\frac{(a+bx)^{\frac{4\pm n}{4}}}{4\pm n} - \frac{(a+bx)^{\frac{2\pm n}{2}}}{2\pm n}\right]$

(111) $\int \frac{dx}{x(a+bx)^{m/2}} = \frac{1}{a}\int \frac{dx}{x(a+bx)^{\frac{m-2}{2}}} - \frac{b}{a}\int \frac{dx}{(a+bx)^{m/2}}$

(112) $\int \frac{(a+bx)^{n/2}dx}{x} = b\int (a+bx)^{\frac{n-2}{2}} dx + a\int \frac{(a+bx)^{\frac{n-2}{2}}}{x} dx$

$\sqrt{x^2 \pm a^2}$ 형식

(113) $\int \sqrt{x^2 \pm a^2}\, dx = \frac{1}{2}[x\sqrt{x^2 \pm a^2} \pm a^2 \log(x + \sqrt{x^2 \pm a^2})]$

(114) $\int \frac{dx}{\sqrt{x^2 \pm a^2}} = \log(x + \sqrt{x^2 \pm a^2})$

(115) $\int \frac{dx}{x\sqrt{x^2 - a^2}} = \frac{1}{a} cos^{-1}\left(\frac{1}{a}\right)$, 또는 $\frac{1}{a} sec^{-1}\left(\frac{x}{a}\right)$

(116) $\int \frac{dx}{x\sqrt{x^2 + a^2}} = -\frac{1}{a} log\left(\frac{a + \sqrt{x^2 + a^2}}{x}\right)$

(117) $\int \frac{\sqrt{x^2 + a^2}}{x} dx = \sqrt{x^2 + a^2} - a\log\left(\frac{a + \sqrt{x^2 + a^2}}{x}\right)$

(118) $\int \frac{\sqrt{x^2 - a^2}}{x} dx = \sqrt{x^2 - a^2} - a\cos^{-1}\frac{a}{x}$

(119) $\int \frac{x\,dx}{\sqrt{x^2 \pm a^2}} = \sqrt{x^2 \pm a^2}$

(120) $\int x\sqrt{x^2 \pm a^2}\,dx = \frac{1}{3}\sqrt{(x^2 \pm a^2)^3}$

(121) $\int \sqrt{(x^2 \pm a^2)^3}\,dx = \frac{1}{4}\left[x\sqrt{(x^2 \pm a^2)^3} \pm \frac{3a^2 x}{2}\sqrt{x^2 \pm a^2} + \frac{3a^4}{2}\log(x + \sqrt{x^2 \pm a^2})\right]$

(122) $\int \frac{dx}{\sqrt{(x^2 \pm a^2)^3}} = \frac{\pm x}{a^2\sqrt{x^2 \pm a^2}}$

(123) $\int \frac{x\,dx}{\sqrt{(x^2 \pm a^2)^3}} = \frac{-1}{\sqrt{x^2 \pm a^2}}$

(124) $\int x\sqrt{(x^2 \pm a^2)^3}\,dx = \frac{1}{5}\sqrt{(x^2 \pm a^2)^5}$

(125) $\int x^2\sqrt{x^2 \pm a^2}\,dx = \frac{x}{4}\sqrt{(x^2 \pm a^2)^3} \mp \frac{a^2}{8}x\sqrt{x^2 \pm a^2} - \frac{a^4}{8}\log(x + \sqrt{x^2 \pm a^2})$

(126) $\int \frac{x^2 dx}{x\sqrt{x^2 \pm a^2}} = \frac{x}{2}\sqrt{x^2 \pm a^2} \mp \frac{a^2}{2}\log(x + \sqrt{x^2 \pm a^2})$

(127) $\int \frac{dx}{x^2\sqrt{x^2 \pm a^2}} = \mp\frac{\sqrt{x^2 \pm a^2}}{a^2 x}$

(128) $\int \frac{\sqrt{x^2 \pm a^2}\,dx}{x^2} = -\frac{\sqrt{x^2 \pm a^2}}{x} + \log(x + \sqrt{x^2 \pm a^2})$

(129) $\int \frac{x^2 dx}{\sqrt{(x^2 \pm a^2)^3}} = \frac{-x}{\sqrt{x^2 \pm a^2}} + \log(x + \sqrt{x^2 \pm a^2})$

$\sqrt{a^2-x^2}$ 형식

(130) $\int \sqrt{a^2-x^2}\,dx = \frac{1}{2}\left[x\sqrt{a^2-x^2}+a^2\sin^{-1}\left(\frac{x}{a}\right)\right]$

(131) $\int \frac{dx}{\sqrt{a^2-x^2}} = \sin^{-1}\left(\frac{x}{a}\right)$, 또는 $-\cos^{-1}\left(\frac{x}{a}\right)$

(132) $\int \frac{dx}{x\sqrt{a^2-x^2}} = -\frac{1}{a}\log\left(\frac{a+\sqrt{a^2-x^2}}{x}\right)$

(133) $\int \frac{\sqrt{a^2-x^2}}{x}dx = \sqrt{a^2-x^2} - a\log\left(\frac{a+\sqrt{a^2-x^2}}{x}\right)$

(134) $\int \frac{x\,dx}{\sqrt{a^2-x^2}}dx = \sqrt{a^2-x^2}$

(135) $\int x\sqrt{a^2-x^2}\,dx = -\frac{1}{3}\sqrt{(a^2-x^2)^3}$

(136) $\int \sqrt{(a^2-x^2)^3}\,dx = \frac{1}{4}\left[x\sqrt{(a^2-x^2)^3} + \frac{3a^2x}{2}\sqrt{a^2-x^2} + \frac{3a^4}{2}sin^{-1}\frac{x}{a}\right]$

(137) $\int \frac{dx}{\sqrt{(a^2-x^2)^3}} = \frac{x}{a^2\sqrt{a^2-x^2}}$

(138) $\int \frac{x\ dx}{\sqrt{(a^2-x^2)^3}} = \frac{1}{\sqrt{a^2-x^2}}$

(139) $\int x\sqrt{(a^2-x^2)^3}\,dx = -\frac{1}{5}\sqrt{(a^2-x^2)^5}$

(140) $\int x^2\sqrt{a^2-x^2}\,dx = -\frac{x}{4}\sqrt{(a^2-x^2)^3} + \frac{a^2}{8}\left(x\sqrt{a^2-x^2}+a^2\sin^{-1}\frac{x}{a}\right)$

(141) $\int \frac{x^2dx}{x\sqrt{a^2-x^2}} = -\frac{x}{2}\sqrt{a^2-x^2} + \frac{a^2}{2}\sin^{-1}\frac{x}{a}$

(142) $\int \frac{dx}{x^2\sqrt{a^2-x^2}} = -\frac{\sqrt{a^2-x^2}}{a^2x}$

(143) $\int \frac{\sqrt{a^2-x^2}}{x}dx = -\frac{\sqrt{a^2-x^2}}{x} - \sin^{-1}\frac{x}{a}$

(144) $\int \frac{x^2dx}{\sqrt{(a^2-x^2)^3}} = \frac{x}{\sqrt{a^2-x^2}} - \sin^{-1}\frac{x}{a}$

$\sqrt{a+bx+cx^2}$ 형식

$X = a+bx+cx^2$, $q = 4ac-b^2$ 및 $k = \frac{4c}{q}$ 라 두면

(145) $$\int \frac{dx}{\sqrt{X}} = \frac{1}{\sqrt{c}} log\left(\sqrt{X} + x\sqrt{c} + \frac{b}{2\sqrt{c}}\right)$$

(146) $$\int \frac{dx}{\sqrt{X}} = \frac{1}{\sqrt{c}} sinh^{-1}\left(\frac{2cx+b}{\sqrt{4ac-b^2}}\right) \quad (c>0)$$

(147) $$\int \frac{dx}{\sqrt{X}} = \frac{1}{\sqrt{-c}} sin^{-1}\left(\frac{-2cx-b}{\sqrt{b^2-4ac}}\right) \quad (c<0)$$

(148) $$\int \frac{dx}{X\sqrt{X}} = \frac{2(2cx+b)}{q\sqrt{X}}$$

(149) $$\int \frac{dx}{X^2\sqrt{X}} = \frac{2(2cx+b)}{3q\sqrt{X}}\left(\frac{1}{X}+2k\right)$$

(150) $$\int \frac{dx}{X^n\sqrt{X}} = \frac{2(2cx+b)\sqrt{X}}{(2n-1)qX^n} + \frac{2k(n-1)}{2n-1}\int \frac{dx}{X^{n-1}\sqrt{X}}$$

(151) $$\int \sqrt{X}\,dx = \frac{(2cx+b)\sqrt{X}}{4c} + \frac{1}{2k}\int \frac{dx}{\sqrt{X}}$$

(152) $$\int X\sqrt{X}\,dx = \frac{(2cx+b)\sqrt{X}}{8c}\left(X+\frac{3}{2k}\right) + \frac{3}{8k^2}\int \frac{dx}{\sqrt{X}}$$

(153) $$\int X^2\sqrt{X}\,dx = \frac{(2cx+b)\sqrt{X}}{12c}\left(X^2+\frac{5X}{4k}+\frac{15}{8k^2}\right) + \frac{5}{16k^3}\int \frac{dx}{\sqrt{X}}$$

(154) $$\int X^n\sqrt{X}\,dx = \frac{(2cx+b)X^n\sqrt{X}}{4(n+1)c} + \frac{2n+1}{2(n+1)k}\int \frac{X^n dx}{\sqrt{X}}$$

(155) $$\int \frac{x\,dx}{\sqrt{X}} = \frac{\sqrt{X}}{c} - \frac{b}{2c}\int \frac{dx}{\sqrt{X}}$$

(156) $$\int \frac{x\,dx}{X\sqrt{X}} = -\frac{2(bx+2a)}{q\sqrt{X}}$$

(157) $$\int \frac{x\,dx}{X^n\sqrt{X}} = -\frac{\sqrt{X}}{(2n-1)cX^n} - \frac{b}{2c}\int \frac{dx}{X^n\sqrt{X}}$$

(158) $$\int \frac{x^2dx}{\sqrt{X}} = \left(\frac{x}{2c}-\frac{3b}{4c^2}\right)\sqrt{X} + \frac{3b^2-4ac}{8c^2}\int \frac{dx}{\sqrt{X}}$$

(159) $$\int \frac{x^2dx}{X\sqrt{X}} = \frac{(2b^2-4ac)x+2ab}{cq\sqrt{X}} + \frac{1}{c}\int \frac{dx}{\sqrt{X}}$$

(160) $$\int \frac{x^2dx}{X^n\sqrt{X}} = \frac{(2b^2-4ac)x+2ab}{(2n-1)cqX^{n-1}\sqrt{X}} + \frac{4ac+(2n-3)b^2}{(2n-1)cq}\int \frac{dx}{X^{n-1}\sqrt{X}}$$

(161) $$\int \frac{x^3dx}{\sqrt{X}} = \left(\frac{x^2}{3c}-\frac{5bx}{12c^2}+\frac{5b^2}{8c^3}-\frac{2a}{3c^2}\right)\sqrt{X} + \left(\frac{3ab}{4c^2}-\frac{5b^3}{16c^3}\right)\int \frac{dx}{\sqrt{X}}$$

(162) $\int x\sqrt{X}\,dx = \frac{X\sqrt{X}}{3c} - \frac{b}{2c}\int\sqrt{X}\,dx$

(163) $\int xX\sqrt{X}\,dx = \frac{X^2\sqrt{X}}{5c} - \frac{b}{2c}\int X\sqrt{X}\,dx$

(164) $\frac{xX^n\,dx}{\sqrt{X}} = \frac{X^n\sqrt{X}}{(2n+1)c} - \frac{b}{2c}\int\frac{X^n dx}{\sqrt{X}}$

(165) $\int x^2\sqrt{X}\,dx = \left(x - \frac{5b}{6c}\right)\frac{X\sqrt{X}}{4c} + \frac{5b^2-4ac}{16c^2}\int\sqrt{X}\,dx$

(166) $\int\frac{dx}{x\sqrt{X}} = -\frac{1}{\sqrt{a}}log\left(\frac{\sqrt{X}+\sqrt{a}}{x} + \frac{b}{2\sqrt{a}}\right)$ $(a>0)$

(167) $\int\frac{dx}{x\sqrt{X}} = -\frac{1}{\sqrt{-a}}sin^{-1}\left(\frac{bx+2a}{x\sqrt{b^2-4ac}}\right)$ $(a<0)$

(168) $\int\frac{dx}{x\sqrt{X}} = -\frac{2\sqrt{X}}{bx}$ $(a=0)$

(169) $\int\frac{dx}{x^2\sqrt{X}} = -\frac{\sqrt{X}}{ax} - \frac{b}{2a}\int\frac{dx}{x\sqrt{X}}$

(170) $\int\frac{\sqrt{X}\,dx}{x} = \sqrt{X} + \frac{b}{2}\int\frac{dx}{\sqrt{X}} + a\int\frac{dx}{x\sqrt{X}}$

(171) $\int\frac{\sqrt{X}\,dx}{x^2} = -\frac{\sqrt{X}}{x} + \frac{b}{2}\int\frac{dx}{x\sqrt{X}} + c\frac{dx}{\sqrt{X}}$

기타 형식

(172) $\int\sqrt{2ax-x^2}\,dx = \frac{1}{2}[(x-a)\sqrt{2ax-x^2} + a^2\sin^{-1}(x-a)/a]$

(173) $\int\sqrt{ax^2+c}\,dx = \frac{x}{2}\sqrt{ax^2+c} + \frac{c}{2\sqrt{a}}log(x\sqrt{a} + \sqrt{ax^2+c}$ $(a>0)$

$= \frac{x}{2}\sqrt{ax^2+c} + \frac{c}{2\sqrt{-a}}\sin^{-1}\left(x\sqrt{\frac{-a}{c}}\right)$ $(a<0)$

(174) $\int\frac{dx}{\sqrt{2ax-x^2}} = \cos^{-1}\left(\frac{a-x}{a}\right)$

(175) $\int\frac{dx}{\sqrt{a+bx}\cdot\sqrt{a'+b'x}} = \frac{2}{\sqrt{-bb'}}tan^{-1}\sqrt{\frac{-b'(a+bx)}{b(a'+b'x)}}$

(176) $\int\sqrt{\frac{1+x}{1-x}}\,dx = \sin^{-1}x - \sqrt{1-x^2}$

(177) $$\int \frac{dx}{\sqrt{a \pm 2bx + cx^2}} = \frac{1}{\sqrt{c}} log(\pm b + cx + \sqrt{c}\ \sqrt{a \pm 2bx + cx^2})$$

(178) $$\int \frac{dx}{\sqrt{a \pm 2bx - cx^2}} = \frac{1}{\sqrt{c}} sin^{-1} \frac{cx \mp b}{\sqrt{b^2 + ac}}$$

(179) $$\int \frac{x\, dx}{\sqrt{a \pm 2bx + cx^2}} = \frac{1}{c}\sqrt{a \pm 2bx + cx^2}$$

$$- \frac{b}{\sqrt{c^3}} log(\pm b + cx + \sqrt{c}\ \sqrt{a \pm 2bx + cx^2})$$

(180) $$\int \frac{x\, dx}{\sqrt{a \pm 2bx - cx^2}} = -\frac{1}{c}\sqrt{a \pm 2bx - cx^2} \pm \frac{b}{\sqrt{c^3}} sin^{-1} \frac{cx \mp b}{\sqrt{b^2 + ac}}$$

삼각함수형식

(181) $$\int \sin x\, dx = -\cos x$$

(182) $$\int \cos x\, dx = \sin x$$

(183) $$\int \tan x\, dx = -\log\cos x \text{ 또는 } \log\sec x$$

(184) $$\int \cot x\, dx = \log\sin x$$

(185) $$\int \sec x\, dx = \log\tan\left(\frac{\pi}{4} + \frac{x}{2}\right)$$

(186) $$\int \csc x\, dx = \log\tan\frac{1}{2}x$$

(187) $$\int \sin^2 x\, dx = -\frac{1}{2}\cos x \sin x + \frac{1}{2}x = \frac{1}{2}x - \frac{1}{4}\sin 2x$$

(188) $$\int \sin^3 x\, dx = -\frac{1}{3}\cos x(\sin^2 + 2)$$

(189) $$\int \sin^n x\, dx = -\frac{\sin^{n-1} x \cos x}{n} + \frac{n-1}{n}\int \sin^{n-2} x\ \ dx$$

(190) $$\int \cos^2 x\, dx = \frac{1}{2} sin x\ \ \cos x + \frac{1}{2}x = \frac{1}{2}x + \frac{1}{4} sin 2x$$

(191) $$\int \cos^3 x\ \ dx = \frac{1}{3} sin x(\cos^2 x + 2)$$

(192) $$\int \cos^n x\, dx = \frac{1}{n} cos^{n-1} x \sin x + \frac{n-1}{n}\int \cos^{n-2} x\ \ dx$$

(193) $$\int \sin\frac{x}{a} dx = -a\cos\frac{x}{a}$$

(194) $\int \cos\frac{x}{a}dx = a\sin\frac{x}{a}$

(195) $\int \sin(a+bx)dx = -\frac{1}{b}cos(a+bx)$

(196) $\int \cos(a+bx)dx = \frac{1}{b}sin(a+bx)$

(197) $\int \frac{dx}{\sin x} = -\frac{1}{2}log\frac{1+\cos x}{1-\cos x} = \log\tan\frac{x}{2}$

(198) $\int \frac{dx}{\cos x} = \log\tan\left(\frac{\pi}{2}+\frac{x}{2}\right) = \frac{1}{2}\log\left(\frac{1+\sin x}{1-\sin x}\right)$

(199) $\int \frac{dx}{\cos^2 x} = \tan x$

(200) $\int \frac{dx}{\cos^n x} = \frac{1}{n-1}\cdot\frac{\sin x}{\cos^{n-1}x} + \frac{n-2}{n-1}\int\frac{dx}{\cos^{n-2}x}$

(201) $\int \frac{dx}{1\pm\sin x} = \mp\tan\left(\frac{\pi}{4}\mp\frac{x}{2}\right)$

(202) $\int \frac{dx}{1+\cos x} = \tan\frac{x}{2}$

(203) $\int \frac{dx}{1-\cos x} = -\cot\frac{x}{2}$

(204) $\int \frac{dx}{a+b\sin x} = \frac{2}{\sqrt{a^2-b^2}}tan^{-1}\frac{a\tan\frac{1}{2}x+b}{\sqrt{a^2-b^2}}$

$$= \frac{1}{\sqrt{b^2-a^2}}log\frac{a\tan\frac{1}{2}x+b-\sqrt{b^2-a^2}}{a\tan\frac{1}{2}x+b+\sqrt{b^2-a^2}}$$

(205) $\int \frac{dx}{a+b\,cox\,x} = \frac{2}{\sqrt{a^2-b^2}}tan^{-1}\frac{\sqrt{a^2-b^2}\tan\frac{1}{2}x}{a+b}$

$$= \frac{1}{\sqrt{b^2-a^2}}log\left(\frac{\sqrt{b^2-a^2}\tan\frac{1}{2}x+a+b}{\sqrt{b^2-a^2}\tan\frac{1}{2}x-a-b}\right)$$

(206) $\int \sin mx\sin nx\ dx = \frac{\sin(m-n)x}{2(m-n)} - \frac{\sin(m+n)x}{2(m+n)}$ $(m^2\neq n^2)$

(207) $\int x\sin^2 x\,dx = \frac{x^2}{4} - \frac{x\sin 2x}{4} - \frac{\cos 2x}{8}$

(208) $\int x^2\sin^2 x\,dx = \frac{x^3}{6} - \left(\frac{x^2}{4}-\frac{1}{8}\right)\sin 2x - \frac{x\cos 2x}{4}$

(209) $\int x\sin^3 x\, dx = \frac{x\cos 3x}{12} - \frac{\sin 3x}{36} - \frac{3}{4}x\cos x + \frac{3}{4}\sin x$

(210) $\int \sin^4 x\ dx = \frac{3x}{8} - \frac{\sin 2x}{4} + \frac{\sin 4x}{32}$

(211) $\int \cos mx \cos nx\ dx = \frac{\sin(m-n)y}{2(m-n)} + \frac{\sin(m+n)x}{2(m+n)} \quad (m^2 \neq n^2)$

(212) $\int x\cos^2 x\, dx = \frac{x^2}{4} + \frac{x\sin 2x}{12} + \frac{\cos 2x}{8}$

(213) $\int x^2\cos^2 x\, dx = \frac{x^3}{6} + \left(\frac{x^2}{4} - \frac{1}{8}\right)\sin 2x + \frac{x\cos 2x}{4}$

(214) $\int x\cos^3 x\, dx = \frac{x\sin 3x}{12} + \frac{\cos 3x}{36} + \frac{3}{4}x\sin x + \frac{3}{4}\cos x$

(215) $\int \cos^4 x\, dx = \frac{3x}{8} + \frac{\sin 2x}{4} + \frac{\sin 4x}{32}$

(216) $\int \frac{\sin x\ dx}{x^m} = -\frac{\sin x}{(m-1)x^{m-1}} + \frac{1}{m-1}\int \frac{\cos x\ dx}{x^{m-1}}$

(217) $\int \frac{\cos x\ dx}{x^m} = -\frac{\cos x}{(m-1)x^{m-1}} - \frac{1}{m-1}\int \frac{\sin x\, dx}{x^{m-1}}$

(218) $\int \tan^3 x\, dx = \frac{1}{2}\tan^2 x + \log\cos x$

(219) $\int \tan^4 x\ dx = \frac{1}{3}\tan^3 x - \tan x + x$

(220) $\int \cot^3 x\ dx = -\frac{1}{2}\cot^2 x - \log\sin x$

(221) $\int \cot^4 x\ dx = -\frac{1}{3}\cot^3 x + \cot x + x$

(222) $\int \cot^n x\ dx = -\frac{\cot^{n-1} x}{n-1} - \int \cot^{n-2} x\ dx \quad (n \neq 1)$

(223) $\int \sin x\cos x\ dx = \frac{1}{2} sin^2 x$

(224) $\int \sin mx \cos nx\ dx = \frac{\cos(m-n)x}{2(m-n)} - \frac{\cos(m+n)x}{2(m+n)}$

(225) $\int \sin^2 x\cos^2 x\ dx = -\frac{1}{8}\left(\frac{1}{4} sin 4x - x\right)$

(226) $\int \sin x\cos^m x\ dx = -\frac{\cos^{m+1} x}{m+1}$

(227) $\int \sin^m x\cos x\ dx = \frac{\sin^{m+1} x}{m+1}$

(228) $\displaystyle\int \cos^m x \sin^n x \; dx = \frac{\cos^{m-1}x \sin^{n+1}x}{m+n} + \frac{m-1}{m+n}\int \cos^{n-2}x \sin^n x \; dx$

(229) $\displaystyle\int \cos^m x \sin^n x \; dx = -\frac{\sin^{n-1}x \cos^{m+1}x}{m+n} + \frac{n-1}{m+n}\int \cos^m x \sin^{n-2}x \; dx$

(230) $\displaystyle\int \frac{\cos^m x \; dx}{\sin^n x} = -\frac{\cos^{m+1}x}{(n-1)\sin^{n-1}x} - \frac{m-n+2}{n-1}\int \frac{\cos^m x \; dx}{\sin^{n-2}x}$

(231) $\displaystyle\int \frac{\cos^m x \; dx}{\sin^n x} = -\frac{\cos^{m-1}x}{(m-n)\sin^{n-1}x} - \frac{m-1}{m-n}\int \frac{\cos^{m-2}x \; dx}{\sin^n x}$

(232) $\displaystyle\int \frac{\sin^m x \; dx}{\cos^n x} = -\int \frac{\cos^m\left(\frac{\pi}{2}-x\right) d\left(\frac{\pi}{2}-x\right)}{\sin^n\left(\frac{\pi}{2}-x\right)}$

(233) $\displaystyle\int \frac{\sin x \; dx}{\cos^2 x} = \frac{1}{\cos x} = \sec x$

(234) $\displaystyle\int \frac{\sin^2 x \; dx}{\cos x} = -\sin x + \log\tan\left(\frac{\pi}{4}+\frac{x}{2}\right)$

(235) $\displaystyle\int \frac{\cos x \; dx}{\sin^2 x} = \frac{-1}{\sin x} = -\operatorname{cosec} x$

(236) $\displaystyle\int \frac{dx}{\sin x \cos x} = \log\tan x$

(237) $\displaystyle\int \frac{dx}{\sin x \cos^2 x} = \frac{1}{\cos x} + \log\tan\frac{x}{2}$

(238) $\displaystyle\int \frac{dx}{\sin x \cos^n x} = \frac{1}{(n-1)\cos^{n-1}x} + \int \frac{dx}{\sin x \cos^{n-2}x} \quad (n \neq 1)$

(239) $\displaystyle\int \frac{dx}{\sin^2 x \cos x} = -\frac{1}{\sin x} + \log\tan\left(\frac{\pi}{4}+\frac{x}{2}\right)$

(240) $\displaystyle\int \frac{dx}{\sin^2 x \cos^2 x} = -2\cot 2x$

(241) $\displaystyle\int \frac{dx}{\sin^m x \cos^n x} = -\frac{1}{m-1}\cdot\frac{1}{\sin^{m-1}x \cdot \cos^{n-1}x} + \frac{m+n-2}{m-1}\int \frac{dx}{\sin^{m-2}x \cdot \cos^m x}$

(242) $\displaystyle\int \frac{dx}{\sin^m x} = -\frac{1}{m-1}\cdot\frac{\cos x}{\sin^{m-1}x} + \frac{m-2}{m-1}\int \frac{dx}{\sin^{m-2}x}$

(243) $\displaystyle\int \frac{dx}{\sin^2 x} = -\cot x$

(244) $\displaystyle\int \tan^2 x \, dx = \tan x - x$

(245) $\int \tan^n x \ dx = \frac{\tan^{n-1} x}{n-1} - \int \tan^{n-2} x \ dx$

(246) $\int \cot^2 x \ dx = -\cot x - x$

(247) $\int \cot^n x \ dx = -\frac{\cot^{n-1} x}{n-1} - \int \cot^{n-2} x \ dx$

(248) $\int \sec^2 x \ dx = \tan x$

(249) $\int \sec^n x \ dx = \int \frac{dx}{\cos^n x}$

(250) $\int \csc^2 x \ dx = -\cot x$

(251) $\int \csc^n x \ dx = \int \frac{dx}{\sin^n x}$

(252) $\int x \sin x \ dx = \sin x - x \cos x$

(253) $\int x^2 \sin x \ dx = 2x \sin x - (x^2 - 2) \cos x$

(254) $\int x^3 \sin x \ dx = (3x^2 - 6) \sin x - (x^3 - 6x) \cos x$

(255) $\int x^m \sin x \ dx = -x^m \cos x + m \int x^{m-1} \cos x \ dx$

(256) $\int x \cos x \ dx = \cos x + x \sin x$

(257) $\int x^2 \cos x \ dx = 2x \cos x + (x^2 - 2) \sin x$

(258) $\int x^3 \cos x \ dx = (3x^2 - 6) \cos x + (x^2 - 6x) \sin x$

(259) $\int x^m \cos x \ dx = x^m \sin x - m \int x^{m-1} \sin x \ dx$

(260) $\int \frac{\sin x}{x} dx = x - \frac{x^3}{3 \cdot 3!} + \frac{x^5}{5 \cdot 5!} - \frac{x^7}{7 \cdot 7!} + \frac{x^9}{9 \cdot 9!} - + \ldots$

(261) $\int \frac{\cos x}{x} dx = \log x - \frac{x^2}{2 \cdot 2!} + \frac{x^4}{4 \cdot 4!} - \frac{x^6}{6 \cdot 6!} + \frac{x^8}{8 \cdot 8!} - + \ldots$

(262) $\int \sin^{-1} x \ dx = x \sin^{-1} x + \sqrt{1 - x^2}$

(263) $\int \cos^{-1} x \ dx = x \cos^{-1} x - \sqrt{1 - x^2}$

(264) $\int \tan^{-1} x \ dx = x \tan^{-1} x - \frac{1}{2} log(1 + x^2)$

(265) $\int \cot^{-1} x \ dx = x \cot^{-1} x + \frac{1}{2} log(1 + x^2)$

(266) $\int \sec^{-1}x \ dx = x\sec^{-1}x - \log(x+\sqrt{x^2-1}\ )$

(267) $\int \csc^{-1}x \ dx = x\csc^{-1}x + \log(x+\sqrt{x^2-1}\ )$

(268) $\int \text{vers}^{-1}x \ dx = (x-1)\text{vers}^{-1}x + \sqrt{2x-x^2}\ )$

(269) $\int \sin^{-1}\frac{x}{a}dx = x\sin^{-1}\frac{x}{a} + \sqrt{a^2-x^2}$

(270) $\int \cos^{-1}\frac{x}{a}dx = x\cos^{-1}\frac{x}{a} - \sqrt{a^2-x^2}$

(271) $\int \tan^{-1}\frac{x}{a}dx = x\tan^{-1}\frac{x}{a} - \frac{a}{2}log(a^2+x^2)$

(272) $\int \cot^{-1}\frac{x}{a}dx = x\cot^{-1}\frac{x}{a} + \frac{a}{2}log(a^2+x^2)$

(273) $\int (\sin^{-1}x)^2 dx = x(\sin^{-1}x)^2 - 2x + 2\sqrt{1-x^2}\ (\sin^{-2}x)$

(274) $\int (\cos^{-1}x)^2 dx = x(\cos^{-1}x)^2 - 2x - 2\sqrt{1-x^2}\ (\cos^{-1}x)$

(275) $\int x\cdot\sin^{-1}x \ dx = \frac{1}{4}[(2x^2-1)\sin^{-1}x + x\sqrt{1-x^2}\ ]$

(276) $\int x^n\sin^{-1}x \ dx = \frac{x^{n+1}\sin^{-1}x}{n+1} - \frac{1}{n+1}\int\frac{x^{n+1}dx}{\sqrt{1-x^2}}$

(277) $\int x^n\cos^{-1}x \ dx = \frac{x^{n+1}\cos^{-1}x}{n+1} + \frac{1}{n+1}\int\frac{x^{n+1}dx}{\sqrt{1-x^2}}$

(278) $\int x^n\tan^{-1}x \ dx = \frac{x^{n+1}\tan^{-1}x}{n+1} - \frac{1}{n+1}\int\frac{x^{n+1}dx}{\sqrt{1+x^2}}$

(279) $\int \frac{\sin^{-1}x \ dx}{x^2} = \log\left(1-\frac{\sqrt{1-x^2}}{x}\right) - \frac{\sin^{-1}x}{x}$

(280) $\int \frac{\tan^{-1}x \ dx}{x^2} = \log x - \frac{1}{2}(\log 1+x^2) - \frac{\tan^{-1}x}{x}$

대수형식

(281) $\int \log x \ dx = x\log x - x$

(282) $\int x\log x \ dx = \frac{x^2}{2}log x - \frac{x^2}{4}$

(283) $\int x^2\log x \ dx = \frac{x^3}{3}\log x - \frac{x^3}{9}$

(284) $\int x^p \log(ax)\,dx = \frac{x^{p+1}}{p+1}\log(ax) - \frac{x^{p+1}}{(p+1)^2} \quad (p \neq -1)$

(285) $\int (\log x)^2\,dx = x(\log x)^2 - 2x\log x + 2x$

(286) $\int (\log x)^n\,dx = x(\log x)^n - n\int (\log x)^{n-1}\,dx \quad (n \neq -1)$

(287) $\int \frac{(\log x)^n}{n}\,dx = \frac{1}{n+1}(\log x)^{n+1}$

(288) $\int \frac{dx}{\log x} = \log(\log x) + \log x + \frac{(\log x)^2}{2 \cdot 2!} + \frac{(\log x)^2}{3 \cdot 3!} + \ldots$

(289) $\int \frac{dx}{x\log x} = \log(\log x)$

(290) $\int \frac{dx}{x(\log x)^n} = -\frac{1}{(n-1)(\log x)^{n-1}}$

(291) $\int \frac{x^m\,dx}{(\log x)^n} = -\frac{x^{m+1}}{(n-1)(\log x)^{n-1}} + \frac{m+1}{n-1}\int \frac{x^m\,dx}{(\log x)^{n-1}}$

(292) $\int x^m \log x\ dx = x^{m+1}\left[\frac{\log x}{m+1} - \frac{1}{(m+1)^2}\right]$

(293) $\int x^m(\log x)^n\,dx = \frac{x^{m+1}(\log x)^n}{m+1} - \frac{n}{m+1}\int x^m(\log x)^{n-1}\,dx \quad (m, n \neq -1)$

(294) $\int \sin\log x\ dx = \frac{1}{2}x\sin\log x - \frac{1}{2}x\cos\log x$

(295) $\int \cos\log x\ dx = \frac{1}{2}x\sin\log x + \frac{1}{2}x\cos\log x$

지수형식

(296) $\int e^x\,dx = e^x$

(297) $\int e^{-x}\,dx = -e^{-x}$

(298) $\int e^{ax}\,dx = \frac{e^{ax}}{a}$

(299) $\int x e^{ax}\,dx = \frac{e^{ax}}{a^2}(ax-1)$

(300) $\int x^m e^{ax}\,dx = \frac{x^m e^{ax}}{a} - \frac{m}{a}\int x^{m-1}e^{ax}\,dx$

(301) $\int \frac{e^{ax}\,dx}{x} = \log x + \frac{ax}{1!} + \frac{a^2x^2}{2 \cdot 2!} + \frac{a^3x^3}{3 \cdot 3!} + \ldots$

(302) $\int \frac{e^{ax}}{x^m}dx = -\frac{1}{m-1}\frac{e^{ax}}{x^{m-1}} + \frac{a}{m-1}\int \frac{e^{ax}}{x^{m-1}}dx$

(303) $\int e^{ax}\log x \; dx = \frac{e^{ax}\log x}{a} - \frac{1}{a}\int \frac{e^{ax}}{x^{m-1}}dx$

(304) $\int e^{ax}\cdot \sin px \; dx = \frac{e^{ax}(a\sin px - p\cos px)}{a^2+p^2}$

(305) $\int e^{ax}\cdot \cos px \; dx = \frac{e^{ax}(a\cos px + p\sin px)}{a^2+p^2}$

(306) $\int \frac{dx}{1+e^x} = x - \log(1+e^x) = \log\frac{e^x}{1+e^x}$

(307) $\int \frac{dx}{a+be^{px}} = \frac{x}{a} - \frac{1}{ap}log(a+be^{px})$

(308) $\int \frac{dx}{ae^{mx}+be^{mx}} = \frac{1}{m\sqrt{ab}}tan^{-1}\left(e^{mx}\sqrt{\frac{a}{b}}\right)$

(309) $\int e^{ax}\sin px \; dx = \frac{e^{ax}(a\cos px - p\sin px)}{a^2+p^2}$

(310) $\int e^{ax}\cos px \; dx = \frac{e^{ax}(a\cos px + p\sin px)}{a^2+p^2}$

(311) $\int e^{ax}\sin^n bx \; dx = \frac{1}{a^2+n^2b^2}[(a\sin bx - nb\cos bx)e^{ax}\sin^{n-1}bx$

$+n(n-1)b^2\int e^{ax}\sin^{n-2}bx \; dx]$

(312) $\int e^{ax}\cos^n bx \, dx = \frac{1}{a^2+n^2b^2}[(a\cos bx + nb\sin bx)e^{ax}\cos^{n-1}bx$

$+n(n-1)b^2\int e^{ax}\cos^{n-2}bx \; dx]$

(313) $\int \sinh x \; dx = \cosh x$

(314) $\int \cosh x \; dx = \sinh x$

(315) $\int \tanh x \; dx = \log\cosh x$

(316) $\int \coth x \; dx = \log\sinh x$

(317) $\int \mathrm{sech}\, x \; dx = 2\tan^{-1}(e^x)$

(318) $\int \mathrm{csch}\, x \; dx = \log\tanh\left(\frac{x}{2}\right)$

(319) $\int x \sinh x \; dx = x \cosh x - \sinh x$

(320) $\int x \cosh x \; dx = x \sinh x - \cosh x$

(321) $\int \operatorname{sech} x \tanh x \; dx = -\operatorname{sech} x$

(322) $\int \operatorname{csch} x \coth x \; dx = -\operatorname{csch} x$

부록 03 수표

1. 삼각함수표

각	sin	cos	tan	각	sin	cos	tan
0°	0.0000	1.0000	0.0000	45°	0.7071	0.7071	1.0000
1°	0.0175	0.9998	0.0175	46°	0.7193	0.6947	1.0355
2°	0.0349	0.9994	0.0349	47°	0.7314	0.6820	1.0724
3°	0.0523	0.9986	0.0524	48°	0.7431	0.6691	1.1106
4°	0.0698	0.9976	0.0699	49°	0.7547	0.6561	1.1504
5°	0.0872	0.9962	0.0875	50°	0.7660	0.6428	1.1918
6°	0.1045	0.9945	0.1057	51°	0.7771	0.6293	1.2349
7°	0.1219	0.9925	0.1228	52°	0.7880	0.6157	1.2799
8°	0.1392	0.9903	0.1405	53°	0.7986	0.6018	1.3270
9°	0.1564	0.9877	0.1584	54°	0.8090	0.5878	1.3764
10°	0.1736	0.9848	0.1763	55°	0.8192	0.5736	1.4281
11°	0.1908	0.9816	0.1944	56°	0.8290	0.5592	1.4826
12°	0.2079	0.9781	0.2126	57°	0.8387	0.5446	1.5399
13°	0.2250	0.9744	0.2309	58°	0.8480	0.5299	1.6003
14°	0.2419	0.9703	0.2493	59°	0.8572	0.5150	1.6643
15°	0.2588	0.9659	0.2679	60°	0.8660	0.5000	1.7321
16°	0.2756	0.9613	0.2867	61°	0.8746	0.4848	1.8040
17°	0.2924	0.9563	0.3057	62°	0.8829	0.4695	1.8807
18°	0.3090	0.9511	0.3249	63°	0.8910	0.4540	1.9626
19°	0.3256	0.9455	0.3443	64°	0.8988	0.4384	2.0503
20°	0.3420	0.9397	0.3640	65°	0.9063	0.4226	2.1445
21°	0.3584	0.9336	0.3839	66°	0.9135	0.4067	2.2460
22°	0.3746	0.9272	0.4040	67°	0.9205	0.3907	2.3559
23°	0.3907	0.9205	0.4245	68°	0.9272	0.3746	2.4751
24°	0.4067	0.9135	0.4452	69°	0.9336	0.3584	2.6051
25°	0.4226	0.9063	0.4663	70°	0.9397	0.3420	2.7475
26°	0.4384	0.8988	0.4877	71°	0.9455	0.3256	2.9042
27°	0.4540	0.8910	0.5095	72°	0.9511	0.3090	3.0777
28°	0.4695	0.8829	0.5317	73°	0.9563	0.2924	3.2709
29°	0.4848	0.8746	0.5543	74°	0.9613	0.2756	3.4874
30°	0.5000	0.8660	0.5774	75°	0.9659	0.2588	3.7321
31°	0.5150	0.8572	0.6009	76°	0.9703	0.2419	4.0108
32°	0.5299	0.8480	0.6249	77°	0.9744	0.2250	4.3315
33°	0.5446	0.8387	0.6494	78°	0.9781	0.2079	4.7046
34°	0.5592	0.8290	0.6745	79°	0.9816	0.1908	5.1446
35°	0.5736	0.8192	0.7002	80°	0.9848	0.1736	5.6713
36°	0.5878	0.8090	0.7265	81°	0.9877	0.1564	7.1154
37°	0.6018	0.7986	0.7536	82°	0.9903	0.1392	8.1443
38°	0.6157	0.7880	0.7813	83°	0.9925	0.1219	9.5144
39°	0.6293	0.7771	0.8098	84°	0.9945	0.1045	6.3138
40°	0.6428	0.7660	0.8391	85°	0.9962	0.0872	11.4301
41°	0.6561	0.7547	0.8693	86°	0.9976	0.0698	14.3007
42°	0.6691	0.7431	0.9004	87°	0.9986	0.0523	19.0811
43°	0.6820	0.7314	0.9325	88°	0.9994	0.0349	28.6363
44°	0.9747	0.7193	0.9657	89°	0.9998	0.0175	57.2900
45°	0.7071	0.7071	1.0000	90°	1.0000	0.0000	∞

2. 상용대수표 (I) $\log_{10} x$

x	0	1	2	3	4	5	6	7	8	9	표차								
											1	2	3	4	5	6	7	8	9
1.0	.0000	.0043	.0086	.0128	.0170	.0212	.0253	.0294	.0334	.0374	4	8	12	17	21	25	29	33	37
1.1	.0414	.0453	.0492	.0531	.0569	.0607	.0645	.0682	.0719	.0755	4	8	11	15	19	23	26	30	34
1.2	.0792	.0828	.0864	.0899	.0934	.0969	.1004	.1038	.1072	.1106	3	7	10	14	17	21	24	28	31
1.3	.1139	.1173	.1206	.1239	.1271	.1303	.1335	.1367	.1399	.1430	3	6	10	13	16	19	23	26	29
1.4	.1461	.1492	.1523	.1553	.1584	.1614	.1644	.1673	.1703	.1732	3	6	9	12	15	18	21	24	27
1.5	.1761	.1790	.1818	.1847	.1875	.1803	.1931	.1959	.1987	.2014	3	6	8	11	14	17	20	22	25
1.6	.2041	.2068	.2095	.2122	.2148	.2175	.2201	.2227	.2253	.2279	3	5	8	11	13	16	18	21	24
1.7	.2304	.2330	.2355	.2380	.2405	.2430	.2455	.2480	.2504	.2529	2	5	7	10	12	15	17	20	22
1.8	.2553	.2577	.2601	.2625	.2648	.2672	.2695	.2718	.2742	.2765	2	5	7	9	12	14	16	19	21
1.9	.2788	.2810	.2833	.2856	.2878	.2900	.2923	.2945	.2967	.2989	2	4	7	9	11	13	16	18	20
2.0	.3010	.3032	.3054	.3075	.3096	.3118	.3139	.3160	.3181	.3201	2	4	6	8	11	13	15	17	19
2.1	.3222	.3243	.3263	.3284	.3304	.3324	.3345	.3365	.3385	.3404	2	4	6	8	10	12	14	16	18
2.2	.3424	.3444	.3464	.3483	.3502	.3522	.3541	.3560	.3579	.3598	2	4	6	8	10	12	14	15	17
2.3	.3617	.3636	.3655	.3674	.3692	.3711	.3729	.3747	.3766	.3784	2	4	6	7	9	11	13	15	17
2.4	.3802	.3820	.3838	.3856	.3874	.3892	.3909	.3927	.3945	.3962	2	4	5	7	9	11	12	14	16
2.5	.3979	.3997	.4014	.4031	.4048	.4065	.4082	.4099	.4116	.4133	2	3	5	7	9	10	12	14	15
2.6	.4150	.4166	.4083	.4200	.4216	.4232	.4249	.4265	.4281	.4298	2	3	5	7	8	10	11	13	15
2.7	.4314	.4330	.4346	.4362	.4378	.4393	.4409	.4425	.4440	.4456	2	3	5	6	8	9	11	13	14
2.8	.4472	.4487	.5602	.4518	.4533	.4548	.4564	.4579	.4594	.4609	2	3	5	6	8	9	11	12	14
2.9	.4624	.4639	.4654	.4669	.4683	.4698	.4713	.4728	.4742	.4757	1	3	4	6	7	9	10	12	13
3.0	.4771	.4786	.4800	.4814	.4829	.4843	.4857	.4871	.4886	.4900	1	3	4	6	7	9	10	11	13
3.1	.4914	.4928	.4942	.4955	.4969	.4983	.4997	.5011	.5024	.5038	1	3	4	6	7	8	10	11	12
3.2	.5051	.5065	.5079	.5092	.5105	.5119	.5132	.5145	.5159	.5172	1	3	4	5	7	8	9	11	12
3.3	.5185	.5198	.5211	.5224	.5237	.5250	.5263	.5276	.5289	.5302	1	3	4	5	6	8	9	10	12
3.4	.5315	.5328	.5340	.5353	.5366	.5378	.5391	.5403	.5416	.5428	1	3	4	5	6	8	9	10	11
3.5	.5441	.5453	.5465	.5478	.5490	.5502	.5514	.5527	.5539	.5551	1	2	4	5	6	7	9	10	11
3.6	.5563	.5575	.5587	.5599	.5611	.5623	.5635	.5647	.5658	.5670	1	2	4	5	6	7	8	10	11
3.7	.5682	.5694	.5705	.5717	.5729	.5740	.5752	.5763	.5775	.5786	1	2	3	5	6	7	8	9	10
3.8	.5798	.5809	.5821	.5832	.5843	.5855	.5866	.5877	.5888	.5899	1	2	3	5	6	7	8	9	10
3.9	.5911	.5922	.5933	.5944	.5955	.5966	.5977	.5988	.5999	.6010	1	2	3	4	5	7	8	9	10
4.0	.6021	.6031	.6042	.6053	.6064	.6075	.6085	.6096	.6107	.6117	1	2	3	4	5	6	7	9	10
4.1	.6128	.6138	.6149	.6160	.6170	.6180	.6191	.6201	.6212	.6222	1	2	3	4	5	6	7	8	9
4.2	.6232	.6243	.6253	.6263	.6274	.6284	.6294	.6304	.6314	.6325	1	2	3	4	5	6	7	8	9
4.3	.6335	.6345	.6355	.6365	.6375	.6385	.6395	.6405	.6415	.6425	1	2	3	4	5	6	7	8	9
4.4	.6435	.6444	.6454	.6464	.6474	.6484	.6493	.6503	.6513	.6522	1	2	3	4	5	6	7	8	9
4.5	.6532	.6542	.6551	.6561	.6571	.6580	.6590	.6599	.6609	.6618	1	2	3	4	5	6	7	8	9
4.6	.6628	.6637	.6646	.6656	.6665	.6675	.6684	.6693	.6702	.6712	1	2	3	4	5	6	7	7	8
4.7	.6721	.6730	.6739	.6749	.6758	.6767	.6776	.6785	.6794	.6803	1	2	3	4	5	5	6	7	8
4.8	.6812	.6821	.6830	.6839	.6848	.6857	.6866	.6875	.6884	.6893	1	2	3	4	4	5	6	7	8
4.9	.6902	.6911	.6920	.6928	.6937	.6946	.6955	.6964	.6972	.6981	1	2	3	4	4	5	6	7	8
5.0	.6990	.6998	.7007	.7016	.7024	.7033	.7042	.7050	.7059	.7067	1	2	3	3	4	5	6	7	8
5.1	.7076	.7084	.7093	.7101	.7110	.7118	.7126	.7135	.7143	.7152	1	2	3	3	4	5	6	7	8
5.2	.7160	.7168	.7177	.7185	.7193	.7202	.7210	.7218	.7226	.7235	1	2	2	3	4	5	6	7	7
5.3	.7243	.7251	.7259	.7267	.7275	.7284	.7292	.7300	.7308	.7316	1	2	2	3	4	5	6	6	7
5.4	.7324	.7332	.7340	.7348	.7356	.7364	.7372	.7380	.7388	.7396	1	2	2	3	4	5	6	6	7

3. 상용대수표 (II) $\log_{10} x$

x	0	1	2	3	4	5	6	7	8	9	표차 1	2	3	4	5	6	7	8	9
5.5	.7404	.7412	.7419	.7427	.7435	.7443	.7451	.7459	.7466	.7474	1	2	2	3	4	5	5	6	7
5.6	.7482	.7490	.7497	.7505	.7513	.7520	.7528	.7536	.7543	.7551	1	2	2	3	4	5	5	6	7
5.7	.7559	.7566	.7574	.7582	.7589	.7597	.7604	.7612	.7619	.7627	1	2	2	3	4	5	5	6	7
5.8	.7634	.7642	.7649	.7657	.7664	.7672	.7679	.7686	.7694	.7701	1	1	2	3	4	4	5	6	7
5.9	.7709	.7716	.7723	.7731	.7738	.7745	.7752	.7760	.7767	.7774	1	1	2	3	4	4	5	6	7
6.0	.7782	.7789	.7796	.7803	.7810	.7818	.7825	.7832	.7893	.7846	1	1	2	3	4	4	5	6	6
6.1	.7853	.7860	.7868	.7875	.7882	.7889	.7896	.7903	.7910	.7917	1	1	2	3	4	4	5	6	6
6.2	.7924	.7931	.7938	.7945	.7952	.7959	.7966	.7973	.7980	.7987	1	1	2	3	3	4	5	6	6
6.3	.7993	.8000	.8007	.8014	.8021	.8028	.8035	.8041	.8048	.8055	1	1	2	3	3	4	5	5	6
6.4	.8062	.8069	.8075	.8082	.8089	.8096	.8102	.8109	.8116	.8122	1	1	2	3	3	4	5	5	6
6.5	.8129	.8136	.8142	.8149	.8156	.8162	.8169	.8176	.8182	.8189	1	1	2	3	3	4	5	5	6
6.6	.8195	.8202	.8209	.8215	.8222	.8228	.8235	.8241	.8248	.8254	1	1	2	3	3	4	5	5	6
6.7	.8261	.8267	.8274	.8280	.8287	.8293	.8299	.8306	.8312	.8319	1	1	2	3	3	4	5	5	6
6.8	.8325	.8331	.8338	.8344	.8351	.8357	.8363	.8370	.8376	.8382	1	1	2	3	3	4	4	5	6
6.9	.8388	.8395	.8401	.8407	.8414	.8420	.8426	.8432	.8439	.8445	1	1	2	2	3	4	4	5	6
7.0	.8451	.8457	.8463	.8470	.8476	.8482	.8488	.8494	.8500	.8506	1	1	2	2	3	4	4	5	6
7.1	.8513	.8519	.8525	.8531	.8537	.8543	.8549	.8555	.8561	.8567	1	1	2	2	3	4	4	5	5
7.2	.8573	.8579	.8585	.8591	.8597	.8603	.8609	.8615	.8621	.8627	1	1	2	2	3	4	4	5	5
7.3	.8633	.8639	.8645	.8651	.8657	.8663	.8669	.8675	.8681	.8686	1	1	2	2	3	4	4	5	5
7.4	.8692	.8698	.8704	.8710	.8716	.8722	.8727	.8733	.8739	.8745	1	1	2	2	3	4	4	5	5
7.5	.8751	.8756	.8762	.8768	.8774	.8779	.8785	.8791	.8797	.8802	1	1	2	2	3	3	4	5	5
7.6	.8808	.8814	.8820	.8825	.8831	.8837	.8842	.8848	.8854	.8859	1	1	2	2	3	3	4	5	5
7.7	.8865	.8871	.8876	.8882	.8887	.8893	.8899	.8904	.8910	.8915	1	1	2	2	3	3	4	4	5
7.8	.8921	.8927	.8932	.8938	.8943	.8949	.8954	.8960	.8965	.8971	1	1	2	2	3	3	4	4	5
7.9	.8976	.8982	.8987	.8993	.8998	.9004	.9009	.9015	.9020	.9025	1	1	2	2	3	3	4	4	5
8.0	.9031	.9036	.9042	.9047	.9053	.9058	.9063	.9069	.9074	.9079	1	1	2	2	3	3	4	4	5
8.1	.9085	.9090	.9096	.9101	.9106	.9112	.9117	.9122	.9128	.9133	1	1	2	2	3	3	4	4	5
8.2	.9138	.9143	.9149	.9154	.9159	.9165	.9170	.9175	.9180	.9186	1	1	2	2	3	3	4	4	5
8.3	.9191	.9196	.9201	.9206	.9212	.9217	.9222	.9227	.9232	.9238	1	1	2	2	3	3	4	4	5
8.4	.9243	.9248	.9253	.9258	.9263	.9269	.9274	.9279	.9284	.9289	1	1	2	2	3	3	4	4	5
8.5	.9294	.9299	.9304	.9309	.9315	.9320	.9325	.9330	.9335	.9340	1	1	2	2	3	3	4	4	5
8.6	.9345	.9350	.9355	.9360	.9365	.9370	.9375	.9380	.9385	.9390	1	1	2	2	3	3	4	4	5
8.7	.9395	.9400	.9405	.9410	.9415	.9420	.9425	.9430	.9435	.9440	0	1	1	2	2	3	3	4	4
8.8	.9445	.9450	.9455	.9460	.9465	.9469	.9474	.9479	.9484	.9489	0	1	1	2	2	3	3	4	4
8.9	.9494	.9499	.9504	.9509	.9513	.9518	.9523	.9528	.9533	.9538	0	1	1	2	2	3	3	4	4
9.0	.9542	.9547	.9552	.9557	.9562	.9566	.9571	.9576	.9581	.9586	0	1	1	2	2	3	3	4	4
9.1	.9590	.9595	.9600	.9605	.9609	.9614	.9619	.9624	.9628	.9633	0	1	1	2	2	3	3	4	4
9.2	.9638	.9643	.9647	.9652	.9657	.9661	.9666	.9671	.9675	.9680	0	1	1	2	2	3	3	4	4
9.3	.9685	.9689	.9694	.9699	.9703	.9708	.9713	.9717	.9722	.9727	0	1	1	2	2	3	3	4	4
9.4	.9731	.9736	.9741	.9745	.9750	.9754	.9759	.9763	.9768	.9773	0	1	1	2	2	3	3	4	4
9.5	.9777	.9782	.9786	.9791	.9795	.9800	.9805	.9809	.9814	.9818	0	1	1	2	2	3	3	4	4
9.6	.9823	.9827	.9832	.9836	.9841	.9845	.9850	.9854	.9859	.9863	0	1	1	2	2	3	3	4	4
9.7	.9868	.9872	.9877	.9881	.9886	.9890	.9894	.9903	.9903	.9908	0	1	1	2	2	3	3	4	4
9.8	.9912	.9917	.9921	.9926	.9930	.9934	.9939	.9943	.9948	.9952	0	1	1	2	2	3	3	4	4
9.9	.9956	.9961	.9965	.9969	.9974	.9978	.9983	.9987	.9991	.9996	0	1	1	2	2	3	3	3	4

4. 제곱근 · 세제곱근 · 역수의 표

수	제곱	세제곱	제곱근	세제곱근	역수	수	제곱	세제곱	제곱근	세제곱근	역수
1	1	1	1.0000	1.0000	1.00000	51	2601	132651	7.1414	3.7084	0.01961
2	4	8	1.4142	1.2599	0.50000	52	2704	140608	7.2111	3.7325	0.01923
3	9	27	1.7321	1.4222	0.33333	53	2809	148877	7.2801	3.7563	0.01887
4	16	64	2.0000	1.5874	0.25000	54	2916	157464	7.3485	3.7798	0.01852
5	25	125	2.2361	1.7100	0.20000	55	3025	166375	7.4162	3.8030	0.01818
6	36	216	2.4495	1.8171	0.16667	56	3136	175616	7.4833	3.8259	0.01786
7	49	343	2.6458	1.9129	0.14286	57	3249	185193	7.5498	3.8485	0.01754
8	64	512	2.8284	2.0000	0.12500	58	3364	195112	7.6158	3.8709	0.01724
9	81	729	3.0000	2.0801	0.11111	59	3481	205379	7.6811	3.8930	0.01695
10	100	1000	3.1623	2.1544	0.10000	60	3600	216000	7.7460	3.9149	0.01667
11	121	1331	3.3166	2.2240	0.09091	61	3721	226981	7.8102	3.9365	0.01639
12	144	1728	3.4641	2.2894	0.08333	62	3844	238328	7.8740	3.9579	0.01613
13	169	2197	3.6056	2.3513	0.07692	63	3969	250047	7.9373	3.9791	0.01587
14	196	2744	3.7417	2.4101	0.07143	64	4096	262144	8.0000	4.0000	0.01563
15	225	3375	3.8730	2.4662	0.06667	65	4225	274625	8.0623	4.0207	0.01538
16	256	4096	4.0000	2.5198	0.06250	66	4356	287496	8.1240	4.0412	0.01515
17	289	4913	4.1231	2.5713	0.05882	67	4489	300763	8.1854	4.0615	0.01493
18	324	5832	4.2426	2.6207	0.05556	68	4624	314462	8.2462	4.0817	0.01471
19	361	6859	4.3589	2.6684	0.05263	69	4761	328509	8.3066	4.1016	0.01449
20	400	8000	4.4721	2.7144	0.05000	70	4900	343000	8.3666	4.1213	0.01429
21	441	9261	4.5826	2.7589	0.04762	71	5041	357911	8.4261	4.1408	0.01408
22	484	10648	4.6904	2.8020	0.04545	72	5184	373248	8.4353	4.1602	0.01389
23	529	12167	4.7958	2.8439	0.04348	73	5329	389017	8.5440	4.1793	0.01370
24	576	13824	4.8990	2.8845	0.04167	74	5476	405224	8.6023	4.1983	0.01351
25	625	15625	5.0000	2.9240	0.04000	75	5625	421875	8.6603	4.2172	0.01333
26	676	17576	5.0990	2.8625	0.03846	76	5776	438976	8.7178	4.2358	0.01316
27	729	19683	5.1962	3.0000	0.03704	77	5929	456533	8.7750	4.2543	0.01299
28	784	21952	5.2915	3.0366	0.03571	78	6084	474552	8.8318	4.2727	0.01282
29	841	24389	5.3852	3.0723	0.03448	79	6241	493039	8.8882	4.2908	0.01266
30	900	27000	5.4772	3.1072	0.03333	80	6400	512000	8.9443	4.3089	0.01250
31	961	29791	5.5678	3.1414	0.03226	81	6561	531441	9.0000	4.3267	0.01235
32	1024	32768	5.6569	3.1748	0.03125	82	6724	551368	9.0554	4.3445	0.01220
33	1089	35937	5.7446	3.2075	0.03030	83	6889	571787	9.1104	4.3621	0.01205
34	1156	39304	5.8310	3.2396	0.02941	84	7056	592704	9.1652	4.3795	0.01190
35	1225	42875	5.9161	3.2711	0.02857	85	7225	614125	9.2195	4.3968	0.01176
36	1296	46656	6.0000	3.3019	0.02778	86	7396	636056	9.2736	4.4140	0.01163
37	1369	50653	6.0828	3.3322	0.02703	87	7569	658503	9.3274	4.4310	0.01149
38	1444	54872	6.1644	3.3620	0.02632	88	7744	681472	9.3808	4.4480	0.01136
39	1521	59319	6.2450	3.3912	0.02564	89	7921	704969	9.4340	4.4647	0.01124
40	1600	64000	6.3246	3.4200	0.02500	90	8100	729000	9.4868	4.4814	0.01111
41	1681	68921	6.4031	3.4482	0.02439	91	8281	753571	9.5394	4.4979	0.01099
42	1764	74088	6.4807	3.4760	0.02381	92	8464	778688	9.5917	4.5144	0.01087
43	1849	79507	6.5574	3.5034	0.02326	93	8649	804357	9.6437	4.5307	0.01075
44	1936	85184	6.6332	3.5303	0.02273	94	8836	830584	9.6954	4.5468	0.01064
45	2025	91125	6.7082	3.5569	0.02222	95	9025	857375	9.7468	4.5629	0.01053
46	2116	97336	6.7823	3.5830	0.02174	96	9216	884736	9.7980	4.5789	0.01042
47	2209	103823	6.8557	3.6088	0.02128	97	9409	912673	9.8489	4.5947	0.01031
48	2304	110592	6.9282	3.6342	0.02083	98	9604	941192	9.8995	4.6104	0.01020
49	2401	117649	7.0000	3.6593	0.02941	99	9801	970299	9.9499	4.6261	0.01010
50	2500	125000	7.0711	3.6840	0.02000	100	10000	1000000	10.0000	4.6416	0.01000

$\pi = 3.14\ 159\ 265$ $\quad \dfrac{1}{\pi} = 0.31831$ $\quad \sqrt{\pi} = 1.7725$ $\quad \sqrt[3]{\pi} = 1.4646$

5. 자연대수표 (I) $\log_e x (= \ln x)$

10보다 크거나 1보다 작은 수의 대수를 구할 때, ln 10 = 2.30259를 이용하여라.

x	0	1	2	3	4	5	6	7	8	9
1.0	0.0000	0096	0198	0296	0392	0488	0583	0677	0770	0862
1.1	0953	1044	1133	1222	1310	1398	1484	1570	1655	1740
1.2	1823	1906	1989	2070	2151	2231	2311	2390	2469	2546
1.3	2624	2700	2776	2852	2927	3001	3075	3148	6221	3292
1.4	3365	3436	3507	3577	3646	3716	3784	3853	3920	3988
1.5	0.4055	4124	4187	4253	4318	4383	4447	4511	4574	4637
1.6	4700	4762	4824	4886	4947	5008	5068	5128	5188	5247
1.7	5306	5365	5423	5481	5539	5596	5653	5710	5766	5822
1.8	5878	5933	5988	6043	6098	6152	6206	6259	6313	6366
1.9	6419	6471	6523	6575	6627	6678	6729	6780	6831	6881
2.0	0.6932	6981	7031	7080	7129	7178	7227	7275	7324	7372
2.1	7419	7467	7514	7561	7608	7655	7701	7747	7793	7839
2.2	7885	7930	7975	8020	8065	8109	8154	8189	8242	8246
2.3	8329	8372	8416	8459	8502	8544	8587	8629	8671	8713
2.4	8755	8796	8838	8879	8920	8961	9002	9042	9083	9123
2.5	0.9163	9203	9243	9282	9322	9361	9400	9439	9478	9517
2.6	9555	9594	9632	9670	9708	9746	9783	9821	9858	9895
2.7	9933	9969	1.0006	1.0043	1.0079	1.0116	1.0152	1.0188	1.0225	1.0260
2.8	1.0296	1.0332	0367	0403	0438	0473	0508	0543	0578	0613
2.9	0647	0682	0726	0750	0784	0818	0852	0886	0919	0953
3.0	1.0986	1019	1053	1086	1119	1151	1184	1217	1249	1282
3.1	1314	1346	1378	1410	1442	1474	1506	1537	1569	1600
3.2	1632	1663	1694	1725	1756	1787	1817	1848	1878	1909
3.3	1939	1969	2000	2030	2060	2090	2119	2149	2179	2208
3.4	2238	2267	2296	2326	2355	2384	2413	2442	2470	2499
3.5	1.2528	2556	2585	2613	2641	2669	2698	2726	2754	2782
3.6	2809	2837	2865	2892	2920	2947	2975	3002	3029	3056
3.7	3083	3110	3137	3164	3191	3218	3244	3271	3297	3324
3.8	3350	3376	3403	3429	3455	3481	3507	3533	3558	3584
3.9	3610	3635	3661	3686	3712	3737	3762	3788	3813	3838
4.0	1.3863	3888	3913	3938	3962	3987	4012	4036	4061	4085
4.1	4110	4134	4159	4183	4207	4231	4255	4279	4303	4327
4.2	4351	4375	4398	4422	4446	4469	4493	4516	4540	4563
4.3	4586	4609	4633	4656	4679	4702	4725	4748	4770	4793
4.4	4816	4839	4861	4884	4907	4929	4951	4974	4996	5019
4.5	1.5041	5063	5085	5107	5129	5151	5173	5195	5217	5239
4.6	5261	5282	5304	5326	5347	5369	5390	5412	5433	5454
4.7	5476	5497	5518	5539	5560	5581	5602	5623	5644	5655
4.8	5686	5707	5728	5748	5769	5790	5810	5831	5851	5872
4.9	5892	5913	5933	5953	5974	5994	6014	6034	6054	6074
5.0	1.6094	6114	6134	6154	6174	6194	6214	6233	6253	6273
5.1	6292	6312	6332	6351	6371	6390	6409	6429	6448	6467
5.2	6487	6506	6525	6544	6563	6582	6601	6620	6639	6658
5.3	6677	6696	6725	6734	6752	6771	6790	6808	6827	6845
5.4	6864	6882	6901	6919	6938	6956	6974	6993	7011	7029

6. 자연대수표 (II) $\log_e x (= \ln x)$

Exa. ln 220 = ln 2.2 + 2 ln 10 = 0.7885 + 2(2.30259) = 5.3937

x	0	1	2	3	4	5	6	7	8	9
5.5	1.7047	7066	7084	7102	7120	7138	7156	7174	7192	7210
5.6	7228	7246	7263	7281	7299	7317	7334	7352	7370	7387
5.7	7405	7422	7440	7457	7475	7492	7509	7527	7544	7561
5.8	7579	7596	7613	7630	7647	7664	7681	7699	7716	7733
5.9	7750	7766	7783	7800	7817	7834	7851	7867	7884	7901
6.0	1.7918	7934	7951	7967	7984	8001	8017	8034	8050	8066
6.1	8083	8099	8116	8132	8148	8165	8181	8197	8213	8229
6.2	8245	8262	8278	8294	8310	8326	8342	8358	8374	8390
6.3	8405	8421	8437	8453	8496	8485	8500	8516	8532	8547
6.4	8563	8579	8594	8610	8625	8641	8656	8672	8687	8703
6.5	1.8718	8733	8749	8764	8779	8795	8810	8825	8840	8856
6.6	8871	8886	8901	8916	8931	8946	8961	8976	8991	9006
6.7	9021	9036	9051	9066	9081	9095	9110	9125	9140	9155
6.8	9169	9184	9199	9213	9228	9242	9257	9272	9286	9301
6.9	9315	9330	9344	9359	9373	9387	9402	9416	9430	9445
7.0	1.9459	9473	9488	9502	9516	9530	9544	9559	9573	9587
7.1	9601	9615	9629	9643	9657	9671	9685	9669	9713	9727
7.2	9741	9755	9769	9782	9796	9810	9824	9838	9851	9865
7.3	9879	9892	9906	9920	9933	9947	9961	9974	9988	2.0001
7.4	2.0015	2.0028	2.0042	2.0055	2.0069	2.0082	2.0096	2.0109	2.0122	2.0136
7.5	2.0149	0162	0176	0189	0202	0215	0229	0242	0255	0268
7.6	0281	0295	0308	0321	0334	0347	0360	0373	0386	0399
7.7	0412	0425	0438	0451	0464	0477	0490	0503	0516	0528
7.8	0541	0554	0567	0580	0592	0605	0618	0631	0643	0656
7.9	0669	0681	0694	0707	0719	0732	0744	0757	0769	0782
8.0	2.0794	0807	0819	0832	0844	0857	0869	0882	0894	0906
8.1	0919	0931	0943	0956	0968	0980	0992	1005	1017	1029
8.2	1041	1054	1066	1078	1090	1102	1114	1126	1138	1150
8.3	1163	1175	1187	1199	1211	1223	1235	1247	1258	1270
8.4	1282	1294	1306	1318	1330	1342	1353	1365	1377	1389
8.5	2.1401	1412	1424	1436	1448	1459	1471	1483	1494	1506
8.6	1518	1529	1541	1552	1564	1576	1587	1599	1610	1622
8.7	1633	1645	1656	1668	1679	1691	1702	1713	1725	1736
8.8	1748	1759	1770	1782	1793	1804	1815	1827	1838	1849
8.9	1861	1872	1883	1894	1905	1917	1929	1939	1950	1961
9.0	2.1972	1983	1994	2006	2017	2028	2039	2050	2061	2072
9.1	2083	2094	2105	2116	2127	2138	2148	2159	2170	2181
9.2	2192	2203	2214	2225	2235	2246	2257	2268	2279	2289
9.3	2300	2311	2322	2332	2343	2354	2364	2375	2386	2396
9.4	2407	2418	2428	2439	2450	2460	2471	2481	2492	2502
9.5	2.2513	2523	2534	2544	2555	2565	2576	2586	2597	2607
9.6	2618	2628	2638	2649	2659	2670	2680	2690	2701	2711
9.7	2721	2732	2742	2752	2762	2773	2783	2793	2803	2814
9.8	2824	2834	2844	2854	2865	2875	2885	2895	2905	2915
9.9	2925	2935	2946	2956	2966	2976	2986	2996	3006	3016

7. 지수함수와 쌍곡선함수의 표

x	e^{x}	e^{-x}	$\sinh x$	$\cosh x$	$\tanh x$
0	1.0000	1.0000	.00000	1.0000	.00000
0.1	1.1052	.90484	.10017	1.0050	.09967
0.2	1.2214	.81884	.20134	1.0201	.19738
0.3	1.3499	.74082	.30452	1.0452	.29131
0.4	1.4918	.67032	.41075	1.0811	.37995
0.5	1.6487	.60653	.52110	1.1276	.46212
0.6	1.8221	.54881	.63665	1.1855	.53705
0.7	2.0138	.49659	.75858	1.2552	.60437
0.8	2.2255	.44938	.88811	1.3374	.66404
0.9	2.4596	.40657	1.0265	1.4331	.71630
1.0	2.7183	.36788	1.1752	1.5431	.76159
1.1	3.0042	.33287	1.3356	1.6685	.80050
1.2	3.3201	.30119	1.5095	1.8107	.83365
1.3	3.6693	.27253	1.6984	1.9709	.86172
1.4	4.0552	.24660	1.9043	2.1509	.88535
1.5	4.4817	.22313	2.1293	2.3524	.90515
1.6	4.9530	.20190	2.3756	2.5775	.92167
1.7	5.4739	.18268	2.6456	2.8283	.93541
1.8	6.0496	.16530	2.9422	3.1075	.94681
1.9	6.6859	.14957	3.2682	3.4177	.95624
2.0	7.3891	.13534	3.6269	3.7622	.96403
2.1	8.1662	.12246	4.0219	4.1443	.97045
2.2	9.0250	.11080	4.4571	4.5679	.97574
2.3	9.9742	.10026	4.9370	5.0372	.98010
2.4	11.023	.09072	5.4662	5.5569	.98367
2.5	12.182	.08208	9.0502	6.1323	.98661
2.6	13.464	.07427	6.6947	6.7690	.98903
2.7	14.880	.06721	7.4063	7.4735	.99101
2.8	16.445	.06081	8.1919	8.2527	.99263
2.9	18.174	.05502	9.0596	9.1146	.99396
3.0	20.086	.04979	10.018	10.068	.99505
3.1	22.198	.04505	11.076	11.122	.99595
3.2	24.533	.04076	12.246	12.287	.99668
3.3	24.113	.03688	13.538	13.575	.99728
3.4	19.964	.03337	14.965	14.999	.99777
3.5	33.115	.03020	16.543	16.573	.99818
3.6	36.598	.02732	18.285	18.313	.99777
3.7	40.447	.02472	20.211	20.236	.99878
3.8	44.701	.02237	22.339	22.362	.99900
3.9	49.402	.02024	24.691	24.711	.99918
4.0	54.593	.01832	27.290	27.308	.99933
4.1	60.340	.01657	30.162	30.178	.99945
4.2	66.686	.01500	33.336	33.351	.99955
4.3	73.700	.01357	36.843	86.856	.99963
4.4	81.451	.01228	40.719	40.732	.99970
4.5	90.017	.01111	45.003	45.014	.99975
4.6	99.484	.01005	39.737	49.747	.99980
4.7	109.95	.00910	54.969	54.978	.99983
4.8	121.51	.00823	60.751	60.759	.99986
4.9	134.29	.00745	67.141	67.149	.99989
5.0	148.41	.00674	74.023	74.210	.99991

8. 초등함수표

x	$\sin x$	$\cos x$	$\tan x$	e^x	$\sinh x$	$\cosh x$
0.0	0.00000	1.00000	0.00000	1.00000	0.00000	1.00000
0.1	0.09983	0.99500	0.10033	1.10517	0.10017	1.00500
0.2	0.19867	0.98007	0.20271	1.22140	0.20134	1.02007
0.3	0.29552	0.95534	0.30934	1.34986	0.30452	1.04534
0.4	0.38942	0.92106	0.42279	1.49182	0.41075	1.08107
0.5	0.47943	0.87758	0.54630	1.64872	0.52110	1.12763
0.6	0.56464	0.82534	0.68414	1.82212	0.63665	1.18547
0.7	0.64422	0.76484	0.84229	2.01375	0.75858	1.25517
0.8	0.71736	0.69671	1.02964	2.22554	0.88811	1.33743
0.9	0.78333	0.62161	1.26016	2.45960	1.02652	1.43309
1.0	0.84147	0.54030	1.55741	2.71828	1.17520	1.54308
1.1	0.89121	0.45360	1.96476	3.00417	1.33565	1.66852
1.2	0.93204	0.36236	2.57215	3.32012	1.50946	1.81066
1.3	0.96356	0.26750	3.60210	3.66930	1.69838	1.97091
1.4	0.98545	0.16997	5.79788	4.05520	1.90430	2.15090
1.5	0.99750	0.07074	14.10142	4.48169	2.12928	2.35241
1.6	0.99957	0.02920	−34.23253	4.95303	2.37557	2.57746
1.7	0.99166	0.12884	−7.69660	5.47395	2.64563	2.82832
1.8	0.97385	0.22720	−4.28626	6.04965	2.94217	3.10747
1.9	0.94630	−0.32329	−2.92710	6.68589	3.26816	3.41773
2.0	0.90930	−0.41615	−2.18504	7.38906	3.62686	3.76220

x	$\ln x$	x	$\ln x$	x	$\ln x$	x	$\ln x$
1.0	0.00000	2.0	0.69315	3.0	1.09861	5	1.60944
1.1	0.09531	2.1	0.74194	3.1	1.13140	7	1.94591
1.2	0.18232	2.2	0.78846	3.2	1.16315	11	2.39790
1.3	0.26236	2.3	0.83291	3.3	1.19392	13	2.56495
1.4	0.33647	2.4	0.87547	3.4	1.22378	17	2.83321
1.5	0.40547	2.5	0.91629	3.5	1.25276	19	2.94444
1.6	0.47000	2.6	0.95551	3.6	1.28093	23	3.13549
1.7	0.53063	2.7	0.99325	3.7	1.30833	29	3.36730
1.8	0.58779	2.8	1.02962	3.8	1.33500	31	3.43399
1.9	0.64185	2.9	1.06471	3.9	1.36098	37	3.61092

$\frac{y}{x}$	$\arctan \frac{y}{x}$	$\frac{y}{x}$	$\arctan \frac{y}{x}$	$\frac{y}{x}$	$\arctan \frac{y}{x}$	$\frac{y}{x}$	$\arctan \frac{y}{x}$
0.0	0.00000	1.0	0.78540	2.0	1.10715	4.0	1.32582
0.1	0.09967	1.1	0.83298	2.2	1.14417	4.5	1.35213
0.2	0.19740	1.2	0.87606	2.4	1.17601	5.0	1.37340
0.3	0.29146	1.3	0.91510	2.6	1.20362	5.5	1.39094
0.4	0.38051	1.4	0.95055	2.8	1.22777	6.0	1.40565
0.5	0.46365	1.5	0.98279	3.0	1.24905	7.0	1.42890
0.6	0.54042	1.6	1.01220	3.2	1.26791	8.0	1.46644
0.7	0.61073	1.7	1.03907	3.4	1.28474	9.0	1.46014
0.8	0.67474	1.8	1.06370	3.6	1.29965	10.0	1.47113
0.9	0.73282	1.9	1.08632	3.8	1.31347	11.0	1.48014

4차 산업에 대비한 대학수학

인쇄 | 2022년 3월 1일
발행 | 2002년 3월 5일

지은이 | 이양·남상복·윤상조
펴낸이 | 조승식
펴낸곳 | (주)도서출판 북스힐

등 록 | 1998년 7월 28일 제22-457호
주 소 | 서울시 강북구 한천로 153길 17
전 화 | (02) 994-0071
팩 스 | (02) 994-0073

홈페이지 | www.bookshill.com
이메일 | bookshill@bookshill.com

정가 26,000원

ISBN 979-11-5971-414-6

Published by bookshill, Inc. Printed in Korea.